“十三五”普通高等教育本科规划教材

建筑工程材料

李惟 主编 潘松岭 袁卫宁 副主编

·北京·

全书共分14章，内容包括：绪论；建筑材料的基本性质；非金属材料（石材，烧土及熔融制品，气硬性胶凝材料，水泥，混凝土与砂浆，木材）；金属材料；特种材料（沥青及防水材料，塑料与橡胶，建筑涂料，保温隔热材料及吸声材料，建筑防火材料）。第2章～第14章还编有本章小结和复习思考题，便于学生课前预习、复习巩固。书后附录有常用建筑工程规范目录、建筑材料试验和参考文献，以便读者学习和查对。

本书具有体系完备、内容新颖、图文并茂、深入浅出、可操作性强、适用面广、注重应用等特点。

本书可作为普通高等教育本科、职业技术学院等类院校40学时的建筑学、土木工程学专业教材，也适用于土木类等16个专业大类院校的环境艺术、物业管理、园林设计、设备安装、工程造价等专业学习，此外，还可作为建筑企业岗位培训教材及有关爱好者的学习参考用书。

图书在版编目（CIP）数据

建筑工程材料/李惟主编.—北京：化学工业出版社，2017.10

“十三五”普通高等教育本科规划教材

ISBN 978-7-122-30891-7

Ⅰ.①建… Ⅱ.①李… Ⅲ.①建筑材料-高等学校-教材 Ⅳ.①TU5

中国版本图书馆CIP数据核字（2017）第258252号

责任编辑：王　婧　辛龙飞　杨　菁　　文字编辑：王　琪

责任校对：王　静　　装帧设计：张　辉

出版发行：化学工业出版社（北京市东城区青年湖南街13号　邮政编码100011）

印　　装：高教社（天津）印务有限公司

787mm×1092mm　1/16　印张22　字数539千字　2018年3月北京第1版第1次印刷

购书咨询：010-64518888（传真：010-64519686）　售后服务：010-64518899

网　　址：http://www.cip.com.cn

凡购买本书，如有缺损质量问题，本社销售中心负责调换。

定　　价：69.00元

前　言

根据我国2016年新专业大类教学指导委员会对土木类、水利类、道路桥梁与渡河工程类、地质工程类、地质学类、测绘类、材料类、自动化类、电子信息类、计算机类、安全工程类、环境科学与工程类、化学工程与工艺类、交通运输类、能源与动力工程类、矿物加工工程类16个专业大类的有关课程的教学内容、教学方法、教学手段等方面的要求，我们结合近年来在课程建设和科研实践方面取得的经验，在原有相关教材版本的基础上，为了满足"建筑材料"（土木工程类专业）课程的教学需要编写了本书。

本书着重拓宽学生在建筑工程材料方面的综合知识，加强学生对建筑工程材料使用性能及特点的理解与掌握，注重介绍建筑工程材料的应用范围，同时使学生具备相关的试验测试技能。本书具有明显的职业导向性、技能主导性和内容适用性。

全书共分为14章，包括：绪论，建筑材料的基本性质，石材，烧土及熔融制品，气硬性胶凝材料，水泥，混凝土与砂浆，木材，金属材料，沥青及防水材料，塑料与橡胶，建筑涂料，保温隔热材料及吸声材料，建筑防火材料。第2章～第14章还编有本章小结和复习思考题，便于学生课前预习、复习巩固。

本书着重介绍了建筑工程材料的基本概念、基本公式、组成、性质和在工程实践中的应用，使得学生在掌握建筑材料的基本知识的同时，具备相应的实际操作技能。

本书参编人员有长安大学李惟、袁卫宁、陕西省审计厅潘松岭。由李惟担任本书的主编，由潘松岭、袁卫宁担任本书的副主编。长安大学建筑工程学院王彤、西北大学强爱珍也参与了本书的编写工作。

本书第2章~第6章、第9章~第14章由李惟编写，第1章、第7章、第8章由潘松岭编写，附录编写及全书校核由袁卫宁完成。

本书在编写过程中，在原有书稿基础上，参考了近年有关专家、学者的专著，吸收了国内外建筑工程材料、建筑装饰材料、桥梁道路材料及生产厂家、施工单位等各方面的新材料、新工艺、新技术、新成果，并且注意结合应用一些国家新规范。在此，我们一并深表由衷的谢意。

由于编者水平有限，书中难免有疏漏之处，恳请广大读者给予及时的批评、指正，以便我们再版时修订完善。

编　者

2017 年 6 月于长安大学

目 录

金属材料

特种材料

第1章 绪 论

1.1 概述

建筑工程材料是指建筑结构物中使用的各种材料及制品，它是基础设施建设中一切建筑工程的物质基础。建筑材料的性能直接关系到建筑工程的产品质量。现代合格建筑产品鉴定的基本原则是安全适用、经济美观、生态节能。未来建筑产品还需满足智能化、标准化、工业化、多功能化的新要求。

建筑工程材料品种繁多，性能各异，主材、辅材的使用对工程造价影响大。选择各种类材料时必须满足以下基本使用性能，以最大限度节约资源，实现可持续发展。

① 必须有足够的力学性能。如具备设计要求的强度、硬度、刚度、弹性模量、徐变、韧性、耐疲劳性等，能安全地承受各级别设计荷载。

② 必须具备稳定的物理性能。如密度，变形，热、声、光及水分的透过与反射等。

③ 具有良好而特殊的正向化学性能。如无毒性、燃烧性、熔融性等。

④ 具有相应的防护功能。如隔声、隔热、防水、防火、防爆、防腐蚀、防辐射等性能。

⑤ 材料质轻、强度高，以减少建筑下部结构和地基的负荷。

⑥ 具有一定的外观装饰性。如色彩、亮度、质感、花纹、触感、尺寸精度、表面平整性等美化建筑的功能。

⑦ 具有与使用环境相适应的耐久性，以减少运营维修费用。如耐氧化、变质、劣化、风化、冻害、虫害、腐朽等性能。

⑧ 具有良好的可加工性及循环利用性。如可切割性、可锻造性、可降解性、亲和性等。

建筑工程材料的使用，应严格执行各种标准的行业规范，在建筑产品的建设过程中，从勘察设计、图纸审核、工程造价、施工管理、技术监督、质量验收等各环节严格把关，努力做到限额设计、精准计算、最佳选材、规范审核、合理造价、招投标管理、科学施工、全过程质量跟踪、档案完备、物业精良。使合格的建筑物和构筑物产品焕发出艺术而持久的生命力，能够成为一个时代科技文明和社会进步的标签。

建筑是凝固的音符，是立体的诗歌。设计师是描绘建筑产品艺术生命的天使。良好的职业道德、科学前瞻的设计理念、精湛巧妙的设计技巧、卓越创新的工作风格都将化平凡为神奇，赋予建筑工程材料永恒的感染力。施工者和管理者是执掌建筑产品生命力的天使。尽职尽责的职业操守、精益求精的施工质量、巧夺天工的施工技能、明察秋毫的质量管理，也将赋予建筑材料鲜活的生命力。

1.2 建筑材料的发展历程

建筑材料的产生和发展伴随着人类文明进程的各个阶段，它随着人类社会生产力和科学技术水平的进步而快速发展，并成为体现人类文明程度的主要标志之一。根据人类建筑物、构筑物所用建筑材料的发展历程和未来需求，可将建筑材料的发展大致分成以下 4 个阶段。

（1）天然材料阶段

天然材料是指取之于自然界，并只对其进行了物理加工的材料，如天然石材、木材、黏土、茅草等。早在原始社会时期，人们为了抵御雨雪风寒和防止野兽的侵袭，居于天然山洞或树巢中，如北京山顶洞人遗址的石洞穴（分为洞口、上室、下室和下窨，分别是山顶洞人起居、栖息、埋葬和储存猎物的地方）。进入石器、铁器时代后，为了适应自身的生存和发展，人类从天然洞穴之中走出来，开始利用简单的工具砍伐树木和苇草，搭建简单的房屋，如西安半坡遗址——母系氏族聚落早期居住过的半地穴式草泥房屋（新石器时代仰韶文化的民居代表）以及历史悠久并沿用至今的森林部落的树屋。随后人类又开凿石材建造房屋及纪念性构筑物。

进入青铜器时代后，开始出现竹、土、木结构建筑，如半坡人晚期的地面式方形房屋（这种房屋完全用椽、木板和黏土混合建筑而成。整个房子用 12 根木桩支撑，木柱排列 3 行，每行 4 根，形成规整的柱网，初具"间"的雏形，它是我国以"间架木结构"为单位的"墙倒屋不塌"的古典木结构框架式建筑）、中国傣族的竹质吊脚楼、陕北的下沉式窑洞民居等。

（2）烧土制品阶段

人类能够用黏土烧制砖、瓦，用石灰岩烧制石灰之后，土木工程材料开始由天然材料进入了人工生产阶段，建筑种类也丰富起来，如古代的亭台楼榭、宫殿庙宇。在封建社会，我国古建筑虽然有"秦砖汉瓦"（图 1-1）、描金漆绘装饰艺术、造型优美的石塔和石拱桥（图 1-2）的辉煌，但实际上这一时期所使用的建筑物料基本是停滞不前的，所使用的结构材料仅局限于砖、石和木材。

图 1-1 秦砖汉瓦

图 1-2 石拱桥

（3）钢筋混凝土阶段

到了 18、19 世纪，随着资本主义的兴起，以及对大跨度厂房、高层建筑和桥梁等土木工程建设的需要，原有的建筑材料在性能上已无法满足新的建设要求。随着相关科学技术的进步，建筑材料开始进入一个新的发展阶段，相继出现了钢材、水泥、混凝土、钢筋混凝土和预应力钢筋混凝土及其他材料。钢铁的建筑物、构筑物和桥梁开始进入人们的生活。1889 年巴黎世博会展示的埃菲尔铁塔，成为当时席卷世界的工业革命的象征，如图 1-3 所示。

图 1-3 法国埃菲尔铁塔

（4）新型建筑材料阶段

近几十年来，随着科学技术的进步和土木工程发展的需要，一大批新型建筑材料应运而生，逐渐出现了塑料、涂料、新型建筑陶瓷与玻璃、新型复合材料（纤维增强材料、夹层材料等），如钢结构玻璃幕墙的摩天大楼，各种石材、复合材料面层的商务办公及场馆类建筑等。随着人类社会的进步以及为满足环境保护、节能降耗和其他特殊功能的需要，对建筑材料也提出了更高、更多的技术要求。

图 1-4 所示的我国国家体育场所用材料是具有自主知识产权的国产 Q460 钢材，它撑起了“鸟巢”全新设计理念的铁骨钢筋。

图 1-4 国家体育场（鸟巢）

1.3 建筑材料的研究方向

智能化建筑材料和产品的设计应以改善生产环境、有益于人体健康、提高生活质量为宗旨。未来的产品应多功能化，如抗菌、灭菌、防霉、除臭、隔热、阻燃、调温、调湿、消磁、防射线、抗静电等。根据人类社会未来建筑的发展需求，建筑工程材料将向以下几个方向发展。

（1）轻质高强

根据我国现行的建筑结构设计规范要求，传统的钢筋混凝土结构材料构件由于自重大（约 2500kg/m^3），限制了建筑物向高层、大跨度方向的深入发展。有效地减轻材料自重，提高建筑构件的综合承载力，将很大程度地实现优秀建筑的最佳设计目标。目前，世界各国都在大力发展高强混凝土、加气混凝土、轻骨料混凝土、空心砖、石膏板、金属复合板、保温复合板、特种玻璃、特种不锈钢、特种门窗等各类新型材料，以适应土木工程专业发展的需要。

(2) 绿色生态，经济环保

1992 年，国际学术界明确提出绿色材料的定义。绿色材料是包括在原料采取、产品制造、使用或者再循环以及废料处理等环节中对地球环境负荷为最小和有利于人类健康的材料，也称“环境调和材料”。绿色建材就是绿色材料中的一大类。

(3) 适宜机械化加工和工业化生产

在基础设施建设领域，为了提高行业的劳动生产率，建筑工程材料在建筑工程中的大量使用，必须具备可现场机械化加工的性能。如钢筋的机械化冷弯、热弯加工，可以保证良好的尺寸精度和最佳力学性能，从而提高建筑产品的质量。如建筑施工现场机械化搅拌混凝土，可以得到精准的砂浆配合比、坍落度、温湿度，确保达到混凝土施工环节的规范要求。建筑大型构件在生产企业车间的机械化、工业化批量加工，可以使构件达到高精度的标准化要求，如装配式预制板的机械化生产、建筑门窗的机械化生产等。

(4) 复合多功能，智能化

复合多功能建筑材料（composite multi-functional building materials）是指在满足某一主要的建筑功能的基础上，附加了其他使用功能的建筑材料。例如抗菌自洁型涂料，它既能满足一般建筑涂料保护建筑主体结构材料和装饰墙面的作用，同时又具有抵抗细菌生长和自动清洁墙面的附加功能，使人类居住环境的质量进一步提高，满足了人们对健康居住环境的要求。

智能化建筑材料（intelligent building materials）是指本身具有自我诊断和预告失效、自我调节和自我修复功能的建筑材料。当这类材料的内部发生异常变化时，能将材料的内部状况反映出来，以便在材料失效前采取措施，甚至材料能够在材料失效初期自动进行自我调节，恢复材料的使用功能。如自动调光玻璃，可根据外部光线的强弱，自动调节透光率，保持室内光线的强度平衡，既避免了强光对人的伤害，又可调节室温和节约能源。石墨注浆钢纤维混凝土（graphite slurryinfiltrated steel fiber concrete，GSIFCON）可用于铺设机场路面，可根据 GSIFCON 导电性能，实现机场地面的自动感应融冰化雪功能，以提高机场航班风雪天进出航空港的安全性。

建筑材料向智能化方向发展，成为人类社会科技进步的基本需求。目前，制约我国建筑材料行业快速、智能化发展的原因有以下两点。

① 智能建材全面普及时机未到。纵观历史，2014 年的建筑材料行业整体发展情况相对较平稳，“智能化”“跨界”“电商”等企业转型升级概念是激荡建材行业最多的时代热词。对比国内外智能家居行业的蓬勃发展，国内一些品牌家居企业经过数年拼搏后，深切感受到产品“智能化”转型升级是企业发展的未来之路。不少建材企业开始精耕细作，加大对产品智能化的研发，同时也将越来越多的精力投入到建材智能化的开发中。物联网产业在我国已经完善、成熟起来。作为物联网领域的长远发展概念，智能建筑材料之所以没有普及起来，说明其本身存在许多软件、硬件方面的不成熟之处，不足以调动起普通消费者的消费欲望，全面普及有待时间以及市场的检验。

② 智能建材发展还需多方机制完善。现在的国内外智能家居市场，不乏充满创意的高端成果，但朴实而能解决问题的产品却寥寥无几。在智能建材未来的发展之路中，普及的关键首先应立足在深刻洞察的基础上，宜尽早推出能够满足消费者实际需求的智能化系列产品。其次，需建立一条完整的国产品牌化智能建材体验产业链。各建筑材料企业需抛弃市场

上各种品牌混战的"帝国心态"，切实加强企业间的产业资源整合，共同搭建"开放、包容、合作、共赢"的智能建材平台和体系，加速智能建材在我国的研发、生产、体验、销售、反馈、发展，让智能建材真正飞入寻常百姓家。同时，创造良好的市场就业率和共赢的稳步增长的经济效益。

知识链接：

绿色建材

绿色建材（green building materials）是指采用清洁生产技术，少用天然资源的能源，大量使用工业或城市固态废弃物生产的无毒害、无污染、有利于人体健康的建筑材料。它是对人体、周边环境无害的健康、环保、安全（消防）型建筑材料，属于"绿色产品"大概念中的一个分支概念，国际上也称生态建材、健康建材或环保建材。

从广义上讲，绿色建材不是单独的建材品种，而是对建材"健康、环保、安全"属性的评价，包括对生产原料、生产过程、施工过程、使用过程和废弃物处置五大环节的分项评价和综合评价。

绿色建材的基本功能除作为建筑材料的基本实用性外，还在于维护人体健康、保护环境。与传统建材相比，绿色建材具备以下几个基本特点：(1) 生产原料生态可持续发展，其生产所用原料尽可能少用天然资源，大量使用尾矿、废渣、垃圾、废液等废弃物，产品可循环或回收再生利用，无污染环境的废弃物；(2) 生产环节低碳环保，建材采用低能耗制造工艺和不污染环境的生产技术；(3) 生产工艺绿色无公害，在产品配制或生产过程中，不使用甲醛、卤化物溶剂或芳香族化合物，产品中不得含有汞及其化合物，不得用含铅、镉、铬及其化合物的颜料和添加剂；(4) 产品理念健康先进，以改善生活环境、提高生活质量为宗旨，即产品不仅不损害人体健康，而且应有益于人体健康，产品具有多功能化，如抗菌、灭菌、防雾、除臭、隔热、阻燃、防火、调温、消声、消磁、防射线、抗静电等。

研制和生产低能耗的新型生态建筑材料，是构建节约型社会的客观需要。应充分利用工业、生活废渣和建筑垃圾生产建筑材料，将各种废渣尽可能资源化，以保护环境、节约自然资源，使人类社会可持续发展。例如，铺装园林人行道可使用粉煤灰垃圾烧结砖。原料除了农业废弃物（麦秆、稻秆、棉秆等）、工业废弃物（煤矸石、各类尾矿等）外，还有混凝土、砖头、碎玻璃等建筑生产过程中产生的垃圾。建筑垃圾经过筛选、粉碎、加工、搅拌、铺装、成型的工艺流程和新技术处理后，可生产出绿色低碳、节能环保、保暖抗震及无限可塑性的新型绿色建材和产品。

新型的节能环保建筑材料应具备低能耗、低物耗、少污染、可循环再生利用等基本特征。在工程应用中必须满足：节约资源和能源，可以实现非再生性资源的可持续循环利用，满足环境质量要求；满足建筑物的力学性能（安全性）、耐久性及实用性要求；为人类提供舒适、健康、安全的生活环境，并对自然环境具有亲和性。

节能环保材料按照建筑工程用途可划分为新型墙体材料（包括砖、块、板三类）、新型装饰装修材料、纳米材料三大类，如灰土砖、水泥砖、页岩砖、粉煤灰烧结砖、黏土空心砖、混凝土空心砖、石膏砌块、特种混凝土砌块、特种水泥轻质条板、玻璃纤维增强水泥条板、加气混凝土条板、石膏板、复合板、钢丝网架夹芯墙板、金属面夹芯墙板等新型产品。

1.4 建筑工程材料的分类

建筑工程是指通过对各类房屋建筑及其附属设施的建造和与其配套的线路、管道、设备的安装活动所形成的工程实体。其中“房屋建筑”是指有顶盖、梁柱、墙壁、基础以及能够形成内部空间，满足人们生产、居住、学习、公共活动需要的工程。建筑工程材料的品种繁多，组分各异，用途不一。其主要分类方式包括按照工程用途分类、按照使用功能分类、按照化学成分和组成特点分类三大类。

1.4.1 按工程用途分类

建筑工程材料按照建筑物营建专业系列，可划分为土建（包含建筑和结构两个专业范畴）、电气、水暖三大类。建筑工程主材是指建筑工程中所用主要原材料或主体材料，包括钢筋、水泥、木材、砖、砂、石子六大类材料。辅材是相对主材而言。

（1）土建工程材料

土建工程材料可细分为建筑结构（基础、主体、墙体、屋面、地面等）材料、建筑装饰材料、专业功能性材料（包括建筑防水材料、建筑保温材料、涂料类材料、周转类材料、路面结构材料、桥梁结构材料）三大类。

（2）电气工程材料

电气工程材料包括管材类材料、箱柜类材料、导线类材料、开关插座类材料、灯具材料等。

（3）水暖工程材料

水暖工程材料包括管材类材料、箱类材料、管件类材料、散热器类材料、阀门类材料等。

1.4.2 按使用功能分类

（1）结构材料

结构材料是指承受荷载作用的材料，如建筑物的基础、梁、板、柱、墙体所用的材料。包括木材、竹材、石材、水泥、混凝土、砂浆、钢材、砖瓦、陶瓷、玻璃工程材料、复合材料等。

（2）功能材料

功能材料是指起围护、防水、装饰、保温、隔热等作用的材料。包括装饰材料和专用材料两类。装饰材料包括各种涂料、镀层、贴面、瓷砖、特种玻璃等。专用材料是指用于防水、防潮、防腐、防火、阻燃、隔声、隔热、保温、密封等用途的材料，如吸声板、耐火砖、防火门、防锈漆、泡沫玻璃、彩色水泥、彩色沥青等工程材料。

1.4.3 按化学成分和组成特点分类

建筑材料按照其化学成分和组成特点分类，可分为无机材料、有机材料和由这两类材料复合而成的复合材料三大类，见表1-1。

表 1-1　建筑材料按化学成分和组成特点分类

<table>
<tr><td rowspan="2">无机材料</td><td>金属材料</td><td>黑色金属:铁、钢(非合金钢、合金钢)
有色金属:铝、锌、铜及其合金</td></tr>
<tr><td>非金属材料</td><td>石材:天然石材(大理石、花岗岩、石灰岩等)、人造石材
烧结制品:烧结砖、陶瓷面砖、琉璃
熔融制品:玻璃、岩棉、矿棉
胶凝材料:气硬性胶凝材料(石灰、石膏、水玻璃)、水硬性胶凝材料(各种水泥)
硅酸盐制品:混凝土、砂浆、砌块、蒸养砖、碳化板、石棉</td></tr>
<tr><td rowspan="2">有机材料</td><td>植物材料</td><td>木材、竹材及制品</td></tr>
<tr><td>高分子材料</td><td>塑料、涂料、合成橡胶、沥青、胶黏剂</td></tr>
<tr><td rowspan="2">复合材料</td><td>金属-非金属复合材料</td><td>钢纤维混凝土、碳纤维复合材料、铝塑板、涂塑钢板、预涂铝-瓦楞芯复合板</td></tr>
<tr><td>无机-有机复合材料</td><td>沥青混凝土、塑料颗粒保温砂浆、聚合物混凝土</td></tr>
</table>

1.5　建筑材料的标准化

1.5.1　建筑材料的技术标准

建筑材料的技术标准是生产、流通和使用单位检验、确定产品质量是否合格的技术文件。建筑材料相关的国家标准和部门行业标准都是全国通用标准，属于国家指令性技术文件，均必须严格遵照执行，尤其是强制性标准。

目前我国对绝大部分建筑材料均制定有技术标准，生产单位按标准生产合格的产品，使用部门参照标准和产品目录，根据使用要求量材选用。我国标准有四大类：国家标准(GB)、行业标准（JGJ)、地方标准（DB）和企业标准（QB)。

各级标准都有各自的部门代号，例如：G 表示国家标准；GBJ 表示建筑工程国家标准；JGJ 表示建工行业建设标准；JC 表示国家建材局标准；YB 表示冶金部标准；ZB 表示国家级专业标准等。

与建筑材料关系密切的国际或国外标准主要有国际标准（ISO)、美国材料试验学会标准（ASTM)、日本工业标准（JIS)、德国工业标准（DIN)、英国标准（BS)、法国标准(NF）等。

我国现行常用建筑材料执行的国家标准见表 1-2。

表 1-2　我国现行常用建筑材料执行的国家标准

序号	建筑材料及工艺名称	执行标准
1	建设用砂	GB/T 14684—2011
2	建设用卵石、碎石	GB/T 14685—2011
3	混凝土强度检验评定标准	GB/T 50107—2010
4	砂浆试块	JGJ/T 70—2009
5	烧结普通砖	GB/T 5101—2003
6	烧结多孔砖	GB 13544—2011
7	烧结空心砖	GB/T 13545—2014

续表

序号	建筑材料及工艺名称	执行标准
8	烧结瓦	JB/T 21149—2007
9	水泥	GB 175—2007
10	蒸压加气混凝土砌块	GB 11968—2006
11	混凝土路面砖	GB 28635—2012
12	轻集料混凝土小型空心砌块	GB/T 15229—2011
13	天然石材	GB/T 17670—2008
14	石油沥青纸胎油毡、油纸	GB 326—2007
15	弹性体(SBS)、塑性体(APP)改性沥青防水卷材	GB 18242—2008,GB 18243—2008
16	道路石油沥青	GB/T 15180—2010
17	合成树脂乳液外墙涂料	GB/T 9755—2014
18	合成树脂乳液内墙涂料	GB/T 9756—2009
19	聚氨酯防水涂料	GB/T 19250—2013
20	混凝土外加剂	GB 50119—2013
21	陶瓷砖	GB/T 4100—2015
22	铝合金建筑型材	GB 5237—2008
23	家用和类似用途固定式电气装置的开关	GB 16915.1—2014
24	聚氯乙烯绝缘电缆	GB/T 5023—2008
25	家用及类似场所用过电流保护断路器	GB/T 10963.1—2005，GB/T 10963.2—2008，GB/T 10963.3—2016
26	建筑用塑料窗	GB/T 28887—2012
27	建筑用塑料门	GB/T 28886—2012
28	灰铸铁柱型散热器	JG 3—2002
29	钢制柱型散热器	JG/T 1—1999
30	钢制板型散热器	JG 2—2007
31	给水用丙烯酸共聚聚氯乙烯管材及管件	CJ/T 218—2010
32	建筑排水用硬聚氯乙烯(PVC-U)管材	GB/T 5836.1—2006
33	铝塑复合压力管	GB/T 18997.1—2003
34	通用阀门	GB/T 12226—2005
35	钢筋混凝土用钢热轧光圆钢筋	GB 1499.1—2008
36	钢筋混凝土用钢热轧带肋钢筋	GB 1499.2—2007
37	低碳钢热轧圆盘条	GB/T 701—2008
38	冷轧扭钢筋	JG 190—2006
39	冷拔低碳钢丝	JGJ 19—2010
40	预应力混凝土用钢丝	GB/T 5223—2014
41	碳素结构钢	GB/T 700—2006
42	冷轧带肋钢筋	GB 13788—2008
43	装饰石膏板	JC/T 799—2016

1.5.2 建筑材料标准化的意义

(1) 我国现阶段建设的国情需要

作为发展中国家支柱产业的基础设施建设，建筑工程材料的标准化可以规范行业的社会生产活动，规范市场行为，引领经济社会发展，推动建立最佳秩序，促进相关产品在技术上的相互协调和兼容配合。随着科学技术的发展，生产的社会化程度越来越高，技术要求越来越复杂，生产协作越来越广泛。许多工业产品和工程建设，往往涉及几十个甚至几百个企业，协作点遍布世界各地。这样一个复杂的生产组合，客观上要求必须在技术上使生产活动保持高度的统一和协调一致。这就必须通过制定和执行许许多多的技术标准、工作标准和管理标准，使各生产部门和企业内部各生产环节有机地联系起来，以保证生产有条不紊地进行。

(2) 科学管理的基础

建筑工程材料标准化有利于实现科学管理和提高管理效率。现代生产讲求的是效率，效率的内涵是效益。现代企业实行自动化、电算化管理，前提也是标准化。

(3) 调整产品和产业结构的需要

建筑工程材料标准化可以使资源合理利用，简化生产技术，实现互换组合，为调整产品结构和产业结构创造了条件。

(4) 扩大市场的必要手段

生产的目的是为了消费，生产者要找到消费者就要开发市场。建筑工程材料标准化不但为扩大生产规模、满足市场需求提供了可能，也为实施售后服务、扩大竞争创造了条件。需要强调的是，由于生产的社会化程度越来越高，各个国家和地区的经济发展已经同全球经济紧密结成一体，标准和标准化不但为世界一体化的市场开辟了道路，也同样为进入这样的市场设置了门槛。

(5) 促进科学技术转化成生产力的平台

科学技术是第一生产力，但是在科学技术没有走出实验室之前，它只在科学技术领域产生影响和起到作用，是潜在的生产力，还不是现实的生产力。只有通过技术标准提供的统一平台，才能使科学技术迅速快捷地过渡到生产领域，向现实的生产力转化，从而产生应有的经济效益和社会效益。建筑工程材料标准化与行业科技进步有着十分密切的关系，两者相辅相成、互相促进。标准化是科技成果转化为生产力的重要“桥梁”，先进的科技成果可以通过标准化手段，转化为生产力，推动社会的进步。

(6) 推动贸易发展的桥梁和纽带

随着我国“一带一路”国家战略的深入实施，建筑工程材料标准化可以增强世界各国在基础设施建设领域的相互沟通和理解，消除技术壁垒，促进国际间的经贸发展和科学、技术、文化的交流与合作。当前世界已经被高度发达的信息和贸易联成一体，贸易全球化、市场一体化的趋势不可阻挡，而真正能够在各个国家和各个地区之间起到联结作用的桥梁和纽带就是各行业技术标准。只有全球按照同一标准组织生产和贸易，市场行为才能够在更大的范围和更广阔的领域发挥应有的作用，人类创造的物质财富和精神财富才有可能在全世界范围内为人类所共享。例如我国“十三五”规划中在建筑生产领域所倡导的BIM建筑标准与实施、装配式建筑研究与推广，都是典型的建筑工程材料系列化和标准化产业链建设。

（7）提高质量和保护安全

建筑工程材料标准化有利于稳定和提高产品、工程和服务的质量，促进企业走质量效益型发展道路，增强企业素质，提高企业竞争力；保护人体健康，保障人身和财产安全，保护人类生态环境，合理利用资源；维护消费者权益。技术标准是衡量产品质量好坏的主要依据，它不仅对产品性能做出具体的规定，而且还对产品的规格、检验方法及包装、储运条件等相应地做出明确规定。严格地按标准进行生产，按标准进行检验、包装、运输和储存，产品质量就能得到保证。标准的水平标志着产品质量水平，没有高水平的标准，就没有高质量的产品。

1.6 本课程的学习意义

在工程应用中，应根据建筑物的功能要求、建筑材料所应具备的性能来选择和使用不同的材料。作为建筑设计者，必须对建筑各专业材料有透彻的了解，熟练掌握常用建筑材料的性能和特点，使材料在建筑物上充分发挥其作用，以满足不同使用要求，做到材尽其能、物尽其用。

为了不断提高建筑设计和建筑创作水平，设计者应了解新型建筑材料的发展，了解建筑材料生产和技术上的新成果。在建筑设计工作中，努力做到技术、经济、艺术三者的统一，这既是建筑设计人员的基本职责，也是体现建筑设计水平的主要标志。

建筑工程造价中的直接工程费由人工费、机械费、材料费（包括辅材费和主材费）三部分组成，根据《建筑安装工程费用项目组成》（建标［2003］206号）文件的规定，我国各省市地区费用定额测试所选典型工程材料费占直接工程费的比例一般为45%～60%。在建筑材料选用时，要以降低建筑工程造价、提高基本建设的技术经济效果、保证国民经济的顺利发展为原则，从而保证建筑产品的经济性。

本课程的教学内容，是基于普通高等学校建筑类专业的教学大纲要求，对常用建筑材料的产源、成分、构造、性能、应用和装饰性等方面，做扼要的论述和介绍，使初学者具备建筑材料使用的基本知识。着力培养建筑行业的高级工程技术、高级管理人才，使其能够在建筑工程建设的勘察、设计、审核、造价、监理、施工、验收、维护等各个专业环节中严谨治学、规范工作、实事求是，理论联系实际，不断创新发展，为我国基础建设行业的大工业体系建设贡献力量。

在本课程的学习中，应重点掌握常用建筑材料的各种性能，熟悉建筑材料的应用范围，能够融会贯通到建筑工程专业设计案例中。在学习方法上应注重知识的系统化，有重点地学习各章节内容。在学习中应该理论联系实际，注意建筑材料成分、构造、性能和应用之间的内在关系。在后续其他有关专业类课程的学习和生产实习中，应注意观察和调查不同建筑材料的使用实例，不断提高自己的实践经验。

第2章 建筑材料的基本性质

2.1 材料的物理性质

2.1.1 密度、表观密度和堆积密度

（1）密度 ρ

密度是指材料在绝对密实状态下单位体积的质量。密度可按下式计算：

$$\rho=\frac{m}{V} \tag{2-1}$$

式中 ρ——材料的密度，g/cm^3；

m——材料的质量（干燥至恒重），g；

V——材料在绝对密实状态下的体积，cm^3。

除了钢材、玻璃等少数材料外，绝大多数材料内部都有一些孔隙。在测定有孔隙材料（如砖、石等）的密度时，应先把材料磨成细粉，待干燥后，再用李氏瓶测定其绝对密实体积。材料磨得越细，测得的密实体积数值就越精确。另外，工程上还经常使用相对密度。它用材料的质量与同体积水（4℃）的质量的比值表示，无单位，其值与材料密度相同。

（2）表观密度（体积密度）ρ_0

表观密度是指材料在自然状态下单位体积（包括材料实体及其开口孔隙、闭口孔隙）的质量，俗称容重。表观密度可按下式计算：

$$\rho_0=\frac{m}{V_0} \tag{2-2}$$

式中 ρ_0——材料的表观密度，kg/m^3 或 g/cm^3；

m——材料的质量，kg 或 g；

V_0——材料在自然状态下的体积，m^3 或 cm^3，包括材料实体及其开口孔隙、闭口孔隙。自然状态下材料体积示意图如图 2-1 所示。

对于规则形状材料的体积，我们可使用量具测量，如加气混凝土砌块的体积是逐块量取长、宽、高三个方向的轴线尺寸，并计算其体积的。对于不规则形状材料的体积，可通过使用排液法或封蜡排液法来测量。

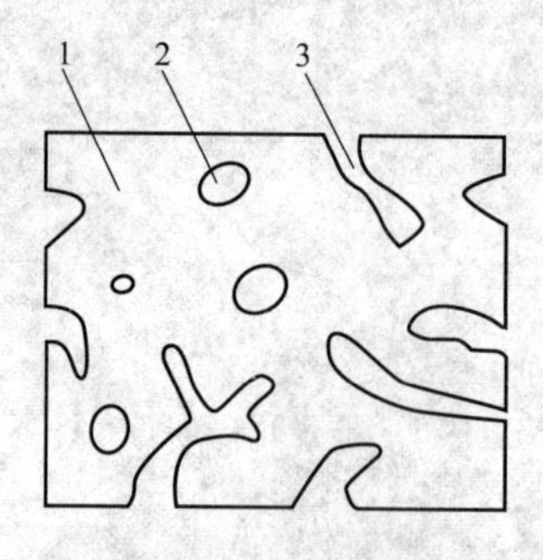

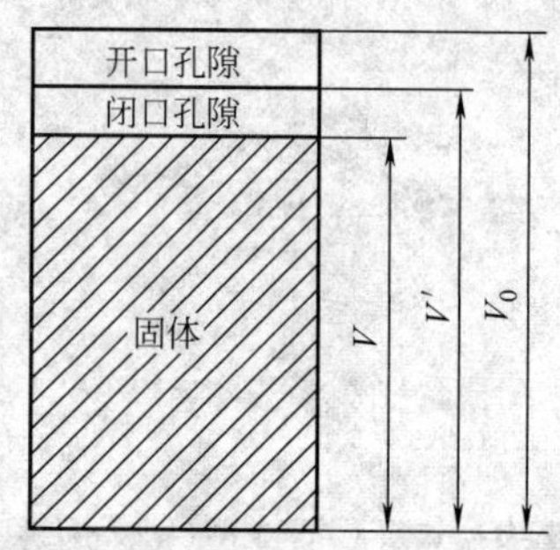

图 2-1 自然状态下材料体积示意图

1—固体；2—闭口孔隙；3—开口孔隙

毛体积密度是指单位体积（含材料的实体矿物成分及其闭口孔隙、开口孔隙等颗粒表面轮廓线所包围的毛体积）物质颗粒的干质量。因其质量是指试件烘干后的质量，故也称干体积密度。

（3）堆积密度 ρ_0'

堆积密度是指单位体积（含物质颗粒固体及其闭口孔隙、开口孔隙体积及颗粒间空隙体积）物质颗粒的质量，有干堆积密度及湿堆积密度之分。堆积密度可按下式计算：

$$\rho_0' = \frac{m}{V_0} \tag{2-3}$$

式中 ρ_0'——堆积密度，kg/m^3；

m——材料的质量，kg；

V_0——材料的堆积体积，m^3。

材料的堆积体积包括材料绝对体积、内部所有孔体积和颗粒间的空隙体积。材料的堆积密度反映散粒构造材料堆积的紧密程度及材料可能的堆放空间。常用建筑材料的密度、表观密度及堆积密度见表 2-1。

表 2-1 常用建筑材料的密度、表观密度及堆积密度

材料名称	密度/(g/cm³)	表观密度/(kg/m³)	堆积密度/(kg/m³)
钢材	7.8～7.9	7850	—
花岗岩	2.7～3.0	2500～2900	—
石灰岩	2.6～2.8	1800～2600	1400～1700(碎石)
砂	2.5～2.6	—	1500～1700
黏土	2.5～2.7	—	1600～1800
水泥	2.8～3.1	—	1200～1300
烧结普通砖	2.6～2.7	1600～1900	—
烧结空心砖	2.5～2.7	1000～1480	—
红松木	1.55～1.60	400～600	—

2.1.2 密实度与孔隙率

（1）密实度 D

材料的密实度是指固体物质部分的体积占总体积的比例，说明材料体积内被固体物质所填充的程度，即反映了材料的致密程度。密实度可用如下公式表示：

$$D = \frac{V}{V_0} \times 100\% = \frac{\rho_0}{\rho} \times 100\% \tag{2-4}$$

含有孔隙的固体材料的密实度均小于1，材料的很多性能（强度、吸水性、耐久性、导热性等）均与密实度有关。

（2）孔隙率 P

孔隙率是指材料内部孔隙体积占自然状态下总体积的百分率。孔隙率可用如下公式表示：

$$P=\frac{V_0-V}{V_0}\times 100\%=\left(1-\frac{\rho_0}{\rho}\right)\times 100\% \tag{2-5}$$

孔隙率一般通过试验所确定的材料密度和体积密度而求得。材料的孔隙率与密实度的关系为：

$$P+D=1 \tag{2-6}$$

材料的孔隙率与密实度是相互关联的性质，材料孔隙率的大小可直接反映材料的密实度，孔隙率越大，密实度越小。

孔隙按构造可分为开口孔隙和封闭孔隙两种。材料孔隙率的大小、孔隙特征对材料的许多性质会产生一定影响，如材料的孔隙率较小，且连通孔较少，则材料的吸水性较小、强度较高、抗冻性和抗渗性较好。工程中对需要保温隔热的建筑物或部位，要求其所用材料的孔隙率要较大。相反，对要求高强或不透水的建筑物或部位，则其所用的材料孔隙率应很小。

2.1.3 填充率与空隙率

（1）填充率 D'

填充率是指散粒材料在其堆积体积中，颗粒体积占其堆积体积的比例。填充率可按下式计算：

$$D'=\frac{V_0}{V'_0}\times 100\%=\frac{\rho'_0}{\rho_0}\times 100\% \tag{2-7}$$

（2）空隙率 P'

空隙率是指散粒材料（如砂、石等）在其堆积体积中，颗粒之间的空隙体积占材料堆积体积的百分率。空隙率可用公式表示如下：

$$P'=\frac{V'_0-V_0}{V'_0}\times 100\%=\left(1-\frac{\rho'_0}{\rho_0}\right)\times 100\% \tag{2-8}$$

式中 ρ_0——颗粒状材料的表观密度，kg/m^3；

ρ'_0——颗粒状材料的堆积密度，kg/m^3。

散粒材料的空隙率与填充率的关系为：

$$P'+D'=1 \tag{2-9}$$

空隙率与填充率也是相互关联的两个参数，空隙率的大小可直接反映散粒材料的颗粒之间相互填充的程度。散粒材料，其空隙率越大，填充率越小。在配制混凝土时，砂、石的空隙率是作为控制集料级配与计算混凝土砂率的重要依据。

2.1.4 耐久性

如前所述，材料在建筑物的使用过程中，除受到各种外力作用外，还长期受到各种使用因素和自然因素的破坏作用。这些破坏作用有物理作用、机械作用、化学作用和生物作用。

物理作用包括温度和干湿度的交替变化、循环冻融等。温度和干湿度的交替变化引起材料的膨胀和收缩。长期、反复的交替作用会使材料被逐渐破坏。在寒冷地区，循环冻融对材料的破坏甚为明显。

机械作用包括荷载的持续作用，反复荷载引起的材料的疲劳、冲击、磨损等作用。

化学作用包括酸、碱、盐等液体或气体对材料的侵蚀作用。

生物作用包括昆虫、菌类等的作用，而使材料蛀蚀或腐朽。

一般矿物质材料，如石材、砖瓦、陶瓷、混凝土、砂浆等，暴露在大气中时，主要受到大气的物理作用；当材料处于水位变化区或水中时，还受到环境水的化学侵蚀作用。金属材料在大气中易遭锈蚀。木材及植物纤维材料，常因虫蚀、腐朽遭到破坏。沥青及高分子材料，在阳光、空气及热的作用下，会逐渐老化、变质而被破坏。

综上所述，材料的耐久性是指在使用条件下，在上述各种因素作用下，在规定使用期限内材料不被破坏，也不失去原有性能的性质。耐久性是材料的一种综合性质，诸如抗冻性、抗风化性、耐老化性、耐化学侵蚀性等均属于耐久性的范围。此外，材料的强度、抗渗性、耐磨性等性能也与材料的耐久性有密切关系。

为提高材料的耐久性，可根据使用情况和材料特点采取相应的措施，如设法减轻大气或周围介质对材料的破坏作用（降低湿度、排除侵蚀性的介质等），提高材料本身对外界作用的抵抗性（提高材料的密实度、采取防腐措施等），也可用其他材料保护主体材料使其免受破坏（覆面、抹灰、涂刷涂料等）。

2.2 材料与水有关的性质

2.2.1 亲水性与憎水性

材料与水接触时，根据材料是否能被水润湿，可将其分为亲水性材料和憎水性材料两类。亲水性是指材料表面能被水润湿的性质；憎水性是指材料表面不能被水润湿的性质。

当材料与水在空气中接触时，将出现如图 2-2 所示的两种情况。在材料、水、空气三相交点处，沿着水滴的表面作切线，切线与水和材料接触面所成的夹角称为润湿角（用 θ 表示）。θ 越小，表明材料越易被水润湿。一般认为，当 $\theta \leqslant 90°$ 时，材料表面易吸附水分，能被水润湿，材料表现出亲水性；当 $\theta > 90°$ 时，则材料表面不易吸附水分，不能被水润湿，材料表现出憎水性。

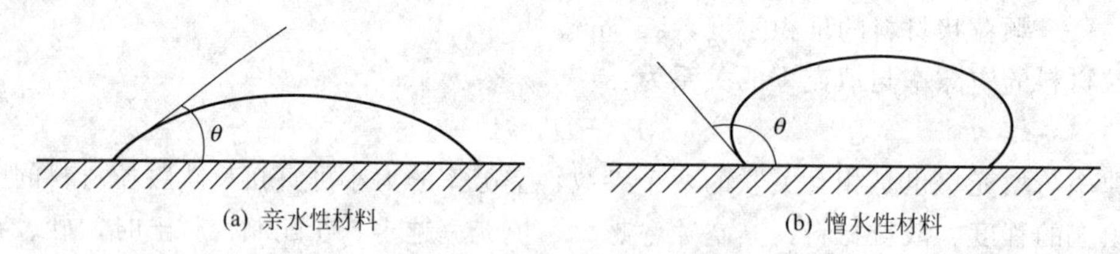

图 2-2　材料的润湿示意图

亲水性材料易被水润湿，且水能通过毛细管作用而被吸入材料内部。憎水性材料则能阻止水分渗入毛细管中，从而降低材料的吸水性。建筑材料大多数为亲水性材料，如水泥、混凝土、砂、石、砖、木材等；只有少数材料为憎水性材料，如沥青、石蜡、某些塑料等。建筑工程中憎水性材料常被用作防水材料，或作为亲水性材料的覆面层，以提高其防水、防潮性能。

2.2.2 吸水性

材料从水中吸收水分的性质称为吸水性。吸水性的大小用吸水率表示，吸水率有两种表示方法：质量吸水率和体积吸水率。

(1) 质量吸水率 $W_{质}$

质量吸水率是指材料在吸水饱和时，所吸收水分的质量占材料干质量的百分率。质量吸水率可用公式表示如下：

$$W_{质}=\frac{m_{湿}-m_{干}}{m_{干}}\times 100\% \tag{2-10}$$

式中　$W_{质}$——材料的质量吸水率，%；

$m_{湿}$——材料在饱和水状态下的质量，g；

$m_{干}$——材料在干燥状态下的质量，g。

(2) 体积吸水率 $W_{体}$

体积吸水率是指材料在吸水饱和时，所吸收水分的体积占干燥材料总体积的百分率。体积吸水率可用如下公式表示：

$$W_{体}=\frac{V_{水}}{V_0}\times 100\%=\frac{m_{湿}-m_{干}}{V_0}\times\frac{1}{\rho_{水}}\times 100\% \tag{2-11}$$

式中　$W_{体}$——材料的体积吸水率，%；

$V_{水}$——水的体积，cm^3；

V_0——干燥材料的总体积，cm^3；

$\rho_{水}$——水的密度，g/cm^3。

常用建筑材料的吸水率一般用质量吸水率表示。对于某些轻质材料，如加气混凝土、木材等，由于其质量吸水率往往超过 100%，因此一般采用体积吸水率表示。

材料所吸收的水分是通过开口孔隙吸入的，故开口孔隙率越大，材料的吸水量越多。材料的吸水性与材料的孔隙率及孔隙特征有关。对于细微连通的孔隙，孔隙率越大，吸水率越大。封闭的孔隙内水分不易进去，而开口大孔虽然水分易进入，但不易存留，只能润湿孔壁，所以吸水率仍然较小。

各种材料的吸水率差异很大，如花岗岩的吸水率只有 0.5%～0.7%，混凝土的吸水率为 2%～3%，烧结普通砖的吸水率为 8%～20%，木材的吸水率可超过 100%。若吸水率偏大对材料是不利的，它使材料的强度下降、体积膨胀、保温性降低、抗冻性变差等。

2.2.3　吸湿性

材料从潮湿空气中吸收水分的性质称为吸湿性。吸湿性的大小用含水率表示，可用如下公式表示：

$$W_{含}=\frac{m_{含}-m_{干}}{m_{干}}\times 100\% \tag{2-12}$$

式中　$W_{含}$——材料的含水率，%；

$m_{含}$——材料在吸湿状态下的质量，g。

$m_{干}$——材料在干燥状态下的质量，g。

材料的含水率随空气的温度、湿度的变化而改变。材料既能从空气中吸收水分，又能向外界释放水分，当材料中的水分与空气的湿度达到平衡时的含水率就称为平衡含水率。一般情况下，材料的含水率多指平衡含水率。当材料内部孔隙吸水达到饱和时，此时材料的含水率等于吸水率。材料吸水后，会导致自重增加、保温隔热性降低、强度和耐久性产生不同程度的下降。材料干湿交替还会引起其形状和尺寸的改变而影响使用。

材料的吸湿性对工程有较大的影响。例如木材，由于吸收水分或蒸发水分，往往容易造成翘曲、开裂等缺陷。石灰、石膏、水泥等由于吸湿性强，则容易造成材料失效。保温材料吸水后，其保温性会大幅度下降。

2.2.4 耐水性

材料长期在饱和水作用下不被破坏，强度也不显著降低的性质称为耐水性。材料的耐水性用软化系数表示，可用如下公式表示：

$$K_{软}=\frac{f_{饱}}{f_{干}} \tag{2-13}$$

式中 $K_{软}$——材料的软化系数；

$f_{饱}$——材料在饱和水状态下的抗压强度，MPa；

$f_{干}$——材料在干燥状态下的抗压强度，MPa。

软化系数的大小反映材料在浸水饱和后强度降低的程度。材料被水浸湿后，强度一般会有所下降，软化系数会在0～1之间。软化系数越小，说明材料吸水饱和后的强度降低越多，其耐水性越差。工程中将软化系数大于0.85的材料称为耐水材料。对于经常位于水中或潮湿环境中的重要结构的材料，必须选用软化系数大于0.85的耐水材料；对于用于受潮较轻或次要结构的材料，其软化系数不宜小于0.75。

2.2.5 抗渗性

材料抵抗压力水渗透的性质称为抗渗性。材料的抗渗性通常采用渗透系数表示。渗透系数是指一定厚度的材料，在一定水压作用下单位时间内透过单位面积的水量，可用如下公式表示：

$$K=\frac{Qd}{hAT} \tag{2-14}$$

式中 K——材料的渗透系数，cm/h，

Q——透过材料试件的水量，cm^3；

d——材料试件的厚度，cm；

A——透水面积，cm^2；

T——透水时间，h；

h——静水压力水头，cm。

渗透系数反映了材料抵抗压力水渗透的能力，渗透系数越大，说明材料的抗渗性越差。对于混凝土和砂浆，其抗渗性常采用抗渗等级表示。抗渗等级是以规定的试件，采用标准的试验方法测定试件所能承受的最大水压力来确定的，用“P_n”表示，其中 n 为材料所能承受的最大水压力（MPa）的10倍值，如 P_6 表示材料能承受0.6MPa的水压而不渗水。

材料抗渗性的大小与其孔隙率和孔隙特征有关。若材料中存在连通的孔隙，且孔隙率较大，水分容易渗入，则这种材料的抗渗性较差。孔隙率小的材料具有较好的抗渗性。由于水分不能渗入封闭孔隙，因此对于孔隙率虽然较大，但以封闭孔隙为主的材料，其抗渗性也较好。对于地下建筑、压力管道、水工构筑物等工程部位，因经常受到压力水的作用，一定要选择具有良好抗渗性的材料；而作为防水材料，则要求其具有更高的抗渗性。

2.2.6 抗冻性

在负温下，材料毛细管内的水分可冻结成冰，此时体积膨胀9%～10%。冰的膨胀压力

达到一定程度时，将使材料遭到局部破坏；当冰冻融解时其膨胀压力也将消失。材料在冻结和融解的循环作用下而遭受破坏的现象称为冻融破坏。

材料在饱和水状态下，能经受多次冻融循环作用而不被破坏，且强度也不显著降低的性质，称为材料的抗冻性。材料的抗冻性用抗冻等级表示。抗冻等级是以规定的试件，在吸水饱和状态下，经冻融循环作用，测得其强度和质量降低不超过规定值，并无明显损害和剥落时所能经受的最大冻融循环次数来确定的，以“F_n”表示，其中 n 为最大冻融循环次数。

材料因经受冻融循环作用而被破坏，主要是由于材料内部孔隙中的水结冰所致。水结冰时体积要增大，若材料内部孔隙充满了水，则结冰产生的膨胀会对孔隙壁产生很大的应力，当此应力超过材料的抗拉强度时，孔壁将产生局部开裂。随着冻融循环次数的增加，材料逐渐被破坏。

材料抗冻性的好坏取决于材料的孔隙率、孔隙的特征、吸水饱和程度和自身的抗拉强度。若材料的强度高、变形能力和软化系数大，则抗冻性较高。一般认为，软化系数小于 0.80 的材料，其抗冻性较差。在寒冷地区及寒冷环境中的建筑物或构筑物，必须考虑所选择材料的抗冻性。

2.3 材料的力学性质

材料的力学性质是指材料在外力作用下抵抗破坏和变形能力的性质，它是在选用建筑材料时首要考虑的基本性质。

2.3.1 强度与比强度

（1）强度 f

材料在荷载（外力）作用下抵抗破坏的能力称为材料的强度。当材料受到外力作用时，其内部就产生应力，荷载增加，所产生的应力也相应增大，直至材料内部质点间结合力不足以抵抗所作用的外力时，材料即发生破坏。材料被破坏时，达到应力极限，这个极限应力值就是材料的强度，又称极限强度。

强度的大小直接反映材料承受荷载能力的大小。根据外力作用方式的不同，材料强度有抗拉强度、抗压强度、抗剪强度和抗弯（抗折）强度等，其示意图如图 2-3 所示。

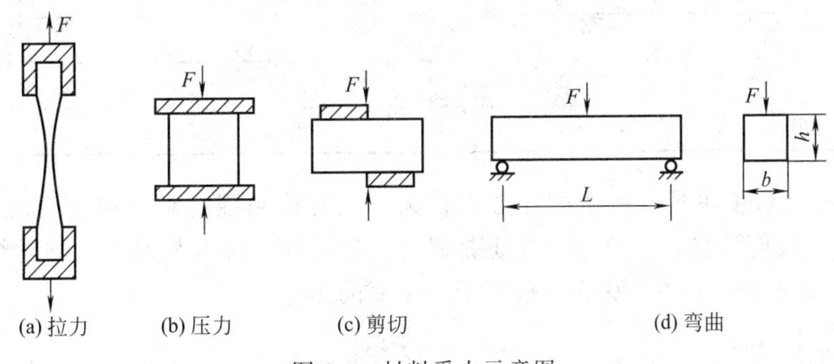

图 2-3　材料受力示意图

材料的抗拉强度、抗压强度和抗剪强度的计算式为：

$$f=\frac{F}{A} \tag{2-15}$$

式中 f——材料的抗压强度、抗拉强度、抗剪强度，MPa；

F——材料承受的最大荷载，N；

A——材料的受力面积，mm^2。

材料的抗弯强度与试件受力情况、截面形状以及支承条件有关。通常是将矩形截面的条形试件放在两个支点上，中间作用一个集中荷载。

材料抗弯强度的计算式为：

$$f=\frac{3FL}{2bh^2} \tag{2-16}$$

式中 f——材料的抗弯（抗折）强度，MPa；

F——材料承受的最大荷载，N；

L——材料的长度，mm；

b——材料受力截面的宽度，mm；

h——材料受力截面的高度，mm。

试验测定的强度值除受材料本身的组成、结构、孔隙率大小等内在因素的影响外，还与试验条件如试件形状、尺寸、表面状态、含水率、环境温度及试验时加荷速度等有密切关系。为了使测定的强度值准确且具有可比性，必须按规定的标准试验方法测定材料的强度。

材料的强度等级是按照材料的主要强度指标划分的级别。掌握材料的强度等级，对合理选择材料、控制工程质量是十分重要的。建筑材料常按其强度值的大小划分为若干个等级。烧结普通砖按抗压强度分为以下 5 个等级：Mu30、Mu25、Mu20、Mu15、Mu10；硅酸盐水泥按抗压强度和抗折强度分为以下 6 个等级：42.5、52.5、62.5、42.5R、52.5R、62.5R；普通混凝土按其抗压强度分为以下 14 个等级：C15、C20、C25、C30、C35、C40、C45、C50、C55、C60、C65、C70、C75、C80；碳素结构钢按其抗拉强度分为 5 个等级，如 Q235 等。

（2）比强度 f_c

为了对不同的材料强度进行比较，可以采用比强度。比强度是指材料的强度与其体积密度之比，是衡量材料是否轻质高强的一个主要指标。以钢材、木材和混凝土为例，其强度比较见表 2-2。

表 2-2 钢材、木材和混凝土强度比较

材料	体积密度 ρ_0/(kg/m³)	抗压强度 f/MPa	比强度 f_c/ρ
低碳钢	7860	415	0.053
松木	500	34.3(顺纹)	0.069
普通混凝土	2400	29.4	0.012

由表 2-2 中的数值可见，松木的比强度最大，是轻质高强材料；混凝土的比强度最小，是质量大而强度较低的材料。普通混凝土是表观密度大而比强度相对较低的材料，所以努力促进普通混凝土向着轻质高强发展是一项十分重要的工作。

2.3.2 弹性与塑性

材料在外力作用下产生变形，当外力取消后，能够完全恢复原来形状的性质称为弹性，这种变形称为弹性变形，其值的大小与外力成正比；不能自动恢复原来形状的性质称为塑性，这种不能恢复的变形称为塑性变形，塑性变形属于永久性变形。

完全弹性材料是没有的。一些材料在受力不大时只产生弹性变形，而当外力达到一定限度后，即可产生塑性变形，如低碳钢。很多材料在受力时，弹性变形和塑性变形会同时产生，如普通混凝土。

（1）弹性指标

材料在弹性范围内，应力与应变的比值 σ/ε 称为弹性模量 E，即：

$$E=\frac{\sigma}{\varepsilon} \tag{2-17}$$

E 反映了材料抵抗弹性变形的能力，是材料刚度大小的度量指标。金属材料的 E 值主要取决于材料的本性，一些处理方法（如热处理、冷热加工、合金化等）对它的影响很小。提高零件刚度的主要办法是增加横截面积或改变截面形状。金属的 E 值随温度升高逐渐降低。

材料的弹性模量 E 与其密度 ρ 的比值 E/ρ 称为比刚度。比刚度大的材料（如铝合金、钛合金、碳纤维增强复合材料）在航空航天工业中得到了广泛应用。

（2）塑性指标

材料的常用塑性指标有延伸率和断面收缩率。延伸率即断后总伸长率，以 δ 表示，即：

$$\delta=\frac{I_1-I_0}{I_0}\times 100\% \tag{2-18}$$

式中 I_0——标距原长；

I_1——断裂后标距长度。

断面收缩率以 ψ 表示，即：

$$\psi=\frac{F_0-F_1}{F_0}\times 100\% \tag{2-19}$$

式中 F_0——试件原始横截面积；

F_1——断口处的横截面积。

同一材料的试样长短不同，测得的 δ 略有不同。如 I_0 为试样原始直径 d_0 的10倍，则延伸率常记为 δ_{10}（常简写成 δ）；如 I_0 为试样原始直径 d_0 的5倍，则延伸率记为 δ_5。同一种材料，$\delta_5<\delta_{10}$，所以对不同材料 δ_5 与 δ_{10} 不能直接比较。考虑到材料塑性变形时可能有颈缩行为，故 ψ 能更真实地反映材料的塑性好坏，但 ψ、δ 均不能直接用于工程计算。

材料具有良好的塑性，能降低应力集中，使应力松弛，吸收冲击能，产生形变强化，提高零件的可靠性，同时有利于压力加工，这对工程应用和材料的加工都具有重大意义。

材料的应力-应变图中亦能反映其韧性（静力韧性）。拉伸曲线与横坐标所包围的面积越大，则材料从变形到断裂过程中所吸收的能量越多，即材料的韧性越好。

（3）黏弹性

理想的弹性材料在加载时（应力不超过材料的弹性极限）立即产生弹性变形，卸载时变形立即消失，应变和应力是同步发生的。但实际工程材料尤其是高分子材料，加载时应变不是立即达到平衡值，卸载时变形也不立即消失，应变总是落后于应力。这种应变滞后于应力的现象称为黏弹性。具有黏弹性的物质，其应变不仅与应力大小有关，而且与加载速度和保持负荷的时间有关。

2.3.3 脆性与韧性

材料受力达到一定程度时发生突然破坏，并无明显塑性变形，材料的这种性质称为脆性。大部分无机非金属材料均属于脆性材料，如天然石料、砖瓦、陶瓷等。脆性材料的显著特点是抗压强度高而抗拉强度、抗折强度低，如混凝土的抗压强度比抗拉强度高10～20倍。

材料在冲击或动力荷载作用下，能吸收较多能量而不被破坏的性能，称为材料的韧性或冲击韧性。其大小以材料破坏时单位面积所消耗的功表示，计算式如下：

$$\alpha_k = \frac{A_k}{A} \tag{2-20}$$

式中　α_k——材料的冲击韧性，J/mm^2；

　　A_k——试件破坏时所消耗的功，J；

　　A——试件横截面积，mm^2。

钢材的冲击韧性与钢材的化学成分、组织状态以及冶炼、加工都有关系。例如，钢材中磷、硫含量较高，存在偏析、非金属夹杂物和焊接中形成的微裂纹等都会使冲击韧性显著降低。冲击韧性随温度的降低而下降，其规律是：开始下降缓和，当达到一定温度范围时，突然下降很多而呈脆性，这种性质称为钢材的冷脆性。

一般把冲击韧性值高的材料称为韧性材料，低者称为脆性材料。韧性材料在断裂前有明显的塑性变形，脆性材料则反之。钢材、木材等韧性材料的冲击韧性远高于脆性材料，且不存在抗压强度远高于抗拉强度的特点。所以在建筑工程中常将它们用作受拉或受弯构件。对于承受动力荷载作用的构件，如吊车梁、钢轨、路面等，有时需要考虑材料的韧性指标。

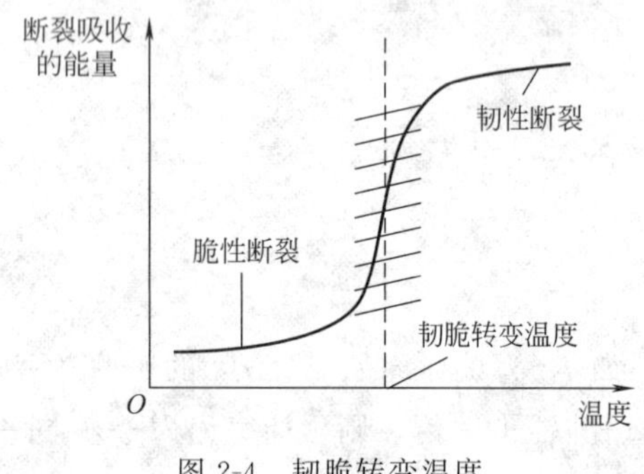

图 2-4　韧脆转变温度

有的材料（如低碳钢）在室温及室温以上处于韧性状态，冲击韧性很高，而低温下冲击韧性急剧下降，即具有延性-脆性转变现象，其特征温度 T_k 称为韧脆转变温度，如图 2-4 所示。金属的韧性一般随加载速度的提高、温度的降低以及应力集中程度的加剧而下降。

冲击韧性不可直接用于零件的设计与计算，但可用于判断材料的冷脆倾向和不同材质的材料之间韧性的比较，以及评定材料在一定工作条件下的缺口敏感性。

2.3.4 硬度与耐磨性

2.3.4.1 硬度

硬度是材料表面能抵抗其他较硬物体压入或刻划的能力。不同材料的硬度测定方法不同。钢材、木材和混凝土的硬度用钢球压入法测定（布氏硬度），方法是：用一定直径的钢球或硬质合金球，以规定的试验力（F）压入试样表面，经规定保持时间后卸除试验力，测量试样表面的压痕直径（L）。布氏硬度值是以试验力除以压痕球形表面积所得的商。以HBS（钢球）表示，单位为 N/mm^2（MPa）。石材等矿物用刻划法测定（莫氏硬度）。

（1）莫氏硬度

莫氏硬度（Mohs hardness）是表示矿物硬度的一种标准。1824 年由德国矿物学家莫斯

(Frederich Mohs) 首先提出。莫氏硬度是指应用划痕法使棱锥形金刚石针刻划所试验矿物的表面而产生划痕。习惯上矿物学或宝石学上都是用莫氏硬度。

莫氏硬度按矿石的软硬程度分为10级，用测得的划痕的深度分为滑石（硬度最小）、石膏、方解石、萤石、磷灰石、正长石、石英、黄玉、刚玉、金刚石（硬度最大）10级来表示硬度。

莫氏硬度也用于表示其他固体物料的硬度。各级之间硬度的差异不是均等的，等级之间只表示硬度相对大小。

(2) 肖氏硬度

肖氏硬度（Shore hardness）是表示材料硬度的一种标准。由英国人肖尔（Albert F. Shore）首先提出。肖氏硬度是指应用弹性回跳法将撞销从一定高度落到所试材料的表面上而发生回跳，撞销是一个具有尖端的小锥，尖端上常镶有金刚石，用测得的撞销回跳的高度来表示硬度。肖氏硬度计既用于测定黑色金属和有色金属的肖氏硬度，也用于测定橡胶、塑料等的硬度，在橡胶、塑料行业中常称为邵氏硬度。

2.3.4.2 耐磨性

材料的硬度越大，其耐磨性越好，但不易加工。工程中有时也可用硬度来间接推算材料的强度值。

耐磨性是材料表面抵抗磨损的能力。材料的耐磨性与材料的组成成分、结构、强度、硬度等因素有关。一般来说，材料的强度越高、硬度越大，则其耐磨性也越好。工程中，用作踏步、台阶、地面、路面等部位的材料，应具有较高的耐磨性。

2.3.5 疲劳强度

轴、齿轮、轴承、叶片、弹簧等零件在工作过程中各点的应力随时间而作周期性变化，即承受交变应力的作用。此时，虽然零件所承受的应力低于材料的屈服应力，但经过较长时间的工作却可能产生裂纹或突然发生完全断裂的过程，称为材料的疲劳。

材料承受的交变应力 σ 与材料断裂前承受的交变应力的循环次数 N（疲劳寿命）之间的关系可用疲劳曲线来表示，如图2-5 (a) 所示。材料承受的交变应力 σ 越大，则断裂时应力循环次数 N 越少。当应力低于一定值时，试样可以经受无限周期循环而不破坏，此应力值称为材料的疲劳极限（或称疲劳强度）。对于对称循环交变应力下的弯曲疲劳强度用 σ 表示，如图2-5 (b) 所示。实际上，材料不可能做无限次交变负荷试验，对于黑色金属，一般规定将应力循环 10^7 周次而不断裂的最大应力作为疲劳极限，有色金属、不锈钢的最大应力循环取 10^8 周次。

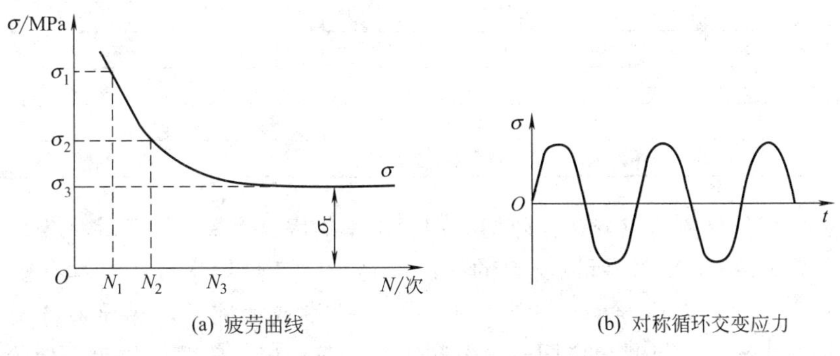

(a) 疲劳曲线　　(b) 对称循环交变应力

图2-5 疲劳曲线和对称循环交变应力

疲劳断裂属于低应力脆断，断裂应力远低于材料静载下的σ_b甚至σ_s，断裂前无明显塑性变形，危险性极大。其断口一般存在裂纹源、裂纹扩展区和最后断裂区3个典型区域。一般而言，钢铁材料σ值约为其σ_b的一半，钛合金及高强钢的疲劳强度较高，而塑料、陶瓷的疲劳强度则较低。金属的疲劳极限受到很多因素的影响，主要有工作条件（温度、介质及负荷类型）、表面状态（粗糙度、应力集中情况、硬化程度等）、材质、残余内应力等。对塑性材料，一般其σ_b越大，则相应的σ就越高。改善零件的结构形状、降低零件表面粗糙度，以及采取各种表面强化的方法，都能提高零件的疲劳极限。

2.4 材料的热工性质

2.4.1 导热性

当材料两侧面存在温度差时，热量从材料一侧传导到另一侧的性质，称为材料的导热性。导热性用热导率表示，热导率的计算式如下：

$$\lambda=\frac{Q\delta}{AZ(T_2-T_1)} \tag{2-21}$$

式中 λ——热导率，W/(m·K)；

δ——材料厚度，m；

Q——传导的热量，J；

A——热传导面积，m^2；

Z——热传导时间，s；

T_2-T_1——材料两侧面温度差，K。

热导率的物理意义是：当材料两侧面温度差为1K时，单位厚度的材料在单位时间内通过单位横截面积的热量。几种常用材料的热工性能指标见表2-3。

表2-3 几种常用材料的热工性能指标

材料名称	热导率/[W/(m·K)]	比热容/[J/(g·K)]
铜	370	0.38
钢	55	0.46
花岗岩	3.49	0.80
普通混凝土	1.8	0.88
烧结普通砖	0.55	0.84
松木(横纹)	0.15	1.63
泡沫塑料	0.03	1.30
冰	2.20	2.05
水	0.60	4.19
空气	0.025	1.00

材料的热导率与材料的成分、孔隙构造和含水率等因素有关。由于密闭空气的热导率很小[λ=0.025W/(m·K)]，所以材料的孔隙率增大，其热导率减小。具有密闭孔隙的材料比具有连通孔隙的材料热导率小。当材料吸水、受潮或冰冻后，热导率将大大提高，所以，在设计、安装绝热材料时，应同时设置防水层、防潮层、隔蒸汽层等，使绝热材料经常处于干燥状态，严格防止材料受潮。

2.4.2 热容量与比热容

材料在受热时吸收热量、冷却时放出热量的性质称为材料的热容量。单位质量材料温度升高或降低1K所吸收或放出的热量为热容量系数或比热容。比热容的定义及计算式如下：

$$C=\frac{Q}{m(T_2-T_1)} \tag{2-22}$$

式中 C——材料的比热容，J/(g·K)；

Q——材料吸收或放出的热量，J；

m——材料的质量，g；

T_2-T_1——材料受热或冷却前后的温度差，K。

比热容与材料质量的乘积 Cm，称为材料的热容量值。它表示材料温度升高或降低1K所吸收或放出的热量。材料的热容量值对保持建筑物内部温度稳定有很大的意义，热容量值较大的材料或部件，能在热流变动或采暖、空调工作不均衡时，缓和室内的温度波动。

2.4.3 热阻与传热系数

热阻是材料层（墙体或其他围护结构）抵抗热流通过的能力。其定义及计算式如下：

$$R=\frac{A}{\lambda} \tag{2-23}$$

式中 R——材料层热阻，m^2·K/W；

A——材料层厚度，m；

λ——材料的热导率，W/(m·K)。

为提高围护结构的保温效能，改善建筑物的热工性能，应选用热导率较小的材料，以增加热阻，而不宜加大材料层厚度，否则不仅浪费材料，而且也将减小有效使用面积。

热阻的倒数 $1/R$ 称为材料层（墙体或其他围护结构）的传热系数。传热系数是指材料两面温度差为1K时，在单位时间内通过单位面积的热量。

本章小结

本章学习应了解材料与热有关的概念和表达方法；了解材料耐久性的基本概念。还应掌握材料的基本性质，能初步根据材料的性能选用合适的材料。本章重点在于掌握材料的基本物理性质、力学性质、化学性质和有关参数及计算公式。学习难点是材料孔隙和孔隙特征对材料性能的影响。

复习思考题

一、填空题

1.根据化学成分的不同，建筑材料可分为________、________和________三大类。

2.根据用途的不同，建筑材料可分为________、________、________、________、

________、________、________、________八大类及其他建筑材料。

3. 密度，是指建筑材料在________状态下________的质量。

4. 表观密度，也称________，是指建筑材料在________状态下________的质量。

5. 建筑材料吸水性，是指建筑材料浸入水中________的能力，它的大小常以________来表示。

6. 根据外力作用的形式不同，建筑材料强度有________、________、________及________等。

二、选择题（请把下列各题中正确答案的序号填在各题中的括号内）

1. 铝塑板属于（　　）。

A. 黑色金属材料　　B. 有色金属材料　　C. 复合材料　　D. 有机材料

2. 绿色材料的概念是（　　）年在第一届国际材料科学研究会上首次提出的。

A. 1988　　B. 1992　　C. 1998　　D. 1978

3. 憎水性建筑材料的润湿角（　　）。

A. $\theta=0°$　　B. $\theta=45°$　　C. $\theta<90°$　　D. $\theta=90°$

4. 粉状或颗粒状材料在堆积状态下，单位体积的质量，称为（　　）。

A. 密度　　B. 容重　　C. 堆积密度　　D. 表观密度

5. 软化系数（　　），称为耐水材料。

A. $K_{软}>0.95$　　B. $K_{软}>0.85$　　C. $K_{软}>0.75$　　D. $K_{软}>0.65$

6. 水泥、砖、石、混凝土等材料，其强度等级划分的主要依据是（　　）。

A. 抗拉强度　　B. 抗弯强度　　C. 抗压强度　　D. 抗剪强度

三、名词解释

1. 材料的孔隙率

2. 材料的耐水性

3. 材料的强度

4. 材料的韧性

5. 材料的热导率

四、判断题（判断下列各题正确与否，正确的划“√”，错误的划“×”并改正）

1. 绿色材料就是绿色植物组成的材料。（　　）

2. 建筑材料的质感，主要是指其内在质量的好坏。（　　）

3. 亲水性材料中水分子和材料分子之间的作用力大于水分子之间的作用力。（　　）

4. 材料的比强度值等于材料的质量对其表观密度之比。（　　）

5. 一般来说，硬度大的建筑材料，其耐磨性较强。（　　）

五、问答题

1. 绿色材料的五原则是什么？

2. 我国建筑材料的标准有哪四级？

3. 工程中常用的材料强度有哪几种？分别写出其计算公式。

4. 何谓材料的抗冻性？抗冻性的优劣如何表示？

5. 什么是材料的脆性和韧性？它们各有何特征？

非金属材料

第3章　石　材

石材是具有一定的物理性能、化学性能，可用作建筑材料的岩石。建筑石材有天然石材和人造石材两大类。由天然岩石开采的、经过或不经过加工而制得的材料，称为天然石材。用无机或有机胶结料、矿物质原料及各种外加剂配制而成的，称为人造石材，如人造大理石、人造花岗石等。天然石材的特点是成本低、气孔小、强度大、加工困难。人造石材可加工成任意形状，并可控制其性能。

3.1　天然石材

天然石材是指从天然岩体中开采出来，并经过加工成为块状或板状材料的总称。岩石是由各种地质作用所产生的天然固体，是矿物的集合体，组成岩石的矿物称为造岩矿物。大多数岩石由多种造岩矿物组成，不同的造岩矿物在不同的地质条件下，形成不同性质的岩石，岩石没有确定的化学组成和物理性质。同种岩石，产地不同，其各种矿物的含量、颗粒结构均有差异，因而颜色、强度、耐久性等也有差别。由单一矿物组成的岩石称为单矿岩。由两种以上的矿物组成的岩石称为复（多）矿岩，花岗岩主要由长石、石英、云母组成。常用岩石的主要造岩矿物的颜色和特性见表3-1。

表3-1　主要造岩矿物的颜色和特性

矿物名称	组成	密度/(kg/m^3)	莫氏硬度	颜色	特性
石英	结晶的二氧化硅	2.65	7	无色透明	最坚硬、稳定的矿物之一，不耐火，是许多岩石的造岩矿物
长石	结晶的铝硅酸盐类	2.5～2.7	6	白色、浅灰色、桃红色、红色、青色、暗灰色	稳定性不及石英，风化后为高岭土，是岩浆岩最重要的造岩矿物
云母	结晶、片状、含水复杂的铝硅酸盐	2.7～3.1	2～3	无色透明至黑色	容易分裂成薄片，影响岩石的耐久性、强度和开光性，白云母较黑云母耐久
角闪石、辉石、橄榄石	结晶的铁硅酸盐、镁硅酸盐	3～4	5～7	深绿色、棕色或黑色，称为暗色矿物	坚固、耐久、韧性大、开光性好

续表

矿物名称	组成	密度/(kg/m³)	莫氏硬度	颜色	特性
方解石	结晶的碳酸钙	2.7	3	白色	容易被酸类分解,微溶于水,易溶于含二氧化碳的水中,开光性好,沉积岩中普遍存在
白云石	结晶的或非晶体的碳酸钙与碳酸镁的复盐	2.9	4	白色	物理性质与方解石相近,强度稍高,仅在浓的热盐酸中分解
黄铁矿	结晶的二硫化铁	5	6～7	金黄色	遇水及氧化作用后生成游离的硫酸,污染并破坏岩石,常在岩石中出现,是有害物质

3.1.1 天然石材的特点

天然石材的优点如下：蕴藏丰富，分布很广，便于就地取材；石材结构致密，抗压强度高，大部分石材的抗压强度可达100MPa以上；耐水性好；耐磨性好；装饰性好，石材具有纹理自然、质感稳重、庄严雄伟的艺术效果；耐久性很好，使用年限可达百年以上。

缺点：天然石材一般质地坚硬，加工困难，自重大，开采和运输不方便；极个别石材可能具有放射性，用在建筑物中会对人身体造成伤害，使用前应该进行必要的检测。

3.1.2 岩石的形成及分类

岩石按地质形成条件分为火成岩、沉积岩、变质岩三大类，它们具有显著不同的结构、构造与性质。

(1) 火成岩

火成岩又称岩浆岩。它是因地壳变动，熔融的岩浆由地壳内部上升后冷却而成的岩石。火成岩是组成地壳的主要岩石，占地壳总质量的89%。火成岩按照岩浆冷却条件的不同，又分为深成岩、喷出岩和火山岩三种。

① 深成岩。深成岩是岩浆在地壳深处，在很大的覆盖压力下缓慢冷却而成的岩石。其特性是构造致密，表观密度大，抗压强度高，吸水率小，抗冻性好，耐磨性好，如花岗岩、正长岩、辉长岩、闪长岩等。

② 喷出岩。喷出岩是熔融岩浆喷出地表后，在压力降低、迅速冷却的条件下形成的岩石。当岩浆形成较厚的岩层时，其结构致密，性能接近于深成岩。但因冷却迅速多呈隐晶质或玻璃质，如建筑上常用的玄武岩、安山岩等。若喷出的岩浆层较薄时，常呈多孔构造。

③ 火山岩。火山岩又称火山碎屑岩。火山岩是火山爆发时，岩浆被喷到空中，急速冷却后落下而形成的碎屑岩石，如火山灰、浮石等。

应用：火山岩都是轻质多孔结构的材料。其中火山灰被大量用作水泥的混合材料；浮石可用作轻质集料，配制轻集料混凝土用作墙体材料。

(2) 沉积岩

沉积岩又称水成岩。它是地表的多种岩石在外力地质作用下，经风化、搬运、沉积和再造等作用（压固、胶结、重结晶等），在地表或离地表不太深处形成的岩石。沉积岩大都呈层状构造，各层岩石的成分、构造、颜色、性能等均不相同，且为各向异性。与深成岩相比，沉积岩的表观密度小，结构致密性较差，孔隙率和吸水率较大，强度和耐久性较低。

沉积岩虽仅占地壳总质量的5%，但在地球上分布很广，约占地壳表面积的75%，加之藏于离地表不太深处，故易于开采。沉积岩用途广泛，其中最重要的是石灰岩。

应用：石灰岩是烧制石灰和水泥的主要原料，更是配制普通混凝土的重要组成材料。

（3）变质岩

变质岩是由原生的火成岩或沉积岩，经过地壳内部高温、高压等变化作用使它们的矿物成分、结构、构造乃至化学组成都发生改变后而形成的岩石。其中沉积岩变质后，性能变好，结构变得致密，坚实耐久，如石灰岩变质为大理岩；而火成岩经变质后，性质反而变差，如花岗岩变质成的片麻岩，易产生分层剥落，使耐久性变差。

3.1.3 建筑石材的技术性质

（1）表观密度

天然石材按表观密度分为重石和轻石两类。表观密度大于1800kg/m^3 的为重石，用于建筑物的基础、覆面、房屋的外墙、地面、路面、桥梁以及水下建筑物等。表观密度小于1800kg/m^3 的为轻石，主要用作砌筑采暖房屋的墙壁。

（2）吸水性

天然石材的吸水率一般较小，但由于形成条件、密实程度等情况的不同，石材的吸水率波动也较大。吸水率低于1.5%的为低吸水性岩石，吸水率介于1.5%～3.0%的为中吸水性岩石，吸水率高于3.0%的为高吸水性岩石。

石材的吸水性对其强度与耐水性有很大影响。石材吸水后，会降低颗粒之间的黏结力，从而使强度降低。有些岩石还容易被水溶蚀，其耐水性也较差。

（3）耐水性

当石材中含有黏土或易溶于水的物质时，在吸水饱和情况下，强度会明显下降。石材的耐水性以软化系数表示。软化系数大于或等于0.9的属于高耐水性石材，软化系数为0.7～0.9的属于中耐水性石材，软化系数为0.6～0.7的属于低耐水性石材。一般软化系数小于0.8的石材不允许用于重要建筑。

（4）抗冻性

石材的抗冻性是用冻融循环次数表示的。石材在吸水饱和状态下，经反复冻融循环，若无贯穿裂缝，且质量损失不超过5%，强度损失不超过25%，则认为其抗冻性合格，其允许的冻融循环次数就是抗冻等级。石材的抗冻性主要取决于石材的矿物成分、晶粒大小和分布均匀性、天然胶结物的胶结性质、孔隙率及吸水性等性质。通常，吸水率越低，抗冻性越好。石材应根据使用条件选择相应的抗冻性指标。吸水率小于0.5%的石材，可以认为是抗冻的。

（5）耐热性

石材的耐热性主要取决于石材的化学成分和矿物组成。含有石膏的石材，温度超过100℃时结构开始破坏；含有碳酸镁的石材，温度高于625℃时结构会发生破坏；含有碳酸钙的石材，温度达到827℃时结构才开始破坏；由石英组成的石材，如花岗岩等，当温度超过700℃时，由于石英受热膨胀，强度会迅速下降。

（6）抗压强度

岩石是典型的脆性材料，它的抗压强度很大，但抗拉强度很小，这是岩石区别于钢材和木材的主要特征之一。石材的抗压强度主要取决于石材的矿物组成、结构与构造特征、胶结物质的种类与均匀性等。

天然岩石是以100mm×100mm×100mm的立方体试件，用标准试验方法测得的抗压强度值作为评定石材强度等级的标准。根据国家标准《砌体结构设计规范》（GB 50003—2011）规定，天然石材的强度等级分为MU100、MU80、MU60、MU50、MU40、MU30、MU20、MU15和MU10共9个等级。天然石材抗压强度的大小取决于石材的矿物成分、结晶粗细、胶结物质的种类及均匀性，以及荷载和解理方向等因素。

石材的抗压强度最高，抗拉强度最低，只有抗压强度的1/50～1/20。因此，石材主要用于承受压力。

（7）硬度

石材的硬度主要与其组成矿物的硬度和构造有关，其硬度多以莫氏硬度或肖氏硬度表示。抗压强度越高，其硬度越高；硬度越高，其耐磨性和抗刻划性越好，但其表面加工更困难。

（8）耐磨性

石材的耐磨性与其组成矿物的硬度、结构构造、石材的抗压强度等因素有关。石材的组成矿物越坚硬、结构越致密、抗压强度越高，其耐磨性越好。石材的耐磨性用单位面积磨耗量来表示。对于可能遭受磨损作用的场所，如地面、路面等，应采用高耐磨性的石材。

3.2 建筑常用饰面石材

我国建筑装饰用饰面石材资源丰富，主要为大理石和花岗石。

3.2.1 大理石

大理石是指变质或沉积的碳酸盐类的岩石，如大理岩、白云岩、灰岩、砂岩、页岩和板岩等。

（1）大理石的主要化学成分

大理石的主要化学成分见表3-2。

表3-2 大理石的主要化学成分

化学成分	CaO	MgO	SiO_2	Al_2O_3	Fe_2O_3	SO_3	其他Mn、K、Na
含量/%	28～54	13～22	3～23	0.5～2.5	0～3	0～3	微量

（2）大理石的物理力学特性

① 结构致密，抗压强度高。一般强度可达100～150MPa，表观密度在2700kg/m^{3}左右。

② 质地致密，而硬度不大。肖氏硬度在50左右，故大理石较易进行锯解、雕琢和磨光等加工。

③ 装饰性好。大理石一般均含多种矿物，常呈多种色彩组成的花纹。抛光后光洁细腻，

如脂似玉，纹理自然，惹人喜爱，纯净的大理石为白色，称为汉白玉，纯白和纯黑的大理石属于名贵品种。

④ 吸水率小。一般小于0.5%。

⑤ 耐磨性好。其磨耗量小。

⑥ 耐久性好。一般使用年限为40～100年。

⑦ 抗风化性较差。大理石主要化学成分为碱性物质——$CaCO_3$，易被酸侵蚀，故除个别品种（如汉白玉、艾叶青等）外，一般不宜用作室外装修，否则会受酸雨以及空气中酸性氧化物（如 CO_2、SO_2 等）的作用，遇水形成酸类侵蚀，从而失去表面光泽，甚至出现斑点等现象。

(3) 大理石板材规格

经矿山开采出来的天然大理石块称为大理石荒料，荒料形状应为正方形或矩形六面体，如图3-1所示。大理石荒料经锯切、研磨、抛光及切割后就成为大理石饰面板材。石材的出材率是指 $1m^3$ 荒料所生产的石板成品的平方米数，以厚度为20mm的板材计。

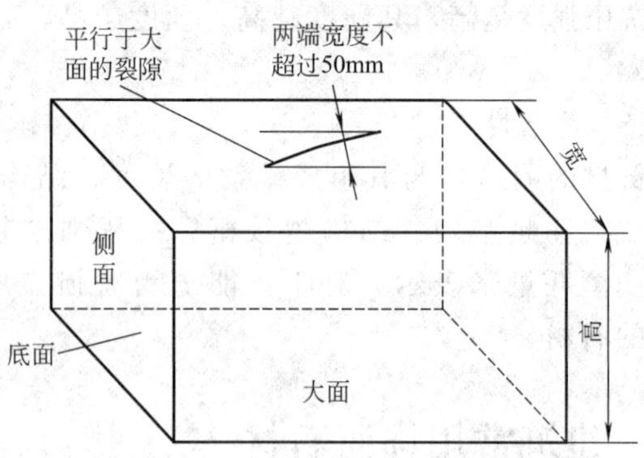

图3-1 大理石荒料及各面名称

大理石以其磨光加工后所显示的花色、特征及石材产地来命名。大理石饰面板有正方形及矩形两种，其标准规格为600mm×600mm，进口石材一般约为1600mm×2500mm磨光大板，按设计要求锯解。

按照标准规定，对大理石板材的尺寸、平整度和角度的允许偏差，以及磨光板材的光泽度和外观缺陷等，都提出了明确的要求。

(4) 主要品种产地

大理石是以云南省大理市的大理城而命名的，所产云灰大理石、白色大理石、彩花大理石名扬中外，是古今传诵的大理石之乡。大理石的各种花纹，是在其沉积、变质过程中，由于一些矿物质的浸染而形成的。

我国大理石主要产地除云南大理市外，还有山东、陕西、贵州、四川、安徽、江苏、浙江、北京、辽宁、广东、福建、湖北等地，遍布全国24个省市。

云南大理市的大理石品种繁多，石质细腻，光泽柔润，十分惹人喜爱，目前开采利用的主要有三类，即云灰大理石、白色大理石和彩花大理石。

① 云灰大理石。云灰大理石因其多呈云灰色或在云灰底色上泛起酷似天然云彩状花纹而得名。

② 白色大理石。白色大理石洁白如玉、晶莹纯净、熠熠生辉，故又称苍山白玉、汉白玉和白玉。它是雕刻、绘画的好材料，同时又可制成优美的建筑板材。

③ 彩花大理石。彩花大理石呈薄层状，产于云灰大理石之间，是大理石中的精品，经过研磨、抛光，便显现出色彩斑斓、千姿百态的天然图画，为世界所罕见。

意大利的大理石可称质量上乘，品种花式多，产量高，畅销于国际市场。我国一些要求高级装饰的建筑物，也常采用意大利大理石作为饰面材料。

作为建筑装修用饰面石材，对其强度、表观密度、吸水率及耐磨性等不做具体规定，而以其外观质量、光泽度及颜色和花纹等作为主要评价和选择指标。大理石板材按外观质量分为一级和二级。

抛光的大理石板光泽可鉴、色彩绚丽、花纹奇异，具有极好的装饰效果。少数质地纯正、杂质少、比较稳定耐久的大理石，如汉白玉、艾叶青等，可用于外墙饰面。外装饰用的大理石板材，不必进行抛光，因其光泽遇雨就会消失，故只要采用水磨光滑即可。

用大理石边角料做成的碎拼大理石墙面或地面，格调优美、乱中有序、别有风韵，且造价低廉。大理石边角余料可加工成尺寸相同的矩形、方形块料，或锯割成整齐而大小不一的正方形、长方形块材，或锯割成整齐的各种多边形，称为冰裂块料，也可不经锯割而呈不规则的毛边碎块。碎拼大理石还可以点缀高级建筑物的庭院、走廊等部位，为建筑物增添色彩。

应用： 天然大理石板材为高级饰面材料，主要用于建筑装饰等级要求高的建筑物。大理石适用于纪念性建筑、大型公共建筑，如宾馆、展览馆、商场、机场、车站等建筑物的室内墙面、柱面、地面、楼梯踏步等的饰面材料，也可用作楼梯栏杆、服务台、门脸、墙裙、窗台板、踢脚板等。

3.2.2 花岗石

花岗石原指由花岗岩加工的石料，这里所称的花岗石是一个商品名称，它包括所有可以作为饰面石材且以硅酸盐矿物为主的火成岩（深成岩）。其主要矿物组成为长石、石英及少量暗色矿物和云母，其中长石含量为40%～60%，石英含量为20%～40%，花岗石多数结构紧密，呈现美观的自然构造纹理，具有很强的装饰性。

（1）花岗石结构及主要化学成分

花岗石为全晶质结构的岩石，按结晶颗粒的大小不同，分为细粒、中粒和斑状等。其颜色和光泽取决于长石、云母及暗色矿物，常呈灰色、黄色、蔷薇色及红色等，以深色花岗石比较名贵。优质花岗石晶粒细而均匀，构造紧密，石英含量多，云母含量少，不含黄铁矿等杂质，长石光泽明亮，没有风化迹象。

花岗石的化学成分随产地不同而有所区别，但各种花岗石 SiO_2 含量都很高，一般为67%～75%，故花岗石属于酸性岩石。某些花岗石含微量放射元素，对这类花岗石应避免用于室内。花岗石的主要化学成分见表3-3。

表3-3 花岗石的主要化学成分

化学成分	SiO_2	Al_2O_3	CaO	MgO	Fe_2O_3
含量/%	65～75	12～17	1～2	1～2	0.5～1.5

（2）花岗石主要物理力学特性

① 密度大。表观密度为2600～2800kg/m³。

② 结构致密，抗压强度高。一般抗压强度可达120～250MPa。

③ 吸水性小。孔隙率小，吸水率低。

④ 材质坚硬。肖氏硬度为80～100，耐磨性优异。

⑤ 化学稳定性好。不易风化变质，耐酸性很强。

⑥ 装饰性好。花岗石色调鲜明，庄重大方，质感坚实，许多著名的纪念性建筑都选用了花岗石，如人民英雄纪念碑、人民大会堂等重要建筑。

⑦ 耐久性好。细粒花岗石使用年限可达500～1000年，粗粒花岗石可达100～200年。

⑧ 花岗石不耐火。因含大量石英，在573℃和870℃的高温下石英均会发生晶态转变，产生体积膨胀，故火灾对花岗石会产生严重的破坏。利用这一性质，人们常用花岗石制作火烧板。

（3）花岗石板材的分类

由于天然花岗石使用部位不同，对其表面的加工方法要求也不同，常可分为五类。

① 剁斧板。表面粗糙，呈规则的条状斧纹。多用于室外地面、台阶、基座等处。

② 机刨板。用刨石机刨成较为平整的表面，呈相互平行的刨纹。一般用于地面、台阶、基座、踏步等处。

③ 粗磨板。表面经过粗磨，光滑而无光泽。常用于墙面、柱面、台阶、基座、纪念碑等处。

④ 火烧板。用氧气焊枪等喷火，使花岗石表层爆裂剥落，形成表面粗糙的板材。常用于墙面、柱面、台阶、基座。

⑤ 磨光板。表面光滑，色泽鲜明，晶体裸露。磨光板再经抛光处理后，即成为镜面花岗石板材。因其具有色彩绚丽的花纹和光泽，故多用于室内外地面、墙面、柱面等的装饰，以及用作旱冰场地面、纪念碑等。

（4）主要产地

我国花岗石储量丰富，主要产地有山东泰山和崂山（人民英雄纪念碑取材于此）、四川石棉县（毛主席纪念堂的台基取材于此，为红色花岗石）、湖南衡山、江苏金山和焦山、浙江莫干山、北京西山、安徽黄山、陕西华山，以及福建、广东、河南、山西、黑龙江等地也有出产。

应用：花岗石因其化学成分的耐候性和独特的物理力学特性，主要应用于室外墙面、梁柱面、地面、栏杆等的装饰，用于制作纪念性构筑物。此外，因其分类的多样性和功能，还可以替代大理石用于室内地面、墙面、梁柱面等的装饰。

花岗石肌理如图3-2所示。现代建筑工程上通常采用干挂石材的施工工艺安装墙柱面、构筑物花岗石面板，采用水泥粘贴的方式铺贴花岗石地面。

3.2.3 石灰岩

石灰岩的主要矿物组成为方解石。常含有少量黏土、二氧化硅、碳酸镁及有机物质等。当杂质含量高时，则过渡为其他岩石，如黏土含量为25%～60%时称为泥灰岩，碳酸镁含量为40%～60%时称为白云岩。石灰岩的构造有致密、多孔和散粒等多种。松散土状的称为白垩，其组成几乎完全是碳酸钙，是制造玻璃、石灰、水泥的原料；多孔的如贝壳石灰岩可用于保温建筑的墙体；密实的即普通石灰岩。

图 3-2 花岗石肌理

各种致密石灰岩表观密度一般为2000～2600kg/m^3，相应的抗压强度为20～120MPa。如黏土杂质含量超过30%～40%，则其抗冻性、耐水性显著降低。含二氧化硅的石灰岩，硬度高、强度大、耐久性好。纯石灰岩遇稀盐酸立即起泡发生化学反应，利用这一性质可以制作石材浮雕；致密的硅质及镁质石灰岩则很少起泡。

石灰岩的颜色随所含杂质而不同。含黏土或氧化铁等杂质，使石灰岩呈灰色、黄色或蔷薇色。若含有机物质碳（C），则颜色呈深灰色乃至黑色。

石灰岩分布极广，开采加工容易，常作为地方材料，广泛用于基础、墙体及一般砌石工程。石灰岩加工成碎石，可用作碎石路面及混凝土集料。石灰岩不能用于酸性或含游离二氧化碳较多的水中，因方解石易被侵蚀溶解。

应用： 石灰岩是制造石灰和水泥的重要原料，还可用于建筑工程中基础、墙体及一般砌石工程。纯石灰岩是制作石材浮雕的良好原料。

3.2.4 砂岩

砂岩是母岩碎屑沉积物被天然胶结而成，其主要成分是石英，有时也含少量长石、方解石、白云石及云母等。砂岩产地分布极广，我国乐山大佛所在的乐山就是砂岩山体，进口砂岩以澳大利亚和新西兰产的砂岩最为著名。

根据胶结物的不同，砂岩又分为：由二氧化硅胶结而成的硅质砂岩，常呈淡灰色或白色；由碳酸钙胶结而成的钙质砂岩，呈白色或灰色；由氧化铁胶结而成的铁质砂岩，常呈红色，由黏土胶结而成的黏土质砂岩，呈灰黄色。

砂岩的性能与胶结物种类及胶结的密实程度有关。密实的硅质砂岩坚硬耐久，耐酸，性能接近于花岗岩，可用于纪念性建筑及耐酸工程。钙质砂岩有一定的强度，加工较易，是砂岩中最常用的一种，但质地较软，不耐酸的侵蚀。铁质砂岩的性能较差，其中胶结密实者，仍可用于一般建筑工程。黏土质砂岩的性能较差，易风化，长期受水作用会软化，甚至松散，在建筑中一般不用。

由于砂岩的胶结物和构造的不同，其性能波动很大，抗压强度为5～20MPa。同一产地的砂岩，性能也有很大差异。

应用： 建筑上可根据砂岩技术性能的高低，用于勒脚、墙体、衬面、踏步等处的面层装饰。

知识链接：

干热岩系统技术

干热岩是一种清洁的可再生的特殊地热资源，是一种储量巨大的新型能源。干热岩是一种没有水或蒸汽的热岩体，主要为变质岩或结晶岩类岩体，普遍埋藏于距地表 2～6km 的深处，其温度范围在 150～650℃。干热岩的热能赋存于岩石中，较常见的岩石有黑云母片麻岩、花岗岩、花岗闪长岩以及花岗岩小丘等。干热岩作为一种地热资源，属于温度高于 150℃的高温地热资源，而且其性质和赋存状态有别于蒸汽型、热水型、地压型和岩浆型的地热资源。现阶段来说，干热岩地热资源是专指埋深较浅、温度较高、有开发经济价值的热岩体。更重要的是，干热岩资源的特性使其拥有了巨大的开发利用潜力，并有可能成为我国关停小火电厂后国家电网能量补充的重要渠道，干热岩电厂也必将会成为我国国家电网中不可或缺的重要部分。

利用干热岩发电已有成功模式。经过多年研究与探索，美国、法国、德国、日本、意大利和英国等科技发达国家已经掌握了干热岩发电的基本原理和基本技术。干热岩深井系统可用作智能城市建筑规划中住宅小区的天然供冷、采暖之用。据有关部门研究计算，每眼干热岩深井可以保障 10000m^2 建筑面积的供冷、供暖之用。干热岩深井系统是传统水/地源热泵系统的升级换代，可以有效解决无热力管网地区的室温自动调节。

我国目前成熟的干热岩调查技术表明，高热流区均处于板块构造带或构造活动带，这些区域是干热岩赋存的集中区。在我国，滇藏、东南沿海、京津冀、环渤海等地区具备这样的条件，已有的地质勘探工作也表明，这些区域分布有范围较大的火山岩体，说明我国具备干热岩地热资源形成的区域构造条件。据初步估算，我国主要高热流区的热储资源相当于标准煤 516 亿吨。东南沿海、京津冀、环渤海等地区均是我国经济发达地区，经济社会发展速度快，面临的环境压力大，电力需求旺盛，利用干热岩发电可以收获经济、环境等多方面的成果。

3.2.5 广场地坪和庭院小径路面用石材

广场地坪和庭院小径路面用石材，通常采用规则或不规则的石板、方石、条石、马蹄石、蘑菇石、文化石、卵石等铺砌。这些石材要求坚实耐磨、抗冻、抗冲击性要好。当采用平毛石（上下两个面平行的块石）、马蹄石、蘑菇石、文化石、卵石铺筑庭院小径，可以巧妙地利用石材的色彩和外形，镶拼成各种图案，或别具匠心，使材料、设计和环境达到和谐统一，从而获得意想不到的艺术效果。

3.2.6 天然石材选用原则

由于天然石材自重大，运输不方便，故在建筑工程中，为了保证工程的经济合理，在选用石材时必须考虑以下几点。

① 经济性。尽量就地取材，缩短运距，减轻劳动强度，降低材料及施工成本。

② 强度与耐久性。石材的强度与其耐久性、耐磨性、抗冲击性等性能密切相关。因此应根据建筑物的重要性及建筑物所处环境，选用足够强度的石材，以保证建筑物的耐久性。

③ 装饰性。用于建筑物饰面的石材，选用时必须考虑其色彩及天然纹理与建筑物周围环境的协调性，充分体现建筑物的艺术美。

当前，世界各国采用的天然岩石饰面板材，一般均以标准厚度20mm的为主，但西方一些国家也大量生产厚度为12～15mm的天然石板，特别是大理石板材。

另外，近年来国外还出现了石材与塑料或铝材相结合的复合板材产品，即将大理石薄板背面粘以泡沫聚酯或铝质蜂窝结构材料及玻璃纤维棉毡等，形成具有轻质高强、保温隔热特性的复合板材。

3.3 人造石材

3.3.1 人造石材发展简史

人造石材在国外发展已有50余年的历史，1958年美国即采用各种树脂作胶结剂，加入填料和各种颜料，生产出模拟天然大理石纹理的板材。到20世纪60年代末至70年代初，人造大理石在前苏联、意大利、联邦德国、西班牙、英国和日本等国家也迅速发展起来，他们不仅生产装饰板材，还能生产各种异型制品，甚至制作卫生洁具。联邦德国的阿德姆公司（ADM）是世界上制造生产聚酯混凝土人造大理石成套设备较早的公司。意大利的布莱顿公司早在20世纪60年代初，就开始生产压板成型设备，以及真空成型大块人造大理石板材的成套设备，并行销全世界。

我国于20世纪70年代末，开始从国外引进人造大理石样品、技术资料及成套设备，20世纪80年代进入迅速发展时期，目前有些产品质量已达到国际同类产品的水平，并成功地应用于高级宾馆的装修工程中。

3.3.2 人造石材类型

人造石材具有天然石材的花纹、质感和装饰效果，而且花色、品种、形状等多样化，并具有重量轻、强度高、耐腐蚀、耐污染、施工方便等优点。目前常用的人造石材按生产所用的材料，一般可分为四类。

（1）水泥型人造石材

以白色、彩色水泥或硅酸盐、铝酸盐水泥为胶结料，以砂为细骨料，以碎大理石、花岗石或工业废渣等为粗骨料，必要时再加入适量的耐碱颜料，经配料、搅拌、成型和蒸压养护后，再进行磨平抛光而制成，如各种水磨石制品。该类产品的规格、色泽、性能等均可根据使用要求制作。

（2）树脂型人造石材

以不饱和聚酯为胶结料，加入石英砂、大理石渣、方解石粉等无机填料和颜料，经配制、混合搅拌、浇注成型、固化、烘干、抛光等工序而制成。

目前，国内外人造大理石、花岗石以聚酯型为多，该类产品光泽好、颜色浅，可调配成各种鲜明的花色图案。不饱和聚酯的黏度低，易于成型，且在常温下固化较快，便于制作形状复杂的制品。与天然大理石相比，聚酯型人造石材具有强度高、密度小、厚度薄、耐酸碱腐蚀及美观等优点，但其耐老化性不及天然花岗石，故多用于室内装饰工程。

（3）复合型人造石材

复合型人造石材是由无机胶结料（如水泥）和有机胶结料（如树脂）共同组合而成的胶结料。它是先用无机胶凝材料碎石、石粉等胶结成型并硬化后，再将硬化体浸渍于有机单体中，使其在一定条件下聚合而成。若为板材，其底层就用廉价而性能稳定的无机材料制成，面层则采用聚酯和大理石粉制作。这种构造目前采用较普遍。

例如，在廉价的水泥型板材上复合聚酯型薄层，组成复合型板材，以获得最佳的装饰效果和经济指标；也可将水泥型人造石材浸渍于具有聚合性能的有机单体中并加以聚合，以提高制品的性能和档次。有机单体可用苯乙烯、甲基丙烯酸甲酯、醋酸乙烯、丙烯酯、二氯乙烯、丁二烯等。

(4) 烧结型人造石材

烧结型人造石材的生产与陶瓷生产工艺相似，是将长石、石英、辉绿石、方解石等粉料和赤铁矿粉，以及一定量高岭土配合，一般配合比为黏土40%、石粉60%，然后用泥浆制备坯料，用半干压法成型，在窑炉中以1000℃左右的高温焙烧而成。如仿花岗石瓷砖、仿大理石陶瓷艺术板等。

应用：在现代建筑工程中，人造石材由于具备制造工艺成熟、面层肌理丰富美观(可模拟壁纸、涂料、木材、花岗石、大理石的图案和质感)、自重较轻、施工技术成熟(可粘贴、可扣槽式拼接)、成本造价低廉、强度高、密度小、厚度薄、耐酸碱腐蚀等优点，可广泛应用于室内装饰工程中的墙柱梁面、天棚、厨房操作台、公共工作台等部位的面层装修。

本章小结

建筑石材有天然石材和人造石材两大类。由天然岩石开采的、经过或不经过加工而制得的材料，称为天然石材。用无机或有机胶结料、矿物质原料及各种外加剂配制而成的称为人造石材，如人造大理石、人造花岗石等。天然石材的特点是成本低、气孔小、强度大、加工困难。人造石材可加工成任意形状，并可控制其性能。

由于天然石材具有抗压强度高、耐久性和耐磨性好、资源分布广、便于就地取材等优点而被广泛使用。但天然石材也具有性质较脆、抗拉强度低、表观密度大、硬度高等特点，因此开采和加工都比较困难。

复习思考题

一、填空题

1. 岩石按地质形成条件分为________、________、________三大类。

2. 天然大理石板材是由天然大理石荒料经________、________、________、________及________形成的。

3. 大理石是以我国云南省________市的________城而命名的。

4. 天然花岗岩由石英、长石和云母等主要成分晶粒组成，其成分以________为主，占67%～75%。

5. 人造石材按生产所用的材料，一般可分为________、________、________和________四类。

二、名词解释

1. 天然石材

2. 人造石材

三、选择题

1. 石材的软化系数（ ）的石材，不允许用于重要建筑。

A. $K_{软}=0.75$　　B. $K_{软}>0.9$　　C. $K_{软}<0.80$　　D. $K_{软}<0.65$

2. 花岗岩因含大量石英而不耐火，在（ ）的高温下石英均会发生晶态转变，产生体积膨胀而爆裂。

A. 573～870℃　　B. 600～750℃　　C. 300～550℃　　D. 800～980℃

3. 目前，使用最多的人造石材是（ ）。

A. 树脂型人造石材　　B. 水泥型人造石材

C. 复合型人造石材　　D. 烧结型人造石材

4. 下列（ ）属于火成岩。

A. 花岗岩、玄武岩　　B. 石灰岩、砂岩

C. 辉长岩、闪长岩、辉绿岩　　D. 大理岩、片麻岩、石英岩

5. 砌筑用石材的抗压强度由边长为（ ）mm立方体试件进行测试，并以三个试件的平均值来表示。

A. 300　　B. 200　　C. 70　　D. 150

6. 装饰用石材的抗压强度采用边长为（ ）mm立方体试件来测试。

A. 80　　B. 50　　C. 70　　D. 100

7. 做水磨石用天然石渣，宜选用（ ）。

A. 花岗岩　　B. 大理石　　C. 片麻石　　D. 石英石

8. 花岗岩不耐火，是因为（ ）。

A. 易脱水　　B. 易分解

C. 易熔化　　D. 会产生晶型转变而膨胀

9. 大理石饰面板，适用于（ ）。

A. 室外工程　　B. 室内工程

C. 室内及室外工程　　D. 有酸性物质的工程

四、判断题

1. 由于大理石板材是一种高级装饰材料，所以不能黏结和修补。（ ）

2. 由于大理石主要化学成分为碱性物质（$CaCO_3$），易被酸侵蚀，故除个别品种（汉白玉、艾叶青等）外，一般不宜用作室外装修，以防风化。（ ）

3. 花岗岩为全晶质结构的岩石，按结晶颗粒的大小，通常分为细粒、中粒和斑状等几种。（ ）

五、问答题

1. 天然石材的主要优缺点有哪些？

2. 天然花岗石有何特点？其用途有哪些？

3. 天然石材的常见通病有哪些？如何防治？

4. 树脂型人造石材有何特点？其用途有哪些？

第4章 烧土及熔融制品

烧土制品是以黏土为主要原料，经成型及焙烧所得的制品，如建筑工程中广为应用的黏土砖瓦、陶瓷等。

将适当成分的矿物质原料，在高温下熔化成熔融态，再成型为一定形状的制品，称为熔融制品。不同成分的原料，通过不同的冷却程度，可以得到结构和性能不同的熔融制品，如玻璃、铸石等。

4.1 烧结砖瓦

常用的产品有烧结普通砖、烧结多孔砖、烧结空心砖和烧结黏土瓦。

烧结普通砖是以黏土或页岩、煤矸石、粉煤灰为主要原料，经焙烧而成的实心或孔洞率不大于15%的砖。其公称尺寸为240mm×115mm×53mm。目前以黏土为主要原料制成的实心砖仍是主要品种。烧结普通砖的生产工艺分为下面几个基本工序：

采土→配料调制→制坯→干燥→焙烧→成品

焙烧是生产砖瓦的关键性工序，焙烧时火候要适当、均匀，以免出现欠火砖或过火砖。欠火砖色浅、断面包心（黑心或白心）、敲击声哑、孔隙率大、强度低、耐久性差。因此，国家标准规定欠火砖为不合格品。过火砖色较深、敲击声脆、较密实、强度高、耐久性好，但容易出现变形砖（酥砖或螺纹砖）。变形砖为不合格品，它不仅直接影响到产品的质量，而且改变焙烧气氛。红砖焙烧时窑内供氧充分，呈氧化气氛，黏土中的氧化铁以 Fe_2O_3 形式存在，砖体呈红色。青砖多在土窑内焙烧，开始在氧化气氛中进行，当达到烧结温度时，封闭火门及窑顶，减少入窑空气并在窑顶闷水，使坯体在还原气氛中继续焙烧，此时氧化铁将以 FeO 或 Fe_3O_4 形式存在，砖呈青灰色。

4.1.1 烧结普通砖的主要技术性质

国家标准《烧结普通砖》（GB/T 5101—2003）对产品的技术要求、试验方法、检验规则等均做了具体规定。具体检验方法按《砌墙砖试验方法》（GB/T 2542—2012）进行。

（1）产品等级

烧结普通砖的外形为直角六面体，公称尺寸为240mm×115mm×53mm，4个砖长，8

个砖宽，16 个砖厚，加上砌筑砂浆缝的 10mm 厚度正好为 1m。$1m^3$ 砖砌体用砖 512 块。

强度、抗风化性能及放射性物质合格的砖，根据尺寸偏差、外观质量、泛霜和石灰爆裂等情况分为优等品（A）、一等品（B）、合格品（C）三个质量等级。

① 泛霜现象。泛霜现象是指在新砌的砖墙表面有时出现的一层白色粉状物，也称起霜，是砖在使用过程中的盐析现象。出现泛霜的原因是由于所用黏土中含有较多的可溶性盐类如硫酸钠等，这些盐类在砌筑施工中溶解于进入砖内的水中，当水被蒸发时被带到砖的表面而结晶。这些结晶的粉状物不仅有损于建筑的外观，而且结晶膨胀也会导致砖面与砂浆抹面层剥离。标准规定：优等品无泛霜，一等品不允许出现中等泛霜，合格品不允许出现严重泛霜。

② 石灰爆裂现象。当生产黏土砖的原料中含有石灰石时，则焙烧时石灰石会煅烧成生石灰留在砖内，这时的生石灰为过火生石灰，砖吸水后生石灰消解产生体积膨胀，导致砖发生胀裂破坏，这种现象称为石灰爆裂。石灰爆裂严重影响烧结砖的质量，并降低砌体强度。

国家标准《烧结普通砖》（GB/T 5101—2003）规定：优等品砖不允许出现最大破坏尺寸大于 2mm 的爆裂区域，一等品砖不允许出现最大破坏尺寸大于 10mm 的爆裂区域，合格品砖不允许出现最大破坏尺寸大于 15 mm 的爆裂区域。

（2）强度等级

烧结普通砖按抗压强度分为 MU30、MU25、MU20、MU15、MU10 共 5 个强度等级。各强度等级应满足的强度指标列于表 4-1 中。

表 4-1　烧结普通砖强度等级

强度等级	强度平均值 $\overline{f}$/MPa ≥	强度标准值 f_k/MPa ≥
MU30	30.0	22.0
MU25	25.0	18.0
MU20	20.0	14.0
MU15	15.0	10.0
MU10	10.0	6.5

测定强度时，试样数量为 10 块，试验后计算 10 块砖的抗压强度平均值，并分别按下列公式计算强度标准差、强度变异系数和强度标准值：

$$S=\sqrt{\frac{1}{9}\sum_{i=1}^{10}(f_i-\overline{f})^2} \tag{4-1}$$

$$\delta=\frac{S}{\overline{f}} \tag{4-2}$$

式中　S——10 块砖试样的抗压强度标准差，MPa；

δ——强度变异系数；

$\overline{f}$——10 块砖试样的抗压强度平均值，MPa。

表中的强度标准值是砖石结构设计规范中砖强度取值的依据，其数值为：

$$f_k=\overline{f}-1.8S \tag{4-3}$$

以标准值作为设计取值依据可以保证砖石结构具有 95% 以上的强度保证率。

（3）抗风化性能

抗风化性能是材料耐久性的重要内容之一，是指在干湿变化、温度变化、冻融变化等物理因素作用下，材料不变质、不破坏而保持原有性质的能力。显然，地域不同，风化程度不同。我国按风化指数将各省市划分为严重风化区和非严重风化区，见表 4-2。

表 4-2 风化区的划分

严重风化区		非严重风化区	
1.黑龙江省	11.河北省	1.山东省	11.福建省
2.吉林省	12.北京市	2.河南省	12.台湾省
3.辽宁省	13.天津市	3.安徽省	13.广东省
4.内蒙古自治区		4.江苏省	14.广西壮族自治区
5.新疆维吾尔自治区		5.湖北省	15.海南省
6.宁夏回族自治区		6.江西省	16.云南省
7.甘肃省		7.浙江省	17.西藏自治区
8.青海省		8.四川省	18.上海市
9.陕西省		9.贵州省	19.重庆市
10.山西省		10.湖南省	

风化指数是指日气温从正温降至负温或从负温升至正温的每年平均天数，与每年从霜冻之日起至霜冻消失之日止，这一期间的降雨总量（以毫米计）的平均值的乘积。风化指数大于或等于 12700 为严重风化区，小于者为非严重风化区。

用于严重风化区中的 1、2、3、4、5 地区的砖经受 15 次冻融循环（−15℃时 5h，15～20℃时 3h）后，其性能应满足表 4-3 的要求。

表 4-3 烧结普通砖的抗冻性标准

强度等级	抗压强度平均值/MPa ≥	单块砖的干质量损失/% ≤
MU30	22.0	2.0
MU25	18.0	2.0
MU20	14.0	2.0
MU15	10.0	2.0
MU10	6.5	2.0

严重风化区中的省市和非严重风化区中的省市用砖，当其吸水率和饱和系数符合表 4-4 规定时，可不进行抗冻性检验。

表 4-4 普通烧结砖的吸水率和饱和系数

砖种类	严重风化区				非严重风化区			
	5h 沸煮吸水率/% ≤		饱和系数 ≤		5h 沸煮吸水率/% ≤		饱和系数 ≤	
	平均值	单块最大值	平均值	单块最大值	平均值	单块最大值	平均值	单块最大值
黏土砖	18	20	0.85	0.87	19	20	0.88	0.90
粉煤灰砖①	21	23	0.85	0.87	23	25	0.88	0.90
页岩砖	16	18	0.74	0.77	18	20	0.78	0.80
煤矸石砖	16	18	0.74	0.77	18	20	0.78	0.80

① 粉煤灰掺入量(体积分数)小于 30%时，按黏土砖规定判定。

4.1.2 烧结普通砖的应用

烧结普通砖包括黏土砖、页岩砖、烧结粉煤灰砖与烧结煤矸石砖等。目前黏土砖仍占80%以上，其他品种正在推广之中。

(1) 黏土砖

黏土砖既有一定的强度，又因多孔而具有良好的保温性、透气性和热稳定性。通常其热导率仅0.78W/(m·K) 左右，为普通混凝土的一半左右。黏土砖具有较好的耐久性。加之原料广泛，工艺简单，因而是应用历史最久、应用范围最广的建筑材料之一。在建筑工程中主要用作墙体材料，也可砌筑柱、拱、烟囱、沟道及基础等，还可与轻质混凝土等隔热材料复合作用，砌成两面为砖、中间填以轻质材料的复合墙体。

黏土砖的最大缺点是自重大、能耗高、尺寸小、施工效率低、抗震性差，尤其是毁田烧砖后果更为严重。我国现在大力提倡使用黏土空心砖，以减少空气污染，保证区域生态的绿色可持续发展。

(2) 清水砖

清水砖墙是指墙体砌成后，在其表面仅做勾缝或涂刷透明色浆所形成的砖墙体。清水砖墙是一种传统的墙体装饰方法，具有淡雅凝重的独特的装饰效果，而且其耐久性好，是很好的墙面装饰方法。即使在新型墙体材料及工业化施工方法已经居主导地位的西方发达国家，清水砖墙仍在墙面装饰方法中占有一席重要地位。

适宜于砌筑清水砖墙的砖，应该具有非常密实、表面晶化、吸水率低、抗冻效果好的特点。近年来国外生产了一些用于清水砖墙装饰的砖，如人工石料干压成的毛细孔砖等。这些砖具有很好的防水性能，砌体内吸入少量水分可以通过墙面进行蒸发，外观质量好，色彩鲜明而稳定，有着很好的装饰效果。

清水砖墙的用砖要求质地密实、不易破碎、表面光洁、完整无缺、色泽一致、尺寸稳定、形状规则。在国内，目前尚无专门生产用于清水砖墙装饰的砖。相比之下，缸砖、城墙砖等用于清水砖墙是适宜的。另外，各类砖中的过火砖也都是可用的。为了获得更好的装饰效果，清水砖墙可以采用砌式的变化、色彩的变化、质感的变化和立面的变化等方式增加装饰的美感。

用烧结程度不同的砖，以规则或不规则的方式分散在墙面上形成色点，或是用完全不同色彩的砖排列砌筑，均有助于丰富装饰效果和形成图案。例如，北京颐和园漪澜堂的磨砖对缝墙面，如果没有深灰色与浅灰色穿插其间，墙面的装饰效果将大为逊色。从这一点出发，有意识地选用少量的过火砖与欠火砖，对于改善清水砖墙的颜色和质感，是十分有利的。

(3) 烧结多孔砖

烧结多孔砖是以黏土、页岩、煤矸石或粉煤灰等为主要原料，经焙烧而成。烧结多孔砖为大面有孔的直角六面体，多孔而小，孔洞垂直于受压面，孔洞率不小于25%，砖内孔洞内径不大于22mm，主要用于承重部位的砖，简称多孔砖。烧结多孔砖的孔洞多与承压面垂直，它的单孔尺寸小，孔洞分布合理，非孔洞部分砖体较密实，具有较高的强度。

按照国家标准《烧结多孔砖和多孔砌砖》(GB/T 13544—2011) 的规定，烧结多孔砖的长、宽、高尺寸应符合要求，其尺寸模数有290mm、240mm、190mm、180mm、140mm、115mm、90mm 等几种规格。

国家标准《烧结多孔砖和多孔砌砖》(GB/T 13544—2011) 规定，根据砖的抗压强度平均值和标准值分为MU30、MU25、MU20、MU15、MU10共5个强度等级。各强度等级的强度值应符合国家标准的规定，见表4-5。

表4-5 烧结多孔砖强度等级（GB 13544—2003）

强度等级	抗压强度平均值 $\overline{f}$/MPa ≥	强度标准值 f_b/MPa ≥
MU30	30.0	22.0
MU25	25.0	18.0
MU20	20.0	14.0
MU15	15.0	10.0
MU10	10.0	6.5

根据强度、抗风化性能、尺寸偏差、外观质量、孔型及孔洞排列、泛霜、石灰爆裂、吸水率分为合格品和不合格品两个产品等级。烧结多孔砖孔洞率大于28%，表观密度在1400kg/m³左右，常被用于砌筑六层以下的承重墙。

（4）烧结空心砖和空心砌块

烧结空心砖是以黏土、页岩、煤矸石、粉煤灰等为主要原料，经焙烧而成的孔洞率大于40%以上的砖。国家标准《烧结空心砖和空心砌块》（GB/T 13545—2014）中规定，根据砖的抗压强度分为MU10.0、MU7.5、MU5.0、MU3.5共4个强度等级。根据尺寸偏差、外观质量、强度、抗风化性能、孔型及孔洞排列、泛霜、石灰爆裂、吸水率分为合格品和不合格品。

烧结空心砖和砌块为大面有孔的直角六面体，砖和砌块的长、宽、高尺寸应符合下列要求：长度规格390mm、290mm、240mm、190mm、180（175）mm、140mm；宽度规格190mm、180（175）mm、140mm、115mm；高度规格180（175）mm、140mm、115mm、90mm。

烧结空心砖和砌块多被用作非承重墙，如多层建筑内隔墙或框架结构的填充墙等。其构造如图4-1所示。

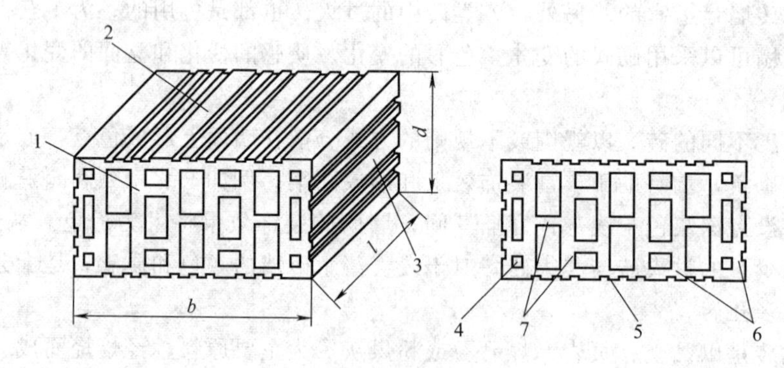

图4-1 烧结空心砖

b—长度；l—宽度；d—高度；

1—顶面；2—大面；3—条面；4—壁孔；5—粉刷槽；6—外壁；7—肋

（5）烧结黏土瓦

黏土瓦是以黏土为原料，经成型、干燥、焙烧而成。按形状分为平瓦、脊瓦、三曲瓦等。

黏土瓦的制造与烧结普通砖基本相同，但对黏土原料的可塑性要求较高，杂质含量应更少，不含石灰等爆裂性物质，调制要均匀，焙烧温度较烧结普通砖稍高。

按国家标准《烧结瓦》(GB/T 21149—2007）的规定，根据尺寸偏差和外观质量将黏土瓦分为合格品和不合格品两个等级。对其尺寸允许偏差、外观质量（包括翘曲、裂纹、缺损等）均明确规定了相应指标，且成品中不允许有欠火瓦、石灰爆裂瓦和哑音瓦。

平瓦的公称尺寸为400mm×240mm、380mm×225mm、360mm×220mm，用15张平瓦可铺成$1m^2$屋面，在屋脊处用截面呈120°角的脊瓦覆盖。平瓦用于坡度较大的屋面。

目前在我国农村的土窑中，还常生产弧形薄片状的小青瓦。这种瓦无一定规格，一般为175mm×175mm。小青瓦每块面积很小，面积利用率不及50%，强度低，易破碎，但生产简单，屋面散热性能好，维修方便，故在南方广大农村和城镇旧房屋维修中仍普遍采用。

4.2 建筑陶瓷

4.2.1 陶瓷的基本知识

陶瓷的范围在国际上并没有统一的界限。在欧洲一些国家中，陶瓷最初是指传统的黏土质产品，后来又包括特种陶瓷。而在美国和日本，陶瓷是硅酸盐或窑业产品的同义词，不仅包括了陶瓷和耐火材料，还包括水泥、玻璃与珐琅。从产品的种类来说，陶瓷是陶器与瓷器两大类产品的总称。

制造陶瓷制品的原料是天然黏土。黏土是由天然岩石经长期风化而成的，它是多种矿物的混合体。组成黏土的矿物称为黏土矿物，常见的黏土矿物有高岭石、蒙脱石、水云母等，它们都是具有层状结晶结构的含水硅铝酸盐（$xAl_2O_3 \cdot ySiO_2 \cdot zH_2O$）。此外，黏土中还含有石英、长石、铁矿物、碳酸盐、碱及有机物等多种杂质。杂质的种类和含量，对黏土的可塑性、焙烧温度及制品的性质影响很大。例如，含石英较多的黏土，其可塑性差；细分散的铁矿物和碳酸盐，会降低黏土的耐火温度，缩小烧结范围。

随着生产与科学技术的发展，陶瓷产品种类日益增多。为了便于掌握各种产品的特征，通常从不同角度加以分类。如根据其基本物理性能（气孔率、透明性、色泽等）分类，根据所用原料或产品的组成分类，或根据用途来分类等。陶瓷工作者提出了许多分类的方法，但国际上尚无统一的方案。

建筑陶瓷是指建筑物室内外装饰用的较高级的烧土制品。主要品种有内外墙面砖、地砖、陶瓷锦砖、玻璃瓦、陶瓷壁画、陶瓷饰品和室内卫生陶瓷等。

4.2.2 常用建筑陶瓷制品

（1）釉面砖

釉面砖过去称为“瓷砖”，由于其正面挂釉，才正名为“釉面砖”，一般为正方形或长方形。颜色有白、黑、绿、黄等，而以白色最多。

釉面砖是以难熔黏土为主要原料，再加入一定量的非可塑性掺料和助熔剂，共同研磨成浆，经榨泥、烘干成为含一定水分的坯料后，通过模具压制成薄片坯体，再经烘干、素烧、施釉等工序制成。釉面砖属于精陶制品。釉面砖正面有釉，背面有凹凸纹。釉面砖表面所施釉料品种很多，有白色釉、彩色釉、光亮釉、珠光釉、结晶釉等。

（2）墙地砖

墙地砖是指用于建筑物外墙装饰贴面砖和室内外地面装饰铺贴面砖，由于目前这类砖的发展趋向为墙、地两用，故称为墙地砖。

墙地砖以优质陶土为原料，再加入其他材料配成主料，经半干压成型后于1100℃左右焙烧而成，分为无釉和有釉两种。有釉的墙地砖则在已烧成的素坯上施釉，然后再经釉烧而成。近年来不断出现的墙地砖新产品，大都是采用一次烧成的新工艺。目前，建筑市场常用的墙地砖产品如下。

① 劈离砖。劈离砖是将一定配合比的原料，经粉碎、炼泥、真空挤压成型、干燥、高温烧结而成。由于成型时为双砖背联坯体，烧成后再劈离成两块砖，故称劈离砖。劈离砖先在德国兴起和发展，继而在欧洲各国引起重视，随之世界各地竞相仿效。目前世界上已有100多条劈离砖生产线，我国现有北京、厦门、襄樊、佛山及台湾等几条引进生产线，产品质量均达到DW德国工业标准。

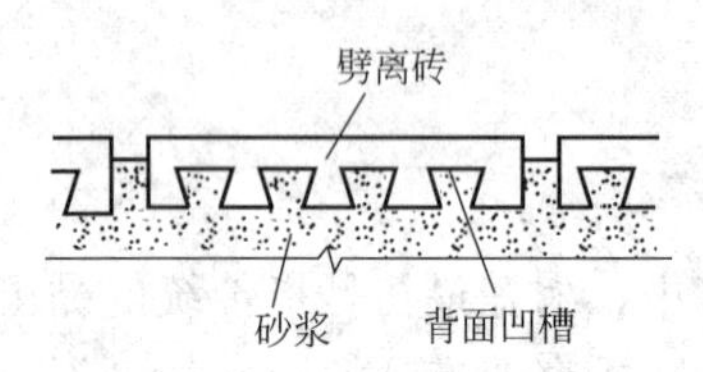

图4-2　砖与砂浆的楔形结合

劈离砖种类很多，色彩丰富，颜色自然柔和，表面质感变幻多样，细质的清秀，粗质的浑厚。表面上釉的，光泽晶莹、富丽堂皇；表面无釉的，质朴、典雅、大方，无反射眩光。

劈离砖坯体密实，强度高，抗折强度大于30MPa；吸水率小，低于6%；表面硬度大，耐磨防滑，耐腐抗冻，冷热性能稳定。背面凹槽纹与黏结砂浆形成楔形结合，可保证铺贴时黏结牢固，如图4-2所示。

应用：劈离砖适用于各类建筑物的外墙装饰，也适用于作楼堂馆所、车站、餐厅等室内地面铺设。厚砖适用于广场、公园、停车场、走廊、人行道等露天地面，也可用作游泳池、浴池池底和池岸的贴面材料。由于劈离砖色彩、规格的多样性，以及良好的耐候性，还可用作高档住宅的外立面装饰之用。例如北京亚运村国际会议中心和国际文化交流中心共5万多平方米外墙及5000m^{2}地坪，均采用劈离砖铺设。

② 彩胎砖。彩胎砖是一种本色无釉瓷质饰面砖。它采用彩色颗粒状原料混合配料，压制成多彩坯体后，经一次烧成即呈多彩细花纹的表面，富有花岗岩的纹点，有红、绿、黄、蓝、灰、棕等多种基色，多为浅色调，纹点细腻，色调柔和莹润、质朴高雅。主要规格有200mm×200mm、300mm×300mm、400mm×400mm、500mm×500mm及600mm×600mm等，最小尺寸为95mm×95mm，最大规格可为600mm×900mm。

③ 麻面砖。麻面砖是采用仿天然岩石色彩的配料，压制成凹凸不平的麻面的坯体后，经一次烧成的炻质面砖。砖的表面酷似人工修凿过的天然岩石面，纹理自然，粗犷雅朴，有白、黄、红、灰、黑等多种色调。主要规格有200mm×100mm、200mm×75mm和100mm×100mm等。麻面砖吸水率小于1%，抗折强度大于20MPa，防滑耐磨。

应用：薄型麻面砖适用于建筑物外墙装饰。厚型麻面砖适用于广场、停车场、码头、人行道等地面铺设。广场砖还有外形为梯形和三角形的，可用以拼贴成圆形图案，以增加广场地坪的艺术感。

④ 陶瓷艺术砖。陶瓷艺术砖采用优质黏土、陶瓷瘠性料及无机矿化剂为原料，经成型、干燥、高温焙烧而成。砖表面具有各种图案浮雕，艺术夸张性强，组合空间自由性大，可运用点、线、面等几何组合原理，配以适量的同规格彩釉砖或釉面砖，即可组合成各种抽象的或具体形象的图案壁画，给人以强烈的艺术感受。

应用： 陶瓷艺术砖在建筑工程中可广泛应用于室内外墙面、柱面、梁面等外立面装饰。

（3）陶瓷锦砖

陶瓷锦砖也称“马赛克”（mosaic），1975 年在统一陶瓷产品名称时改用现名。它是指边长不大于 40mm，具有多种色彩和不同形状的小块砖，按不同图案贴在牛皮纸上，所以也称“纸皮砖”。陶瓷锦砖用优质黏土烧制而成。表面一般不上釉，规格较小，常用的有 18.5mm 和 39.0mm 见方、39mm×118.5mm 长方、25mm 六角形等多种，其厚度一般为 5mm，颜色则白、蓝、黄、绿、灰等均有，色泽稳定。陶瓷锦砖的表面有无釉的和施釉的两种，目前国内生产的多为无釉锦砖。

① 陶瓷锦砖标准规格及技术要求。参考我国建材行业标准《陶瓷马赛克》（JC/T 456—2015）规定。

② 陶瓷锦砖的特点及用途。陶瓷锦砖色泽明净，图案美观，质地坚实，抗压强度高，耐污染，耐腐蚀，耐磨，耐水，耐火，抗冻，不吸水，不滑，易清洗，坚固耐用，且造价较低。

陶瓷锦砖主要用于室内地面铺装。由于这种砖块小，不易被踩碎，适用于工业建筑的洁净车间、工作间、化验室以及民用建筑的门厅、走廊、餐厅、厨房、盥洗室、浴室等的地面铺装。也可用作高级建筑物的饰面材料，它对建筑立面具有良好的装饰效果，与外墙贴面砖相比，有造价略低、面层薄、自重轻的优点。

应用： 彩色陶瓷锦砖还可用于镶拼成壁画，其装饰性和艺术性均较好，用于拼贴壁画的锦砖尺寸越小，画面失真程度越小，效果越好。如北京市建筑陶瓷厂采用 12.5mm×12.5mm×5mm 的小块锦砖，已设计生产出 20 多种拼花图案，近年来又新设计镶拼成文字、花边以及风景名胜和动物花鸟图案的壁画，形成了别具风格的锦砖壁画艺术。

（4）琉璃制品

琉璃制品是我国陶瓷宝库中的古老珍品，它是以难熔黏土制坯成型后，经干燥、素烧、施釉、釉烧制成的人造水晶，主要成分是二氧化硅。琉璃制品的特点是质地坚硬、致密，表面光滑，不易沾污，坚实耐久，色彩绚丽，造型古朴，富有我国传统的民族特色。目前所称的琉璃，事实上是以脱蜡铸造法制作，融合各种颜料混合烧制的氧化铅水晶玻璃。

一般施铅釉烧成并用于建筑装饰及艺术装饰的带色琉璃制品，主要有琉璃瓦、琉璃砖、琉璃兽，以及琉璃花窗、琉璃栏杆等。其中琉璃瓦是我国用于古建筑的一种高档屋面材料，采用琉璃瓦屋盖的建筑，显得格外具有东方民族精神，富丽堂皇、光彩夺目、雄伟壮观。

应用：琉璃瓦品种繁多，造型各异，主要有板瓦（底瓦）、筒瓦（盖瓦）、滴水、勾头等，另外还有飞禽走兽、龙纹大吻等形象，用作檐头和屋脊的装饰物。琉璃色彩绚丽，常用的有金黄、翠绿、宝蓝等颜色。琉璃瓦因价格昂贵，且自重大，故主要用于具有民族色彩的宫殿式建筑以及少数纪念性建筑物上。此外，还常用于建造园林中的亭、台、楼、阁，以增添园林景色。琉璃制品在现代室内装饰工程中可用于制作灯具外壳、工艺画屏、装饰花瓶及首饰摆件，充分发挥其艺术性。

4.3 建筑玻璃

4.3.1 概述

玻璃是由石英砂、纯碱、长石及石灰等在1550～1660℃高温熔融后，采用机械及手工等方法制成，如在玻璃中加入某些金属氧化物或经过特殊处理，可制得具有不同性能的特种玻璃。玻璃是钙、镁等金属的硅酸盐的混合物。玻璃名称的转变，反映了我国玻璃生产的兴衰，也反映了历史上对玻璃材质的认识与重视。早期即以琉璃指玻璃，宋代后逐渐以玻璃的名词为主，到了元、明代琉璃则专指以低温烧制的釉陶砖瓦。

玻璃是构成现代建筑的主要材料之一。任何建筑都离不开玻璃，玻璃工业的发展推动了建筑行业的发展。随着现代建筑的发展，玻璃及其制品也由过去单纯作为采光材料和装饰之用，逐渐向着控制光线、调节热量、节约能源、控制噪声、降低建筑物自重、改善建筑环境和提高建筑艺术等多功能方向发展。

玻璃的品种繁多，分类方法也多样，通常按其化学组成和用途进行分类。

(1) 玻璃按化学组成分类

① 钠玻璃。钠玻璃又称钠钙玻璃，它主要由SiO_2、Na_2O和CaO组成。其软化点较低，易于熔制。由于含杂质多，制品多带绿色。与其他品种玻璃相比，钠玻璃的力学性能、热学性能、光学性能和化学稳定性等均较差。多用于制造普通建筑玻璃和日用玻璃制品，故又称普通玻璃。普通玻璃在建筑工程中应用十分普遍。

② 钾玻璃。钾玻璃是以K_2O替代钠玻璃中部分Na_2O，并提高玻璃中SiO_2的含量而制成。它硬而有光泽，故又称硬玻璃，其他性质也较钠玻璃好。钾玻璃多用于制造化学仪器和用具以及高级玻璃制品。

(2) 玻璃按用途分类

① 建筑平板玻璃。建筑平板玻璃是建筑工程中应用面广量大的建筑材料之一，主要包括以下几种。

a. 透明窗玻璃。指普通平板玻璃，大量用于建筑采光。

b. 不透视玻璃。采用压花、喷砂等方法而制成透光不透视的玻璃。

c. 装饰平板玻璃。采用蚀花、压花、着色等手段制成具有装饰性的玻璃。

d. 安全玻璃。将玻璃进行淬火，或在玻璃中夹丝、夹层而制成的玻璃。

e. 镜面玻璃。将玻璃磨光后背面涂汞制成。

f. 特殊性能平板玻璃。能透过紫外线、红外线，吸收X射线，或具有吸热、反射等性能的玻璃。

② 建筑艺术玻璃。建筑艺术玻璃是指用玻璃制成的具有建筑艺术性的屏风、花饰、扶栏、雕塑以及马赛克等制品。

③ 玻璃建筑构件。玻璃建筑构件主要有空心玻璃砖、波形瓦、平板瓦、门、壁板以及玻璃纤维增强塑料制品等。

④ 玻璃质绝热、隔声材料。玻璃质绝热、隔声材料主要有泡沫玻璃、玻璃棉毡、玻璃纤维等。

以上玻璃种类中，以普通平板玻璃最为重要，这不仅是因其用量大，而且许多玻璃新品都是在普通平板玻璃的基础上进行加工处理而制成的。

4.3.2　玻璃的原料及生产

用于制造玻璃的原料主要是各种氧化物。

（1）主要原料

① 酸性氧化物。这类氧化物主要有 SiO_2、B_2O_3 等。它们在煅烧中能单独熔融成玻璃的主体，决定了玻璃的主要性质，相应地称为硅酸玻璃、硼酸玻璃。

② 碱性氧化物。这类氧化物主要有 Na_2O、K_2O 等。它们在煅烧中能与酸性氧化物形成易熔的复盐，起了助熔剂的作用。

③ 增强氧化物。这类氧化物主要有 CaO、MgO、BaO、ZnO、PbO、Al_2O_3 等。

（2）辅助原料

① 助熔剂。除了常用的碱性氧化物外，还常用萤石、硼砂、硝酸钠等。这些助熔剂在熔化过程中与原料中的其他氧化物形成低共熔物，从而降低了熔融温度。其中萤石还能与玻璃的某些着色杂质作用，增加玻璃的透明性。

② 脱色剂。一些杂质会给玻璃带来色泽，主要是铁的氧化物所产生的颜色。常用的脱色剂有纯硒、硒酸钠、氧化钴、氧化镍等。它们在玻璃中呈现与原来颜色的补色，从而使玻璃变成无色。此外，化学脱色剂可以与着色杂质形成浅色化合物而起到脱色作用。

③ 着色剂。着色剂多为某些金属的氧化物，它们能直接溶于玻璃熔体中，将玻璃着色。例如，氧化铁能使玻璃呈现黄色或绿色，氧化锰能呈现紫色，氧化钴能呈现蓝色等。

④ 澄清剂。澄清剂能降低玻璃黏度，使化学反应产生的气泡易于逸出而澄清。常用的澄清剂有白砒、硫酸钠、硝酸钠等。

⑤ 乳浊剂。乳浊剂能使玻璃变成乳白色的半透明体。常用乳浊剂有氟和磷的化合物，它们能形成 $0.1\sim1.0\mu m$ 的颗粒，悬浮在玻璃中，使玻璃乳浊化。

⑥ 氧化剂和还原剂。氧化剂能将物料中低价氧化物转变为高价氧化物，常用的有白砒和硝石。还原剂能加速氧化物在熔制中的还原反应，常用的有碳化物、SnO_2、$SnCl_2$ 等。

玻璃是在坩埚炉或池炉中熔制的。熔制过程中，在 800～900℃为硅酸盐形成阶段，在玻璃形成阶段末期（1150～1200℃）成为透明体。为了达到玻璃成型所需的黏度，将熔体温度下降 200～300℃。玻璃制品制作方法有压制、吹制、吹压制、拉制、轧制、烧制等。

4.3.3　玻璃的基本性质

玻璃是由原料的熔融物经过冷却而成的固体。在凝结过程中，由于黏度急剧增加，原子来不及按一定晶格有序地排列，而形成无定形结构的玻璃体。因而其物理性能和力学性能是各向同性的。

（1）密度

玻璃的密度与其化学组成有关，故变化很大，且随温度升高而减小。普通建筑玻璃的密度约为 2.5g/cm^3。

（2）力学性能

玻璃的力学性能取决于化学组成、制品形状、表面性质和加工方法。凡含有未熔夹杂物、结石、节瘤或具有微细裂纹的制品，都会造成应力集中，从而急剧降低其机械强度。

在建筑工程中玻璃常常经受弯曲、拉伸和冲击，很少受压，所以力学性能主要指标是抗拉强度和脆性指标。玻璃的理论抗拉强度极限为 12000MPa，实际强度仅为理论强度的 1/300～1/200，一般为 30～60MPa，而抗压强度在 700～1000MPa 以上。脆性是玻璃的主要缺点，玻璃的脆性指标（弹性模量与抗拉强度之比 $E/R_{拉}$）为 1300～1500（橡胶为 0.4～0.6，钢为 400～600，混凝土为 4200～9350）。脆性指标越大，说明脆性越高。玻璃的脆性也可根据冲击试验来确定。

（3）热物理性能

玻璃的热容量与化学成分有关。在室温下热容量的波动范围为（0.63～1.05）$\times 10^3$J/(kg·℃)。玻璃的热膨胀系数也取决于化学组成。普通玻璃一般为（3～11）$\times 10^{-6}$℃$^{-1}$。普通玻璃的热导率为 0.69～0.93W/(m·K)。

（4）光学性能

玻璃既能透过光线，还有反射光线和吸收光线的能力，所以厚玻璃和重叠多层的玻璃往往不易透光。玻璃的反射光能与投射光能之比称为反射系数。反射系数的大小取决于反射面的光滑程度、折射率及投射光线的入射角的大小。

4.3.4 玻璃的表面处理

玻璃的表面处理具有十分重要的意义，从清洁玻璃的表面，直到制造各种涂层的玻璃，不但可以改善玻璃的外观和表面性质，还对玻璃进行了装饰。表面处理技术应用很广泛，下面简单介绍几种。

4.3.4.1 玻璃的化学蚀刻

玻璃的化学蚀刻是用氢氟酸溶解玻璃表面的硅氧膜。根据残留盐类的溶解度各不相同，而得到有光泽的表面或无光泽的表面。

玻璃与氢氟酸作用后生成盐类的溶解度各不相同，氢氟酸盐类中，碱金属（钠和钾）的盐易溶于水，而氟化钙、氟化钡不溶于水。蚀刻后玻璃的表面性质取决于氢氟酸与玻璃作用后所生成的盐类性质、溶解度的大小、结晶的大小以及是否容易从玻璃表面清除。如生成的盐类溶解度小，且以结晶状态保留在玻璃表面不易清除，遮盖玻璃表面，阻碍氢氟酸溶液与玻璃接触反应，则玻璃表面受到的侵蚀不均匀，得到粗糙或无光泽的表面；如反应物不断被清除，则腐蚀作用很均匀，并且得到非常平滑或有光泽的表面。结晶的大小对光泽度也有影响，结晶大则产生光线的漫射，表面无光泽。

影响蚀刻表面的主要因素是玻璃的化学组成和蚀刻液的组成。生产中根据不同需要采用各种蚀刻液或蚀刻膏。

4.3.4.2 化学抛光

化学抛光的原理与化学蚀刻一样，是利用氢氟酸破坏玻璃表面原有的硅氧膜，生成一层新的硅氧膜，来使玻璃得到很高的光洁度与透光度。

化学抛光有两种方法：一种是单纯用化学侵蚀作用的方法；另一种是用化学侵蚀和机械研磨相结合的方法。前者多应用于玻璃器皿，后者多应用于平板玻璃。

（1）化学侵蚀法

采用这种方法对玻璃进行抛光时，除用氢氟酸外，还要加入能使侵蚀生成物（硅氧化物）溶解的添加物。一般采用硫酸，因为硫酸的酸性强，同时沸点高，不易挥发。

（2）化学研磨法

化学侵蚀和机械研磨相结合的方法称为化学研磨法。在玻璃表面添加磨料和化学侵蚀剂，化学侵蚀生成的氟硅酸盐通过研磨而去除，使化学抛光的效率大为提高。此方法一度被视为高效率磨光玻璃的生产方法。

4.3.4.3 *表面金属涂层*

金属涂层广泛用于制造热反射玻璃、护目玻璃、膜层导电玻璃及玻璃器皿和装饰品等。玻璃表面镀金属薄膜的方法有化学法和真空沉积法。前者可分为还原法、水解法（又称液相沉积法）等，后者又分为真空蒸发镀膜法、阴极溅射镀膜法等。化学法中的还原法是一种古老的方法，目前仍在应用。真空蒸发镀膜法的应用则日趋广泛。

（1）化学法

化学法常应用于玻璃的表面镀银。用某些有机物（如葡萄糖）的还原反应，从银配合物的溶液中沉淀出金属银，并使银层均匀分布在玻璃表面。化学镀银的特点是设备比较简单，可以在任何工厂进行。缺点是银层比较厚，原材料消耗比较大，均匀性也不如真空沉积法好，同时也易产生污染。化学镀金则较困难，镀铜则更为不易。

（2）真空沉积法

真空沉积法近年来发展很快，走向装置大型化、工艺连续化、控制半自动化或自动化，可在大面积上均匀沉积成膜。

① 真空蒸发镀膜法。真空蒸发镀膜法的基本原理是：在低于 136.8×10^{-8}Pa 的真空条件下，把金属加热到蒸发温度，使之挥发沉积到玻璃表面上，形成所需要的膜层。用真空沉积法生产的玻璃制品有反射镜、热反射玻璃及部分民用镜。

② 阴极溅射镀膜法。在低真空（一般为 0.01～0.1Pa），阴极在高能粒子（通常为气体正离子，它是通过气体放电而产生）的轰击下，阴极表面的原子从中逸出的现象称为阴极溅射。逸出的原子一部分受到气体分子的碰撞而回到阴极，另一部分则凝结于阴极附近的基板上而形成膜层，阴极溅射一般是在惰性气体或氧气等反应气体中进行，在生产中已使用镀金制造导电玻璃、热反射玻璃以及集成电路基板上电极等。

4.3.4.4 *表面着色（扩散着色）*

玻璃表面着色就是在高温下用着色离子的金属、熔盐、盐类的糊膏涂覆在玻璃表面使着色离子与玻璃中的离子进行交换，扩散到玻璃表面中去，使玻璃表面着色；有些金属离子还需要还原为原子，原子聚集成胶体而着色。表面着色的优点是设备简单，操作易掌握，且着色以后的玻璃是透明的，表面平滑光洁。缺点是生产效率低。

4.3.5 玻璃材料的主要品种及应用

平板玻璃是建筑玻璃中用量最大的一种，习惯上将窗用玻璃、磨砂玻璃、磨光玻璃、有色玻璃等列入平板玻璃。随着科学技术的发展，有的不同品种之间产生了结合或渗透，有的传统工艺被改变，从而使性能产生了新的飞跃和改善。

4.3.5.1 普通窗玻璃

也称窗用平板玻璃、普通平板玻璃，属于钠钙玻璃，且未经研磨加工。主要用于装配门窗，起透光、挡风和保温的作用。要求具有较好的透明度和表面平整无缺陷。

窗用平板玻璃的计量单位为标准箱和质量箱。厚度为2mm的窗用平板玻璃，每$10m^2$为1标准箱，1标准箱的质量称为质量箱，为50kg。其他厚度玻璃按标准箱和质量箱折合计算。

（1）窗用平板玻璃的分类、规格与等级

① 分类。窗用平板玻璃因生产方法不同，可分为引拉法玻璃和浮法玻璃两种。根据国家标准《平板玻璃》（GB 11614—2009）的规定，按玻璃的厚度可分为2mm、3mm、4mm、5mm、6mm、8mm、10mm、12mm、15mm、19mm、22mm、25mm。窗用平板玻璃的厚度允许偏差见表4-6。

表4-6 窗用平板玻璃的厚度允许偏差

公称厚度/mm	厚度偏差/mm	厚薄差/mm
2～6	±0.2	0.2
8～12	±0.3	0.3
15	±0.5	0.5
19	±0.7	0.7
22～25	±1.0	1.0

② 等级。按国家标准，窗用平板玻璃根据其外观质量进行分等定级，有合格品、一等品、优等品三个质量等级，详见《平板玻璃》（GB 11614—2009）。

（2）窗用平板玻璃的质量要求

窗用平板玻璃主要用于建筑物的采光并起装饰作用，镜面用平板玻璃也属于普通平板玻璃，常选用窗用玻璃的优等品或磨光玻璃，平板玻璃应具有一定的透光度和外观质量。

① 透光度。平板玻璃在透过光线时，玻璃表面要发生光线的反射，玻璃内部对光线产生吸收，从而使透过光线的强度降低，如图4-3所示。平板玻璃的透光度用公式表示如下：

$$C=\frac{\phi_1}{\phi_2}\times 100\% \quad (4\text{-}4)$$

式中 C——玻璃的透光度；

ϕ_1——光线透过玻璃前的光通量；

ϕ_2——光线透过玻璃后的光通量。

我国普通平板玻璃标准中，透光率规定：玻璃厚2mm为88%；玻璃厚3mm、4mm为86%；玻璃厚5mm、6mm为82%。影响平板玻璃透光度的主要因素为原料成分及工艺。

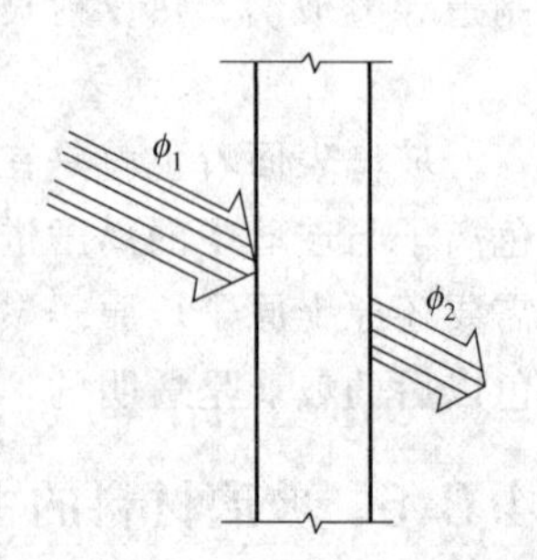

图4-3 光线透过玻璃

② 外观质量。平板玻璃由于生产方法不同，可能产生各种不同的外观缺陷，直接影响产品产量和使用效果。影响平板玻璃外观质量的缺陷有以下几种。

a. 波筋。又称水线。在玻璃的各种外观缺陷中，波筋是最容易出现，也是最严重的一种缺陷。具有上述缺陷的玻璃，当光线通过玻璃板时，会产生不同的折射，形成光学畸变。光学畸变的表现，是当人们用肉眼与玻璃形成一定角度观察时，会看到玻璃板面上有一条条像波浪似的条纹，通过带有这种缺陷的玻璃观察物体时，所看到的物像会发生变形、扭曲，运动着的被观察物会产生跳动感。当这种玻璃用在橱窗、运输车辆或居室时，易使观察者产生视觉疲劳。

b. 气泡。玻璃液中含有气体，在成型时形成气泡。气泡影响玻璃的透光度，降低玻璃的机械强度，也影响人们的视觉而产生物像变形。平板玻璃中存在的气泡有圆的、长的、成堆的，大的有几十毫米，小的则刚能看到。一般多为无色气泡，也有乳白色的气泡。

c. 线道。是玻璃原板上出现的很细很亮的连续不断的条纹，像线一样，故称线道。线道降低了玻璃的外观美感。

d. 疙瘩与砂粒。平板玻璃中异状突出的颗粒物，大的称为疙瘩或结石，小的称为砂粒。疙瘩和砂粒的存在不但影响玻璃的光学性能，还会使玻璃裁切时产生困难。

玻璃属于易碎品，故通常用木箱或集装箱包装。平板玻璃在储存、装卸和运输时，必须盖朝上、垂直立放，并需注意防潮防水。

应用：普通平板玻璃大部分直接用于房屋建筑和装修，一部分加工成钢化、夹层、镀膜、中空等玻璃，少量用于工艺玻璃。一般建筑采光用玻璃多为3mm厚的普通平板玻璃，玻璃幕墙、采光屋面、商店橱窗或柜台等多采用5～6mm厚的钢化玻璃，公共建筑的大门玻璃则常用经钢化后的8mm以上的厚玻璃。

4.3.5.2 钢化玻璃

钢化玻璃又称强化玻璃。它是利用加热到一定温度后迅速冷却的方法或化学方法进行特殊钢化处理的玻璃。它的强度比未经钢化处理的玻璃大4～6倍。具有较好的抗冲击性、抗弯曲性以及耐急冷急热的性能。

钢化玻璃是普通平板玻璃的二次加工产品，钢化玻璃的生产可分为物理钢化法和化学钢化法。物理钢化又称淬火钢化，是将普通平板玻璃在炉内加热至接近软化点温度（650℃左右），使玻璃通过本身的形变来消除内部应力，然后移出加热炉，立即用多头喷嘴向玻璃两面喷吹冷空气，使其迅速均匀地冷却，当冷却到室温时，便形成了高强度钢化玻璃。钢化玻璃应力状态如图4-4所示。由于冷却时玻璃的两个表面首先冷却硬化，待内部冷却并伴随体积收缩时，已经硬化的外部势必阻碍内部的收缩，使玻璃处于内部受拉、外部受压的应力状态。当玻璃受弯曲外力作用时，玻璃表面将处于较小的拉应力和较大的压应力状态，因玻璃的抗压强度较高，所以不会造成破坏。钢化玻璃内部处于较大的拉应力状态而不会破裂，这是因为内部无缺陷存在，故不易破坏。由此可知，钢化之后的平板玻璃，其强度可得到很大的提高。

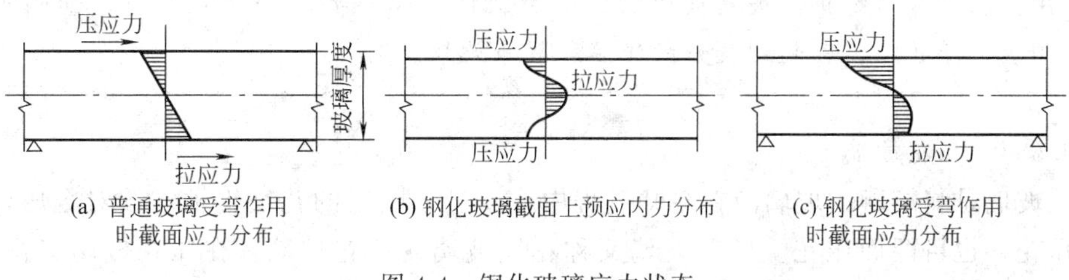

(a) 普通玻璃受弯作用时截面应力分布　(b) 钢化玻璃截面上预应内力分布　(c) 钢化玻璃受弯作用时截面应力分布

图4-4 钢化玻璃应力状态

处于这种应力状态的玻璃，一旦局部破损，便发生“应力崩溃”，破成无数小块，这些碎块没有尖锐棱角，不易伤人。因此，物理钢化玻璃是一种安全玻璃。

化学钢化玻璃是应用离子交换法进行钢化，是将含碱金属离子（Na^+或K^+）的硅酸盐玻璃浸入熔融状态的锂（Li^+）盐中，使钠或钾离子在表面层发生离子交换，由于锂离子膨胀系数不小于钠、钾离子，从而在冷却过程中使外层收缩较小而内部收缩较大。当冷却到常温后，玻璃便处于内层受拉应力而外层受压应力的状态，其效果类似于物理钢化玻璃，因此也提高了强度。

化学钢化玻璃强度虽然较高，但是破碎后仍然形成尖锐的碎片。因此，一般不作安全玻璃使用。

4.3.5.3 夹丝玻璃

夹丝玻璃是安全玻璃的一种。它是将预先编织好的钢丝网压入经软化后的红热玻璃中制成的。钢丝网在夹丝玻璃中起增强作用，使其抗折强度和耐温度剧变性都比普通玻璃高，破碎时即使有许多裂缝，但其碎片仍附着在钢丝网上，不致四处飞溅而伤人。

根据国家行业标准《夹丝玻璃》[JC 433—1991（1996）]，我国生产的夹丝玻璃产品分为夹丝压花玻璃和夹丝磨光玻璃两类。

产品按厚度分为6mm、7mm、10mm三种。产品按等级分为优等品、一等品和合格品。产品尺寸一般不小于600mm×400mm，不大于2000mm×1200mm。

应用：夹丝玻璃可用于公共建筑的阳台、走廊、防火门、楼梯间、电梯井、厂房天窗、各种采光屋顶等。

4.3.5.4 夹层玻璃

夹层玻璃是由两片或多片平板玻璃之间嵌夹透明塑料薄衬片，经加热、加压、黏合而成的平面或曲面的复合玻璃制品，夹层玻璃也属安全玻璃。

玻璃原片可采用普通平板玻璃、浮法玻璃、钢化玻璃、彩色玻璃、吸热玻璃、热反射玻璃等。夹层玻璃的层数有3层、5层、7层，最多可达9层。一般规格有2mm＋2mm、3mm＋3mm、5mm＋5mm等。

夹层玻璃的透明度好，抗冲击性能要比平板玻璃高几倍。玻璃破碎时不裂成分离的碎块，只有辐射裂纹和少量碎玻璃屑，且碎片黏附在薄衬片上，不致伤人。夹层玻璃透光率高，如2mm＋2mm厚玻璃的透光率约为82%。夹层玻璃还具有耐火、耐热、耐湿、耐寒等性能。

应用：在建筑工程中，夹层玻璃主要用于制作有隔声要求的建筑外窗，如隔声玻璃窗扇、阳台玻璃护栏，可起到良好的保温、隔声效果。

4.3.5.5 压花玻璃

压花玻璃是将熔融的玻璃液在冷却过程中，通过带图案的花纹辊轴连续对辊压延而成。可一面压花，也可两面压花。压花玻璃又称花纹玻璃或滚花玻璃。在压花玻璃有花纹的一面，用气溶胶对表面进行喷涂处理，玻璃可呈现浅黄色、浅蓝色、橄榄色等，经过喷涂处理的压花玻璃，立体感强，且可提高强度50%～70%。压花玻璃有一般压花玻璃、真空镀膜压花玻璃、彩色膜压花玻璃等。

压花玻璃的一个表面或两个表面压出深浅不同的各种图案花纹后，由于其表面高低不平，当光线通过玻璃时产生漫射，因而具有透光不透视的特点，造成从玻璃的一面看另一面物体时，物像显得模糊不清。

> **应用：**压花玻璃因其表面有各种图案花纹，所以有良好的装饰艺术效果。真空镀膜压花玻璃给人以一种素雅、美观、清新的感觉，花纹立体感强，并具有一定的反光性能，是一种良好的室内装饰材料。

4.3.5.6 毛玻璃

毛玻璃是指经研磨、喷砂或氢氟酸溶蚀等加工，使表面（单面或双面）变为均匀粗糙的平板玻璃。

用硅砂、金刚砂、石榴石粉等作研磨材料，加水研磨制成的，称为磨砂玻璃；用压缩空气将细砂喷射到玻璃表面制成的，称为喷砂玻璃；用酸溶蚀制成的，称为酸蚀玻璃。

由于毛玻璃表面粗糙，使透过光线产生漫反射，如图4-5所示。漫反射可以造成透光不透视，使室内光线不眩目、不刺眼。

> **应用：**在建筑工程中，毛玻璃主要用于建筑物的卫生间、浴室、办公室等的门窗及隔断，也可用作黑板及灯罩等。

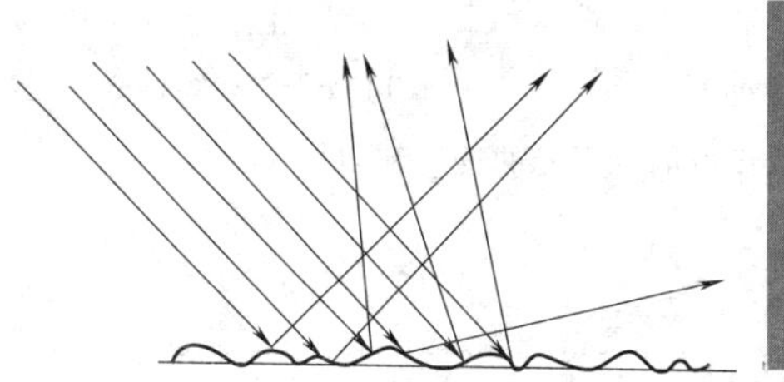

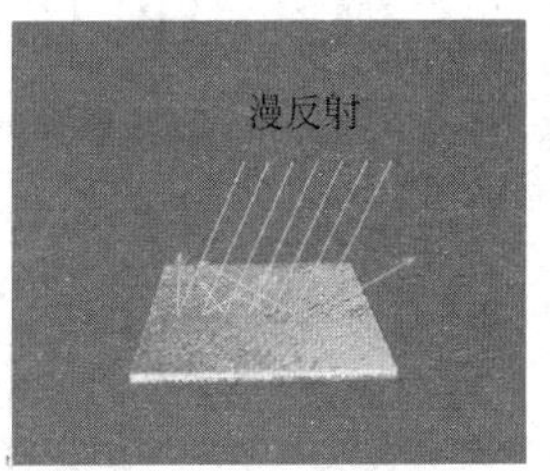

图4-5 毛玻璃对光的漫反射

4.3.5.7 彩色玻璃

彩色玻璃又称有色玻璃或饰面玻璃，彩色玻璃分为透明和不透明两种。透明的彩色玻璃是在玻璃原料中加入一定量的金属氧化物，按平板玻璃的生产工艺进行加工生产而成；不透明的彩色玻璃是用4～6mm厚的平板玻璃按照要求的尺寸切割而成型，然后经过喷洗、喷釉、烘烤、退火而制成。彩色玻璃的颜色有红、蓝、黄、黑、绿、乳白等10余种。

不透明彩色玻璃又称饰面玻璃。经退火处理的饰面玻璃可以切割，经钢化处理的饰面玻璃不能切割。

> **应用：**彩色玻璃可拼成各种图案花纹，并有耐溶蚀、抗冲刷、易清洗等特点，主要用于建筑物的内外墙、门窗装饰及对光线有特殊要求的部位。

4.3.5.8 吸热玻璃

能吸收大量红外线辐射能且能保持良好可见光透过率的玻璃称为吸热玻璃。

窗户作为室内外环境的过滤器，不仅在采光、保温、隔声、创造舒适居住环境方面有重要作用，而且其热工性能直接关系到建筑物的造价和能耗，因而建筑师必须了解吸热玻璃，正确地选用吸热玻璃，以充分发挥窗户的综合效益。吸热玻璃的生产是在普通钠钙硅酸盐玻璃中加入起着色作用的氧化物，如氧化铁、氧化镍、氧化钴以及氧化硒等，使玻璃带色并具有较高的吸热性能。也可在玻璃表面喷涂氧化锡、氧化锑、氧化钴等有色氧化物薄膜而制成。

吸热玻璃按颜色分为灰色、茶色、蓝色、绿色、古铜色、粉红色、金色、棕色等。按成分分为硅酸盐吸热玻璃、磷酸盐吸热玻璃、光致变色吸热玻璃与镀膜玻璃等。吸热玻璃对阳光的透射和阻挡如图 4-6 所示。由图可以看出，普通玻璃和吸热玻璃对太阳能的阻挡分别为 16％和 40％，对太阳能的透射分别为 84％和 60％。

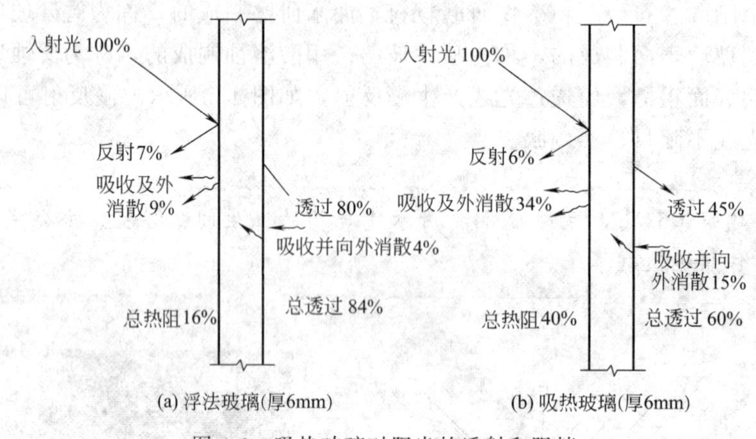

图 4-6 吸热玻璃对阳光的透射和阻挡

应用：目前吸热玻璃已广泛用于建筑工程门窗或外墙，以及用作车、船的挡风玻璃等，起到采光、隔热、防眩等作用。它还可以按不同用途进行加工，制成磨光玻璃、夹层玻璃、镜面玻璃及中空玻璃。在外部围护结构中，用它制作彩色玻璃窗。在室内装饰中，用它镶嵌玻璃隔断、装饰家具，以增加美感。无色的磷酸盐吸热玻璃能大量吸收红外线辐射热，可用于电影拷贝、电影放映、幻灯放映、彩色印刷等。

4.3.5.9 热反射玻璃

热反射玻璃是既有较好的热反射能力，又保持平板玻璃良好透光性能的玻璃，这种玻璃又称镀膜玻璃或镜面玻璃。

吸热玻璃与热反射玻璃的划分可用下式表示：

$$S=\frac{A}{B} \tag{4-5}$$

式中 A——玻璃整个光通量的吸收系数；

B——玻璃整个光通量的反射系数。

当 $S>1$ 时，玻璃为吸热玻璃；当 $S<1$ 时，玻璃为热反射玻璃。

热反射玻璃从颜色上分，有灰色、青铜色、茶色、金色、浅蓝色、棕色、古铜色、褐色等。热反射玻璃的生产是在玻璃表面用加热、蒸气、化学等方法喷涂金、银、铜、铝、铬、镍、铁等金属氧化物，或粘贴有机薄膜，或以某种金属离子置换玻璃表面中原有离子而制成。从结构和性能上看，有热反射、冷反射、中空热反射、夹层热反射等品种。

热反射玻璃具有良好的隔热性能，对太阳辐射热有较高的反射能力，反射率达30%以上，而普通玻璃仅有7%～10%。热反射玻璃在日晒强时，室内温度仍可保持稳定，光线柔和，可改变建筑物内的色调，避免眩光，改善室内的环境。镀金属膜的热反射玻璃还具有单向透像作用，使热反射玻璃在迎光面具有镜子的效能，而在背光面又如玻璃一样透视。所以在室外站在这种玻璃前，展现在眼前的是一幅周围景色的画面，丝毫看不到室内的景物，对建筑物起到遮蔽及帷幕作用。由于热反射玻璃具有以上功能，所以它为建筑设计的创新、立面处理与构图提供了新的素材。

我国宁夏玻璃厂生产的彩色镀膜热反射玻璃的规格品种有多样，最大尺寸可为2000mm×1200mm，玻璃厚度有3mm和6mm两种，其主要技术性能如下。

① 反射率高。200～2500μm的光谱反射率大于30%，最大可达60%。

② 化学稳定性好。在5%的盐酸或5%的氢氧化钠溶液中浸泡24h后，涂层的性能无明显改变。

③ 耐擦洗性好。用软纤维或动物毛刷任意刷洗，涂层无明显改变。

④ 耐急冷急热性好。在−40～50℃温度范围内急冷急热，涂层无明显改变。

应用：热反射玻璃主要用于避免由于太阳辐射而增热及设置空调的建筑。适用于各种建筑门窗、汽车和轮船的玻璃窗、玻璃幕墙以及各种艺术装饰。目前，国内外还常采用热反射玻璃来制作中空玻璃或夹层玻璃窗，以提高其绝热性能。

4.3.5.10 釉面玻璃

釉面玻璃是一种饰面玻璃，它是在玻璃表面涂覆一层彩色熔性色釉，在熔炉中加热至釉料熔融，使釉层与玻璃牢固地结合在一起，再经退火或钢化等不同热处理而制成的产品。玻璃基板可采用普通平板玻璃、压延玻璃、磨光玻璃或玻璃砖等。目前生产的釉面玻璃最大规格为3.2m×1.2m，玻璃厚度为5～15mm。

应用：釉面玻璃具有良好的化学稳定性和装饰性，它可用于食品工业、化学工业、商业、公共食堂等室内饰面层，也可以用作教学、行政和交通建筑的主要房间及门厅、楼梯的饰面层，尤其适用于建筑物和构筑物立面的外饰面层。

4.3.5.11 光致变色玻璃

在玻璃中加入卤化银，或在玻璃与有机夹层中加入钼和钨的感光化合物，就能获得光致变色性。光致变色玻璃受阳光或其他光线照射，颜色随光线的增强而逐渐变暗，当照射停止时又恢复原来颜色。

含氯化银的玻璃敏感波长为300～400μm，含溴化银的玻璃敏感波长为300～550μm，含氯化银-碘化银的玻璃敏感波长为300～650μm。由于生产光致变色玻璃要耗用大量白银，因此使用受到限制。

应用：光致变色玻璃的应用已从眼镜片开始向交通、医学、摄影、通信和建筑领域发展。

4.3.5.12 泡沫玻璃

泡沫玻璃是以玻璃碎屑为基料加入少量发气剂（闭口孔用炭黑，开口孔用碳酸钙）按比例混合粉磨，磨好后的粉料装入模内送入发泡炉发泡，然后脱模退火，制成的一种多孔轻质玻璃制品。其孔隙率可达80%～90%，气孔多为封闭型，孔径一般为0.1～5mm，也有小到几微米的。泡沫玻璃的表观密度小（120～500kg/m^3），热导率小［0.053～0.14W/(m·K)］，吸声系数为0.3，抗拉强度为0.4～8MPa，使用温度为240～420℃。

应用：泡沫玻璃不透气、不透水，抗冻、防火，可锯、可钉、可钻，它属于高级泡沫材料，也可作为高级建筑物墙壁的吸声装饰材料，泡沫玻璃可制成各种颜色。

4.3.5.13 激光玻璃

激光玻璃是以玻璃为基材的新一代建筑装饰材料，其特征在于经特种工艺处理，玻璃背面出现全息或其他光栅，在阳光、月光、灯光等光源照射下形成物理衍射光。经金属反射后会出现艳丽的七色光，且同一感光点或感光面将因光源入射角的不同而出现不同的色彩变化，使被装饰物显得华贵高雅、富丽堂皇、梦幻迷人。

激光玻璃的颜色有银白色、蓝色、灰色、紫色、黑色、红色等多种。激光玻璃按其结构有单层和夹层之分。如半透半反单层（5mm）、半透半反夹层（5mm＋5mm）、钢化半透半反图案夹层（8mm＋5mm）等。

应用：激光玻璃在建筑工程中主要用于有艺术装饰要求的墙、柱面装饰。

4.3.5.14 玻璃砖

玻璃砖又称特厚玻璃，有空心砖和实心砖两种。实心砖是采用机械压制方法制成的。空心砖是采用箱式模具压制而成的，两块玻璃加热熔接成整体空心砖，中间充以干燥空气，经退火，最后涂饰侧面而成。

空心砖有单孔和双孔两种。按性能分，在内侧做成各种花纹，赋予它特殊的采光性，有使外来光扩散的玻璃砖和使外来光向一定方向折射的指向性玻璃砖。按形状分，有正方形、矩形以及各种异型产品。按尺寸分，一般为115mm、145mm、240mm、300mm等规格。按颜色分，有使玻璃本身着色的以及在内侧面用透明着色材料涂饰的产品等。

应用：玻璃砖被誉为"透光墙壁"。它具有强度高、绝热、隔声、透明度高、耐水、耐火等多种优良性能。在建筑工程中，玻璃砖用来砌筑透光的墙壁、建筑物的非承重内外墙、淋浴隔断、门厅、通道等。特别适用于高级建筑，用于控制透光、眩光和阳光等场合。

4.3.5.15 水晶玻璃

水晶玻璃又称石英玻璃，它是采用玻璃珠在耐火材料模具中制得的一种装饰材料。玻璃珠是以 SiO_2 和其他添加剂为主要原料，经配料后用火焰烧熔结晶而成。水晶玻璃的外层是光滑的，并带有各种形式的细网状或仿天然石料的不重复的点缀花纹。具有良好的装饰效果，机械强度高，化学稳定性和耐大气腐蚀性较好。水晶饰面玻璃的反面较粗糙，与水泥黏结性好，便于施工。

应用：水晶玻璃饰面板适用于各种建筑物的内墙面、地坪面层、建筑物外墙立面或室内制作壁画等。也可用于制作杯子、瓶子、盘子、碗等仿天然水晶的工艺品。

4.3.5.16 玻璃马赛克（玻璃锦砖）

玻璃马赛克是以玻璃为基料并含有未熔解的微小晶体（主要是石英）的乳浊制品。玻璃马赛克的颜色有红、黄、蓝、白、黑等几十种。玻璃马赛克是一种小规格的彩色饰面玻璃，一般尺寸为 20mm×20mm、30mm×30mm、40mm×40mm，厚 4～6mm。有透明、半透明、不透明的，还有带金色、银色斑点或条纹的。一面光滑，另一面带有槽纹，以利于和砂浆粘贴。

玻璃马赛克具有色调柔和、朴实典雅、美观大方，化学稳定性、冷热稳定性好，不变色、不积尘，历久常新，与水泥黏结性好，施工方便等优点。

应用：玻璃马赛克适用于宾馆、医院、办公楼、礼堂、住宅等建筑的外墙饰面。

4.3.5.17 中空玻璃

建筑物采用大面积窗户，冬季采暖、夏季制冷所消耗的能量是相当大的。20 世纪 70 年代的“能源危机”引起了各国对能源的重视，在建筑门窗上，开始广泛采用中空玻璃和特殊性能的玻璃。

中空玻璃是一种良好的隔热、隔声、美观适用并可降低建筑物自重的新型建筑材料。

中空玻璃是由两片或多片平板玻璃构成，用边框隔开，四周边缘部分用胶接、焊接或熔接的办法密封，使玻璃层间形成有干燥气体空间的玻璃制品，其构造如图 4-7 所示。颜色有无色、茶色、蓝色、灰色、紫色、金色、银色等。中空玻璃的玻璃与玻璃之间留有一定的空腔，因此具有良好的保温、隔热、隔声等性能。如在空腔中充以各种能漫射光线的材料或介质等，则可获得更好的声控、光控、隔热等效果。有案例表明，美国一幢 20 层的办公楼采用银色涂层的双层中空玻璃代替单层玻璃，其空调能耗降低 69%。当然装设中空玻璃窗的费用比装设单层玻璃窗的费用高，但因它能减少采暖、空调费用，综合效益还是合算的。

应用：中空玻璃主要用于需要采暖、空调、防止噪声、结露及需要无直接光和特殊光线的建筑上，如住宅、饭店、宾馆、办公楼、学校、医院、商店等采光窗、采光玻璃幕墙等。也可用于火车、轮船等的采光窗、采光天棚。

我国国产中空玻璃的基本性能如下。

① 光学性能。中空玻璃根据所选用的玻璃原片不同，具有不同的光学性能，可见光透

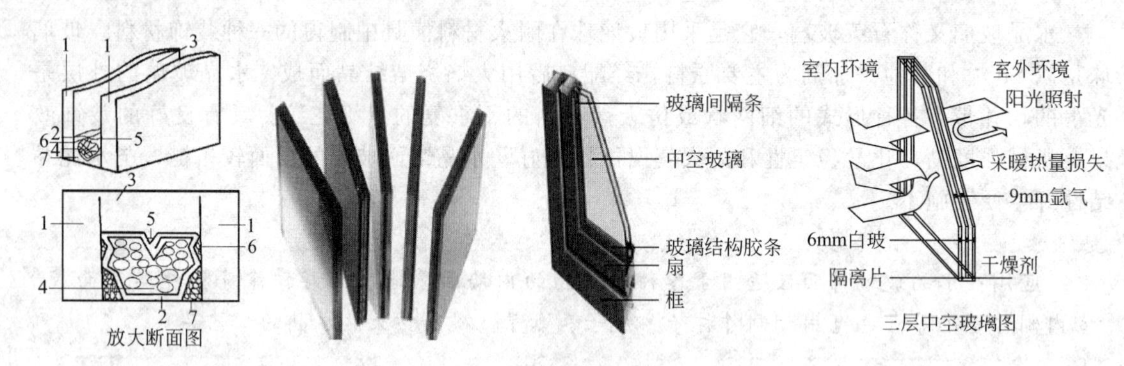

图 4-7　中空玻璃的结构

1—玻璃原片；2—空心铝隔板；3—干燥空气；4—干燥剂；5—缝隙；6—黏结剂Ⅰ；7—黏结剂Ⅱ

过率范围为10%～80%，光反射率范围为25%～80%，总透过率范围为25%～50%。

② 热工性能。中空玻璃具有优良的绝热性能，在某些条件下，其绝热性能优于混凝土墙。据统计，一些欧洲国家采用中空玻璃与单层玻璃相比，每平方米可节省燃料40～50L。加拿大皇家集团总部大楼采用650m^2的热反射双层玻璃共3468片，该楼冬季比单层玻璃减少70%热损失，夏季可反射45%太阳热。

③ 隔声性能。中空玻璃具有较好的隔声性能，其隔声的效果通常与噪声的种类、声强有关，一般可使噪声下降30～44dB，对交通噪声可降低31～38dB，能将街道汽车噪声降低到学校教室的安静程度。

④ 露点。在室内一定的相对湿度下，玻璃表面的温度达到露点以下，势必结露，直至结霜（0℃以下）。这将严重影响透视和采光，并引起其他一些不良效果。若采用中空玻璃，则可使这种情况大大得到改善。通常情况下，中空玻璃接触室内高湿度空气的时候玻璃表面温度较高，而外层玻璃温度虽低，但接触的空气湿度也低，所以不会结露。中空玻璃内部空气的干燥度是其重要指标之一。

本章小结

了解砌墙砖的分类；了解非烧结砖、其他砌块、各种墙板的技术性质及应用；理解建筑工程中常用石材的技术性能、特点及选用原则。

了解玻璃的分类，熟悉不同玻璃的性能，并能够在工程实践中熟练选择应用不同属性的玻璃。

应掌握烧结砖的主要技术性质及应用；掌握建筑石材的主要品种及应用。

复习思考题

一、填空题

1. 用于墙体的材料，主要有________、________和________三类。

2. 砌墙砖按有无孔洞和孔洞率大小分为________、________和________三种，按生产工艺不同分为________和________。

3. 烧结普通砖按所用原材料不同主要分为________、________、________和________四种。

4. 烧结普通砖的外形为矩形体，公称尺寸为________ mm×________ mm×________ mm。________块砖长、________块砖宽、________块砖厚，分别加灰缝（每个按 10 mm），其长度均为 1m。理论上，1m^3 砖砌体大约需要砖________块。

5. 烧结普通砖按抗压强度分为________、________、________、________、________五个强度等级。

6. 强度和抗风化性能合格的烧结普通砖，根据________、________和________分为________、________和________三个质量等级。

7. 烧结多孔砖常用规格分为________型和________型两种，孔洞一般为________孔，主要用于砌筑六层以下建筑物的________墙体。

8. 烧结空心砖是以________、________、________为主要原料，经焙烧而成的孔洞率大于或等于________的砖，其孔的尺寸________而数量________，为________孔，一般用于砌筑________墙体。

9. 建筑工程中常用的非烧结砖有________、________、________等。

10. 砌块按用途分为________和________，按有无孔洞可分为________和________。

11. 建筑工程中常用的砌块有________、________、________、________、________等。

12. 陶瓷锦砖又称________，是外国语的译音。

13. 玻璃的外观质量缺陷一般有________、________、________和________四种。

二、名词解释

1. 烧结砖红砖与青砖

2. 砖的泛霜现象

3. 清水砖墙

4. 炻器

5. 安全玻璃

三、选择题

1. 关于玻璃的性质，以下说法不正确的是（　　）。

A. 受冲击容易破碎　B. 耐酸性好　C. 耐碱性好　D. 热稳定性差

2. 用于卫生间门窗，从一面看另一面模糊不清，即透光不透视的玻璃是（　　）。

A. 磨光玻璃　B. 镀膜玻璃　C. 磨砂玻璃　D. 光致变色玻璃

3. 下列各优点中，不属于中空玻璃的优点的是（　　）。

A. 绝热性能好　B. 隔声性能好

C. 寒冷冬季不结霜　D. 透光率高于普通玻璃

4. 在加工玻璃时，不能切割加工的玻璃是（　　）。

A. 压花玻璃　B. 磨砂玻璃　C. 釉面玻璃　D. 钢化玻璃

5. 具有单向透视特点，起帷幕作用的玻璃是（　　）。

A. 吸热玻璃　B. 热反射玻璃　C. 磨光玻璃　D. 毛玻璃

6.（　　）不适用于室外工程。

A. 陶瓷锦砖　B. 无釉地砖　C. 釉面砖　D. 彩釉地砖

7. 黏土砖的致命缺点是（　　）。

A. 隔声、绝热差
B. 烧制耗能大，取土占农田
C. 自重大，强度低
D. 砌筑不够快

四、简答题

1. 烧结普通砖在砌筑前为什么要浇水使其达到一定的含水率？
2. 烧结普通砖按焙烧时的火候可分为哪几种？各有何特点？
3. 烧结多孔砖、空心砖与实心砖相比，有何技术经济意义？
4. 烧结普通砖的主要技术性质包括哪些内容？
5. 何谓清水砖墙？怎样使清水砖墙获得更好的装饰效果？
6. 陶瓷的范围及分类是什么？
7. 陶瓷制品的装饰包括哪些方面？
8. 叙述釉面砖的技术性能及应用。
9. 墙地砖的种类与花式及质量要求是什么？
10. 陶瓷锦砖的特点及用途是什么？
11. 叙述建筑玻璃及制品在现代建筑中的功能。
12. 叙述平板玻璃的作用。
13. 吸热玻璃与热反射玻璃有何区别？
14. 常用装饰玻璃的品种、特性及用途是什么？

第 5 章　气硬性胶凝材料

能将散粒材料或块状材料胶结为一个整体的材料称为胶凝材料。按化学成分，将胶凝材料分为有机胶凝材料和无机胶凝材料。建筑上使用的沥青、合成树脂属于有机胶凝材料。无机胶凝材料按硬化条件分为气硬性胶凝材料和水硬性胶凝材料。气硬性胶凝材料只能在空气中硬化，也只能在空气中保持和发展其强度；水硬性胶凝材料则既能在空气，又可在水中更好地硬化，并保持和发展其强度。故气硬性胶凝材料的耐水性差，不能用在潮湿环境或水中。而水硬性胶凝材料的耐水性好，可以用于水中。

建筑工程中主要应用的气硬性胶凝材料有石灰、石膏、水玻璃等。

5.1　石灰

5.1.1　建筑生石灰

生石灰是建筑工程中应用最早的气硬性胶凝材料，其现行行业标准为《建筑生石灰》(JC/T 479—2013)。该标准规定了建筑用生石灰的术语和定义、分类和标记、技术要求、试验方法、检验规则以及标记、包装、运输、储存和质量证明书等内容。

该标准适用的范围是：建筑工程用的气硬性生石灰和生石灰粉。不包括水硬性生石灰，其他用途的生石灰也可参照该标准。

《建筑生石灰》(JC/T 479—2013) 中规范性引用文件如下：

JC/T 478.1—2013　建筑石灰试验方法　第 1 部分　物理试验方法

JC/T 478.2—2013　建筑石灰试验方法　第 2 部分　化学分析方法

JC/T 620—2013　石灰取样方法

5.1.1.1　*术语和定义*

(1) 生石灰 (quicklime)

气硬性生石灰由石灰石（包括钙质石灰石、镁质石灰石）焙烧而成，呈块状、粒状或粉状，化学成分主要为氧化钙，可与水发生放热反应生成消石灰。

(2) 钙质石灰 (calcium lime)

其成分主要由氧化钙或氢氧化钙组成，不添加任何水硬性的或火山灰质的材料。

（3）镁质石灰（magnesian lime）

其成分主要由氧化钙和氧化镁（MgO 含量大于 5%）或氢氧化钙和氢氧化镁组成，不添加任何水硬性的或火山灰质的材料。

5.1.1.2　分类和标记

（1）分类

① 按照生石灰的加工情况，将生石灰划分为建筑生石灰和建筑生石灰粉两类。

② 按照生石灰的化学成分（氧化钙和氧化镁是生石灰的主要成分），将生石灰划分为钙质石灰和镁质石灰两类。根据氧化镁含量的多少，钙质石灰（MgO 含量小于 5%）和镁质石灰（MgO 含量大于或等于 5%）可划分为各类等级，见表 5-1。

表 5-1　建筑生石灰的分类

类别	名称	代号
钙质石灰	钙质石灰 90	CL 90
	钙质石灰 85	CL 85
	钙质石灰 75	CL 75
镁质石灰	镁质石灰 85	ML 85
	镁质石灰 80	ML 80

（2）标记

生石灰的识别标志由产品名称、加工情况和产品依据标准编号组成。生石灰块在代号后加 Q，生石灰粉在代号后加 QP。

例如，符合 JC/T 479—2013 钙质生石灰粉 85 标记为：CL 85-QP JC/T 479—2013。其中：CL 表示钙质石灰；85 表示 MgO+CaO 百分含量；QP 表示粉状；JC/T 479—2013 表示产品依据标准。

5.1.1.3　技术要求

根据《建筑生石灰》（JC/T 479—2013），建筑生石灰的化学成分应符合表 5-2 的要求，建筑生石灰的物理性质应符合表 5-3 的要求。

表 5-2　建筑生石灰的化学成分

名称	氧化钙+氧化镁 (CaO+MgO)/%	氧化镁 (MgO)/%	二氧化碳 (CO_2)/%	三氧化硫 (SO_3)/%
CL 90-Q	≥90	≤5	≤4	≤2
CL 90-QP				
CL 85-Q	≥85	≤5	≤7	≤2
CL 85-QP				
CL 75-Q	≥75	≤5	≤12	≤2
CL 75-QP				
ML 85-Q	≥85	>5	≤7	≤2
ML 85-QP				
ML 80-Q	≥80	>5	≤7	≤2
ML 80-QP				

表 5-3　建筑生石灰的物理性质

<table>
<tr><th rowspan="2">名称</th><th rowspan="2">产浆量/(dm³/10kg)</th><th colspan="2">细度</th></tr>
<tr><th>0.2mm 筛余/%</th><th>90μm 筛余/%</th></tr>
<tr><td>CL 90-Q</td><td>≥26</td><td>—</td><td>—</td></tr>
<tr><td>CL 90-QP</td><td>—</td><td>≤2</td><td>≤7</td></tr>
<tr><td>CL 85-Q</td><td>≥26</td><td>—</td><td>—</td></tr>
<tr><td>CL 85-QP</td><td>—</td><td>≤2</td><td>≤7</td></tr>
<tr><td>CL 75-Q</td><td>≥26</td><td>—</td><td>—</td></tr>
<tr><td>CL 75-QP</td><td>—</td><td>≤2</td><td>≤7</td></tr>
<tr><td>ML 85-Q</td><td rowspan="2">—</td><td>—</td><td>—</td></tr>
<tr><td>ML 85-QP</td><td>≤2</td><td>≤7</td></tr>
<tr><td>ML 80-Q</td><td rowspan="2">—</td><td>—</td><td>—</td></tr>
<tr><td>ML 80-QP</td><td>≤7</td><td>≤2</td></tr>
</table>

生石灰的质量与煅烧温度和煅烧时间有直接关系。当煅烧温度过低或煅烧时间不足时，生石灰残留有未分解的石灰岩残渣，称为欠火石灰；当煅烧温度过高时，由于石灰岩中的易熔成分熔融，所形成的生石灰结构致密，并被熔融物包裹，称为过火石灰。欠火石灰无胶凝性能，从而降低了石灰的质量和利用率；过火石灰则难以水化，给工程应用带来不便。

原料纯净、煅烧正常的生石灰是白色或灰白色块状体，质轻色匀，呈松软多孔结构。生石灰的密度约为 3.2g/cm³，表观密度为 800～1000kg/m³。

5.1.1.4　检验方法

按照 JC/T 478.1—2013 标准进行物理试验；按照 JC/T 478.2—2013 标准进行化学分析。

5.1.1.5　检验规则

包括出厂检验、批量检验、取样检验（执行 JC/T 620—2013 标准规定）三个检验环节。

产品合格的判定规则是：检验结果按照 JC/T 479—2013 规范要求，均达到表 5-2、表 5-3 的技术要求时，则判定为合格产品。

5.1.1.6　标志、包装、运输、储存和质量证明书

（1）标志

产品袋装时，每个包装袋上应标明产品名称、标记、净重、批号、厂名、地址和生产日期。产品散装时，应提供相应的产品标签。

（2）包装

生石灰产品可以散装或袋装，具体包装形式由供需双方协商确定。

（3）运输和储存

建筑生石灰是自热材料，不应与易燃、易爆和液体物品混装。在运输、储存时不应受潮和混入杂物，不宜长期储存。不同类生石灰应分别储存和运输，不得混杂。

（4）质量证明书

每批产品出厂时应向用户提供质量证明书，证明书上应注明厂名、产品名称、标记、检验结果、批号、生产日期等信息。

5.1.2 建筑消石灰

生石灰与水发生放热反应生成消石灰，其现行行业标准为《建筑消石灰》(JC/T 481—2013)。该标准规定了建筑用消石灰的术语和定义、分类和标记、技术要求、试验方法、检验规则以及标记、包装、运输、储存和质量证明书等内容。

该标准适用于以建筑生石灰为原料，经水化和加工所制得的建筑消石灰粉，不包括水硬性消石灰。

以下注明日期的文件版本适用于《建筑消石灰》(JC/T 481—2013) 标准，未注明日期的文件，其最新版本（包括所有的修改单）适用于该标准：

JC/T 478.1—2013　建筑石灰试验方法　第1部分　物理试验方法

JC/T 478.2—2013　建筑石灰试验方法　第2部分　化学分析方法

JC/T 619—2013　石灰术语

JC/T 620—2013　石灰取样方法

5.1.2.1　术语和定义

JC/T 619—2013 界定的术语和定义适用于行业标准 JC/T 481—2013。

(1) 生石灰的熟化（水化）反应

将块状生石灰加少量水，可熟化成石灰膏或消石灰粉（熟石灰），工程使用时加水调剂成石灰浆。其化学反应式为：

$$CaO + H_2O \longrightarrow Ca(OH)_2 + 64.9kJ$$

该反应迅速，其主要特点是：体积膨胀达1～2.5倍，生石灰品质越好，膨胀越厉害；水化放热量很高，达建筑石膏水化放热量的10倍、水泥水化放热量的9倍。

(2) 生石灰的硬化（水化）反应

在建筑工地上，生石灰多在化灰池中熟化成石灰膏。欠火石灰是含碳酸钙的硬块而不能熟化成为渣子。过火石灰则因其熟化缓慢，当用于建筑抹灰以后，可能继续熟化而产生膨胀，使平整的抹灰面表面鼓包、开裂或局部脱落。为消除过火石灰的危害，必须将生石灰在化灰池内放置2周以上（称为陈伏），使其充分熟化后方可使用。

石灰在空气中逐渐硬化，是由两个同时进行的过程来完成的。

① 结晶作用。石灰浆体中水分蒸发或被砌体吸收，氢氧化钙逐渐从过饱和溶液中析出，形成结晶。

② 碳化作用。氢氧化钙与空气中二氧化碳和水化合，生成不溶于水的碳酸钙结晶，释放出水分，称为石灰的碳化。由于空气中二氧化碳浓度很低，碳化过程十分缓慢，碳化与结晶过程同时进行，使得石灰浆逐渐凝结而硬化。

$$Ca(OH)_2 + CO_2 + nH_2O \longrightarrow CaCO_3 + (n+1)H_2O$$

5.1.2.2　分类和标记

(1) 分类

消石灰的分类按照扣除游离水和结合水后，MgO＋CaO 的百分含量加以分类，见表5-4。

表 5-4　建筑消石灰的分类

类别	名称	代号
钙质石灰	钙质石灰 90	HCL 90
	钙质石灰 85	HCL 85
	钙质石灰 75	HCL 75
镁质石灰	镁质石灰 85	HML 85
	镁质石灰 80	HML 80

（2）标记

消石灰的识别标志由产品名称、加工情况和产品依据标准编号组成。

例如，符合 JC/T 481—2013 钙质消石灰粉 85 标记为：HCL 85-QP JC/T 481—2013。其中：HCL 表示钙质消石灰；85 表示 MgO＋CaO 百分含量；JC/T 481—2013 表示产品依据标准。

5.1.2.3　消石灰的技术指标

根据《建筑消石灰》（JC/T 481—2013），建筑消石灰的化学成分应符合表 5-5 的要求，建筑消石灰的物理性质应符合表 5-6 的要求。

表 5-5　建筑消石灰的化学成分

名称	氧化钙＋氧化镁(CaO＋MgO)/%	氧化镁(MgO)/%	三氧化硫(SO_3)/%
HCL 90	≥90	≤5	≤2
HCL 85	≥85		
HCL 75	≥75		
HML 85	≥85	＞5	≤2
HML 80	≥80		

表 5-6　建筑消石灰的物理性质

名称	游离水/%	细度		安定性
		0.2mm 筛余/%	90μm 筛余/%	
HCL 90	≤2	≤2	≤7	合格
HCL 85				
HCL 75				
HML 85				
HML 80				

5.1.2.4　检验方法

消石灰的检验方法和生石灰的检验方法相同：按照 JC/T 478.1—2013 标准进行物理试验；按照 JC/T 478.2—2013 标准进行化学分析。

5.1.2.5　检验规则

包括出厂检验、批量检验、取样检验（执行 JC/T 620—2013 标准规定）三个检验环节。

产品合格的判定规则是：检验结果按照 JC/T 481—2013 规范要求，均达到表 5-5、表

5-6 的技术要求时，则判定为合格产品。

5.1.2.6 标志、包装、运输、储存和质量证明书

(1) 标志

产品袋装时，每个包装袋上应标明产品名称、标记、净重、批号、厂名、地址和生产日期。产品散装时，应提供相应的产品标签。

(2) 包装

消石灰产品可以散装或袋装，具体包装形式由供需双方协商确定。

(3) 运输和储存

在运输、储存时不应受潮和混入杂物，不宜长期储存。不同类消石灰应分别储存和运输，不得混杂。

(4) 质量证明书

每批产品出厂时应向用户提供质量证明书，证明书上应注明厂名、产品名称、标记、检验结果、批号、生产日期等信息。

5.1.3 石灰的技术性质

石灰作为胶凝材料，其技术性质如下。

(1) 可塑性好

生石灰熟化成石灰浆时，能形成颗粒极细的微粒（约 1μm），该颗粒在浆体中可吸附水膜，使浆体可塑性明显改善。故在砖砌体结构的水泥砂浆中，常掺入一定量的石灰膏。

(2) 硬化慢，强度低

硬化慢主要是碳化过程缓慢所致。1∶3 的石灰砂浆 28d 强度为 0.2～0.5MPa，所以石灰不能用作结构材料。

(3) 体积收缩大

石灰浆在硬化过程中，由于蒸发大量水分而导致体积明显收缩，一般不能单独使用，必须掺入适量集料或加筋材料（如麻刀、纸筋）。

(4) 耐水性差

未硬化的石灰浆处于潮湿环境中，由于水分不能很好蒸发而难以硬化；已硬化的石灰浆长期受潮或受水浸泡，由于 $Ca(OH)_2$ 晶体溶解而导致强度下降甚至溃散。

5.1.4 石灰的应用

(1) 配制成三合土

石灰与黏土可配成灰土，再加入砂或碎砖、炉渣可配成三合土，经夯实，具有一定强度和耐水性，可用于建筑物的基础、垫层以及路基等。

(2) 配制水泥石灰砂浆和石灰砂浆

用熟化好的石灰膏和水泥、砂配制成的混合砂浆是目前用量最大、用途最广的砂浆品种；用石灰膏和砂或麻刀、纸筋配制成的石灰砂浆、麻刀灰、纸筋灰则广泛用作内墙和顶棚的抹灰材料。

目前在建筑工程中已大量应用磨细生石灰粉（以块状生石灰为原料经破碎、磨细而成）代替石灰膏或消石灰粉配制砂浆或灰土，其优点如下。

① 由于磨细生石灰的细度高，比表面积大，水化反应很快，从根本上消除过火石膏可

能造成的危害，故不需陈伏，提高了工作效率，节约了施工场地，改善了环境条件。

② 石灰中的欠火石灰被磨细，提高了石灰的利用率。

③ 将石灰的熟化过程和硬化过程有机地联系起来，熟化过程所放热量加速了硬化的进行，从一定程度上克服了石灰硬化慢的缺点。

5.2 石膏及其制品

石膏及其制品作为新型建筑材料已在建筑工程中广泛应用，如各种石膏板、粉刷石膏等。

5.2.1 石膏的原料及生产

天然石膏，即二水石膏（生石膏），是生产建筑石膏的主要原料。天然二水石膏在107～170℃加热煅烧即得建筑石膏（熟石膏），其化学反应式如下：

$$CaSO_4 \cdot 2H_2O \xrightarrow{107\sim170℃} CaSO_4 \cdot \frac{1}{2}H_2O + \frac{3}{2}H_2O \uparrow$$

β型半水石膏即为建筑石膏。其通常为白色粉末。改变上述反应的温度或压力条件，将会生成不同品种的石膏，如α型半水石膏（高强石膏）、无水石膏等。这些石膏的性质与β型半水石膏有着十分显著的差异。

5.2.2 建筑石膏的技术特性

（1）凝结硬化快

建筑石膏加水拌和，数分钟内便开始失去塑性，初凝仅需5min，终凝为20～30min，一周后即完全硬化。这一性质不利于制品成型，为此常掺入缓凝剂，如硼砂、柠檬酸、亚硫酸盐纸浆废液、骨胶等，以延缓其水化时间，方便生产。

（2）体积膨胀

凝结硬化过程中体积略微膨胀，其膨胀量为0.5%～1.0%，所以石膏在使用中不会因不均匀收缩而开裂，作为装饰材料使用时表面光滑细腻，形体饱满，尺寸准确。

（3）质轻多孔

建筑石膏水化反应的理论需水量为18.6%，但在实际生产中，为了成型方便，实际用水量常达60%～80%，超出理论需水量的水分在制品成型后慢慢蒸发而成为孔隙，孔隙率为50%～80%。因此，石膏制品质轻而多孔，具有良好的绝热性和吸声性。但强度较低，吸水率高，抗冻性差。

（4）防火性良好

建筑石膏硬化后成为二水石膏，其中结晶水约占20.9%。当石膏制品受到高温作用时，结晶水蒸发而形成水蒸气幕，具有阻止火势蔓延的作用。

（5）耐水性差

在潮湿条件下，石膏的强度显著降低，所以石膏制品一般不宜用于相对湿度在70%以上的环境中。

（6）良好的加工性

建筑石膏硬化后具有可锯、可刨、可钉、可钻性，这为安装施工提供了很大的方便。

(7) 石膏制品装饰性好

石膏制品在成型时易做成各种复杂的图案花纹及造型，具有颜色洁白、质感细腻的优点，用于室内装饰显得宁静高雅。

5.2.3 建筑石膏制品

石膏制品主要有石膏板和艺术装饰石膏制品等。在门类众多的装饰材料中，石膏制品具有不老化、无污染、对人体健康无害等独到的优点，国内外现代建筑的室内墙面和顶棚装饰采用石膏制品作为装饰材料已呈日益增多的趋势。

5.2.3.1 *石膏板简介*

石膏板是以建筑石膏为主要原料，加入纤维、黏结剂、改性剂，经混炼、压制、干燥而成。它具有防火、隔声、隔热、轻质、高强、厚度较薄、收缩率小等特性，且稳定性好、不老化、防虫蛀，可用钉、锯、刨、粘等方法施工。是一种性能较好的建筑材料，是当前建筑工程领域着重发展的新型轻质板材之一。

石膏板种类繁多，已广泛用作民用建筑和公共建筑中的内隔墙板、墙体覆面板（代替墙面抹灰层）、天棚面层板、地面基层板和其他用途的装饰板等。

5.2.3.2 *石膏板的分类*

我国生产的石膏板主要有纸面石膏板、装饰石膏板、空心石膏条板、纤维石膏板、石膏吸声板、定位点石膏板等。

(1) 纸面石膏板

纸面石膏板是以石膏料浆为夹芯，两面用厚纸作增强护面，并经过面层和石膏芯材内部防水处理而成的一种轻质薄板。纸面石膏板具有重量轻、强度高、防火、防蛀、易于加工等特点。它适用于作为办公楼、旅馆、影剧院、宾馆、商店、车站、住宅等建筑的室内吊顶和墙面的装饰装修材料。普通纸面石膏板可用于建筑内墙、隔墙和吊顶的面层装饰，但不可以长时间浸泡在水中。

纸面石膏板可分为普通纸面石膏板、耐火纸面石膏板和装饰吸声纸面石膏板三种板材。纸面石膏板板材由于厚纸护面，所以其抗折强度较高，挠度变形比无护面纸的石膏板小得多。

普通纸面石膏板和耐火纸面石膏板为矩形，板长有1800mm、2100mm、2400mm、2700mm、3000mm、3300mm和3600mm等几种。宽度有900mm、1200mm两种。厚度有9mm、12mm、15mm、18mm等几种（耐火纸面石膏板厚度还有21mm和25mm）。

纸面石膏板常用规格（长×宽×厚）有以下几种：普通纸面石膏板，3000mm×1200mm×9.5mm、3000mm×1200mm×12mm；耐水纸面石膏板，3000mm×1200mm×9.5mm、3000mm×1200mm×12mm；耐火纸面石膏板，3000mm×1200mm×9.5mm、3000mm×1200mm×12mm；耐潮纸面石膏板，3000mm×1200mm×9.5mm、3000mm×1200mm×12mm。

一般情况下均采用9mm和12mm厚的板材，板材的棱边（长边）形状有五种。纸面石膏板的棱边形状如图5-1所示。纸面石膏板的安装方式示意图如图5-2所示。普通纸面石膏板、耐火纸面石膏板棱边种类及代号见表5-7。

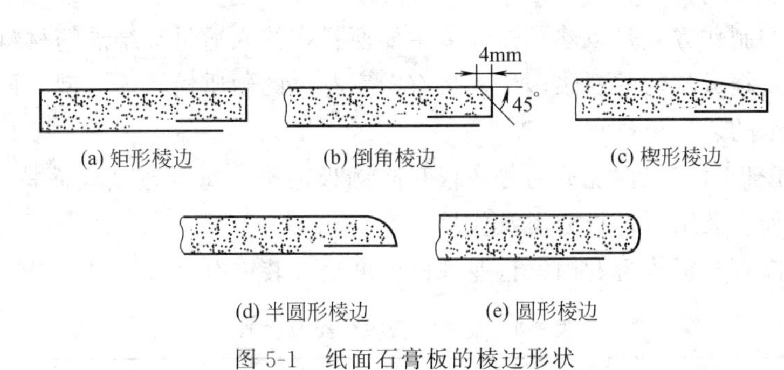

图 5-1 纸面石膏板的棱边形状

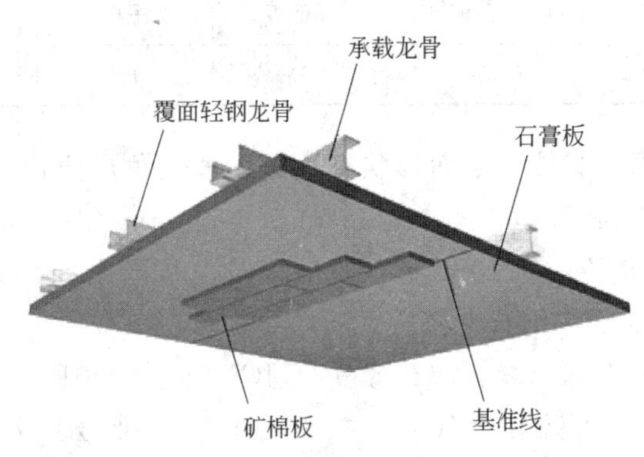

图 5-2 纸面石膏板的安装方式示意图

表 5-7 普通纸面石膏板、耐火纸面石膏板棱边种类及代号

分类	普通纸面石膏板					耐火纸面石膏板				
	矩形	45°倒角	楔形	半圆形	圆形	矩形	45°倒角	楔形	半圆形	圆形
代号	PJ	PD	PC	PB	PY	HJ	HD	HC	HB	HY

装饰吸声纸面石膏板的主要形状为正方形。常用尺寸有 500mm×500mm 和 600mm×600mm 两种，板厚有 9mm 和 12mm 两种。用作活动式装配吊顶时，以选用 9mm 厚的板材为宜。

纸面石膏板于 1890 年在美国首创，之后在世界各国发展很快。市场上纸面石膏板的品牌繁多，纸面石膏板的产品性能也各有不同。

(2) 装饰石膏板

装饰石膏板是以建筑石膏为主要原料，掺加少量纤维材料等制成的有多种图案、花饰的板材。装饰石膏板品种有石膏印花板、穿孔吊顶板、石膏浮雕吊顶板、纸面石膏饰面装饰板等。装饰石膏板具有轻质、强度较高、绝热、吸声、阻燃、抗振、耐老化、变形小、能调节室内湿度等特点，且加工性能好，施工方便。它是一种新型的室内装饰材料，适用于中高档装饰，可获得良好的装饰效果。特别是新型树脂仿形饰面防水石膏板，其板面覆以树脂，饰面为仿形花纹，其色调美观，图案逼真，新颖大方，板材强度高，耐污染、易清洗，可用于装饰墙面，作护墙板及踢脚板等，是代替天然石材和水磨石的理想材料。

装饰石膏板的制作方式是以建筑石膏为主要原料，掺入适量纤维加筋材料和聚乙烯醇外加剂，与水一起搅拌成均匀的料浆，注入带有图案花纹的硬质模具内成型，再经硬化、干燥而成为不带护面纸的装饰板材。

装饰石膏板按板材耐湿性能分为普通板和防潮板两类。每类按其板面特征又分为平板、孔板和浮雕板三种。装饰石膏板分类及代号见表5-8。

我国现行装饰石膏板执行的国家行业规范标准是《装饰石膏板》(JC/T 799—2016)。

表5-8 装饰石膏板分类及代号

分类	普通板			防潮板		
	平板	孔板	浮雕板	平板	孔板	浮雕板
代号	P	K	D	FP	FK	FD

装饰石膏板为正方形，其棱边断面形状有直角形和倒角形两种。常用规格有300mm×300mm×8mm、400mm×400mm×8mm、500mm×500mm×10mm及600mm×600mm×10mm四种。当用作建筑层高为10m左右的吊顶时，常选用500mm×500mm×9mm和600mm×600mm×11mm的装饰石膏板。

按照我国建筑材料技术标准《装饰石膏板》(JC/T 799—2016)规定，装饰石膏板产品标记顺序为：产品名称、板材分类代号、板材边长、标准号。例如，尺寸为500mm×500mm×9mm的防潮板，其标记为：装饰石膏板 FK 500 JC/T 799—2016。

装饰石膏板技术性能指标及断裂荷载应不小于技术标准《装饰石膏板》(JC/T 799—2016)中相关条文的规定。

知识链接：

隔墙用石膏板

用纸面石膏板或空心石膏条板组成的轻质隔墙，可用来分隔室内空间，具有构造简单、便于加工与安装的特点。19世纪末，各国开始用石膏板材作内隔墙，是一种国际上产量较大和应用较广的轻质建筑材料。这种隔墙通常采用钢木龙骨作骨架，并可根据使用要求，配以其他材料（如矿棉板、防水涂料和装饰面材等）组成有隔声、防水或高级装修要求的隔墙。20世纪70年代，中国开始对纸面石膏板和空心石膏条板进行试验与生产，并在建筑工程中应用。

我国隔墙用石膏板有纸面石膏板、纤维石膏板和空心石膏条板三种。纸面石膏板和纤维石膏板需要用钢、木、石膏龙骨为骨架组成隔墙。空心石膏条板因其本身具有一定刚度，不需骨架就可组成隔墙。石膏板材便于切割加工，但也容易损坏，因此在运输及安装过程中需要专用机具。施工安装时，为保证拼缝不致开裂，应注意板缝位置安排，拼缝处须用专用胶结材料妥善处理。

隔墙用石膏板的主要功能有：用薄板组成的双层分离式隔声墙和空心条板组成的双层隔声墙，其隔声效果约相当于24cm厚的砖墙，隔声指数可达40～50dB；石膏板属于非燃材料，具有一定的防火性能，有的可用作钢结构的防火保护层；当墙体的侧向荷载为250Pa时，墙体的侧向最大变形不大于墙高的1/240；当空气中的湿度比它本身的含水量大时，石膏板能吸收空气中的水分；反之，则石膏板可以放出板中的水分，能起调节室内空气中湿度的作用。

知识链接：

装饰石膏板的工程用途

普通装饰吸声石膏板适用于宾馆、礼堂、会议室、招待所、医院、候机室等用作吊顶板材，以及安装在这些室内四周墙壁的上部，也可用于住宅的顶棚和墙面装饰。高效防水装饰吸声石膏板主要用于对装饰和吸声有一定要求的建筑物室内顶棚和墙面装饰。特别适用于环境湿度达到70%以上的工矿车间、地下各类建筑、人防工程及对防水有特殊要求的建筑工程。吸声石膏板适用于各种音响效果要求高的场所，如影剧院、播音室、会议室、展览室等。

知识链接：

嵌装式装饰石膏板

嵌装式装饰石膏板是一种吸声石膏板。在制作工艺上，其板材背面凹入而四周边加厚，并制有嵌装企口，板材正面为平面或带有一定深度的浮雕花纹图案，也可以穿以盲孔，这种板称为穿孔嵌装式装饰石膏板。当采用该种板作饰面板时，如果在其背面嵌装有复合吸声材料，使面板具有一定吸声特性，则称为嵌装式吸声石膏板。

目前，我国建筑材料市场上的嵌装式装饰石膏板产品形状为正方形，其棱边断面形状有直角形和倒角形。它的产品规格有：边长600mm×600mm，边厚大于28mm；边长500mm×500mm，边厚大于25mm。嵌装式装饰石膏板的构造示意图如图5-3所示。

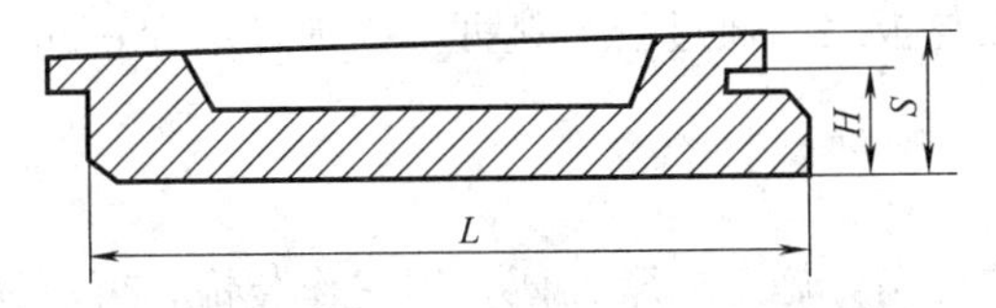

图5-3 嵌装式装饰石膏板的构造示意图

（3）空心石膏条板

空心石膏条板是以建筑石膏为胶凝材料，掺和各种轻质材料或增强纤维（如膨胀蛭石、膨胀珍珠岩、玻璃纤维等）制成的空心隔墙板，厚度为60～100mm，单位面积质量为40～60kg/m^2。这种板材不用纸和黏结剂，安装时不用龙骨，是发展比较快的一种轻质板材。这种板材主要用于内墙和隔墙。

（4）纤维石膏板

纤维石膏板是以建筑石膏为胶凝材料，用各种有机或无机纤维（如纸纤维、草木纤维、玻璃纤维等）作为增强材料而制成的轻质薄板，厚度为8～12mm，单位面积质量为7～9kg/m^2。这种板材的抗弯强度高于纸面石膏板，可用于内墙和隔墙，也可代替木材制作家具。

纤维石膏板常用规格（长×宽×厚）有以下几种：普通纤维石膏板，1200mm×

1200mm×12mm、1200mm×1400mm×12mm；增强纤维石膏板，1200mm×1200mm×15mm、1200mm×1400mm×15mm。

（5）定位点石膏板

定位点石膏板是一种第2代石膏板，该产品是符合国家施工规范的新一代专利型石膏板产品。该产品采用高档白木浆护面纸和优质石膏等原辅材料精制而成，产品表面更白，并根据国家施工规范的要求，在石膏板的施工面预先设定了精确的施工安装定位点，使工程建设又好又快。

（6）植物秸秆纸面石膏板

植物秸秆纸面石膏板是一种采用农业废弃植物秸秆作原料，进行特殊工艺处理制作而成的特种板材。它具有自重轻、工程性能良好、生态环保、制作成本低、就地取材方便、可持续发展等特点，可减少煤、电能耗30%～45%，是一种符合国家相关产业政策的绿色建筑材料。

5.2.3.3 石膏板的主要性能

（1）生产能耗低

用于生产纸面石膏板的胶结料熟石膏，其单位生产能耗比水泥低78%。

（2）轻质隔热

用纸面石膏板作隔墙，质量仅为砖墙的1/4～1/3。同时，由于石膏板的多孔结构，其热导率为0.30W/(m·K)，与砖［0.43W/(m·K)］和混凝土［1.63W/(m·K)］相比，隔热性能优良。

（3）优异的防火性能

由于石膏受热时要释放化合水，其耐火极限可达2h以上。

（4）装饰功能好

石膏板表面平整，板与板之间通过胶结料可牢固地黏结在一起，形成无缝结构，建筑装饰效果好。

（5）可施工性能好

石膏板可钉、可锯、可粘，施工非常方便，用它作装饰，可以摆脱传统的湿法作业，极大地提高施工效率。

（6）舒适的居住功能

由于石膏板具有独特的“呼吸”性能，因而具有调节室内湿度的能力，使居住舒适。

（7）生产效率高

有利于实现大规模生产，在各种建筑板材中，石膏板的生产效率是最高的，便于大规模生产。

（8）投资低

纸面石膏板的生产设备与纤维石膏板、水泥刨花板、石膏板相比，由于能实现连续机械化生产，设备利用率非常高，设备投资少。

5.2.3.4 艺术装饰石膏制品

艺术装饰石膏制品主要包括浮雕艺术石膏线角、线板、花角、壁炉、罗马柱、花饰等。这些制品均以优质建筑石膏为基料，配以纤维增强材料、黏结剂等，与水拌匀制成料浆，经浇注成型、硬化、干燥而成。艺术装饰石膏制品具有表面光洁、颜色洁白、花形和线条清晰、尺寸稳定、强度高、无毒、阻燃等特点，并且拼装容易，可加工性好，主要用于有较高艺术要求的建筑室内装饰工程中。

5.3 胶黏剂与嵌缝材料

能直接将两种材料牢固地黏结在一起的物质通称为胶黏剂。皮胶、鱼胶、骨胶、淀粉、豆蛋白等动植物胶是传统的黏结剂，曾广泛用于黏结木材及其他建筑制品。随着合成树脂工业的发展，黏结剂的品种、性能和应用获得很大发展。

目前采用的胶黏剂大部分为合成树脂。其中，结构用胶黏剂多为热固性树脂，如酚醛、环氧、有机硅、脲醛树脂等；非结构用胶黏剂多为热塑性树脂，如聚乙烯醇、醋酸乙烯、过氯乙烯树脂等。

作为胶黏剂，必须具备下列条件：具有足够的流动性，保证被黏结表面能充分浸润；不易老化；易于调节黏结性和硬化速度；膨胀或收缩变形小；黏结强度大。

5.3.1 胶黏剂的分类与组成

(1) 胶黏剂的分类

① 按强度特性分类。按强度特性的不同，胶黏剂可分为结构胶、次结构胶和非结构胶。结构胶对强度、耐热性、耐油性和耐水性等有较高的要求。用于金属的结构胶，其室温剪切强度要求在10～30MPa，10^6次循环剪切疲劳后强度为4～8MPa。非结构胶不承受较大荷载，只起定位作用。介于二者之间的胶黏剂，称为次结构胶。

② 按主要成分分类。胶黏剂按照主要成分分类见表5-9。

表5-9 胶黏剂按照主要成分分类

有机胶黏剂	天然胶黏剂	动物胶：鱼胶、骨胶、虫胶 植物胶：淀粉、松香、阿拉伯树胶
	合成胶黏剂	热固性树脂胶黏剂：环氧、酚醛、脲醛、有机硅、丙烯酸双酯、聚酰亚胺等 热塑性树脂胶黏剂：聚醋酸乙烯酯、乙烯-醋酸乙烯酯等 橡胶型胶黏剂：氯丁橡胶、丁腈橡胶、硅橡胶等 混合型胶黏剂：酚醛-环氧、酚醛-丁腈、环氧-尼龙等
无机胶黏剂	磷酸盐型 硅酸盐型 硼酸盐型	

③ 按固化形式分类。按固化形式的不同，胶黏剂可分为溶剂型、反应型和热熔型。溶剂型胶黏剂中的溶剂从黏合端面挥发或被黏物自身吸收，形成黏合膜而发挥黏合力，是一种纯粹的物理可逆过程。固化速度随环境的温度、湿度、被黏物的疏松程度、含水率以及黏合面的大小、加压方法而变化。这种类型的胶黏剂有环氧、聚苯乙烯、丁苯等。

反应型胶黏剂的固化是由不可逆的化学变化而引起的。按照配方及固化条件，可分为单组分、双组分甚至三组分等的室温固化型、加热固化型等多种形式。这类胶黏剂有酚醛、聚氨酯、硅橡胶等。

热熔型胶黏剂以热塑性的高聚物为主要成分，是不含水或溶剂的固体聚合物。通过加热熔融黏合，随后冷却、固化，发挥黏合力。这一类型的胶黏剂有醋酸乙烯、丁基橡胶、松香、虫胶、石蜡等。

（2）胶黏剂的组成

尽管胶黏剂的品种很多，但其组成一般主要有黏结料、固化剂、增塑剂、填料、稀释剂、改性剂等几种。对某一种胶黏剂来说，不一定都含有这些成分，同样也不限于这几种成分，而主要是由它们的性能和用途来决定。

① 黏结料。黏结料简称黏料，它是胶黏剂中最基本的组分，它们的性质决定了胶黏剂的性能、用途和使用工艺，一般胶黏剂是用黏料来命名的。

② 固化剂。有的胶黏剂（如环氧树脂）若不加固化剂，本身不能变成坚硬的固体。固化剂也是胶黏剂的主要成分，其性质和用量对胶黏剂的性能起着重要作用。

③ 增塑剂。增塑剂是为了改善黏结层的韧性、提高其抗冲击强度的一种试剂，常常根据胶黏剂的种类加入适量的增塑剂。

④ 填料。填料一般在胶黏剂中不发生化学反应，但加入填料可以改善胶黏剂的力学性能，降低成本。

⑤ 稀释剂。加入稀释剂主要是为了降低胶黏剂的黏度，便于操作，提高胶黏剂的润湿性和流动性。

⑥ 改性剂。为了改善胶黏剂某一性能，满足特殊要求，常加入一些改性剂。例如为提高胶结强度，可加入偶联剂。另外，还有防老剂、稳定剂、防腐剂、阻燃剂等多种。

5.3.2 建筑中常用胶黏剂

（1）酚醛树脂胶黏剂

酚醛树脂胶黏剂是热固性树脂中最早工业化并用于胶黏剂的品种之一。它的胶结强度高，但必须在加热、加压条件下进行黏结。酚醛树脂可用松香、干性油或脂肪酸等改性，改性后的酚醛树脂可溶性增加，韧性提高。

应用：主要用于胶结纤维板、非金属材料及塑料等。

（2）环氧树脂胶黏剂

环氧树脂胶黏剂是以环氧树脂为主要原料，掺加适量固化剂、增塑剂、填料、稀释剂等配制而成。具有黏结强度高、收缩性小、稳定性高、耐化学腐蚀、耐热、耐久等优点。对于铁制品、玻璃、陶瓷、木材、塑料、皮革、水泥、纤维材料等都具有良好的黏结能力。

应用：适用于水中作业和需耐酸碱等场合及建筑物的修补，故俗称万能胶。

（3）聚醋酸乙烯酯乳液胶黏剂（俗称白乳胶）

聚醋酸乙烯酯乳液胶黏剂由醋酸乙烯单体聚合而成，是建筑材料工业用量较大的一种胶黏剂。该乳液是一种白色黏稠液体，呈酸性，具有亲水性，且流动性好。内聚力低，耐水性差，干涸温度不宜过低或过高。

应用：主要用于承受力不太大的胶结中，如纸张、木材、纤维等的胶黏。

(4) 聚氨酯胶黏剂

聚氨酯胶黏剂是以多异氰酸酯和聚氨基甲酸酯（简称聚氨酯）为主体材料的胶黏剂。

应用：该胶黏剂黏结力强，适用范围广，可用于黏结不同的被黏物，如用于橡胶、皮革、织物、金属、陶瓷等的胶结。

5.3.3 建筑工程中胶黏剂的选用

胶黏剂在建筑上应用十分广泛。它不但广泛用于建筑施工及建筑室内外装修工程中，如地面、墙面、吊顶工程的装修粘贴，还常用于屋面防水、地下防水、管道工程、新旧混凝土的接缝以及金属构件及基础的修补等。

胶黏剂品种很多，性能各异，如何根据材料性质及环境条件正确选用胶黏剂的品种，是保证胶结质量、充分发挥其性能的必要条件。

(1) 壁纸、墙布用胶黏剂

① 聚乙烯醇水溶液（胶水）。质量比是聚乙烯醇：水＝5：100，在水浴加温下溶解而得。具有气味芬芳、无毒、使用方便等特点。

② 801胶。以聚乙烯醇与甲醛在酸性介质中缩聚反应后再经氨基化而成。具有无毒、无味、不燃、游离醛含量低等特性。

③ 聚醋酸乙烯酯乳液（白乳胶）。以醋酸乙烯为主要原料，经乳液聚合而制得的一种芳香的白色乳状胶液。其特点是常温自干、成膜性好、耐候性好、耐霉菌性良好。不含有机溶剂，无刺激性臭味。

(2) 塑料地板用胶黏剂

① 水性10号地板胶。以聚醋酸乙烯酯乳液为基料配制而成。是一种单组分水溶性胶液，具有胶结强度高、无毒、无味、快干、耐老化、耐油等特性，价格便宜，施工安全、简便，存放稳定。

② 水乳型地板胶黏剂。以改性剂和填料碳酸钙改性聚醋酸乙烯酯乳液作为基料配制而成。具有黏结强度高、无毒、施工简便、耐老化、价格便宜等特点。

③ 8123聚氯乙烯塑料地板胶黏剂。以氯丁乳胶为基料，加入增稠剂、填料等配制而成。是一种水乳型胶黏剂，具有无毒、无味、不燃、施工方便、初始黏结强度高、防水性能好等优点。

④ 801强力胶。是酚醛型单组分胶黏剂。具有室温固化、使用方便、初始黏结力高、胶膜柔软、抗冲击、耐油、耐介质等优点。可在80℃以下使用。

⑤ CBJ-84胶黏剂。以合成橡胶为主要原料，经配制加工而成。具有施工方便、初始黏结强度高、耐酸碱、耐一般有机溶剂等优点。

(3) 竹、木用胶黏剂

① 8109胶。是脲醛缩合物的水溶液，使用时加固化剂氯化铵配制而成。具有常温固化、黏结力强、价廉等特点。

② 铁锚206胶。由酚醛树脂、固化剂组成。特点是室温固化，但胶膜较脆。

③ SJ-2水基胶。由醋酸乙烯-丙烯酸酯共聚乳液及添加剂等组成的单组分胶液。具有室温干燥、使用方便、初始黏结力和涂刷性好等特点。

（4）瓷砖、大理石胶黏剂

① JDF-503 通用瓷砖黏结剂。以水泥为基料，用聚合物改性的粉状产品。具有耐水性和耐久性良好、操作方便、价格低等特点。

② JD-580 耐水型瓷砖胶黏剂。以耐水性强的新型聚合物乳液为基料，与适量的触变剂、防腐剂、增稠剂、交联剂以及复合填料配制而成的一种预混型单组分膏状瓷砖胶黏剂。具有胶层薄、饰面砖不下滑、可调节时间长、强度高、工效快、洁净等特点。

③ JDF-505 多彩勾缝剂。具有多种颜色，是瓷砖胶黏剂的配套产品，具有勾缝不开裂、耐久性好、无毒、无味等特点。

④ 双组分 SF-1 型装饰石材黏结剂。以水玻璃为胶黏剂，配以改性剂、助剂、硬化剂和填料，经加工而成。

（5）玻璃、有机玻璃专用胶黏剂

① AE 室温固化透明丙烯酸酯胶。AE 胶是无色透明的黏稠液体，能在室温下快速固化，一般 4～8h 内即可完全固化，固化后其透光率和折射率与有机玻璃基本相同。具有黏结力强、操作方便等特点。

② WH-Z 有机玻璃胶黏剂。这是无色透明的胶状液体。耐水、耐油、耐碱、耐弱酸、耐盐雾腐蚀，适用于有机玻璃制品、赛璐珞制品的胶合。

③ 聚乙烯醇缩丁醛胶黏剂。以聚乙烯醇在酸性催化剂存在下与醛反应而得。对玻璃黏结力好，且透明度、耐老化性及抗冲击性好，故适宜于玻璃的黏结。

（6）混凝土界面黏结剂

① JD-601 混凝土界面黏结剂。该黏结剂是一种聚合物混合乳液，可大大提高新旧混凝土之间以及混凝土与抹面砂浆之间的黏结力，可取代传统的凿毛等工序，避免了砂浆空鼓、分层、黏结不牢等弊病。

② YJ-302 混凝土界面处理剂。这是一种水泥砂浆黏结增强剂，适用于新老混凝土及饰面砖、大理石等的表面涂覆处理，以增加水泥砂浆对它们的黏结力，从而解决抹灰砂浆空鼓、饰面砖脱落、新老混凝土脱层等问题。

5.3.4 嵌缝材料

嵌缝材料是用于嵌堵结构或构件接缝的材料。作为嵌缝材料必须具备较好的柔韧性，便于操作，弹性良好，与接缝表面的黏结强度高，嵌缝后接缝严密、不漏水，能保证嵌缝质量。

（1）聚氯乙烯胶泥

它是以聚氯乙烯树脂和煤焦油为基料，掺配适量增塑剂、稳定剂和填料，在加热条件下塑化而成的防水嵌缝材料。聚氯乙烯胶泥具有良好的柔韧性、防水性、抗渗性和黏结性，耐热、耐寒、耐腐蚀、耐老化，施工简便，原料来源广，价格低廉。

应用：聚氯乙烯胶泥是一种较好的屋面防水嵌缝材料。也用于渠道、管道等的接缝、混凝土和砖墙裂缝的修补以及耐腐蚀工程等。

（2）硅橡胶

它是一种优质的嵌缝材料，具有低温柔韧性好（－60℃）、耐热性高（150℃）、耐腐蚀、耐久等优点，但价格较贵。

应用：适用于低温或高温下的建筑工程和桥梁、道路工程中有嵌缝要求的施工部位。

（3）聚硫橡胶嵌缝材料

其兼有塑料和合成橡胶的性能，如常温下不氧化，不易变色，收缩小，耐老化性好，适用于细小接缝的嵌缝，尤其是多孔或暴露的表面接缝。环氧聚硫橡胶具有黏结性好、强度高等特点，但价格较贵。

应用：适用于变形小、密封要求高的建筑工程、桥梁道路工程中有嵌缝要求的施工部位。

知识链接：

新型无机胶凝材料——土聚水泥

土聚水泥是一种新型胶凝材料，在物理化学性能方面具有硅酸盐水泥无法比拟的优点，某些力学性能与陶瓷相当，其耐腐蚀、耐高温等性能更超过金属和有机高分子材料，但能耗只及它们的几十分之一甚至上百分之一。它以含高岭石的黏土为原料，经较低温度煅烧，转变为无定形结构的变高岭石，而具有较高的火山灰活性。经碱性激活剂及促进剂的作用，硅铝氧化物经历了一个由解聚到再聚合的过程，形成类似地壳中一些天然矿物的铝硅酸盐网络状结构。一般条件下，土聚水泥聚合反应后生成无定形的硅铝酸盐化合物；在较高温度下，可生成类沸石型的微晶体结构，如方纳石、方沸石等，形成独特的笼形结构。

土聚水泥的主要力学性能指标优于玻璃和水泥，可与陶瓷、钢等金属材料相媲美，且具有较强的耐磨性和良好的耐久性，其耐火性、耐热性优于传统水泥，隔热效果好。它还可与集料界面结合紧密，不会出现硅酸盐水泥与集料之间的高含量 $Ca(OH)_2$ 等粗大结晶的过渡区，体积稳定性好，化学收缩小，水化热低，生成能耗低。特别是土聚水泥能有效固定几乎所有的有毒离子，有利于处理和利用各种工业废弃物。目前，国外土聚水泥制备工艺手段日趋进步，土聚水泥的性能大幅度提高，在汽车及航空工业、非铁铸造、土木工程、有毒废料及放射性废料处理等许多领域具有广阔的发展前景。

5.4 水玻璃

水玻璃俗称“泡花碱”，是由碱金属氧化物和二氧化硅结合而成的能溶于水的一种金属硅酸盐物质。根据碱金属氧化物种类的不同，水玻璃分为硅酸钠水玻璃和硅酸钾水玻璃，工程中以硅酸钠水玻璃（$Na_2O \cdot nSiO_2$）最为常用。

5.4.1 水玻璃的生产

硅酸钠水玻璃的主要原料是石英砂、纯碱。硅酸钠水玻璃的制造方法有干法和湿法之分。干法是由石英粉与碳酸钠或硫酸钠按一定比例混合之后将原料磨细，加入 1350～1500℃的熔融炉中经过熔融反应而制得固体熔合物硅酸钠，冷却后得固体水玻璃，然后在水中加热溶解而成液体水玻璃，其反应式为：

$$nSiO_2 + Na_2CO_3 \xrightarrow{1350\sim1500℃} Na_2O \cdot nSiO_2 + CO_2 \uparrow$$

式中，n 为水玻璃模数，即二氧化硅与氧化钠的物质的量比，其值的大小决定水玻璃的性质。n 值越大，水玻璃的黏度越大，黏结力越强，越易分解、硬化，但也越难溶解，体积收缩也越大。建筑工程中常用水玻璃的 n 值一般取在 2.5～2.8 之间。

水玻璃的生产除上述介绍的干法外，还有湿法。湿法是将石英砂和苛性钠溶液在压蒸锅内用水蒸气加热，并加以搅拌，便直接反应生成液体水玻璃。湿法制备的反应式如下：

$$nSiO_2 + 2NaOH \longrightarrow Na_2O \cdot nSiO_2 \cdot H_2O$$

目前，几乎都采用干法制造水玻璃。液体水玻璃常因含杂质而呈青灰色、绿色或微黄色，以无色透明的液体水玻璃为最好。液体水玻璃可以与水按任意比例混合。使用时仍可加水稀释。在液体水玻璃中加入尿素，在不改变其黏度的情况下可提高黏结力。

从图 5-4 可以看出，随着 SiO_2 含量的不同，或随 SiO_2 与 Na_2O 的物质的量比不同，其反应产物不同。当 $M \geqslant 2$ 时，反应产物为 $Na_2O \cdot SiO_2$ 和石英；当 $2 \geqslant M \geqslant 1$ 时，反应产物为 $Na_2O \cdot 2SiO_2$ 和 $Na_2O \cdot SiO_2$；当 $1 \geqslant M \geqslant 0.5$ 时，反应产物为 $Na_2O \cdot SiO_2$ 和 $2Na_2O \cdot SiO_2$；当 $M \geqslant 1$ 时，反应产物为 $2Na_2O \cdot SiO_2$。一般熔融制得的硅酸钠固体熔合物是由正硅酸钠（$2Na_2O \cdot SiO_2$）和偏硅酸钠（$Na_2O \cdot SiO_2$）或二硅酸钠（$Na_2O \cdot 2SiO_2$）组成的混合物。将这类熔融反应生成的固体熔合物装入蒸压釜内，用蒸汽使其溶解于水中便形成液体水玻璃。但随着硅酸钠的模数 M 和水解时的加水量不同，会形成不同性能的产品，如图 5-5 所示。

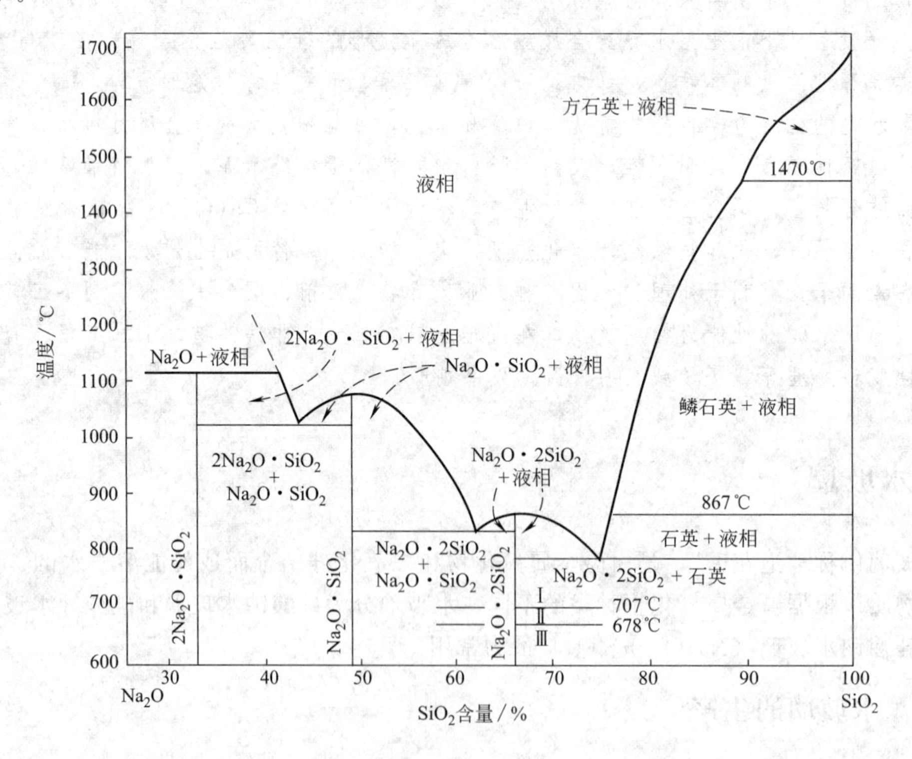

图 5-4 $Na_2O \cdot nSiO_2$ 二元系统状态图

图中 1 区为含正硅酸钠和氢氧化钠的混合区；2 区为含偏硅酸钠的结晶性硅酸钠区；3 区为含部分结晶硅酸钠的混合区；4 区为硅酸钠玻璃区；5 区为水合玻璃区；6 区为水合无

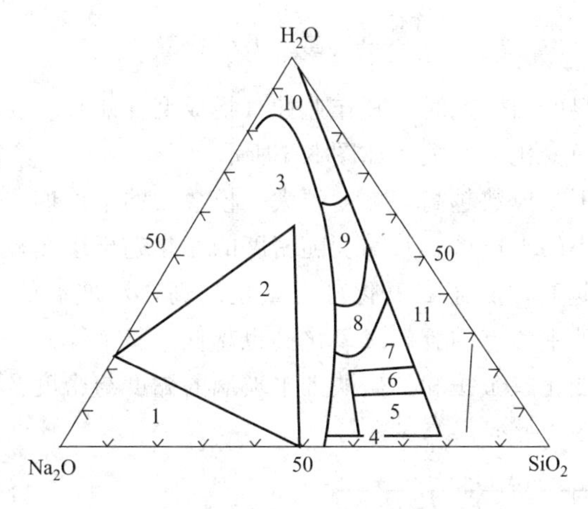

图 5-5　$Na_2O \cdot 2SiO_2 \cdot H_2O$ 组成

定形粉末区；7 区为半固体物区；8 区为高黏稠硅酸钠区；9 区为工业上使用的硅酸钠水玻璃区；10 区为过稀硅酸钠溶液区；11 区为不稳定的凝胶混合物区。

水玻璃除以水溶液状态供使用外，还有将液体水玻璃经过雾化脱水后制成粉末状固体水玻璃供使用。此种水玻璃易溶于水，因而可以直接以粉末状态加入散状耐火材料中配制成不定形耐火材料使用。

5.4.2　水玻璃的硬化

水玻璃在空气中与二氧化碳作用，析出二氧化硅凝胶，凝胶因干燥而逐渐硬化，其反应式为：

$$Na_2O \cdot nSiO_2 + CO_2 + mH_2O \longrightarrow Na_2CO_3 + nSiO_2 \cdot mH_2O$$

上述硬化过程很慢，为加速硬化，可掺入适量的固化剂，如氟硅酸钠（Na_2SiF_6）或氯化钙（$CaCl_2$），其反应式如下：

$$2(Na_2O \cdot nSiO_2) + Na_2SiF_6 + mH_2O \longrightarrow 6Na_2F + (2n+1)SiO_2 \cdot mH_2O$$

氟硅酸钠的适宜掺量为水玻璃质量的 12%～15%。如果用量太少，不但水玻璃的硬化速度缓慢，强度降低，而且未经反应的水玻璃易溶于水，因而耐水性差。但如果用量过多，又会引起凝结过速，使施工困难，而且渗透性大，强度也低。加入氟硅酸钠后，水玻璃的初凝时间可缩短到 30～60min，终凝时间可缩短到 240～360min，7d 基本达到最高强度。

5.4.3　水玻璃的性质

（1）物理性质

较纯净的水玻璃呈无色透明或浅灰色，含有杂质的水玻璃呈浅蓝色或暗黑色。水玻璃中含有的杂质有 CaO、Fe_2O_3、Al_2O_3 和 MgO 等，它们对水玻璃的质量及其制品的物理化学性能均有影响。水玻璃的物理性能主要是以模数 M、密度 D 和黏度 μ 来衡量，模数的计算式如下：

$$M = \frac{1.023SiO_2}{Na_2O}$$

式中，SiO_2 和 Na_2O 分别为水玻璃中二氧化硅和氧化钠百分含量，%；1.023 为二氧化硅与氧化钠分子量之比。密度可用波美计直接测量，密度 D 与波美度 B 之间的关系如下：

$$D=\frac{145}{145-B} \quad 或 \quad B=145-\frac{145}{D}$$

用水玻璃作耐火材料的结合剂时，其作业性（指成型性能）主要取决于黏度，而黏度则随水玻璃的密度及模数而变化，其关系如图 5-6 所示。

在密度相同的情况下，模数越高，黏度越大。模数大的水玻璃，随着密度的增大，黏度增大趋于剧烈。而模数小的水玻璃，其黏度随密度的变化趋于缓慢，这是与水玻璃中胶态二氧化硅含量有关。模数越高，胶态二氧化硅含量也越高，水玻璃的胶体性质也就越强。相反，模数越低时，水玻璃中含有的胶态二氧化硅也越低，整个体系表现出的非胶体性质也就越强，故黏度随密度的变化趋于缓和。硅酸钾水玻璃的黏度与密度及模数的关系与硅酸钠水玻璃相似，其关系如图 5-7 所示。

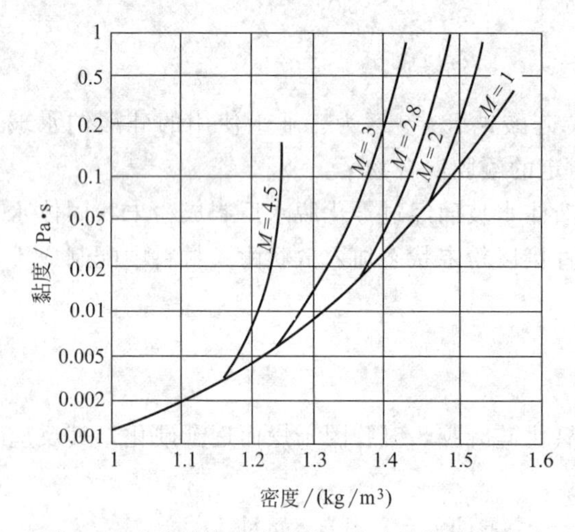

图 5-6　硅酸钠水玻璃黏度与密度及模数的关系

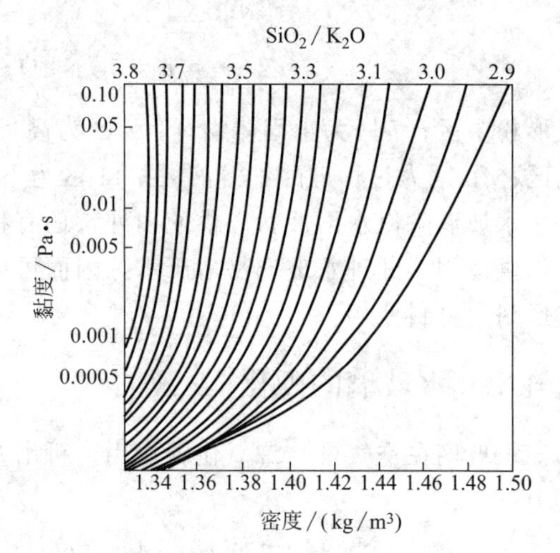

图 5-7　硅酸钾水玻璃黏度与密度及模数的关系

水玻璃具有较强的结合强度，其结合强度大小与其胶体组成有关。低模数的水玻璃，由于其结晶质硅酸钠含量要高些，其结合性能弱些；而高模数的水玻璃，其胶态二氧化硅含量高些，结合性能要强些。此外，也可以加入一些外加剂来改善水玻璃的结合强度。

水玻璃的物理性质具体表现为以下几点。

① 黏结强度较高。水玻璃有良好的黏结能力，硬化时析出的硅酸凝胶呈空间网络结构，具有较高的胶凝能力，因而黏结强度高。此外，硅酸凝胶还有堵塞毛细孔隙而防止水渗透的作用。

② 耐热性好。水玻璃不会燃烧，虽然在高温下硅酸凝胶干燥得更加强烈，但强度并不会降低，甚至有所增加，故水玻璃常用于配制耐热混凝土、耐热砂浆、耐热胶泥等。

(2) 化学性质

水玻璃与酸反应时，水玻璃呈碱性，因此它能同无机酸（如硫酸、盐酸、磷酸等）和有机酸（如柠檬酸、乙酸、丙酸、丁酸、酒石酸等）发生置换反应。在反应过程中，溶液中存在的游离钠离子及二氧化硅胶粒表面吸附的钠离子与带相反电荷的酸根离子发生作用，从而使胶粒失去电性，使溶胶失去稳定性，发生絮凝作用，形成凝胶体。如与盐酸作用时发生如下反应：

$$Na_2O \cdot nSiO_2 + 2HCl + (2n+1)H_2O \longrightarrow 2NaCl + nSi(OH)_4$$

水玻璃与碱反应时，与碱金属离子的作用不会影响二氧化硅溶胶的稳定性，只是提高其碱度，使模数下降。但与碱土金属作用时，也容易发生絮凝作用，析出白色凝胶体沉淀，如与氢氧化钡作用发生反应，反应生成的水合硅酸钡为凝胶体。同样，与氢氧化钙、氢氧化锶、氢氧化镁作用也会发生类似的反应。与氢氧化铵反应时，也会出现凝胶现象。

水玻璃的化学性质具体表现为以下几点。

① 耐酸性强。水玻璃能经受除氢氟酸、过热（300℃以上）磷酸、高级脂肪酸或油酸以外的几乎所有的无机酸和有机酸的作用，常用于配制水玻璃耐酸混凝土、耐酸砂浆、耐酸胶泥等。

② 耐碱性、耐水性较差。水玻璃在加入氟硅酸钠后仍不能完全硬化，仍有一定量的液体水玻璃。由于水玻璃可溶于碱，且溶于水，硬化后的产物 $SiO_2 \cdot mH_2O$ 及 Na_2F 均可溶于水，因此水玻璃硬化后不耐碱、不耐水。为提高耐水性，可采用中等浓度的酸对已硬化的水玻璃进行酸洗处理。

知识链接：

水玻璃的工程应用

水玻璃可用于配制快凝防水剂。以水玻璃为基料，加入两种、三种或四种矾可配制成二矾、三矾或四矾快凝防水剂。这种防水剂凝结迅速，凝结时间一般不超过 1h，工程上利用它的速凝作用和黏附性，掺入水泥浆、砂浆或混凝土中，作修补、堵漏、抢修、表面处理用。因为凝结迅速，所以快凝防水剂不宜配制水泥防水砂浆，而用作屋面或地面的刚性防水层。

水玻璃也可用于配制耐热砂浆、耐热混凝土或耐酸砂浆、耐酸混凝土。这种材料是以水玻璃为胶凝材料，氟硅酸钠作促凝剂，与耐热或耐酸粗细骨料按一定比例配制而成的。水玻璃耐热混凝土的极限使用温度在 1200℃以下。水玻璃耐酸混凝土一般用于储酸槽、酸洗槽、耐酸地坪及耐酸器材等。

水玻璃又可用于涂刷建筑材料表面。涂刷建筑材料表面，可提高材料的抗渗和抗风化能力。用浸渍法处理多孔材料时，可使其密实度和强度提高，对黏土砖、硅酸盐制品、水泥混凝土等均有良好的效果。但不能用水玻璃来涂刷或浸渍石膏制品，因为硅酸钠与硫酸钙会发生化学反应生成硫酸钠，在制品孔隙中结晶，使体积显著膨胀，从而导致制品的破坏。用液体水玻璃涂刷或浸渍含有石灰的材料如水泥混凝土和硅酸盐制品等时，水玻璃与石灰之间起反应生成的硅酸钙凝胶填实制品孔隙，使制品的密实度有所提高。

水玻璃还可用于加固地基，提高地基的承载力和不透水性。将液体水玻璃和氯化钙溶液轮流交替压入地基，反应生成的硅酸凝胶将土壤颗粒包裹并使其孔隙填实。硅酸凝胶为一种吸水膨胀的果冻状凝胶，因吸收地下水而经常处于膨胀状态，可阻止水分的渗透而使土壤固结。

另外，水玻璃可用于多种建筑涂料。将液体水玻璃与耐火填料等调成糊状的防火漆，涂于木材表面，可抵抗瞬间火焰。

知识链接：

水玻璃与铝合金窗表面的斑迹现象

在有些建筑物的室内墙面装修过程中可以观察到，使用以水玻璃为成膜物质的腻子作为底层涂料，施工过程中往往会散落到铝合金窗上，造成了铝合金窗外表形成有损美观的斑迹。

原因分析：一方面铝合金制品不耐酸碱；另一方面水玻璃呈强碱性。当含碱涂料与铝合金接触时，引起铝合金表面发生腐蚀反应：

$$Al_2O_3 + 2NaOH \longrightarrow 2NaAlO_2 + H_2O$$

$$2Al + 2H_2O + 2NaOH \longrightarrow 2NaAlO_2 + 3H_2$$

从而使铝合金表面锈蚀而形成斑迹。

本章小结

本章学习中应了解胶凝材料的概念和分类；了解石膏、石灰的原料及品种；理解石灰、石膏、水玻璃的生产工艺及对性能的影响。

应掌握气硬性胶凝材料的概念；掌握石灰的熟化、陈伏及硬化过程；掌握水玻璃的性质和应用；应重点掌握建筑石膏、石灰的组成、性质与应用。

学习难点是掌握石膏、石灰和水玻璃的应用；理解建筑石膏硬化过程的物理、化学变化。

复习思考题

一、填空题

1. 生产石膏的主要原料是________，它在107～170℃以下煅烧脱水后得到________，即________。

2. 生石灰的主要成分是________，加水生成$Ca(OH)_2$的过程，称为________。

3. 石灰浆体在空气中逐渐硬化，是由________和________两个同时进行的过程来完成的。

4. 建筑石膏的初凝时间仅需________min，终凝时间为________min，一周后可完全硬化。

5. 建筑石膏在凝结硬化过程中体积膨胀约为________%。

二、名词解释

1. 气硬性胶凝材料

2. 熟石灰

3. 生石灰

三、选择题

1. 下列叙述，（　　）有错。

A. 石灰熟化时放出大量的热

B. 石灰熟化时体积增大1～2.5倍

C. 石灰陈伏期应在两周以上

D. 石灰在储灰坑中保存时，应注意石灰浆表面不能有水层

2. 石膏制品不宜用于（　　）。

A. 吊顶材料　　B. 影剧院的穿孔贴面板

C. 非重型隔墙板　　D. 冷库内的墙贴面

3. 石膏制品耐火性能好的原因是（　　）。

A. 制品内部孔隙率大　　B. 含有大量结晶水

C. 吸水性强　　D. 硬化快

4. 石灰的硬化过程（　　）进行。

A. 在水中　　B. 在空气中

C. 在潮湿环境中　　D. 既在水中又在空气中

四、简答题

1. 欠火石灰和过火石灰熟化时有何特征？

2. 建筑石膏有哪些技术特征？

3. 胶黏剂有哪几种类型？

4. 嵌缝材料有哪些种类、性质和用途？

五、案例分析题

1. 某住宅楼的内墙使用石灰砂浆抹面，交付使用后在墙面个别部位发现了鼓包、麻点等缺陷。试分析上述现象产生的原因，提出防治措施。

2. 某住户喜爱石膏制品，用普通石膏浮雕板作室内装饰，使用一段时间后，客厅、卧室效果相当好，但厨房、厕所、浴室的石膏制品出现发霉、变形。请分析原因，提出改善措施。

第6章 水 泥

6.1 硅酸盐水泥

水泥呈粉末状、颗粒态，它属于水硬性无机胶凝材料。与适量水混合后，经过一系列物理化学作用，由可塑性浆体变成坚硬的石状体，并能将散粒材料（如砂、石等）胶结成具有一定物理力学性能的石状体。水泥浆体不仅能在空气中硬化，而且能更好地在水中硬化，保持并发展其强度。

水泥是三大建筑工程材料之首（水泥、钢材、木材称为三大建筑材料），在工业与民用建筑、水利、公路、铁路、海港及国防工程中被广泛应用。

水泥按性质与用途可分为通用水泥、专用水泥与特种水泥。其中，通用水泥应用最为广泛，它包括硅酸盐水泥、普通硅酸盐水泥、矿渣硅酸盐水泥、火山灰质硅酸盐水泥、粉煤灰硅酸盐水泥和复合硅酸盐水泥。专用水泥是以所用工程名称来命名的，如油井水泥、大坝水泥、火电站水泥等。特种水泥是具有某种特性的水泥，如膨胀水泥、快硬水泥、自应力水泥、水工水泥等。

按水泥的矿物组成可分为硅酸盐水泥、铝酸盐水泥、硫铝酸盐水泥、铁铝酸盐水泥等。

6.1.1 硅酸盐水泥的生产及矿物组成

6.1.1.1 硅酸盐水泥的定义

按国家标准《通用硅酸盐水泥》（GB 175—2007）的规定，凡由硅酸盐水泥熟料、0～5%石灰石或粒化高炉矿渣、适量石膏磨细制成的水硬性胶凝材料，称为硅酸盐水泥（国外通称为波特兰水泥）。根据是否掺入混合材料，可将硅酸盐水泥分为两种类型：不掺加混合材料的水泥称为Ⅰ型硅酸盐水泥，代号P·Ⅰ；在硅酸盐水泥粉磨时掺加不超过水泥质量5%的石灰石或粒化高炉矿渣混合材料的水泥称为Ⅱ型硅酸盐水泥，代号P·Ⅱ。

硅酸盐水泥是硅酸盐水泥系列的基本品种，其他品种的硅酸盐水泥都是在硅酸盐水泥熟料的基础上，掺入一定量的混合材料制得的，因此要掌握硅酸盐系列水泥的性能，首先要了解和掌握硅酸盐水泥的特性。

6.1.1.2 硅酸盐水泥的原料及生产工艺

（1）硅酸盐水泥的原料

生产硅酸盐水泥的原料主要有石灰质原料、黏土质原料两大类，此外再配以辅助的铁质校正原料和硅质校正原料。其中石灰质原料主要提供 CaO，它可采用石灰石、石灰质凝灰岩等；黏土质原料主要提供 SiO_2、Al_2O_3 及少量的 Fe_2O_3，它可采用黏土、黏土质页岩、黄土等；铁质校正原料主要补充 Fe_2O_3，可采用铁矿粉、黄铁矿渣等；硅质校正原料主要补充 SiO_2，它可采用砂岩、粉砂岩等。

(2) 硅酸盐水泥的生产

硅酸盐水泥生产过程是：将原料按一定比例混合、磨细，先制得具有适当化学成分的生料，再将生料在水泥窑（回转窑或立窑）中经过1450℃的高温煅烧至部分熔融，冷却后而得硅酸盐水泥熟料，最后再加适量石膏（不超过水泥质量5%的石灰石或粒化矿渣）共同磨细至一定细度即得P·Ⅰ（P·Ⅱ）型硅酸盐水泥。水泥的生产过程可概括为“两磨一烧”，其生产工艺流程如图6-1所示。

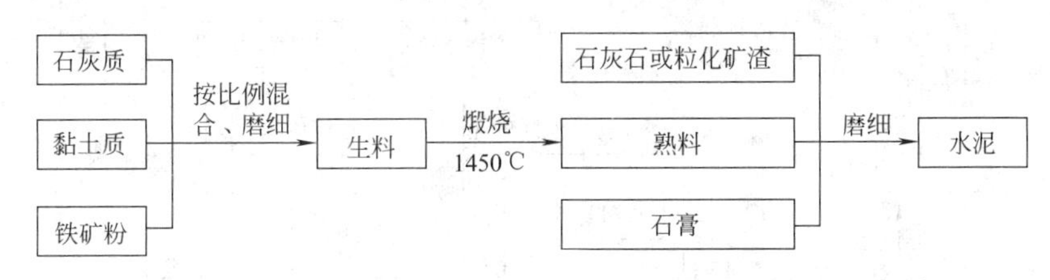

图6-1 硅酸盐水泥生产工艺流程

硅酸盐水泥的生产有三大主要环节，即生料制备、熟料烧成和水泥制成，这三大环节的主要设备是生料粉磨机、水泥熟料煅烧窑和水泥粉磨机。水泥生产工艺按照生料制备时加水制成料浆的称为湿法生产，干磨成粉料的称为干法生产。由于生料煅烧成熟料是水泥生产的关键环节，因此，水泥的生产工艺也常以煅烧窑的类型来划分。生料在煅烧过程中要经过干燥、预热、分解、烧成和冷却五个环节，通过一系列物理、化学变化，生成水泥矿物，形成水泥熟料，为使生料能充分反应，窑内烧成温度要达到1450℃。生产过程工艺图如图6-2所示。

目前，我国水泥熟料的煅烧主要有以悬浮预热和窑外分解技术为核心的新型干法生产工艺、回转窑生产工艺和立窑生产工艺等几种。由于新型干法生产工艺具有规模大、质量好、消耗低、效率高的特点，已经成为发展方向和主流，而传统的回转窑和立窑生产工艺由于技术落后、消耗高、效率低正逐渐被淘汰。

硅酸盐水泥生产中，须加入适量石膏和混合材料。加入石膏的作用是调节水泥的凝结时间，以满足使用的要求；加入混合材料则是为了改善水泥的性能，增加水泥的品种，扩大其使用范围。

6.1.1.3 硅酸盐水泥熟料矿物组成及特性

(1) 硅酸盐水泥熟料的矿物组成

由水泥原料经配料后煅烧得到的块状料即为水泥熟料，是水泥的主要组成部分。水泥熟料的组成成分可分为化学成分和矿物成分两类。

生料开始加热时，自由水分逐渐蒸发而干燥。当温度上升到500～800℃时，首先是有机物被烧尽，其次是黏土分解形成无定形的 SiO_2 及 Al_2O_3。当温度达到800～1000℃时，石灰石进行分解形成 CaO，并开始与黏土中的 SiO_2、Al_2O_3 及 Fe_2O_3 发生固相反应，随温度的升高，固相反应加速，并逐渐生成 $2CaO \cdot SiO_2$、$3CaO \cdot Al_2O_3$ 及 $4CaO \cdot Al_2O_3 \cdot Fe_2O_3$。当温度达到1300℃时，固相反应结束，这时在物料中仍剩余一部分 CaO 未与其他

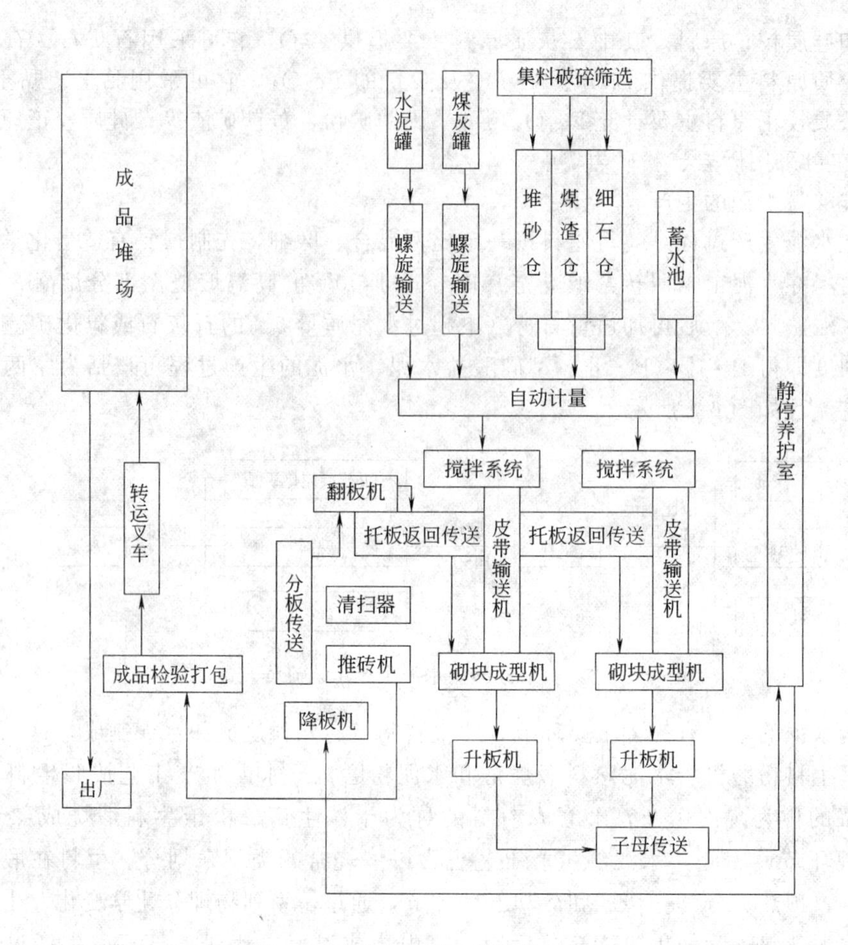

图 6-2 硅酸盐水泥生产过程工艺图

氧化物化合。当温度从1300℃升至1450℃再降到1300℃，这是烧成阶段，这时的$3CaO \cdot Al_2O_3$及$4CaO \cdot Al_2O_3 \cdot Fe_2O_3$烧至部分熔融状态，出现液相，把剩余的CaO及部分$2CaO \cdot SiO_2$溶解于其中，在此液相中，$2CaO \cdot SiO_2$吸收CaO形成$3CaO \cdot SiO_2$。此烧成阶段至关重要，需达到较高的温度，并要保持一定的时间，否则，水泥熟料中$3CaO \cdot SiO_2$含量低，游离CaO含量高，对水泥的性能有较大的影响。

硅酸盐水泥熟料矿物成分及含量如下：硅酸三钙$3CaO \cdot SiO_2$，简写C_3S，含量37%～60%；硅酸二钙$2CaO \cdot SiO_2$，简写C_2S，含量15%～37%；铝酸三钙$3CaO \cdot Al_2O_3$，简写C_3A，含量7%～15%；铁铝酸四钙$4CaO \cdot Al_2O_3 \cdot Fe_2O_3$，简写$C_4AF$，含量10%～18%。

在以上的矿物组成中，硅酸三钙和硅酸二钙的总含量大约占75%以上，而铝酸三钙和铁铝酸四钙的总含量仅占25%左右，硅酸盐占绝大部分，故名硅酸盐水泥。除上述主要熟料矿物成分外，水泥中还有少量的游离氧化钙、游离氧化镁，其含量过高，会引起水泥体积安定性不良。水泥中还含有少量的碱（Na_2O、K_2O），碱含量高的水泥如果遇到活性骨料，易产生碱-骨料膨胀反应。所以水泥中游离氧化钙、游离氧化镁和碱的含量应加以限制。

（2）硅酸盐水泥熟料的特性

水泥具有许多优良的建筑技术性能，这些性能取决于水泥熟料的矿物成分及其含量。各种矿物单独与水作用时，表现出不同的性能，见表6-1。

表 6-1 硅酸盐水泥熟料矿物特性

矿物名称	密度/(kg/cm^3)	水化速度	水化放热量	强度	耐腐蚀性
$3CaO \cdot SiO_2$	3.25	快	大	高	差
$2CaO \cdot SiO_2$	3.28	慢	小	早期低、后期高	好
$3CaO \cdot Al_2O_3$	3.04	最快	最大	低	最差
$3CaO \cdot Al_2O_3 \cdot Fe_2O_3$	3.77	快	中	低	中

各熟料矿物的强度增长情况如图 6-3 所示。水化热的释放情况如图 6-4 所示。由表 6-1 及图 6-3、图 6-4 可知，不同熟料矿物单独与水作用的特性是不同的。

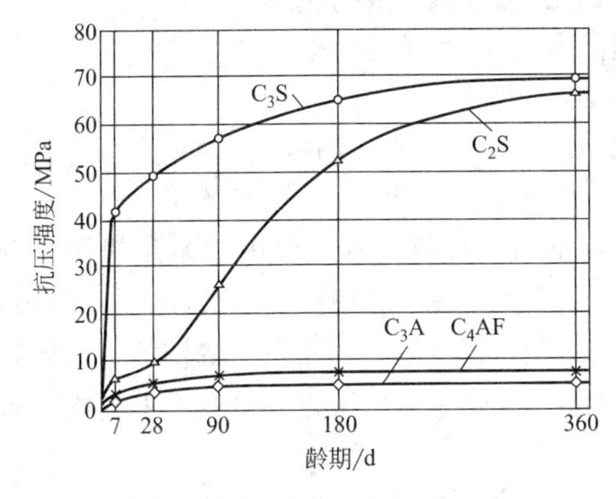

图 6-3 不同熟料矿物的强度增长曲线

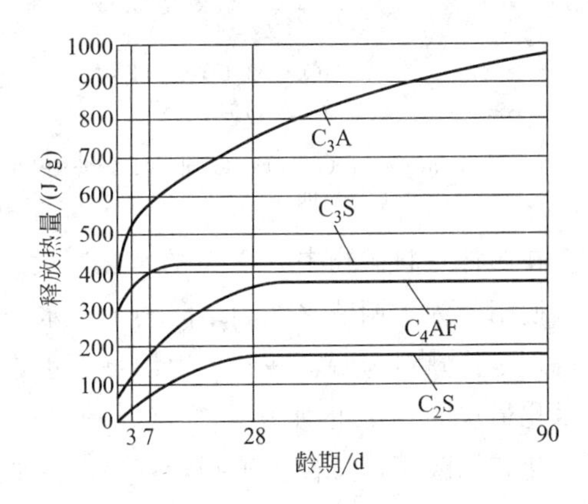

图 6-4 不同熟料矿物的水化热释放曲线

① 硅酸三钙的水化速度较快，早期强度高，其 28d 的强度可达一年强度的 70%～80%。水化热较大，且主要是早期放出，其含量也最高，是决定水泥性质的主要矿物。

② 硅酸二钙的水化速度最慢，水化热最小，且主要是后期放出，是保证水泥后期强度的主要矿物，且耐化学侵蚀性好。

③ 铝酸三钙的凝结硬化速度最快（故需掺入适量石膏作缓凝剂），也是水化热最大的矿物。其强度值最低，但形成最快，3d 的强度几乎接近最终强度，但其耐化学侵蚀性最差，且硬化时体积收缩最大。

④ 铁铝酸四钙的水化速度也较快，仅次于铝酸三钙，其水化热中等，且有利于提高水泥抗拉（抗折）强度。

水泥是几种熟料矿物的混合物，当改变矿物成分间的比例时，水泥性质即发生相应的变化，于是可制成不同性能的水泥。如增加 C_3S 含量，可制成高强、早强水泥（我国水泥标准规定的 R 型水泥）。若增加 C_2S 含量而减少 C_3S 含量，水泥的强度发展慢，早期强度低，但后期强度高，其更大的优势是水化热降低。若提高 C_4AF 的含量，可制得抗折强度较高的道路水泥。

6.1.2 硅酸盐水泥的凝结硬化

水泥加水拌和后，最初形成具有可塑性的水泥浆体，随着水化反应的进行，水泥浆体逐渐变稠失去可塑性，但尚不具有强度，这一过程称为水泥的“凝结”。随后凝结了的水泥浆体开始产生强度，并逐渐发展成为坚硬的水泥石，这一过程称为水泥的“硬化”。凝结和硬化是人为划分的。实际上它是一个连续、复杂的物理化学变化过程。凝结过程较短，一般几小时即可完成，硬化过程是一个长期的过程，在一定温度和湿度下，可持续几年。在几十年龄期的水泥制品中，仍有未水化的水泥颗粒。

6.1.2.1 水泥的水化反应

水泥加水后，其熟料矿物很快与水发生水化反应，生成水化产物，并放出一定的热量，其反应式如下：

$$\underset{\text{硅酸三钙}}{2(3CaO\cdot SiO_2)}+6H_2O\longrightarrow \underset{\text{水化硅酸钙(凝胶体)}}{3CaO\cdot 2SiO_2\cdot 3H_2O}+\underset{\text{氢氧化钙(晶体)}}{3Ca(OH)_2}$$

$$\underset{\text{硅酸二钙}}{2(2CaO\cdot SiO_2)}+4H_2O\longrightarrow \underset{\text{水化硅酸钙(凝胶体)}}{3CaO\cdot 2SiO_2\cdot 3H_2O}+\underset{\text{氢氧化钙(晶体)}}{Ca(OH)_2}$$

$$\underset{\text{铝酸三钙}}{3CaO\cdot Al_2O_3}+6H_2O\longrightarrow \underset{\text{水化铝酸钙(晶体)}}{3CaO\cdot Al_2O_3\cdot 6H_2O}$$

$$\underset{\text{铁铝酸四钙}}{4CaO\cdot Al_2O_3\cdot Fe_2O_3}+7H_2O\longrightarrow \underset{\text{水化铝酸钙(晶体)}}{3CaO\cdot Al_2O_3\cdot 6H_2O}+\underset{\text{水化铁酸钙(凝胶体)}}{CaO\cdot Fe_2O_3\cdot H_2O}$$

在四种熟料矿物中，C_3A 的水化速度最快，若不加以抑制，水泥会因凝结过快而影响正常使用。为了调节水泥凝结时间，在水泥中加入适量石膏并共同粉磨。石膏起缓凝作用，其机理是：熟料与石膏一起迅速溶解于水，并开始水化，形成石膏、石灰饱和溶液，而熟料中水化最快的 C_3A 的水化产物 $3CaO\cdot Al_2O_3\cdot 6H_2O$ 在石膏、石灰的饱和溶液中生成高硫型水化硫铝酸钙，又称钙矾石，其反应式如下：

$$\underset{\text{水化铝酸钙}}{3CaO\cdot Al_2O_3\cdot 6H_2O}+\underset{\text{石膏}}{3(CaSO_4\cdot 2H_2O)}+19H_2O\longrightarrow \underset{\text{水化硫铝酸钙(钙矾石晶体)}}{3CaO\cdot Al_2O_3\cdot 3CaSO_4\cdot 31H_2O}$$

钙矾石是一种针状晶体，不溶于水，且形成时体积膨胀 1.5 倍。钙矾石在水泥熟料颗粒表面形成一层较致密的保护膜，以封闭熟料组分的表面，阻滞水分子及离子的扩散，从而延缓了熟料颗粒，特别是 C_3A 的水化速度。加入适量的石膏不仅能调节凝结时间达到标准所规定的要求，而且适量石膏能在水泥水化过程中与 C_3A 生成一定数量的水化硫铝酸钙晶体，交错地填充于水泥石的空隙中，从而增加水泥石的致密性，有利于提高水泥强度，尤其是早期强度的发挥。但如果石膏掺量过多，会引起水泥体积安定性不良。

硅酸盐水泥主要水化产物有水化硅酸钙凝胶体、水化铁酸钙凝胶体及氢氧化钙晶体、水化铝酸钙晶体和水化硫铝酸钙晶体。在完全水化的水泥石中，水化硅酸钙约占 50%，氢氧化钙约占 25%。

6.1.2.2 硅酸盐水泥的凝结硬化过程

水泥的凝结硬化是个非常复杂的物理化学过程，如图 6-5 所示，它可分为以下几个阶段。

水泥加水后，首先是最表层的水泥与水发生水化反应，生成水化产物，组成水泥-水-水化产物混合体系。反应初期，水化速度很快，不断形成新的水化产物扩散到水中，使混合体系很快成为水化产物的饱和溶液。此后，水泥继续水化所生成的产物不再溶解，而是以分散状态的颗粒析出，附着在水泥粒子表面，形成凝胶膜包裹层，使水泥在一段时间内反应缓慢，水泥浆的可塑性基本上保持不变。

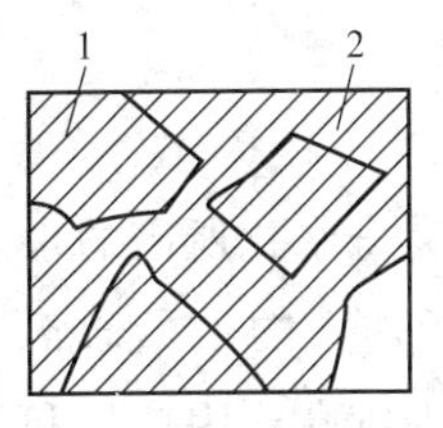

(a) 分散在水中未水化的水泥颗粒

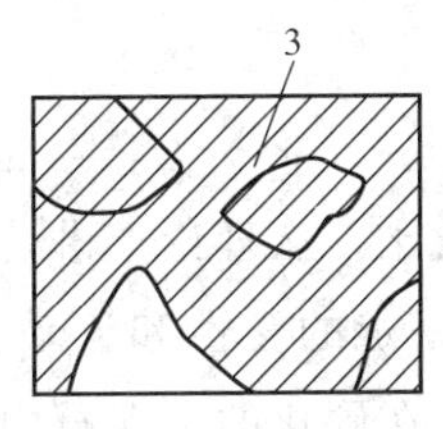

(b) 在水泥颗粒表面形成水化层

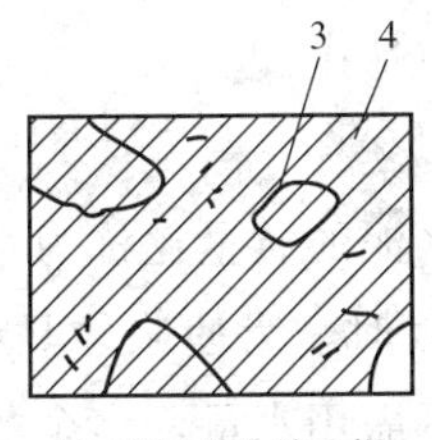

(c) 膜层长大并互相连接(凝结)

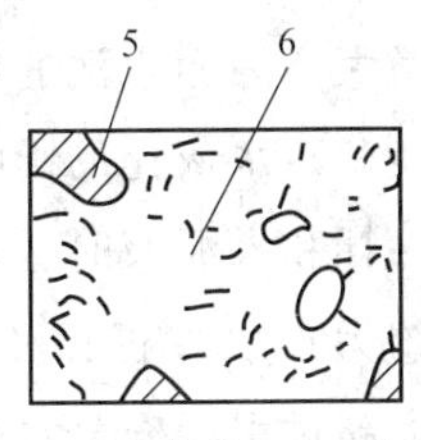

(d) 水化物进一步发展，填充毛细孔(硬化)

图 6-5 水泥的凝结硬化过程示意图

1—水泥颗粒；2—水分；3—凝胶；4—晶体；5—水泥颗粒的未水化内核；6—毛细孔

由于水化产物不断增加，凝胶膜逐渐增厚而破裂并继续扩展，水泥粒子又在一段时间内加速水化，这一过程可重复多次。由水化产物组成的水泥凝胶在水泥颗粒之间形成了网状结构。水泥浆逐渐变稠，并失去塑性而出现凝结现象。此后，由于水泥水化反应的继续进行，水泥凝胶不断扩展而填充颗粒之间的孔隙，使毛细孔越来越少，水泥石就具有越来越高的强度和胶结能力。

综上所述，水泥的凝结硬化是一个由表及里、由快到慢的过程。较粗颗粒的内部很难完全水化。因此，硬化后的水泥石是由水泥水化产物凝胶体（内含凝胶孔）及结晶体、未完全水化的水泥颗粒、毛细孔（含毛细孔水）等组成的不均质结构体。

6.1.2.3 影响硅酸盐水泥凝结硬化的主要因素

水泥的凝结硬化过程也就是水泥强度发展的过程，受到许多因素的影响，硬化过程有内部的和外界的，其主要影响因素分析如下。

（1）熟料矿物组成的影响

矿物组成是影响水泥凝结硬化的主要内因，如前所述，不同的熟料矿物成分单独与水作用时，水化速度、强度发展的规律、水化放热是不同的，因此改变水泥的矿物组成，其凝结硬化将产生明显的变化。

（2）石膏掺入量的影响

石膏掺入水泥中的目的是为了延缓水泥的凝结硬化速度，调节水泥的凝结时间。需要注意石膏的掺入量，掺入量过少，不足以抑制 C_3A 的水化速度；过多，其本身会生成一种促凝物质，反而使水泥发生快凝；如果石膏掺入量超过规定的限量，会在水泥硬化过程中仍有一部分石膏与 C_3A 及 C_4AF 的水化产物 $3CaO \cdot Al_2O_3 \cdot 6H_2O$ 继续反应生成水化硫铝酸钙针状晶体，体积膨胀，使水泥石强度降低，严重时还会导致水泥体积安定性不良。适宜的石膏掺入量主要取决于水泥中 C_3A 的含量和石膏的品种及质量，同时与水泥细度及熟料中 SO_3 的含量有关，一般生产水泥时石膏掺入量占水泥质量的 3%～5%，具体掺入量应通过试验确定。

（3）水泥细度的影响

水泥颗粒的粗细程度直接影响水泥的水化、凝结硬化、强度、干缩及水化热等。水泥的颗粒粒径一般在 7～200μm 之间，颗粒越细，与水接触的比表面积越大，水化速度较快且较充分，水泥的早期强度和后期强度都很高。但水泥颗粒过细，在生产过程中消耗的能量则会越多，机械损耗也越大，生产成本增加，且由于水泥颗粒越细，需水性越大，在硬化时收缩也增大，因而水泥的细度应适中。

（4）水灰比的影响

拌和水泥浆时，水与水泥的质量比称为水灰比。从理论上讲，水泥完全水化所需的水灰比约为0.22。但拌和水泥浆时，为使浆体具有一定的塑性和流动性，所加入的水量通常要大大超过水泥充分水化时所需用水量，多余的水在硬化的水泥石内形成毛细孔。因此拌和水越多，硬化水泥石中的毛细孔就越多，当水灰比为0.4时，完全水化后水泥石的总孔隙率为29.6%，而水灰比为0.7时，水泥石的孔隙率高达50.3%。水泥石的强度随其孔隙率的增加而降低。因此，在不影响施工的条件下，水灰比小，则水泥浆稠，易于形成胶体网状结构，水泥的凝结硬化速度快，同时水泥石整体结构内毛细孔少，强度也高。

（5）环境温度、湿度的影响

温度对水泥的水化、凝结硬化影响很大，提高温度，可加速水泥的水化速度，有利于水泥早期强度的形成。就硅酸盐水泥而言，提高温度可加速其水化，使早期强度能较快发展，但对后期强度可能会产生一定的影响（因而，硅酸盐水泥不适宜用于蒸汽养护、压蒸养护的混凝土工程）。而在较低温度下进行水化，虽然凝结硬化慢，但水化产物较致密，可获得较高的最终强度。但当温度低于0℃时，水化反应基本停止，因此冬季施工时，需采用保温措施，以保证水泥正常凝结和强度正常发展。温度低于0℃时，强度不但不增长，而且还会因水的结冰而导致水泥石被冻坏。

湿度是保证水泥水化的一个必备条件，水泥的凝结硬化实质是水泥的水化过程。因此，在干燥环境中，水化浆体中的水分蒸发，导致水泥不能充分水化，同时硬化也将停止，并会因干缩而产生裂缝。

在工程中，保持环境的温度、湿度，使水泥石强度不断增长的措施称为养护，水泥混凝土在浇筑后的一段时间里应十分注意控制温度、湿度的养护。

（6）养护龄期的影响

龄期是指水泥在正常养护条件下所经历的时间。水泥的凝结硬化是随着养护龄期的增长而渐进的过程，在适宜的温度、湿度环境中，随着水泥颗粒内各熟料矿物水化程度的提高，凝胶体不断增加，毛细孔相应减少，水泥的强度增长可持续几年，甚至几十年。在水泥水化作用的最初几天内强度增长最为迅速，如水化7d的强度可达到28d强度的70%左右，28d以后的强度增长明显减缓，如图6-6所示。硅酸盐水泥的强度发展规律是：3～7d发展比较快，28d以后显著变慢。

（7）外加剂的影响

由于硅酸盐水泥的水化、凝结硬化在很大程度上受到C_3S、C_3A的制约，因此凡对C_3S、C_3A的水化能产生影响的外加剂，都能改变硅酸盐水泥的水化、凝结硬化性能。如水泥浆中掺入缓凝剂（木钙或糖类），则会延缓水泥的凝结硬化而影响水泥早期强度的发展。相反水泥浆中掺入早强剂，则会促进水泥的凝结硬化而提高早期强度。

（8）储存条件的影响

受潮的水泥因部分水化而结块，从而失去胶结能力，硬化后其强度严重降低。储存过久

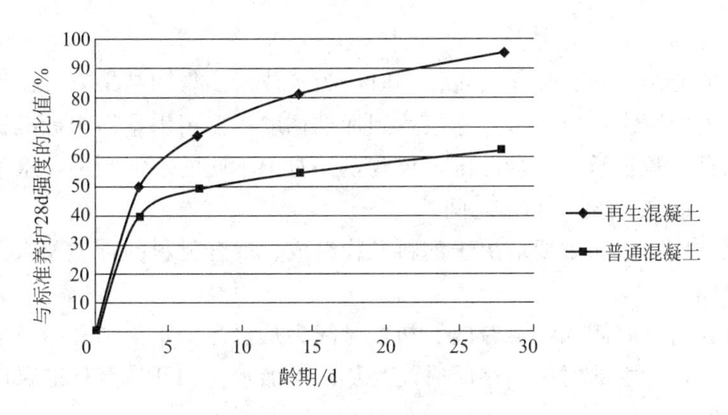

图 6-6 硅酸盐水泥强度发展与龄期的关系

的水泥，因过多地吸收了空气中的水分和二氧化碳，会发生缓慢的水化和碳化现象，从而影响水泥的凝结硬化过程，致使强度下降。通常，储存 3 个月的水泥，其强度下降 10%～20%；储存 6 个月的水泥，其强度下降 15%～30%；储存 1 年后，其强度下降 25%～40%。所以，水泥的有效储存期一般规定不超过 3 个月。

6.1.3 硅酸盐系列水泥的主要技术性质

根据国家标准《通用硅酸盐水泥》(GB 175—2007) 对硅酸盐水泥的品质要求，现对其主要技术性质做以下介绍。

硅酸盐水泥的密度、堆积密度以及各成分含量规定见表 6-2。

表 6-2 硅酸盐水泥的密度、堆积密度以及各成分含量规定

技术要求	硅酸盐水泥
密度	3100～3200kg/m^3
堆积密度	1300～1600kg/m^3
不溶物	Ⅰ型不溶物≤0.75%，Ⅱ型不溶物≤1.5%
烧失量	Ⅰ型烧失量≤3%，Ⅱ型烧失量≤3.5%
氧化镁	水泥中氧化镁含量≤5.0%，如果水泥经过压蒸法检验安定性合格，则水泥中氧化镁含量≤6.0%
三氧化硫	水泥中三氧化硫含量≤3.5%
碱含量	水泥中碱含量按照 $Na_2O+0.658K_2O$ 计算值来表示，若使用活性骨料，用户要求提供低碱水泥时，水泥中碱含量不得>0.6%或者由供需双方商定

(1) 硅酸盐水泥细度

细度是指水泥颗粒的粗细程度。水泥颗粒的粗细直接影响着水泥的水化速度、活性和强度。一般情况下，水泥颗粒越细小，其比表面积越大，与水的接触面积就越大，水化作用就越迅速充分，这使得水泥凝结硬化速度加快，早期强度也越高。水泥细度可采用筛分析法和比表面积法进行评定。筛分析法是用 80μm 的方孔筛对水泥试样进行筛分析试验，用筛余百分数表示；比表面积法是指单位质量的水泥粉末所具有的总表面积，以 m^2/kg 表示，水泥颗粒越细，比表面积越大，可用勃氏比表面积仪测定。根据国家标准 GB 175—2007 规定，硅酸盐水泥比表面积应大于 300m^2/kg。凡细度不符合规定者为不合格品。

（2）标准稠度用水量

在测定水泥的凝结时间、体积安定性等时，为了使所测得的结果有可比性，要求必须采用标准稠度的水泥净浆来测定。水泥净浆达到标准稠度所需用水量即为标准稠度用水量，以水占水泥质量的百分数表示，用标准维卡仪测定。对于不同的水泥品种，水泥的标准稠度用水量各不相同，一般在24%～33%之间。

水泥的标准稠度用水量主要取决于熟料矿物组成、混合材料的种类及水泥细度。

（3）凝结时间

凝结时间分为初凝时间和终凝时间。初凝时间为从水泥加水拌和开始至水泥标准稠度的净浆开始失去可塑性所需的时间，终凝时间为从水泥加水拌和开始至标准稠度的净浆完全失去可塑性所需的时间。

根据GB 175—2007规定，硅酸盐水泥的初凝时间不得早于45min，终凝时间不得迟于6.5h。水泥的凝结时间是采用标准稠度的水泥净浆在规定温度及湿度的环境下，用水泥净浆时间测定仪测定的。凝结时间的规定对工程有着重要的意义，为使混凝土、砂浆有足够的时间进行搅拌、运输、浇筑、砌筑，顺利完成混凝土和砂浆的制备，并确保制备的质量，初凝时间不能过短，否则在施工中因已失去流动性和可塑性而无法使用；当浇筑完毕，为了使混凝土尽快凝结硬化，产生强度，顺利地进入下一道工序，规定终凝时间不能太长，否则将减缓施工进度，降低模板周转率。标准中规定，凡初凝时间不符合规定者为废品，凡终凝时间不符合规定者为不合格品。

（4）体积安定性

水泥的体积安定性是指水泥浆体在凝结硬化过程中体积变化的稳定性。当水泥浆体硬化过程发生不均匀变化时，会导致膨胀开裂、翘曲等现象，称为体积安定性不良。体积安定性不良的水泥会使混凝土构件产生膨胀性裂缝，从而降低建筑物质量，引起严重事故。因此国家标准规定，水泥体积安定性必须合格，否则水泥作为废品处理，严禁用于工程中。

引起水泥体积安定性不良的主要原因如下。

① 水泥化学成分游离氧化钙和游离氧化镁含量过多。当水泥原料比例不当、煅烧工艺不正常或原料质量差（$MgCO_3$ 含量高）时，会产生较多游离状态的氧化钙和氧化镁（f-CaO和f-MgO），它们与熟料一起经历了1450℃的高温煅烧，属于严重过火的氧化钙、氧化镁，水化极慢，在水泥凝结硬化后很长时间才进行熟化。生成的$Ca(OH)_2$和$Mg(OH)_2$在已经硬化的水泥石中膨胀，使水泥石出现开裂、翘曲、疏松和崩溃等现象，甚至完全破坏。

② 石膏掺量比例。当石膏掺量过多时，在水泥硬化后，残余石膏与固态水化铝酸钙反应生成水化硫铝酸钙，体积增大约1.5倍，从而导致水泥石开裂。国家标准GB 1346—2001中规定，硅酸盐水泥的体积安定性经沸煮法（分为标准法和代用法）检验必须合格。

用沸煮法只能检测出f-CaO造成的体积安定性不良。f-MgO产生的危害与f-CaO相似，但由于氧化镁的水化作用更缓慢，其含量过多造成的体积安定性不良，必须用压蒸法才能检验出来。石膏造成的体积安定性不良则需长时间在温水中浸泡才能发现。由于后两种原因造成的体积安定性不良都不易检验，因此国家标准规定，熟料中MgO含量不宜超过5%，经压蒸试验合格后，允许放宽到6%，SO_3 含量不得超过3.5%。

（5）强度及强度等级

水泥的强度是评定其质量的一项重要指标，是划分强度等级的依据。根据国家标准《水泥胶砂强度检验方法》规定，将水泥、标准砂和水按规定比例（水泥∶标准砂∶水＝1.0∶3.0∶0.5）用规定方法制成的规格为40mm×40mm×160mm的标准试件，在标准养护的条件下养护［1d在温度为（20±1)℃、相对湿度在90%以上的空气中带模养护，1d以后拆模，放入（20±1)℃的水中养护］，分别测定其3d、28d的抗压强度和抗折强度。按照3d、28d的抗压强度和抗折强度，将硅酸盐水泥分为42.5、42.5R、52.5、52.5R、62.5、62.5R六个强度等级。为提高水泥的早期强度，现行标准将水泥分为普通型和早强型（用R表示)。各等级、各龄期的强度值不得低于国家标准《通用硅酸盐水泥》(GB 175—2007）规定，见表6-3。水泥的强度包括抗压强度与抗折强度，必须同时满足标准要求，缺一不可。如有一项指标低于表中数值，则应降低强度等级，直至四个数值都满足表中规定为止。

表6-3　硅酸盐水泥、普通硅酸盐水泥各等级、各龄期的强度值

品种	强度等级	抗压强度/MPa		抗折强度/MPa	
		3d	28d	3d	28d
硅酸盐水泥	42.5	17.0	42.5	3.5	6.5
	42.5R	22.0	42.5	4.0	6.5
	52.5	23.0	52.5	4.0	7.0
	52.5R	27.0	52.5	5.0	7.0
	62.5	28.0	62.5	5.0	8.0
	62.5R	32.0	62.5	5.5	8.0
普通硅酸盐水泥	32.5	11.0	32.5	2.5	5.5
	32.5R	16.0	32.5	3.5	5.5
	42.5	16.0	42.5	3.5	6.5
	42.5R	21.0	42.5	4.0	6.5
	52.5	22.0	52.5	4.0	7.0
	52.5R	26.0	52.5	5.0	7.0

因为水泥的强度随着放置时间的延长而降低，所以为了保证水泥在工程中的使用质量，生产厂家在控制出厂水泥28d强度时，均留有一定的富余强度。通常富余系数为1.06～1.18。

（6）水泥的水化热

水泥在水化过程中放出的热量称为水化热，通常用J/kg或J/g表示。水化热的大小主要与水泥的细度及矿物组成有关。颗粒越细，水化热越大；矿物中C_3A、C_3S含量越多，水化热越大。大部分的水化热集中在早期放出，3～7d以后逐步减少。

水化热在混凝土工程中，既有有利的影响，也有不利的影响。高水化热的水泥在大体积混凝土工程中是非常不利的（如大坝、大型基础、桥墩等)。这是由于水泥水化释放的热量积聚在了混凝土内部，散发得非常缓慢，使混凝土内部温度升高，而温度升高又加速了水泥的水化，使混凝土表面与内部因形成过大的温差而产生温差应力，致使混凝土受拉而开裂破坏。因此在大体积混凝土工程中，应选择低热水泥。但在混凝土冬季施工时，水化热却有利于水泥的凝结硬化和防止混凝土受冻。

（7）水泥的碱含量

水泥中碱含量按$Na_2O+0.658K_2O$计算的质量百分率来表示。若使用活性骨料，当要求提供低碱水泥时，水泥中碱含量不得大于0.60%或由供需双方商定。

当混凝土骨料中含有活性二氧化硅时，会与水泥中的碱相互作用形成碱的硅酸盐凝胶，由于后者体积膨胀可引起混凝土开裂，会造成结构的破坏，将这种现象称为“碱-骨料反应”。它是影响混凝土耐久性的一个重要因素。碱-骨料反应与混凝土中的总碱量、骨料及使用环境等有关。

根据国家标准规定，凡氧化镁、三氧化硫、安定性、初凝时间中有任一项不符合标准规定时，均为废品。凡细度、终凝时间、不溶物和烧失量中任一项不符合标准规定，或混合材料掺量超过最大限量，或强度低于规定指标时，均为不合格品。废品水泥在工程中严禁使用。若水泥的强度低于规定指标时，可以降级使用。

6.1.4 水泥石的腐蚀与防护

6.1.4.1 水泥石的腐蚀

在正常环境条件下，硅酸盐水泥硬化后，水泥石的强度会不断增长，具有较好的耐久性。然而某些环境因素（如某些侵蚀性液体或气体）却能引起水泥石强度的降低，甚至破坏，这种现象称为水泥石的腐蚀。水泥石的腐蚀主要有以下四种类型。

（1）水泥石的软水侵蚀（溶出性侵蚀）

不含或仅含少量重碳酸盐（含 HCO_3^- 的盐）的水称为软水，如雨水、蒸馏水、冷凝水及部分江水、湖水等。当水泥石长期与软水相接触时，水化产物将按其稳定存在所必需的平衡氢氧化钙（钙离子）浓度的大小，依次逐渐溶解或分解，从而造成水泥石的破坏，这就是溶出性侵蚀。

在各种水化产物中，$Ca(OH)_2$ 的溶解度最大（25℃时约1.3g CaO/L），因此首先溶出，这样不仅增加了水泥石的孔隙率，使水更容易渗入，而且由于 $Ca(OH)_2$ 浓度降低，还会使水化产物依次发生分解，如高碱性的水化硅酸钙、水化铝酸钙等分解成为低碱性的水化产物，并最终变成硅酸凝胶、氢氧化铝等无胶凝能力的物质。在静水及无压力水的情况下，由于周围的软水易为溶出的氢氧化钙所饱和，使溶出作用停止，所以对水泥石的影响不大；但在流水及压力水的作用下，水化产物的溶出将会不断地进行下去，水泥石结构的破坏将由表及里地不断进行下去。当水泥石与环境中的硬水接触时，水泥石中的氢氧化钙与重碳酸盐发生反应，生成几乎不溶于水的碳酸钙积聚在水泥石的孔隙内，形成致密的保护层，可阻止外界水的继续侵入，从而可阻止水化产物的溶出。

（2）水泥石的盐类侵蚀

在水中通常溶有大量的盐类，某些溶解于水的盐会与水泥石相互作用发生置换反应，生成一些易溶或无胶结能力或产生膨胀的物质，从而使水泥石结构破坏。最常见的盐类侵蚀是硫酸盐侵蚀与镁盐侵蚀。

硫酸盐侵蚀是由于水中溶有一些易溶的硫酸盐，它们与水泥石中的氢氧化钙反应生成硫酸钙，硫酸钙再与水泥石中的固态水化铝酸钙反应生成钙矾石，体积急剧膨胀（约1.5倍），使水泥石结构破坏，其反应式为：

$$3(CaSO_4 \cdot 2H_2O)+3CaO \cdot Al_2O_3 \cdot 6H_2O+19H_2O \longrightarrow 3CaO \cdot Al_2O_3 \cdot 3CaSO_4 \cdot 31H_2O$$

钙矾石呈针状晶体，常称其为“水泥杆菌”。若硫酸钙浓度过高，则直接在孔隙中生成二水石膏结晶，产生体积膨胀而导致水泥石结构破坏。

镁盐侵蚀主要是氯化镁和硫酸镁与水泥石中的氢氧化钙发生复分解反应，生成无胶结能力的氢氧化镁及易溶于水的氯化镁或生成石膏导致水泥石结构破坏，其反应式为：

$$MgCl_2 + Ca(OH)_2 \longrightarrow Mg(OH)_2 + CaCl_2$$

$$MgSO_4 + Ca(OH)_2 + 2H_2O \longrightarrow Mg(OH)_2 + CaSO_4 \cdot 2H_2O$$

可见，硫酸镁对水泥石起镁盐与硫酸盐双重侵蚀作用。在海水、湖水、盐沼水、地下水、某些工业污水及流经高炉矿渣或煤渣的水中常含钾、钠、铵等硫酸盐；在海水及地下水中常含有大量的镁盐，主要是硫酸镁和氯化镁。

(3) 水泥石的酸类侵蚀

① 碳酸侵蚀。在某些工业污水和地下水中常溶解有较多的二氧化碳，这种水分对水泥石的侵蚀作用称为碳酸侵蚀。首先，水泥石中的 $Ca(OH)_2$ 与溶有 CO_2 的水反应，生成不溶于水的碳酸钙；接着，碳酸钙又再与溶有 CO_2 的水反应，生成易溶于水的碳酸氢钙。反应式为：

$$Ca(OH)_2 + CO_2 + H_2O \longrightarrow CaCO_3 + 2H_2O$$

$$CaCO_3 + CO_2 + H_2O \longrightarrow Ca(HCO_3)_2 \downarrow$$

当水中含有较多的碳酸，上述反应向右进行，从而导致水泥石中的 $Ca(OH)_2$ 不断地转变为易溶的 $Ca(HCO_3)_2$ 而流失，进一步导致其他水化产物的分解，使水泥石结构遭到破坏。

② 一般酸侵蚀。水泥的水化产物呈碱性，因此酸类对水泥石一般都会有不同程度的侵蚀作用，其中侵蚀作用最强的是无机酸中的盐酸、氢氟酸、硝酸、硫酸及有机酸中的乙酸、蚁酸和乳酸等，它们与水泥石中的 $Ca(OH)_2$ 反应后的生成物，或者易溶于水，或者体积膨胀，都会对水泥石结构产生破坏作用。例如，盐酸和硫酸分别与水泥石中的 $Ca(OH)_2$ 作用，其反应式为：

$$Ca(OH)_2 + 2HCl \longrightarrow CaCl_2 + 2H_2O$$

$$Ca(OH)_2 + H_2SO_4 \longrightarrow CaSO_4 + 2H_2O$$

反应生成的氯化钙易溶于水，生成的石膏继而又产生硫酸盐侵蚀作用。

(4) 水泥石的强碱侵蚀

水泥石本身具有相当高的碱度，因此弱碱溶液一般不会侵蚀水泥石，但当铝酸盐含量较高的水泥石遇到强碱（如氢氧化钠）作用后也会被腐蚀破坏。氢氧化钠与水泥熟料中未水化的铝酸三钙作用，生成易溶的铝酸钠。当水泥石被氢氧化钠浸润后又在空气中干燥，与空气中的二氧化碳作用生成碳酸钠，它在水泥石毛细孔中结晶沉积，会使水泥石胀裂。

除了上述四种典型的侵蚀类型外，糖、氨、盐、动物脂肪、乙醇、含环烷酸的石油产品等对水泥石也有一定的侵蚀作用。

在实际工程中，水泥石的腐蚀常常是几种侵蚀介质同时存在、共同作用所产生的。但干的固体化合物不会对水泥石产生侵蚀，侵蚀性介质必须呈溶液状且浓度大于某一临界值。

水泥的耐腐蚀性可用耐蚀系数定量表示。耐蚀系数是以同一龄期下，水泥试样在侵蚀性溶液中养护的强度与在淡水中养护的强度之比，比值越大，耐腐蚀性越好。

6.1.4.2 *水泥石的防护*

从以上对侵蚀作用的分析可以看出，水泥石被腐蚀的内因：一是水泥石中存在有易被腐蚀的组分，如 $Ca(OH)_2$ 与水化铝酸钙；二是水泥石本身不致密，有很多毛细孔通道，侵蚀性介质易于进入其内部。因此，针对具体情况可采取下列措施防止水泥石的腐蚀。

（1）水泥品种选择性防护

根据侵蚀环境特点合理选择水泥品种。如采用水化产物中氢氧化钙含量少的水泥，可提高对淡水等侵蚀的抵抗能力；采用含水化铝酸钙低的水泥，可提高对硫酸盐腐蚀的抵抗能力；选择混合材料掺入量较大的水泥，可提高抗各类腐蚀（除抗碳化外）的能力。

（2）物理防护

① 提高水泥的密实度，降低孔隙率。硅酸盐水泥水化理论水灰比约为0.22，而实际施工中水灰比为0.40～0.70，多余的水分在水泥石内部形成连通的孔隙，腐蚀性介质就易渗入水泥石内部，从而加速了水泥石的腐蚀。在实际工程中，可通过降低水灰比、仔细选择骨料、掺外加剂、改善施工方法等措施，提高水泥石的密实度，从而提高水泥石的耐腐蚀性。

② 在水泥石表面加保护层。当侵蚀作用较强且上述措施不能奏效时，可用耐腐蚀的材料如石料、陶瓷、塑料、沥青等覆盖于水泥石的表面，从而防止侵蚀性介质与水泥石直接接触，达到抗侵蚀的目的。

6.1.5 硅酸盐水泥的性质、应用及存放

6.1.5.1 硅酸盐水泥的性质

（1）物理性质

① 快凝、快硬、高强。与硅酸盐系列的其他品种水泥相比，硅酸盐水泥凝结（终凝）快，早期强度（3d）高，强度等级高（低为42.5、高为62.5）。

② 耐磨性好。硅酸盐水泥强度高，耐磨性好。

（2）化学性质

① 抗冻性好。由于硅酸盐水泥未掺或掺杂很少量的混合材料，故其抗冻性好。

② 水化热大。硅酸盐水泥中含有大量的C_3A、C_3S，在水泥水化时，放热速度快且放热量大。

③ 耐腐蚀性差。硅酸盐水泥水化产物中有较多的氢氧化钙和水化铝酸钙，耐软水及耐化学腐蚀能力差。

④ 耐热性差。硅酸盐水泥中的一些重要成分在250℃温度时会发生脱水或分解，使水泥石强度下降，当受热在700℃以上时，将遭受破坏。

⑤ 碱度高，抗碳化能力强。碳化是指水泥石中的氢氧化钙与空气中的二氧化碳反应生成碳酸钙的过程。碳化对水泥石（或混凝土）本身是有利的，但碳化会使水泥石（混凝土）内部碱度降低，从而失去对钢筋的保护作用。

6.1.5.2 硅酸盐水泥的应用

硅酸盐水泥在建筑工程中的应用主要体现在以下方面。

① 适用于早期强度要求高的工程及冬季施工的工程。

② 适用于重要结构的高强混凝土和预应力混凝土工程。

③ 适用于冬季施工及严寒地区遭受反复冻融的工程及干湿交替的部位。

④ 不能用于大体积混凝土工程。

⑤ 不能用于高温环境的工程。

⑥ 不能用于海水和有侵蚀性介质存在的工程。

⑦ 不适宜蒸汽或蒸压养护的混凝土工程。

6.1.5.3 硅酸盐水泥的储存与运输

水泥在运输和存放的过程中假若受潮或被雨淋，它会与空气中的水分发生水化反应，形成具有可塑性的浆体，随着水化反应的进行，水泥浆体逐渐凝结，最后凝结的水泥浆体逐渐硬化开始产生强度。受潮或被雨淋后的水泥制成水泥石后失去了原本具有的强度、结构和使用性能，故无法达到预期的使用效果。

储存水泥时应注意以下事项。

① 按不同的生产厂家、不同品种、强度等级和出厂日期分别存放，严禁混杂。

② 注意防潮和防止空气流动，先存先用，不可储存过久。水泥在正常储存条件下，若储存3个月，其强度会降低10%～20%；若储存6个月，其强度降低15%～30%。因此规定，常用水泥储存期为3个月，铝酸盐水泥为2个月，双快水泥不宜超过1个月，过期水泥在使用时应重新检测，按实际强度使用。水泥受潮变质的快慢及受潮程度与保管条件、保管期限及水泥质量有关。

6.2 掺混合材料的硅酸盐水泥

凡在硅酸盐水泥熟料中，掺入一定量的混合材料和适量石膏共同磨细制成的水泥，均属于掺混合材料的硅酸盐水泥。掺混合材料的目的是为了调整水泥强度等级，改善水泥的某些性能，增加水泥的品种，扩大使用范围，降低水泥成本和提高产量，并且充分利用工业废料。按掺入混合材料的品种和数量，掺混合材料的硅酸盐水泥分为普通硅酸盐水泥、矿渣硅酸盐水泥、火山灰质硅酸盐水泥、粉煤灰硅酸盐水泥及复合硅酸盐水泥。

6.2.1 水泥用混合材料

在水泥磨细时，所掺入的天然的或人工的矿物材料，称为混合材料。混合材料按其性能可分为非活性混合材料（填充性混合材料）和活性混合材料（水硬性混合材料）。将混合材料掺入硅酸盐水泥熟料中不仅提高水泥产量、降低成本，还改善了某些技术性能，扩大了水泥的应用范围。为确保工程质量，凡国家标准中没有规定的混合材料品种严禁使用。

6.2.1.1 非活性混合材料

非活性混合材料是指在常温下，加水拌和后不能与水泥、石灰或石膏发生化学反应的混合材料。非活性混合材料又称填充性混合材料，将它们掺入水泥中的目的，主要是为了提高水泥产量、调节水泥强度等级。实际上非活性混合材料在水泥中仅起填充和分散作用，所以又称填充性混合材料、惰性混合材料。磨细的石英砂、石灰石、黏土、慢冷矿渣及各种废渣等都属于非活性混合材料。另外，凡不符合技术要求的粒化高炉矿渣、火山灰质混合材料及粉煤灰均可作为非活性混合材料使用。

6.2.1.2 活性混合材料

活性混合材料磨成细粉加水后本身并不硬化，与石灰加水拌和后，在常温下能生成具有胶凝性的水化物，既能在空气中硬化，又能在水中继续硬化。硅酸盐水泥熟料水化后会产生大量的氢氧化钙，并且水泥中需掺入适量的石膏，因此在硅酸盐水泥中具备了使活性混合材料发挥潜在活性的条件。通常将氢氧化钙、石膏称为活性混合材料的“激发剂”，分别称为碱性激发剂和硫酸盐激发剂，但硫酸盐激发剂必须在有碱性激发剂条件下才能发挥作用。

这类混合材料常用的有粒化高炉矿渣、火山灰质混合材料和粉煤灰等。

（1）粒化高炉矿渣

将炼铁高炉中的熔融矿渣经水淬等急冷方式处理而成的松软颗粒称为粒化高炉矿渣，又称水淬矿渣，其主要的化学成分是CaO、SiO_2 和 Al_2O_3，约占90%以上。急速冷却的矿渣结构为不稳定的玻璃体，具有较高的潜在活性。如果熔融状态的矿渣缓慢冷却，其中的 SiO_2 等形成晶体，活性极小，称为慢冷矿渣，则不具有活性。

（2）火山灰质混合材料

凡是天然的或人工的以活性氧化硅 SiO_2 和活性氧化铝 Al_2O_3 为主要成分，其含量一般可达65%～95%，具有火山灰活性的矿物质材料，都称为火山灰质混合材料，按其成因分为天然火山灰和人工火山灰。天然火山灰主要是火山喷发时随同熔岩一起喷发的大量碎屑沉积在地面或水中的松软物质，包括浮石、火山灰、凝灰岩等。人工火山灰是将一些天然材料或工业废料经加工处理而成的，如硅藻土、沸石、烧结黏土、煤矸石、煤渣等。

（3）粉煤灰

粉煤灰是发电厂燃煤锅炉排出的细颗粒废渣，其颗粒直径一般为0.001～0.050mm，呈玻璃态实心或空心的球状颗粒，表面比较致密，粉煤灰的成分主要是活性氧化硅 SiO_2、活性氧化铝 Al_2O_3 和活性氧化铁 Fe_2O_3，以及一定量的CaO，根据CaO的含量可分为低钙粉煤灰（CaO含量低于10%）和高钙粉煤灰。高钙粉煤灰通常活性较高，因为所含的钙绝大多数是以活性结晶化合物存在的，如 C_3A、C_3S。此外，其所含的钙离子使铝硅玻璃体的活性得到增强。

活性混合材料的主要成分是活性氧化硅和活性氧化铝，它们在氢氧化钙溶液中发生水化反应，其反应式为：

$$x\mathrm{Ca(OH)_2}+\mathrm{SiO_2}+(m-x)\mathrm{H_2O}\longrightarrow x\mathrm{CaO}\cdot\mathrm{SiO_2}\cdot m\mathrm{H_2O}$$

$$y\mathrm{Ca(OH)_2}+\mathrm{Al_2O_3}+(n-y)\mathrm{H_2O}\longrightarrow y\mathrm{CaO}\cdot\mathrm{Al_2O_3}\cdot n\mathrm{H_2O}$$

当液相中有石膏存在时，还能与水化铝酸钙反应，生成水化硫铝酸钙，这些水化物能在空气中凝结硬化，并能在水中继续硬化，具有一定的强度。

窑灰是从水泥回转窑窑尾废气中收集下来的粉尘。作为一种混合材料，窑灰的性能介于非活性混合材料和活性混合材料之间。

6.2.2 普通硅酸盐水泥

6.2.2.1 定义

凡由硅酸盐水泥熟料、6%～20%混合材料、适量石膏磨细制成的水硬性胶凝材料，称为普通硅酸盐水泥（简称普通水泥），代号P·O。掺活性混合材料时，最大掺量不得超过20%，其中允许用不超过水泥质量5%的窑灰或不超过水泥质量8%的非活性混合材料来代替。掺非活性混合材料时，最大掺量不得超过水泥质量的8%。

6.2.2.2 技术要求

国家标准GB 175—2007中普通水泥的技术要求如下。

（1）细度

80μm方孔筛筛余百分数不得超过10%或45μm方孔筛筛余不大于30%。

（2）凝结时间

初凝时间不得早于45min，终凝时间不得迟于10h。

(3) 强度和强度等级

根据 3d 和 28d 的抗折强度和抗压强度，将普通水泥划分为 42.5、42.5R、52.5、52.5R 共 4 个强度等级。各强度等级水泥的各龄期强度不得低于国家标准规定的数值，见表 6-4。

表 6-4 普通水泥的强度

强度等级	抗压强度/MPa		抗折强度/MPa	
	3d	28d	3d	28d
42.5	17.0	42.5	3.5	6.5
42.5R	22.0		4.0	
52.5	23.0	52.5	4.0	7.0
52.5R	27.0		5.0	

注：R 代表早强型水泥。

普通水泥的体积安定性、氧化镁含量、二氧化碳含量等其他技术要求与硅酸盐水泥相同。

普通水泥由于混合材料掺量少，矿物组成变化不大，基本性能与硅酸盐水泥相似，它是应用较为广泛的一种水泥。

6.2.2.3 普通硅酸盐水泥的主要性能

普通水泥中绝大部分仍为硅酸盐水泥熟料、适量石膏及较少的混合材料（与以上所介绍的三种水泥相比），故其性质介于硅酸盐水泥与以上三种水泥之间，更接近于硅酸盐水泥。具体表现在：早期强度略低；水化热略低；耐腐蚀性略有提高；耐热性稍好；抗冻性、耐磨性、抗碳化性略有降低。

应用： 普通水泥与硅酸盐水泥基本相同，甚至在一些不能用硅酸盐水泥的地方也可采用普通水泥，使得普通水泥成为建筑行业应用面最广、使用量最大的水泥品种。

6.2.3 矿渣硅酸盐水泥、火山灰硅酸盐水泥、粉煤灰硅酸盐水泥

6.2.3.1 定义

凡由硅酸盐水泥熟料和粒化高炉矿渣、适量石膏磨细制成的水硬性胶凝材料，称为矿渣硅酸盐水泥（简称矿渣水泥）。当粒化高炉矿渣掺加量大于 20%、小于或等于 50%时称为 P·S·A，当粒化高炉矿渣掺加量大于 50%、小于或等于 70%时称为 P·S·B。

凡由硅酸盐水泥熟料和火山灰质混合材料、适量石膏磨细制成的水硬性胶凝材料，称为火山灰质硅酸盐水泥（简称火山灰水泥），代号为 P·P。其中，火山灰质混合材料的掺入量大于 20%、小于或等于 40%。

凡由硅酸盐水泥熟料和粉煤灰、适量石膏磨细制成的水硬性胶凝材料，称为粉煤灰硅酸盐水泥（简称粉煤灰水泥），代号 P·F。其中，粉煤灰的掺入量大于 20%、小于或等于 40%。

6.2.3.2 技术要求

(1) 细度、凝结时间、体积安定性

国家标准 GB 175—2007 中规定，这三种水泥的细度、凝结时间、体积安定性同普通水

泥要求。

（2）氧化镁、三氧化硫含量

熟料中氧化镁的含量，矿渣水泥 P·S·A 要求不宜超过 6%，P·S·B 不做要求。其余三种水泥要求小于或等于 6%。矿渣水泥中三氧化硫的含量不得超过 4.0%，火山灰水泥和粉煤灰水泥中三氧化硫的含量不得超过 3.5%。

（3）强度等级

这三种水泥的强度等级按 3d、28d 的抗压强度和抗折强度来划分，各强度等级水泥的各龄期强度不得低于表 6-5 中的数值。

表 6-5　矿渣水泥、火山灰水泥、粉煤灰水泥的各等级、各龄期强度

<table>
<tr><th rowspan="2">强度等级</th><th colspan="2">抗压强度/MPa</th><th colspan="2">抗折强度/MPa</th></tr>
<tr><th>3d</th><th>28d</th><th>3d</th><th>28d</th></tr>
<tr><td>32.5</td><td>10.0</td><td rowspan="2">32.5</td><td>2.5</td><td rowspan="2">5.5</td></tr>
<tr><td>32.5R</td><td>15.0</td><td>3.5</td></tr>
<tr><td>42.5</td><td>15.0</td><td rowspan="2">42.5</td><td>3.5</td><td rowspan="2">6.5</td></tr>
<tr><td>42.5R</td><td>19.0</td><td>4.0</td></tr>
<tr><td>52.5</td><td>21.0</td><td rowspan="2">52.5</td><td>4.0</td><td rowspan="2">7.0</td></tr>
<tr><td>52.5R</td><td>23.0</td><td>4.5</td></tr>
</table>

6.2.3.3　性质

矿渣水泥、火山灰水泥及粉煤灰水泥都是在硅酸盐水泥熟料的基础上加入大量活性混合材料及适量石膏磨细而制成的，所加活性混合材料在化学组成与化学活性上基本相同，因而存在很多共性，但这三种活性混合材料自身又有性质与特征的差异。

（1）三种水泥的共性

① 凝结硬化慢，早期强度低，后期强度发展较快。这三种水泥的水化反应分两步进行。首先是熟料矿物的水化，生成水化硅酸钙、氢氧化钙等水化产物；其次是生成的氢氧化钙和掺入的石膏分别作为"激发剂"与活性混合材料中的活性 SiO_2 和活性 Al_2O_3 发生二次水化反应，生成水化硅酸钙、水化铝酸钙等新的水化产物。

由于三种水泥中熟料含量少，二次水化反应又比较慢，因此早期强度低，但后期由于二次水化反应的不断进行及熟料的继续水化，水化产物不断增多，使得水泥强度发展较快，后期强度可赶上甚至超过同强度等级的普通水泥。

② 抗软水、抗腐蚀能力强。由于水泥中熟料少，因而水化生成的氢氧化钙及水化铝酸钙含量少，加之二次水化反应还要消耗一部分氢氧化钙，因此水泥中造成腐蚀的因素大大削弱，使得水泥抵抗软水、海水及硫酸盐腐蚀的能力增强，适宜用于水工、海港工程及受侵蚀性作用的工程。

③ 水化热低。由于水泥中熟料少，即水化放热量高的 C_3A、C_3S 含量相对减小，且二次水化反应的速度慢、水化热较低，使水化放热量少且放热速度慢，因此适用于大体积混凝土工程。

④ 湿热敏感性强，适宜高温养护。这三种水泥在低温下水化速度明显减慢，强度较低，采用高温养护可加速熟料的水化，并大大加快活性混合材料的水化速度，大幅度提高早期强度，且不影响后期强度的发展。与此相比，普通水泥、硅酸盐水泥在高温下养护，虽然早期

强度可提高，但后期强度发展受到影响，比一直在常温下养护的强度低。主要原因是硅酸盐水泥、普通水泥的熟料含量高，熟料在高温下水化速度较快，短时间内生成大量的水化产物，这些水化产物对未水化的水泥颗粒的后期水化起阻碍作用，因此硅酸盐水泥、普通水泥不适合于高温养护。

⑤ 抗碳化能力差。由于这三种水泥的水化产物中氢氧化钙含量少，碱度较低，抗碳化的缓冲能力差，其中尤以矿渣水泥最为明显。

⑥ 抗冻性差，耐磨性差。由于加入较多的混合材料，使水泥的需水量增加，水分蒸发后易形成毛细管通道或粗大孔隙，水泥石的孔隙率较大，导致抗冻性差和耐磨性差。

（2）三种水泥的各自特性

① 矿渣水泥

a.耐热性强。矿渣水泥中矿渣含量较大，硬化后氢氧化钙含量少，且矿渣本身又是高温形成的耐火材料，故矿渣水泥的耐热性好。

b.保水性差，泌水性大，干缩性大。粒化高炉矿渣难以磨得很细，加上矿渣玻璃体亲水性差，在拌制混凝土时泌水性大，容易形成毛细管通道和粗大孔隙，在空气中硬化时易产生较大干缩。

② 火山灰水泥

a.抗渗性好。火山灰混合材料含有大量的微细孔隙，使其具有良好的保水性，并且在水化过程中形成大量的水化硅酸钙凝胶，使火山灰水泥的水泥石结构密实，从而具有较高的抗渗性。

b.干缩性大，干燥环境中表面易“起毛”。火山灰水泥水化产物中含有大量胶体，长期处于干燥环境时，胶体会脱水产生严重的收缩，导致干缩裂缝。因此，使用时应特别注意加强养护，使较长时间保持潮湿状态，以避免产生干缩裂缝。

③ 粉煤灰水泥

a.干缩性小，抗裂性高。粉煤灰呈球形颗粒，比表面积小，吸附水的能力小，因而这种水泥的干缩性小，抗裂性高，但致密的球形颗粒，保水性差，易泌水。

b.早期强度低，水化热低。粉煤灰因为内比表面积小，不易水化，所以活性主要在后期发挥。因此，粉煤灰水泥早期强度、水化热比矿渣水泥和火山灰水泥还要低。

应用：矿渣水泥适用于高温车间、高炉基础及热气体通道等耐热工程。对于处在干热环境中施工的工程，不宜使用火山灰水泥。粉煤灰水泥特别适用于大体积混凝土工程。

6.2.4 复合硅酸盐水泥

国家标准GB 175—2007规定，凡由硅酸盐水泥熟料、两种或两种以上规定的混合材料、适量石膏磨细制成的水硬性胶凝材料，称为复合硅酸盐水泥（简称复合水泥），代号P·C。水泥中混合材料总掺加量按质量百分比计大于20%，但不超过50%。

水泥中允许用不超过8%的窑灰代替部分混合材料；掺矿渣时混合材料掺量不得与矿渣水泥重复。

根据《复合硅酸盐水泥》(GB 175—2007）对复合水泥的规定，其氧化镁含量、三氧化硫含量、细度、凝结时间、安定性等指标同《矿渣硅酸盐水泥、火山灰硅酸盐水泥、粉煤灰硅酸盐水泥》(GB 175—2007)。根据 3d 和 28d 的抗折强度和抗压强度，将复合水泥划分为 32.5、32.5R、42.5、42.5R、52.5、52.5R 共 6 个强度等级。各强度等级水泥的各龄期强度值不得低于表 6-6 中的数值。

复合水泥与矿渣水泥、火山灰水泥、粉煤灰水泥相比，掺混合材料种类不是一种而是两种或两种以上，多种混合材料互掺，可弥补一种混合材料性能的不足，明显改善水泥的性能，适用范围更广。

以上所介绍的硅酸盐系列六大品种水泥，其成分、特性和适用范围见表 6-6。

表 6-6　六种常用水泥的成分、特性和适用范围

项目	硅酸盐水泥	普通水泥	矿渣水泥	火山灰水泥	粉煤灰水泥	复合水泥
成分	水泥熟料，0～5%的粒化高炉矿渣及少量石膏	在硅酸盐水泥中掺入活性混合材料 20%以下，或掺入非活性混合材料 8%以下	在硅酸盐水泥中掺入 20%～70%的粒化高炉矿渣	在硅酸盐水泥中掺入 20%～40%的火山灰质混合材料	在硅酸盐水泥中掺入 20%～40%的粉煤灰	硅酸盐水泥熟料，20%～50%的混合材料
特性	早期强度高，水化热较大，抗冻性较好，耐腐蚀性较差，干缩性小	与硅酸盐水泥基本相同	早期强度低，后期强度增长较快，水化热较低，耐腐蚀性较强，抗冻性差，干缩性较大	早期强度低，后期强度增长较快，水化热较低，耐腐蚀性较强，抗渗性好，抗冻性差，干缩性大	早期强度低，后期强度增长较快，水化热较低，耐腐蚀性较强，抗冻性差，干缩性小，抗裂性较高	3d 强度高于矿渣水泥，早期强度低，后期强度增长较快，水化热较低，耐腐蚀性较强，抗冻性差
适用范围	一般土建工程中的钢筋混凝土结构，受反复冻融的结构，配制高强度混凝土	与硅酸盐水泥基本相同	高温车间和有耐热耐火要求的结构，大体积混凝土结构，蒸汽养护的构件，有抗硫酸盐侵蚀要求的工程	地下、水中大体积混凝土结构，有抗渗要求的混凝土结构，有抗硫酸盐侵蚀要求的工程	地上、地下、水中大体积混凝土构件，抗裂性要求较高的构件，有抗硫酸盐侵蚀要求的工程	地上、地下及水中大体积混凝土结构，有抗硫酸盐侵蚀要求的工程
不适用范围	大体积混凝土结构，受化学及海水侵蚀的工程	与硅酸盐水泥基本相同	早期强度要求高的工程，有抗冻性要求的混凝土工程	处在干燥环境中的混凝土工程，其他同矿渣水泥	有抗碳化要求的工程，其他同矿渣水泥	有快硬、早强要求的工程，有抗冻要求的混凝土工程

6.3 装饰水泥

在建筑工程中，常采用白色硅酸盐水泥和彩色硅酸盐水泥制成色浆或砂浆，用于饰面刷浆或陶瓷铺贴的勾缝；也可以其为胶凝材料用于制作水刷石、水磨石、人造大理石等丰富多彩的建筑物饰面与制品；还是城市景观及雕塑的理想材料。由于白色硅酸盐水泥和彩色硅酸盐水泥以其良好的装饰功能被加以广泛应用，故称其为装饰水泥。

6.3.1 白色硅酸盐水泥

白色硅酸盐水泥是由氧化铁含量少的硅酸盐水泥熟料、适量石膏及 0～10%的石灰石或窑灰混合磨细而形成的水硬性胶凝材料（简称白水泥，代号 P·W）。

白色硅酸盐水泥与硅酸盐水泥的主要区别在于氧化铁含量少，因而色白。一般硅酸盐水泥熟料呈暗灰色，主要由于水泥中存在三氧化二铁（Fe_2O_3）等成分之故。当三氧化二铁含量在3%～4%时，熟料呈暗灰色；在0.45%～0.7%时，带淡绿色；而降低到0.35%～0.4%后，即略带淡绿色，接近白色，因此白色硅酸盐水泥的生产特点主要是降低三氧化二铁的含量。此外，对于其他着色氧化物（氧化锰、氧化铬和氧化钛等）的含量也要加以限制。通常采用较纯净的高岭土、纯石英砂、纯石灰岩或白垩等作原料；在较高温度（1500～1600℃）下煅烧成熟料；生料的制备、熟料的粉磨、煅烧和运输均应在没有着色物沾污的条件下进行。例如，磨机衬板用花岗岩、陶瓷或优质耐磨钢制成，研磨体采用硅质卵石、瓷球等材料；燃料最好用无灰分的气体（天然气）或液体燃料（重油）；铁质输送设备必须涂覆耐磨涂料。

根据国家标准《白色硅酸盐水泥》(GB/T 2015—2007)，白色硅酸盐水泥强度等级分为32.5、42.5、52.5三种，水泥在各龄期所要求的强度不低于表6-7中的数值。

表6-7 白色硅酸盐水泥的强度

强度等级	抗压强度/MPa		抗折强度/MPa	
	3d	28d	3d	28d
32.5	12.0	32.5	3.0	6.0
42.5	17.0	42.5	3.5	6.5
52.5	22.0	52.5	4.0	7.0

白色硅酸盐水泥细度以筛余表示，其80μm方孔筛的筛余不大于10%；初凝时间不得早于45min，终凝时间不得迟于12h；安定性用沸煮法检验必须合格；三氧化硫含量不超过3.5%。此外，对于白水泥还有白度的要求，其白度值不低于87%。

6.3.2 彩色硅酸盐水泥

彩色硅酸盐水泥是由硅酸盐水泥熟料、适量石膏（或白色硅酸盐水泥）、混合材料及着色剂磨细或混合制成的带有色彩的水硬性胶凝材料。按生产方法可分为染色法与直接烧成法两大类。

所谓染色法是将硅酸盐水泥熟料（白水泥熟料或普通水泥熟料）、适量石膏和碱性颜料共同磨细制成。这是目前国内外生产彩色硅酸盐水泥应用最广泛的方法。另一种与染色法类似的简易方法是将颜料直接与水泥混合而配制彩色水泥，但这种方法颜料用量大，色彩也不易均匀。

所谓直接烧成法是在水泥生料中加入着色原料而直接煅烧成彩色水泥熟料，再加上适量石膏共同磨细制成彩色硅酸盐水泥。常用着色原料为金属氧化物或氢氧化物，例如，加入氧化铬（Cr_2O_3）或氢氧化铬[$Cr(OH)_3$]可制得绿色水泥，加入氧化锰（Mn_2O_3）在还原气氛中可制得浅蓝色水泥，在氧化气氛中可制得浅紫色水泥。这种方法着色剂用量很少，有时也可用工业副产品作着色剂，但目前生产的水泥颜色有限，且颜色受煅烧温度和气氛影响大，不易控制。

根据《彩色硅酸盐水泥》(JC/T 870—2012）的要求，彩色硅酸盐水泥的基本色有红、黄、蓝、绿、棕、黑等；彩色硅酸盐水泥强度等级分为27.5、32.5、42.5三种，水泥在各龄期所要求的强度不低于表6-8中的数值。

表6-8 彩色硅酸盐水泥的强度

强度等级	抗压强度/MPa		抗折强度/MPa	
	3d	28d	3d	28d
27.5	7.5	27.5	2.0	5.0
32.5	10.0	32.5	2.5	5.5
42.5	15.0	42.5	3.5	6.5

彩色硅酸盐水泥细度以筛余表示，其80μm方孔筛的筛余不大于6%；初凝时间不得早于1h，终凝时间不得迟于12h；安定性用沸煮法检验必须合格；三氧化硫含量不超过4.0%。此外，彩色硅酸盐水泥还有色差及颜色耐久性的要求：同色同编号彩色硅酸盐水泥色差不得超过3.0CIELAB色差单位；同色不同编号彩色硅酸盐水泥色差不得超过4.0CIELAB色差单位；对于500h人工加速老化试验，老化前后色差不得超过6.0CIELAB色差单位。

6.4 水泥在工程中的应用

正确选择水泥品种、严格质量验收、妥善运输与储存等是保证工程质量、杜绝质量事故的重要措施。

6.4.1 水泥品种的选择原则

不同品种的水泥具有不同的性能及特点，深入理解这些性能及特点是正确选择水泥产品的基础。一般来说，选择水泥品种应考虑环境条件、工程特点、混凝土所处部位等相关因素，见表6-9。

表6-9 常用水泥的选用

混凝土工程特点或所处环境条件		优先选用	可以使用	不得使用
环境条件	在普通气候环境中的混凝土	普通水泥	矿渣水泥、火山灰水泥、粉煤灰水泥	—
	在干燥环境中的混凝土	普通水泥	矿渣水泥	火山灰水泥、粉煤灰水泥
	在高湿度环境下或处在水下的混凝土	矿渣水泥	普通水泥、火山灰水泥、粉煤灰水泥	—
	严寒地区的露天混凝土、寒冷地区的处在水位升降范围内的混凝土	普通水泥	矿渣水泥	火山灰水泥、粉煤灰水泥
	严寒地区处在水位升降范围内的混凝土	普通水泥	—	火山灰水泥、粉煤灰水泥、矿渣水泥
	受腐蚀性环境水或侵蚀性气体作用的混凝土	根据侵蚀性介质的种类、浓度等具体条件按照专业(或设计)规定选用		

续表

混凝土工程特点或所处环境条件		优先选用	可以使用	不得使用
工程特点	厚大体积的混凝土	矿渣水泥	普通水泥、火山灰水泥	硅酸盐水泥、快硬硅酸盐水泥
	要求快硬的混凝土	快硬硅酸盐水泥、硅酸盐水泥	普通水泥	矿渣水泥、火山灰水泥、粉煤灰水泥
	高强混凝土	硅酸盐水泥	普通水泥、矿渣水泥	火山灰水泥、粉煤灰水泥
	有抗渗要求的混凝土	普通水泥、火山灰水泥	—	不宜使用矿渣水泥
	有耐磨性要求的混凝土	硅酸盐水泥、普通水泥	矿渣水泥	火山灰水泥、粉煤灰水泥
部位	受水冲刷、水位变化区、溢流面的混凝土	硅酸盐水泥、普通水泥	—	火山灰水泥
	水中或地下、蒸汽养护的混凝土	矿渣水泥、粉煤灰水泥、火山灰水泥	—	—

注：蒸汽养护时用的水泥品种，宜根据具体条件通过试验确定。

6.4.2 装饰水泥的应用

装饰水泥在建筑装饰工程中主要应用在配制彩色水泥浆及配制装饰混凝土或装饰砂浆等方面。

① 配制彩色水泥浆。彩色水泥浆是以各种彩色水泥为基料，同时掺入适量氯化钙促凝早强剂与皮胶水胶料配制而成的刷浆材料，适用于混凝土、砖石、砂浆、石棉板、纸筋灰等工程。彩色水泥浆的配制需划分为头道浆与二道浆两道工序。头道浆的水灰比为0.75，二道浆的水灰比为0.65。施工时先润湿基层，刷头道浆，待其有足够强度再刷二道浆。浆面初凝后，立即进行洒水养护，养护时间至少3d。彩色水泥浆可作建筑物内、外墙面粉刷及天棚、柱子等装饰粉刷。

② 配制装饰混凝土。以白色硅酸盐水泥和彩色硅酸盐水泥为胶凝材料，加以适当品种的集料制成的装饰混凝土，既能满足结构要求的物理力学性能，又能弥补普通水泥混凝土颜色灰暗、单调的缺陷，从而获得良好的装饰效果。

③ 配制装饰砂浆。

④ 制造各种色彩的水磨石、水刷石、斩假石等饰面。

⑤ 用于城市景观的装饰部件、制品、雕塑。

6.4.3 水泥的运输及储存

水泥的运输和储存主要是防止受潮，不同品种、强度等级和出厂日期的水泥应分别储运，不得混杂，避免错用，并应先存先用，不可储存过久。

水泥是水硬性胶凝材料，在储运的过程中不可避免地要吸收空气中的水分而受潮结块，丧失胶凝活性，使强度大为降低。水泥强度越高，细度越细，吸湿受潮越严重，活性损失越快。在正常储存条件下，经3个月后，水泥强度降低10%～25%；6个月后降低25%～

40%。为此，储存水泥的库房必须干燥，库房地面应高出室外地面30cm。若地面有良好的防潮层并以水泥砂浆抹面，可直接储存水泥，否则应用木材垫离地面20cm。袋装水泥堆垛不宜过多，一般为10袋。袋装水泥垛一般离开墙壁和窗户30cm以上。水泥垛应设立标志牌，注明生产厂家、品种、强度等级、出厂日期等。应尽量缩短水泥储存期。通用水泥不宜超过3个月，高铝水泥不宜超过2个月，快硬水泥、双快水泥不宜超过1个月，否则应重新测定强度等级按实测强度使用。

露天临时储存袋装水泥应选地势高、排水畅通的场地，并做好上盖下垫，以防受潮。

散装水泥应按品种、强度等级及出厂日期分库存放，储存应密封良好，严格防潮。

本章小结

本章学习中应了解水泥的生产原料、生产过程及它们对水泥性能的影响；了解水泥的凝结硬化过程及机理。

应掌握水泥的种类，硅酸盐水泥熟料的矿物组成、特点、技术性质及标准要求。会根据工程特点正确选用水泥。还应掌握常用水泥的检验、验收和储存要求。

重点是理解不同工程对水泥的选用，熟练掌握水灰比对水泥性能的影响。

复习思考题

一、填空题

1. 硅酸盐水泥的生产工艺过程可以概括为“________”。
2. 普通硅酸盐水泥的初凝时间不得早于________min，终凝时间不得迟于________。
3. 硅酸盐水泥的标准稠度需水量一般在________%～________%之间。
4. 在正常储存条件下，经3个月后，水泥强度降低________；6个月后降低________。

二、名词解释

1. 硅酸盐水泥
2. 掺混合材料的硅酸盐水泥
3. 装饰水泥
4. 水泥细度
5. 水泥的安定性
6. 水泥的水化热
7. 水泥强度

三、选择题

1. 硅酸盐水泥矿物中，（　　）水化热最大。

A. C_3S　　B. C_2S　　C. C_3A　　D. C_4AF

2. P·Ⅱ型水泥指（　　）。

A. 火山灰水泥　　B. 粉煤灰水泥

C. 矿渣水泥　　D. 混合材料掺量不超过5%的硅酸盐水泥

3. 新实行的水泥强度试验标准中，水泥胶砂水灰比为（　　）。

A. 0.44　　B. 0.46　　C. 0.48　　D. 0.50

4. 厚大体积混凝土不宜单独使用（　　）。

A. 粉煤灰硅酸盐水泥　　B. 矿渣硅酸盐水泥

C. 火山灰硅酸盐水泥　　D. 硅酸盐水泥

5. 国家标准中规定，水泥（　　）检验不合格时，需作废品处理。

A. 强度　　B. 凝结时间　　C. 温度　　D. 体积安定性

6. 粘贴玻璃马赛克时，宜用（　　）。

A. 硅酸盐水泥　　B. 火山灰水泥

C. 矿渣水泥　　D. 白色硅酸盐水泥

7. 石子级配中，（　　）级配的空隙率最小。

A. 连续　　B. 间断　　C. 单粒　　D. 均匀

8. 坍落度是用来表示塑性混凝土（　　）的指标。

A. 和易性　　B. 流动性　　C. 保水性　　D. 黏聚性

9. 掺用引气剂后混凝土的（　　）显著提高。

A. 强度　　B. 抗冲击性　　C. 弹性模量　　D. 抗冻性

10. 气温升高时，长距离输送的混凝土所加的缓凝减水剂数量宜（　　）。

A. 加大　　B. 减少

C. 不变　　D. 以上答案都不对

11. 为保证耐久性，一般结构的钢筋混凝土水泥用量不宜少于（　　）kg/m^3。

A. 200　　B. 220　　C. 240　　D. 260

12. 中砂细度模数为（　　）。

A. 3.1～3.7　　B. 1.6～2.2　　C. 2.3～3.0　　D. 3.4～4.2

四、简答题

1. 硅酸盐水泥熟料由哪几种矿物组成？它们的水化产物是什么？各矿物与水作用的特点是什么？

2. 水泥有哪些主要技术性质？

3. 什么是水泥的体积安定性？水泥体积安定性不良的原因是什么？

4. 国家标准对几种通用水泥的细度是如何规定的？

5. 国家标准对水泥的凝结时间是如何规定的？在工程中的应用有什么意义？

6. 何谓水泥混合材料？它们对生产水泥起什么作用？

7. 硅酸盐水泥和普通水泥的技术性质特点是什么？适合于什么工程使用？

8. 矿渣水泥、火山灰水泥、粉煤灰水泥和复合水泥的技术性质特点是什么？适合于什么工程使用？

9. 简述白水泥、彩色水泥的概念及应用。

10. 砂浆强度试件与混凝土强度试件有何不同？

11. 为什么地上砌筑工程一般多采用混合砂浆？

12. 普通混凝土的组成材料有哪几种？在混凝土凝结硬化前后各起什么作用？

13. 砂的粗细程度如何表示？按细度分为哪几种砂？

14. 何谓集料的颗粒级配？集料级配良好的标准是什么？有什么技术经济意义？

15. 影响混凝土拌和物和易性的因素有哪些？如何影响？

16. 什么是最佳砂率？有何技术经济意义？

第7章　混凝土与砂浆

7.1　混凝土的组成材料

普通混凝土是由水泥、水、砂子和石子组成的混合剂。砂子和石子在混凝土中起骨架作用，故称为骨料（又称集料）。砂子称为细骨料，石子称为粗骨料。水泥和水形成水泥浆包裹在骨料的表面并填充骨料之间的空隙，在混凝土硬化之前起润滑作用，使混凝土拌和物具有施工所要求的流动性；硬化之后起胶结作用，将砂石骨料胶结成一个整体，使混凝土产生强度，成为坚硬的人造石材。混凝土中的骨料，一般不与水泥浆起化学反应，其作用是构成混凝土的骨架，降低水化热，减少水泥硬化所产生的收缩，并可降低造价。混凝土中的拌和水有两个作用：供水泥的水化反应、赋予混凝土的和易性。剩余水留在混凝土的孔（空）隙中使混凝土中产生孔隙，对防止塑性收缩裂缝与和易性有利，对渗透性、强度和耐久性不利。外加剂起改性作用。掺和料起降低成本和改性作用。普通混凝土的结构示意图如图7-1所示。

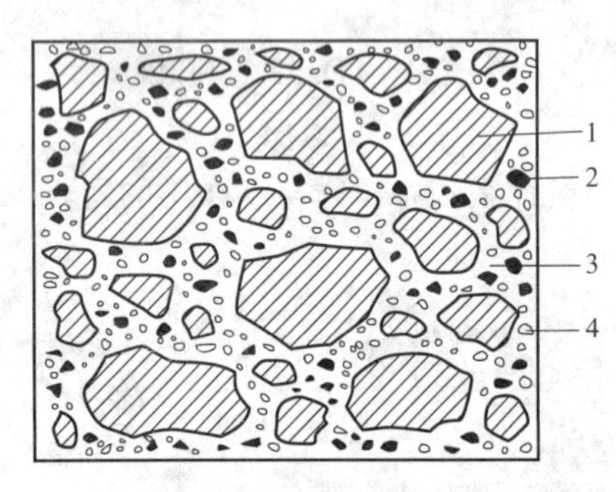

图7-1　普通混凝土的结构示意图
1—石子；2—砂子；3—水砂浆；4—气孔

混凝土的性能在很大程度上取决于组成材料的性能及其相对含量，因此必须根据工程性质、设计要求和施工现场的条件合理地选择原料的品种、质量和用量。要做到合理选择原材料，首先必须了解组成材料的性质、作用原理和质量要求，这样才能保证混凝土的质量。

7.1.1　水泥

水泥是混凝土中最重要的组分，同时是混凝土组成材料中造价最高的材料。配制混凝土时，应正确选择水泥品种和水泥强度等级，以配制出性能满足要求、经济性好的混凝土。

（1）水泥品种的选择

配制混凝土时，应根据工程性质、部位、施工条件和环境状况等选择水泥的品种。

（2）水泥强度等级的选择

根据我国国家标准《混凝土强度评定检验标准》(GB 50107—2010)，水泥强度等级的选择应与混凝土的设计强度等级相适应。原则上是：配制高强度等级的混凝土，选用高强度等级的水泥；配制低强度等级的混凝土，选用低强度等级的水泥。若用低强度等级的水泥配制高强度等级的混凝土时，要想满足强度要求，必然会增大水泥用量，不经济。还会引起混凝土的收缩，导致出现干缩开裂和温度裂缝等劣化现象。反之，用高强度等级的水泥配制低强度等级的混凝土时，若只考虑满足混凝土强度要求，水泥用量将较少，难以满足混凝土拌和物的和易性和密实度，导致混凝土强度及耐久性降低。若水泥用量兼顾了耐久性等性能，又会导致混凝土超强和不经济。因此，根据经验，水泥的强度等级宜为混凝土强度等级的1.5～2倍，对于高强度的混凝土可取0.9～1.5倍。

7.1.2 混凝土的集料

混凝土的集料（又称骨料）是指均匀分布于胶凝材料之中，起填充、支撑或改性作用的颗粒状的材料。混凝土用集料，按其粒径大小不同分为细集料和粗集料。粒径在0.15～4.75mm之间的，称为细集料；粒径大于4.75mm的，称为粗集料。集料必须具备一定的性质，才可赋予混凝土一定的性能，其相关关系见表7-1。

表7-1 集料性质与混凝土性能的相关关系

集料性质	混凝土性能
颗粒表观密度、粒形、级配、颗粒最大尺寸	表观密度
强度、粒形、颗粒最大尺寸、表面状况、洁净度	强度
弹性模量、泊松比	弹性模量
弹性模量、粒形、颗粒最大尺寸、级配、洁净度	收缩、徐变
弹性模量、热膨胀系数	热膨胀系数
热导率	热导率
比热容	比热容
① 孔隙率、孔结构、渗透性、含泥量、安定性、抗拉强度、饱水度 ② 孔结构、弹性模量 ③ 热膨胀系数、比热容 ④ 硬度、抗冲击韧性 ⑤ 含活性 SiO_2 成分	耐久性 ① 抗冻性、安定性 ② 抗干湿变化 ③ 抗冷热变化 ④ 耐磨性 ⑤ 抗碱集料反应

根据我国《建设用砂》(GB/T 14684—2011）及《建设用卵石、碎石》(GB/T 14685—2011）的规定，集料按技术要求分为Ⅰ类、Ⅱ类、Ⅲ类三种类别。Ⅰ类宜用于强度等级大于C60的混凝土；Ⅱ类宜用于强度等级为C30～C60及抗冻、抗渗或其他要求的混凝土；Ⅲ类宜用于强度等级小于C30的混凝土。

7.1.2.1 混凝土细集（骨）料

普通混凝土所用骨料按粒径大小分为两种：粒径大于4.75mm的称为粗集（骨）料，粒径在0.15～4.75mm之间的骨料称为细集（骨）料，简称砂。

（1）混凝土细骨料的分类

常用的细骨料有天然砂（河砂、海砂、山砂）和人工砂（机制砂）两类。

① 河砂。河砂因长期经受流水和波浪的冲洗，颗粒较圆，比较洁净，且分布较广，一般工程都采用这种砂。

② 海砂。海砂长期受到海流冲刷，颗粒圆滑，比较洁净，且粒度一般比较整齐，可用于配制素混凝土，但不能直接用于配制钢筋混凝土，这主要是因为氯离子含量高，容易导致

钢筋锈蚀，如要使用，必须经过淡水冲洗，使有害成分含量降低到要求以下。对于预应力钢筋混凝土，则不宜采用海砂。

③ 山砂。山砂是从山谷或旧河床中采运而得到的，其颗粒多带棱角，表面粗糙，但含泥和有机物杂质较多，使用时应加以限制。山砂可以直接用于一般工程混凝土结构，当用于重要结构物时，必须通过坚固性试验和碱活性试验。

④ 机制砂。机制砂由天然岩石轧碎而成，其颗粒富有棱角，比较洁净，但砂中片状颗粒及细粉含量较大，且成本较高，只有在缺乏天然砂时才常采用。

(2) 混凝土细骨料的技术要求

细骨料质量的优劣，直接影响到混凝土质量的好坏。国家标准《建设用砂》(GB/T 14684—2011) 对砂的质量和技术要求如下。

① 砂的粗细程度。砂的粗细程度是指不同粒径的砂粒，混合在一起后的总体的粗细程度。通常有粗砂、中砂与细砂之分。在相同用量条件下，细砂的总表面积较大，而粗砂的总表面积较小。在混凝土中，砂子的表面需要由水泥浆包裹，砂子的总表面积越大，则需要包裹砂粒表面的水泥浆就越多。因此，一般说用粗砂拌制混凝土比用细砂所需的水泥浆为省。

② 砂的颗粒级配。砂的颗粒级配是指粒径大小不同的砂粒的搭配情况。粒径相同的砂粒堆积在一起，会产生很大的空隙率，如图 7-2(a) 所示；当用两种粒径的砂粒搭配起来，空隙率就减小了，如图 7-2(b) 所示；而用三种粒径的砂粒搭配，空隙率就更小了，如图 7-2(c) 所示。由此可见，要想减小砂粒间的空隙，就必须将大小不同的颗粒搭配起来使用。

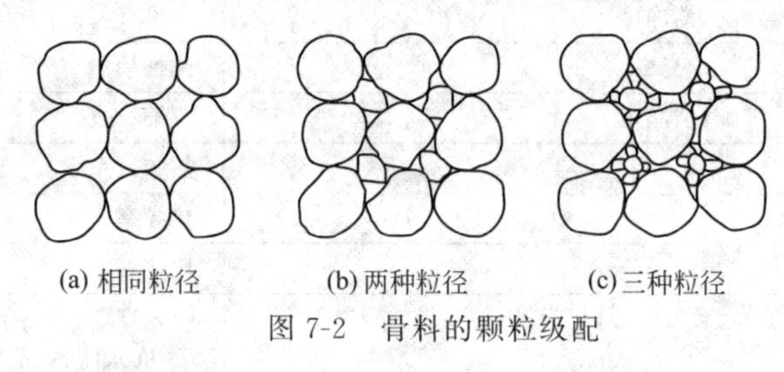

图 7-2 骨料的颗粒级配

因此，在拌制混凝土时，砂的颗粒级配和粗细程度应同时考虑。当砂中含有较多的粗粒径砂，并以适当的中粒径砂及少量细粒径砂填充其空隙，则可达到空隙及总表面积均较小。这样的砂比较理想，不仅水泥浆用量较少，而且还可提高混凝土的密实度与强度。

砂的粗细程度和颗粒级配通常用筛分析的方法进行测定，通常用细度模数 (M_x) 表示，其值并不等于平均粒径，但能较准确反映砂的粗细程度。细度模数 M_x 越大，表示砂越粗，单位质量总表面积（或比表面积）越小；M_x 越小，砂比表面积越大。

一般用级配区表示砂的颗粒级配。筛分析法是用一套孔径（净尺寸）为 9.50mm、4.75mm、2.36mm、1.18mm、0.60mm、0.30mm、0.15mm 的标准筛，将 500g 的干砂试样由粗到细依次过筛，然后称得各筛余留在各个筛上的砂的质量，并计算出各筛上的分计筛余百分率 a 及累计筛余百分率 A（各个筛和比该筛粗的所有分计筛余百分率之和）。

a_i 和 A_i 的计算关系见表 7-2，细度模数的计算公式为：

$$M_x = \frac{(A_2 + A_3 + A_4 + A_5 + A_6) - 5A_1}{100 - A_1} \tag{7-1}$$

细度模数越大，表示砂越粗。按细度模数可将砂分为粗、中、细三种规格：粗砂，M_x 为 3.1～3.7；中砂，M_x 为 2.3～3.0；细砂，M_x 为 1.6～2.2。

砂的细度模数不能反映砂的级配优劣。细度模数相同的砂，其级配可以不相同。因此，在配制混凝土时，必须同时考虑砂的级配和砂的细度模数。GB/T 14684—2011 规定，根据

0.60mm 筛孔的累计筛余，把 M_x 在 1.6～3.7 之间的常用砂的颗粒级配分为三个级配区，见表 7-3。

表 7-2　分计筛余与累计筛余的计算关系

筛孔尺寸/mm	筛余量/g	分计筛余/%	累计筛余/%
4.75	m_1	$a_1=m_1/m$	$A_1=a_1$
2.36	m_2	$a_2=m_2/m$	$A_2=A_1+a_2$
1.18	m_3	$a_3=m_3/m$	$A_3=A_1+a_3$
0.60	m_4	$a_4=m_4/m$	$A_4=A_1+a_4$
0.30	m_5	$a_5=m_5/m$	$A_5=A_1+a_5$
0.15	m_6	$a_6=m_5/m$	$A_6=A_1+a_6$
底盘	$m_{底}$	$m=m_1+m_2+m_3+m_4+m_5+m_6+m_{底}$	

表 7-3　砂的颗粒级配区范围

筛孔尺寸/mm	累计筛余/%		
	Ⅰ区	Ⅱ区	Ⅲ区
9.50	0	0	0
4.75	0～10	0～10	0～10
2.36	5～35	0～25	0～15
1.18	35～65	10～50	0～25
0.60	71～85	41～70	16～40
0.30	80～95	70～92	55～85
0.15	90～100	90～100	90～100

将筛分析试验的结果与表 7-3 进行对照，来判断砂的级配是否符合要求。但用表 7-3 判断砂的级配不直观，为了方便应用，常用筛分曲线来判断。所谓筛分曲线，是指以累计筛余百分率为纵坐标、以筛孔尺寸为横坐标所画的曲线。用表 7-3 规定值画出 1、2、3 三个级配区上下限值的筛分曲线得到图 7-3 试验时，将试样筛分析试验得到的各筛的累计筛余百分率标注在图 7-3 中，并连线，就可观察此筛分曲线落在哪个级配区。

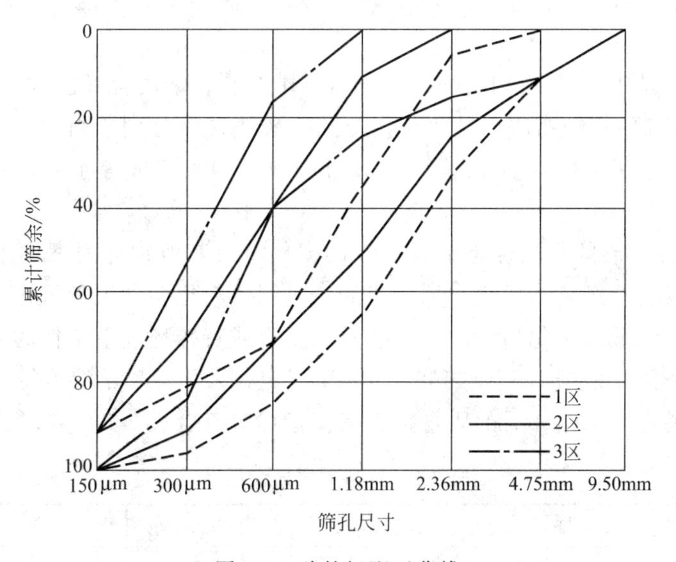

图 7-3　砂的级配区曲线

级配良好的粗砂应落在1区；级配良好的中砂应落在2区；细砂则在3区。实际使用的砂颗粒级配可能不完全符合要求，除了4.75mm和0.60mm对应的累计筛余率外，其余各挡允许有5%的超界，当某个筛挡累计筛余率超界5%以上时，说明砂级配很差，视作不合格。

配制混凝土时宜优先选用2区砂。当采用1区砂时，应提高砂率，并保持足够的水泥用量，以满足混凝土的和易性。当采用3区砂时，宜适当降低砂率，以保证混凝土强度。如果某地区的砂子自然级配不符合要求，可采用人工级配砂。配制方法是：当有粗、细两种砂时，将两种砂按合适的比例掺配在一起；当仅有一种砂时，筛分分级后，再按一定比例配制。

③ 细骨料中有害物质含量。普通混凝土用粗、细骨料中不应混有草根、树叶、树枝、塑料、炉渣、煤块等杂物，并且骨料中所含硫化物、硫酸盐和有机物等，它们对水泥有腐蚀作用，从而影响混凝土的性能。因此对有害杂质含量必须加以限制，其含量要符合表7-4的规定。对于砂，除了上面两项外，云母、轻物质（是指密度小于2000kg/m^3的物质）的含量也需符合表7-4的规定，它们黏附于砂表面或夹杂其中，严重降低了水泥与砂的黏结强度，从而降低混凝土的强度、抗渗性和抗冻性，增大混凝土的收缩。

表7-4 砂中有害物质含量限值

项目		Ⅰ类	Ⅱ类	Ⅲ类
云母含量(按照质量计算)/%	<	1.0	2.0	2.0
硫化物与硫酸盐含量(按SO_3质量计算)/%	<	0.5	0.5	0.5
有机物含量(用比色法)	<	合格	合格	合格
轻物质/%	<	1.0	1.0	1.0
氯化物含量(以氯离子质量计算)/%	<	0.01	0.02	0.06
含泥量(按质量计算)/%	<	1.0	3.0	5.0
泥块含量(按质量计算)/%	<	0	1.0	2.0

此外，由于氯离子对钢筋有严重的腐蚀作用，当采用海砂配制钢筋混凝土时，海砂中氯离子含量要求小于0.06%（以干砂质量计算）；对预应力混凝土不宜采用海砂，若必须使用海砂时，需经淡水冲洗至氯离子含量小于0.02%。用海砂配制素混凝土，氯离子含量不予限制。

国家标准《建设用砂》(GB/T 14684—2011）中对有害杂质含量也做了相应规定。其中，云母含量不得大于2%；轻物质含量和硫化物及硫酸盐含量分别不得大于1%；含泥量及泥块含量的限值，当小于C30时分别不大于5%和1%，当大于或等于C30时分别不大于3%和1%。

④ 砂的坚固性。砂的坚固性是指砂在气候、环境或其他物理因素作用下抵抗碎裂的能力。骨料是由天然岩石经自然风化作用而成的，机制骨料也会含大量风化岩体，在冻融或干湿循环作用下有可能继续风化，因此对某些重要工程或特殊环境下工作的混凝土用骨料，应做坚固性检验。坚固性根据GB/T 14684—2011规定，采用硫酸钠溶液浸泡→烘干→浸泡循环试验法检验。测定5个循环后的质量损失率。指标应符合表7-5的要求。

表7-5 骨料的坚固性指标

项目	Ⅰ类	Ⅱ类	Ⅲ类
循环后质量损失/%	≤8	≤8	≤10

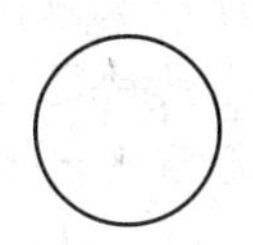
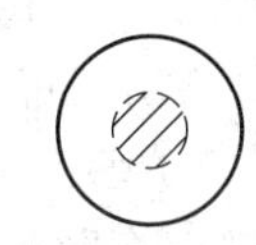
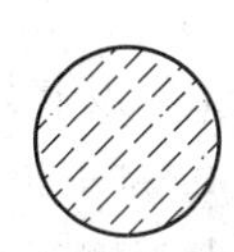
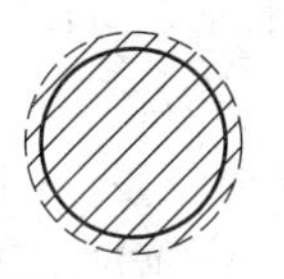

(a) 绝干状态　(b) 气干状态　(c) 饱和面干状态　(d) 湿润状态

图 7-4　砂的含水状态示意图

⑤ 砂的含水状态。砂的含水状态有以下四种，如图 7-4 所示。

a. 绝干状态。砂粒内外不含任何水，通常在（105±5)℃条件下烘干而得。

b. 气干状态。砂粒表面干燥，内部孔隙中部分含水。指室内或室外（天晴）空气平衡的含水状态，其含水量的大小与空气相对湿度和温度密切相关。

c. 饱和面干状态。砂粒表面干燥，内部孔隙全部吸水饱和。水利工程中通常采用饱和面干状态计量砂用量。

d. 湿润状态。砂粒内部吸水饱和，表面还含有部分表面水。施工现场，特别是雨后常出现此种状况。搅拌混凝土中计量砂用量时，要扣除砂中的含水量；同样，计量水用量时，要扣除砂中带入的水量。

当砂处于潮湿状态时，因含水率不同，砂的堆积体积会不同，其堆积密度也随之改变。在采用体积法验收、堆放及配料时，都应该注意湿砂的体积变化问题。在配制混凝土时，砂含水状态不同会影响混凝土拌和水量及砂的用量，在配制混凝土时规定，以干燥状态的砂为计算基准，在含水状态时应进行换算。

⑥ 表观密度、松散堆积密度、空隙率。砂的表观密度、松散堆积密度、空隙率应符合如下规定：表观密度不小于 2500kg/m^3；松散堆积密度不小于 1400kg/m^3；空隙率不大于 44%。

7.1.2.2　混凝土粗集（骨）料

根据国家标准《建设用卵石、碎石》(GB/T 14685—2011）的规定，粒径在 4.75～90.0mm 之间的骨料称为粗骨料。

（1）粗骨料的种类及其特性

粗骨料有卵石（又称砾石）和碎石两类。按粒径尺寸分为连续粒级和单粒级两种规格。

① 卵石。指由自然风化、水流搬运和分选、堆积形成的，粒径大于 4.75mm 的岩石颗粒。

② 碎石。指天然岩石、卵石或矿山废石经机械破碎、筛分制成的，粒径大于 4.75mm 的岩石颗粒。

碎石表面粗糙、棱角多，且较洁净，与水泥石黏结比较牢固。卵石表面光滑，有机杂质含量较多，与水泥石胶结力较差。在相同条件下，卵石混凝土的强度较碎石混凝土低，在单位用水量相同的条件下，卵石混凝土的流动性较碎石混凝土大。

（2）粗骨料的技术要求

粗骨料质量的优劣，直接影响到混凝土质量的好坏。《建设用卵石、碎石》(GB/T 14685—2011）国家标准对混凝土用卵石和碎石的质量均提出了要求。

① 最大粒径和颗粒级配。与细骨料一样，为了节约混凝土的水泥用量，提高混凝土密实度和强度，混凝土粗骨料的总表面积应尽可能减小，其空隙率应尽可能降低。

粗骨料最大粒径与其总表面积大小紧密相关。所谓粗骨料的最大粒径，是指粗骨料公称粒级的上限。当骨料粒径增大时，其总表面积减小，因此包裹它表面所需的水泥浆数量也相应会减少，从而可节约水泥，所以在条件许可的情况下，粗骨料最大粒径应尽量用得大些。在普通混凝土中，骨料粒径大于40mm并没有好处，有可能造成混凝土强度下降。根据《混凝土结构工程施工质量验收规范》(GB 50204—2015）的规定，混凝土粗骨料的最大粒径不得超过结构截面最小尺寸的1/4，同时不得大于钢筋间最小净距的3/4；对于混凝土实心板，骨料的最大粒径不宜超过板厚的1/3，且不得超过40mm；对于泵送混凝土，骨料最大粒径与输送管内径之比，碎石不宜大于1∶3，卵石不宜大于1∶2.5。石子粒径过大，对运输和搅拌都会造成很大不便。

粗骨料颗粒级配的含义和目的与细骨料相同，级配也是通过筛分析试验来测定的。所用标准筛一套12个，均为方孔，孔径依次为2.36mm、4.75mm、9.50mm、16.0mm、19.0mm、26.5mm、31.5mm、37.5mm、53.0mm、63.0mm、75.0mm、90.0mm。试样筛分析时，按表7-6选用部分筛号进行筛分，将试样的累计筛余百分率结果与表7-6对照，来判断该试样级配是否合格。《普通混凝土用砂、石质量及检验方法标准》(JGJ 52—2006）规定的标准筛均为圆孔，相应的筛孔尺寸为2.50mm、5.00mm、10.0mm、16.0mm、20.0mm、25.0mm、31.5mm、40.0mm、50.0mm、63.0mm、80.0mm及100mm。

粗骨料的颗粒级配分为连续级配和间断级配两种。连续级配是指石子由小到大各粒级相连的级配；间断级配是指用小颗粒的粒级石子直接与大颗粒的粒级石子相配，中间缺了一段粒级的级配。土木工程中多采用连续级配，间断级配虽然可获得比连续级配更小的空隙率，但混凝土拌和物易产生离析现象，不便于施工，因此较少使用。

单粒级不宜单独配制混凝土，主要用于组合连续级配或间断级配，见表7-6。

表7-6 卵石和碎石的颗粒级配

级配情况	公称粒级/mm	累计筛余/%											
		2.36mm	4.75mm	9.50mm	16.0mm	19.0mm	26.5mm	31.5mm	37.5mm	53.0mm	63.0mm	75.0mm	90.0mm
连续粒级	5～10	95～100	80～100	0～15	0								
	5～16	95～100	85～100	30～60	0～10	0							
	5～20	95～100	90～100	40～80		0～10	0						
	5～25	95～100	90～100		30～70		0～5	0					
	5～31.5	95～100	90～100	70～90		15～45		0～5	0				
	5～40		95～100	70～90		30～65			0～5	0			
单粒级	10～20		95～100	85～100		0～15	0						
	16～31.5		95～100		85～100			0～10	0				
	20～40			95～100		80～100			0～10	0			
	31.5～63				95～100			75～100	45～75		0～10	0	
	40～80					95～100			70～100		30～60	0～10	0

② 强度。为了保证混凝土的强度，粗骨料必须致密并具有足够的强度。粗骨料的强度采用岩石立方体强度或粒状石子的压碎指标来表示。

碎石的抗压强度测定，是将其母岩制成边长为50mm的立方体（或直径与高均为50mm的圆柱体）试件，在水饱和状态下测定其极限抗压强度值。碎石抗压强度一般在混凝土强度等级大于或等于C60时才检验，其他如有怀疑或必要的情况也可进行抗压强度检验。火成岩的抗压强度应不小于80MPa，变质岩的抗压强度应不小于60MPa，水成岩的抗压强度应不小于30MPa。

压碎指标法是指将一定质量气干状态的9.50～19.0mm石子装入标准筒内，放在压力机上均匀加荷至200kN。卸荷后称取试样质量G_0，再用2.36mm孔径的筛筛除被压碎的细粒。称出留在筛上的试样质量G_1，按下式计算压碎指标值Q_e：

$$Q_e=\frac{G_0-G_1}{G_0}\times 100\% \tag{7-2}$$

压碎指标值可间接反映粗骨料的强度大小。压碎指标越小，说明粗骨料抵抗受压破坏能力越强，其强度越大。GB/T 14685—2011规定，粗骨料压碎指标符合表7-7的规定。碎石的强度可用抗压强度和压碎指标值表示，卵石的强度只用压碎指标值表示。

表7-7 碎石或卵石中的压碎指标

项 目		Ⅰ类	Ⅱ类	Ⅲ类
碎石压碎指标/%	≤	10	20	30
卵石压碎指标/%	≤	12	16	16

③ 坚固性。粗骨料在混凝土中起骨架作用，必须有足够的坚固性。粗骨料的坚固性指在气候、环境或其他物理因素作用下抵抗碎裂的能力。

粗骨料的坚固性用试样在硫酸钠溶液中经五次浸泡循环后质量损失的大小来判定。我国行业规范GB/T 14685—2011规定，Ⅰ类、Ⅱ类和Ⅲ类粗骨料浸泡试验后的质量损失分别不大于5%、8%和12%。

④ 颗粒形状及表面特征。卵石多为球形或椭球形，表面光滑、无棱角。碎石多棱角、表面粗糙，与水泥石黏结力比卵石好，有利于配制高强混凝土。因此，当用水量和水泥用量相同时，卵石混凝土拌和物比碎石混凝土拌和物有较大的流动性，卵石混凝土的强度要比碎石混凝土低。在石子中，常含有针、片状颗粒，会使骨料空隙增大，降低拌和物流动性，增加水泥用量，而且在混凝土硬化后会降低混凝土强度及耐久性，因此应控制其含量。

为此，GB/T 14685—2011规定，Ⅰ类、Ⅱ类和Ⅲ类粗骨料的针、片状颗粒含量按质量计，应分别不大于5%、15%和25%。骨料平均粒径是指一个粒级的骨料其上、下限粒径的算术平均值。

⑤ 混凝土粗骨料中泥和泥块及有害物质含量。砂、石中的黏土、淤泥会增加混凝土的用水量，导致混凝土干缩增加，同时还会黏附在骨料表面，降低骨料与水泥石的黏结力，导致混凝土强度和耐久性降低。骨料中的有机物、硫化物和硫酸盐会引起水泥石腐蚀，降低混凝土耐久性。因此，GB/T 14685—2011规定，碎石和卵石中的黏土、淤泥、云母、轻物质、硫化物、硫酸盐及有机物质均为有害物质，其含量应该控制在规定的范围内，其要求见表7-8。

表7-8 碎石或卵石中的有害物质及针、片状颗粒含量

项 目		Ⅰ类	Ⅱ类	Ⅲ类
含泥量(按质量计算)/%	≤	0.5	1.0	1.5
黏土块含量(按质量计算)/%	≤	0	0.5	0.7
硫化物与硫酸盐含量(按SO_3质量计算)/%	≤	0.5	1.0	1.0
有机物含量(用比色法)	≤	合格	合格	合格
针、片状颗粒含量(按质量计算)/%	≤	5	15	25

⑥ 表观密度、堆积密度、空隙率。国家标准 GB/T 14685—2011 规定，粗骨料的表观密度不小于 2600kg/m³，松散堆积密度大于 1350kg/m³，空隙率小于 47%。

7.1.3 混凝土拌和及养护用水

混凝土拌和及养护用水基本要求是：不影响混凝土的凝结硬化，不影响混凝土的强度发展及耐久性，不加快钢筋锈蚀，不引起预应力筋脆断，不污染混凝土表面。

在拌制和养护混凝土用的水中，不能含有影响水泥正常凝结硬化的有害杂质，如油脂、糖类等。凡是能饮用的自来水和清洁的天然水，都能用来拌制和养护混凝土。污水、pH 值小于 4 的酸性水、含硫酸盐（按 SO_3 计）超过水重 1%的水均不得使用，在对水质有疑问时可将该水与洁净水分别制成混凝土试块，然后进行强度对比试验，如果用该水制成的试块强度不低于洁净水制成的试块强度，就可用此水来拌制混凝土。海水中含有硫酸盐、镁盐和氯化物，对水泥石有侵蚀作用，对钢筋也会造成锈蚀，因此一般不得用海水拌制混凝土。

7.2 混凝土外加剂

7.2.1 概述

混凝土外加剂是指在拌制混凝土过程中掺入的、用以改善混凝土性能的物质。一般情况下，掺入量不超过水泥质量的 5%。

混凝土外加剂不包括生产水泥时所加入的混合材料、石膏和助磨剂，也不同于在混凝土拌制时掺入的掺和料。外加剂在混凝土中的掺量不多，但可显著改善混凝土拌和物的和易性，明显提高混凝土的物理力学性能和耐久性。外加剂的研究和应用促进了混凝土生产和施工工艺，以及新型混凝土的发展，外加剂的出现导致了混凝土技术的第三次革命。目前，外加剂在混凝土中的应用非常普遍，成为制备优良性能混凝土的必备条件，被称为混凝土第五组分。

外加剂按主要功能可分为以下四类：改善混凝土拌和物流变性能的外加剂，如减水剂、引气剂和泵送剂等；调节混凝土凝结时间和硬化性能的外加剂，如缓凝剂、早强剂和速凝剂等；改善混凝土耐久性的外加剂，如引气剂、防水剂、防冻剂和阻锈剂等；改善混凝土其他性能的外加剂，如加气剂、膨胀剂、防冻剂、着色剂、泵送剂、碱-骨料反应抑制剂和道路抗折剂等。

本节着重介绍工程中常用的几种混凝土外加剂。

7.2.2 减水剂

在混凝土组成材料种类和用量不变的情况下，若向混凝土中掺入减水剂，混凝土拌和物的流动性将显著提高。若要维持混凝土拌和物的流动性不变，则可减少混凝土的加水量。减水剂是指在混凝土拌和物坍落度基本相同的条件下，能减少拌和用水量的外加剂，是工程中应用最广泛的一种外加剂。

减水剂之所以能减水，是由于它是一种表面活性剂，其分子是由亲水基团和憎水基团两部分组成的，与其他物质接触时会定向排列。水泥加水拌和后，由于颗粒之间分子凝聚力的作用，会形成絮凝结构，如图 7-5(a) 所示，将一部分拌和用水包裹在絮凝结构内，从而使混凝土拌和物的流动性降低。当水泥中加入减水剂后，减水剂的憎水基团定向吸附于水泥颗粒表面，使水泥颗粒表面带有相同的电荷，产生静电斥力，使水泥颗粒相互分开，絮凝结构解体，如图7-5(b)所示，释放出游离水，从而增大了混凝土拌和物的流动性。另外，减水剂还能在水泥颗粒表面形成一层稳定的溶剂化水膜，如图7-5(c)所示，这层水膜是很好的润滑剂，有利于水泥颗粒的滑动，从而使混凝土拌和物的流动性进一步提高。

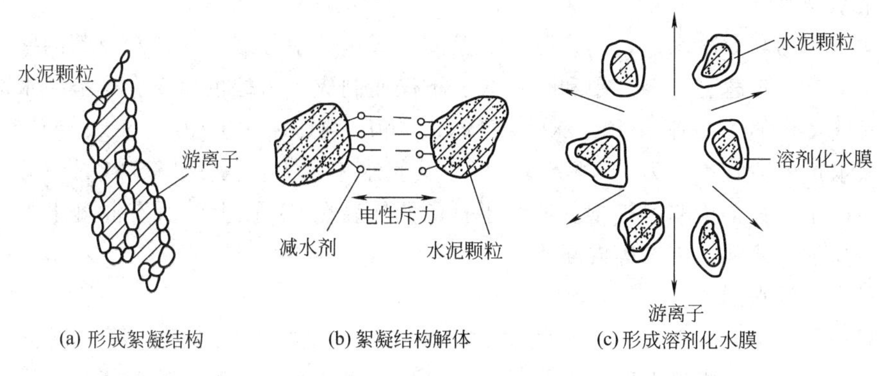

图7-5 减水剂作用示意图

7.2.2.1 减水剂的作用

混凝土中加入减水剂后，可起到以下作用。

(1) 提高混凝土流动性

在混凝土原配合比保持不变的情况下，掺加减水剂后可改变其新拌混凝土的稠度（增大坍落度或减小维勃稠度），从而提高其流动性，且不影响混凝土的强度。

(2) 提高混凝土强度

在保持新拌混凝土流动性和水泥用量不变的条件下，掺加减水剂后可减少部分拌和用水量，降低混凝土的实际水灰比，从而提高其强度和耐久性。

(3) 节约水泥

在保持新拌混凝土流动性及硬化混凝土强度不变的条件下，可以在减少拌和用水量的同时，相应减少水泥用量（维持水灰比不变），从而节省水泥，并改善某些性能。

(4) 提高混凝土耐久性

改善硬化混凝土的孔隙结构，增大密实度，从而提高其耐久性。

有些减水剂还可以延缓新拌混凝土的凝结时间，降低其水化放热速度，满足大体积混凝土的要求。缓凝型减水剂可使水泥水化放热速度减慢，热峰出现推迟；引气型减水剂可提高混凝土的抗渗性和抗冻性。

减水剂掺入混凝土的主要作用是减水，不同系列的减水剂的减水率差异较大，部分减水剂兼有早强、缓凝和引气等效果。减水剂品种繁多，根据化学成分可将其分为木质素系、萘系、树脂类、糖蜜类和腐殖酸类；根据减水效果可将其分为普通减水剂和高效减水剂；根据对混凝土凝结时间的影响可将其分为标准型、早强型和缓凝型；根据是否在混凝土中引入空气可将其分为引气型和非引气型；根据外形可将其分为粉体型和液体型。

7.2.2.2 减水剂的常用品种

(1) 木质素系减水剂

木质素系减水剂主要有木质素磺酸钙（木钙）、木质素磺酸钠（木钠）和木质素磺酸镁

（木镁）之分，其中以木钙使用最多，并简称M剂。M剂是以生产纸浆或纤维浆的亚硫酸木浆废液为原料，采用石灰乳中和，经生物发酵除糖、蒸发浓缩、喷雾干燥而制成的棕黄色粉状物。

M剂为普通减水剂，其适宜的掺量为0.2%～0.3%，减水率在10%左右。M剂对混凝土有缓凝作用，一般缓凝1～3h。

（2）萘系减水剂

萘系减水剂为高效减水剂，它是以工业萘或由煤焦油中分馏出的含萘及萘的同系物馏分为原料，经磺化、水解、缩合、中和、过滤、干燥而制成，为棕色粉末。这类减水剂品种很多，目前我国生产的主要有NNO、NF、FDN、UNF、MF、建Ⅰ型、SN-2、AF等。

萘系减水剂的适宜掺量为0.5%～1.0%，其减水率较大，为10%～25%，增强效果显著，缓凝性很小，大多为非引气型。适用于日最低气温在0℃以上的所有混凝土工程，尤其适用于配制高强、早强、流态等混凝土。

（3）树脂类减水剂

此类减水剂为水溶性树脂，主要为磺化三聚氰胺甲醛树脂减水剂，简称蜜胺树脂减水剂。我国产品有SM树脂减水剂，为非引气型早强高效减水剂，其各项功能与效果均比萘系减水剂还好。SM适宜掺量为0.5%～2.0%，减水率达20%～27%。对混凝土早强与增强效果显著，能使混凝土1d强度提高一倍以上，7d强度即可达空白混凝土28d强度，长期强度亦明显提高，并可提高混凝土的抗渗、抗冻性能。

（4）糖蜜类减水剂

糖蜜类减水剂为普通减水剂，它是以制糖工业的糖渣、废蜜为原料，采用石灰中和而成，为棕色粉状物或糊状物，其中，国内产品粉状有TF、ST、3FG等，糊状有糖蜜。糖蜜类减水剂含糖较多，属非离子表面活性剂，适宜掺量为0.2%～0.3%，减水率在10%左右，故属缓凝减水剂。

7.2.3 早强剂

7.2.3.1 概述

早强剂是指能加速混凝土早期强度发展的外加剂。早强剂的主要功能是缩短混凝土施工养护期，加快施工进度，提高模板的周转率，其他的主要作用机理是加速水泥水化速度，加速水化产物的早期结晶和沉淀。早强剂的主要用途为有早强要求的混凝土工程及低温、负温施工混凝土、有防冻要求的混凝土、预制构件、蒸汽养护等。

7.2.3.2 常用品种

早强剂主要有氯盐、硫酸盐和有机胺三大类，但更多使用的是它们的复合早强剂。

（1）氯盐类早强剂

其适宜掺量为0.5%～3%。由于氯对钢筋有腐蚀作用，故钢筋混凝土中其掺量应控制在1%以内。$CaCl_2$早强剂能使混凝土3d强度提高50%～100%，7d强度提高20%～40%，但后期强度不一定提高，甚至可能低于基准混凝土。另外，氯盐类早强剂对混凝土耐久性有一定影响。此外，为消除$CaCl_2$对钢筋的锈蚀作用，通常要求与阻锈剂亚硝酸钠复合使用。

（2）硫酸盐类早强剂

其在建筑工程中最常用的为硫酸钠早强剂，适宜掺量为0.5%～2.0%，早强效果不及$CaCl_2$。对矿渣水泥混凝土早强效果较显著，但后期强度略有下降。硫酸钠早强剂在预应力混凝土结构中的掺量不得大于1%；潮湿环境中的钢筋混凝土结构中掺量不得大于1.5%。严格控制最大掺量，掺入过量会导致混凝土后期膨胀开裂，强度下降，混凝土表面会起“白霜”，影响外观和表面装饰。

（3）有机胺类早强剂

其工程上最常用的为三乙醇胺。三乙醇胺的掺量极微，一般为水泥的0.02%～0.05%。虽然早强效果不及$CaCl_2$，但后期强度不下降并略有提高，且无其他影响混凝土耐久性的不利作用，但掺量不宜超过0.1%，否则可能导致混凝土后期强度下降。掺用时，可将三乙醇胺先用水按一定比例稀释，便于准确计量。此外，为改善三乙醇胺的早强效果，通常与其他早强剂复合使用。

（4）复合早强剂

为了克服单一早强剂存在的各种不足，发挥各自特点，通常将三乙醇胺、硫酸钠、氯化钙、氯化钠、石膏及其他外加剂复配组成复合早强剂，效果大大改善，有时可产生超叠加作用。

7.2.4 引气剂

引气剂是指混凝土在搅拌过程中能引入大量均匀、稳定且封闭的微小气泡的外加剂。它的作用机理为：引气剂作用于气-液界面，使表面张力下降，从而形成稳定的微细封闭气孔。

引气剂的主要类型有松香树脂类、烷基苯磺酸盐类、脂肪醇磺酸盐类等。最常用的为松香热聚物和松香皂两种，掺量一般为0.005%～0.01%。严防超量掺用，否则将严重降低混凝土强度。当采用高频振捣时，引气剂掺量可适当提高。

7.2.4.1 引气剂的主要功能

引气剂的主要功能如下。

（1）改善混凝土拌和物的和易性

在拌和物中，相互封闭的微小气泡能起到滚珠作用，减小骨料间的摩擦力，从而提高混凝土的流动性。若保持流动性不变，则可减少用水量，一般每增加1%的含气量可减少6%～10%的用水量。由于大量微细气泡能吸附一层稳定的水膜，从而减弱了混凝土的泌水性，故能改善混凝土的保水性和黏聚性。

（2）提高混凝土的耐久性

一方面，由于大量的微细气泡堵塞和隔断了混凝土中的毛细孔通道，同时由于泌水少，泌水造成的孔缝也减少。因而引气剂能大大提高混凝土的抗渗性，提高耐腐蚀性和抗风化性。另一方面，由于连通毛细孔减少，吸水率相应减小，且能缓冲水结冰时引起的内部水压力，从而使抗冻性大大提高。

7.2.4.2 引气剂的用途

引气剂主要应用于具有较高抗渗和抗冻要求的混凝土工程或贫混凝土，可提高混凝土耐久性，也可用来改善泵送性。工程上，引气剂常与减水剂复合使用，或采用复合引气减水剂。由于引气剂导致混凝土含气量提高，混凝土有效受力面积减小，故混凝土强度将下降，一般每增加1%含气量，抗压强度下降5%左右，抗折强度下降2%～3%，故引气剂的掺量必须通过含气量试验严格加以控制。

7.2.5 缓凝剂

缓凝剂是指能延长混凝土的初凝时间和终凝时间的外加剂，其常用类型为木钙和糖蜜。

糖蜜的缓凝效果优于木钙，一般能缓凝 3h 以上。

缓凝剂的主要功能如下：降低大体积混凝土的水化热和推迟温峰出现时间，有利于减小混凝土内外温差引起的应力开裂；便于夏季施工和连续浇捣的混凝土，防止出现混凝土施工缝；便于泵送施工、滑模施工和远距离运输；通常具有减水作用，故亦能提高混凝土后期强度或增加流动性或节约水泥用量。

7.2.6 速凝剂

速凝剂是指能使混凝土迅速硬化的外加剂。一般初凝时间少于 5min，终凝时间少于 10h，1h 内即产生强度，3d 强度可达基准混凝土 3 倍以上，但后期强度一般低于基准混凝土。

常用的速凝剂品种有红星Ⅰ型、711 型、782 型和 8604 型等。

应用：速凝剂主要用于喷射混凝土和紧急抢修工程、军事工程、防洪堵水工程等，如矿井、隧道、引水涵洞、地下工程岩壁衬砌、边坡和基坑支护等。

7.2.7 防冻剂

防冻剂是指能使混凝土中水的冰点下降，保证混凝土在负温下凝结硬化并产生足够强度的外加剂，主要适用于冬季负温条件下的施工。防冻组分本身并不一定能提高硬化混凝土的抗冻性。

防冻剂的常用种类有氯盐类防冻剂、氯盐类阻锈防冻剂、无氯盐类防冻剂、无氯低碱/无碱类防冻剂。

7.2.8 膨胀剂

膨胀剂是指能使混凝土产生一定体积膨胀的外加剂。混凝土中采用的膨胀剂有硫铝酸钙类、氧化钙类和硫铝酸钙-氧化钙类三类。常用的膨胀剂有明矾石膨胀剂（明矾石＋无水石膏或二水石膏）、CSA（蓝方石 $3CaO \cdot 3Al_2O_3 \cdot CaSO_4$＋生石灰＋无水石膏）、UEA（无水硫铝酸钙＋明矾石＋石膏）、M 型膨胀剂（铝酸盐水泥＋二水石膏）。此外，还有 AEA（铝酸钙膨胀剂）、SAEA（硅铝酸盐膨胀剂）、CEA（复合膨胀剂）等。

硫铝酸钙类膨胀剂的作用机理是：自身的无水硫铝酸钙水化或参与水泥矿物的水化或与水泥水化产物水化，生成大量钙矾石，反应后固相体积增大，导致混凝土体积膨胀。石灰类膨胀剂的作用机理是：在水化早期，CaO 水化生成 $Ca(OH)_2$，反应后固相体积增大；随后 $Ca(OH)_2$ 发生重结晶，固相体积再次增大，从而导致混凝土体积膨胀。

为了保证掺有膨胀剂的混凝土的质量，混凝土的胶凝材料（水泥和掺和料）用量不能过少，膨胀剂的掺量也应适量。补偿收缩混凝土、填充用膨胀混凝土和自应力混凝土的胶凝材料的最少用量分别为 $300kg/m^3$（有抗渗要求时为 $320kg/m^3$）、$350kg/m^3$ 和 $500kg/m^3$，膨胀剂的合适掺量分别为 6%～12%、10%～15%和 15%～25%。

7.2.9 泵送剂

泵送剂是指能改善混凝土拌和物泵送性能的外加剂，一般由减水剂、缓凝剂、引气剂等单独使用或复合使用而成。

泵送剂的品种、掺量应按供货单位提供的推荐掺量和环境温度、泵送高度、泵送距离、运输距离等要求经混凝土试配后确定。

应用：泵送剂适用于工业与民用建筑及其他构筑物的泵送施工、滑模施工、水下灌注桩混凝土等工程，特别适用于大体积混凝土、高层建筑和超高层建筑等工程。

7.2.10 外加剂的选择和使用

在混凝土中掺用外加剂，若选择和使用不当，会造成质量事故。必须注意以下几点。

(1) 外加剂品种的选择

外加剂品种、品牌很多，效果各异，特别是对不同品种水泥效果不同。在选择外加剂时，应根据工程需要、现场的材料条件，参考有关资料，通过试验确定。

(2) 外加剂掺量的确定

混凝土外加剂均有适宜掺量。掺量过小，往往达不到预期效果；掺量过大，则会影响混凝土质量，甚至造成质量事故。因此，应通过试验试配，确定最佳掺量。

(3) 外加剂的掺加方法

外加剂的掺量很少，必须保证其均匀分散，一般不能直接加入混凝土搅拌机内。掺入方法会因外加剂不同而异，其效果也会因掺入方法的不同而存在差异，故应严格按产品技术说明操作。减水剂的掺加有同掺法、后掺法、分掺法三种方法，具体操作如下。

① 同掺法。指减水剂在混凝土搅拌时一起掺入。

② 后掺法。指搅拌好混凝土后间隔一定时间，然后再掺入。

③ 分掺法。指一部分减水剂在混凝土搅拌时掺入，另一部分在间隔一段时间后再掺入。

实践证明，后掺法最好，能充分发挥减水剂的功能。

(4) 外加剂的储运保管

混凝土外加剂大多为表面活性物质或电解质盐类，具有较强的反应能力，敏感性较高，对混凝土性能影响很大，所以在储存和运输中应加强管理。失效的、不合格的、长期存放的、质量未经明确的外加剂禁止使用；不同品种、类别的外加剂应分别储存和运输；应注意防潮、防水，避免受潮后影响功效；有毒的外加剂必须单独存放，专人管理；有强氧化性外加剂必须进行密封储存；同时还必须注意储存期不得超过外加剂的有效期。

7.3 混凝土特性

混凝土拌和物又称新拌混凝土，是指将水泥、砂、石和水按一定比例拌和但尚未凝结硬化时的拌和物。它必须具有良好的和易性，便于施工，混凝土拌和物凝结硬化以后，应具有足够的硬度，以保证建筑物能安全地承受设计荷载，并具有必要的耐久性。

混凝土的性能包括两部分：一是混凝土硬化之前的性能，即和易性；二是混凝土硬化之后的性能，包括强度、变形性和耐久性等。

7.3.1 和易性

7.3.1.1 和易性的概念

和易性是指混凝土拌和物易于各种施工操作（搅拌、运输、浇筑和振捣等），不发生分层、离析、泌水等现象，以获得质量均匀、密实的混凝土的性能。和易性是一项综合技术性能，包括流动性、黏聚性和保水性。

(1) 流动性

流动性是指混凝土拌和物在自重或施工机械振捣的作用下，能产生流动，并均匀、密实地充满模板的性能。

(2) 黏聚性

黏聚性是指混凝土拌和物在施工过程中其组成材料之间具有一定的黏聚力，在运输和浇筑过程中不致产生分层、离析现象的性能。

(3) 保水性

保水性是指混凝土拌和物在施工过程中具有保持内部水分不流失，不致产生严重泌水现象的性能。发生泌水现象的混凝土拌和物会形成容易透水的孔隙，从而影响混凝土的密实性，降低质量。

和易性良好的拌和物除具有一定的流动性、易于成型外，还应在搅拌后，直至密实成型结束，组成材料都能在拌和物中保持均匀分布，即黏聚性和保水性良好。均匀性、稳定性较差的混凝土拌和物在静置、运输、浇筑和捣实的过程中都可能发生离析和泌水。

离析是指拌和物中各组分间相互分离的现象。对于流动性较大的混凝土拌和物，因各组分粒度及密度不同，易产生砂浆与石子间的离析现象，进而产生分层现象，使混凝土的孔隙率增大，强度和耐久性降低。

泌水是指拌和用水从拌和物中分离出来的现象。一部分水上升至混凝土表面，在混凝土表面形成水层；另一部分水到达钢筋及粗骨料下沿而停留形成水囊，干燥后便形成孔隙。

由此可见，混凝土拌和物的流动性、黏聚性和保水性既互相联系，又互相矛盾。施工时应兼顾三者，使拌和物既满足要求的流动性，又保证良好的黏聚性和保水性。

7.3.1.2 和易性的测定

混凝土拌和物和易性是一项极其复杂的综合指标，到目前为止，全世界尚无能够全面反映混凝土和易性的测定方法。通常是测定混凝土拌和物的流动性，观察评定黏聚性和保水性。流动性的测定方法有坍落度筒法、维勃稠度法、探针法、斜槽法、流出时间法和凯利球法等十多种，对普通混凝土而言，最常用的是坍落度筒法和维勃稠度法。

(1) 坍落度筒法

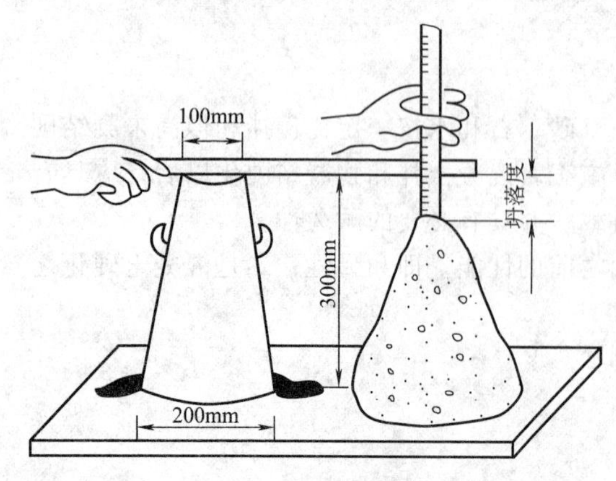

图 7-6 混凝土拌和物坍落度测定

坍落度筒法是将混凝土拌和物分三层(每层装料约 1/3 筒高)装入坍落度筒内，如图 7-6 所示。每层用 ϕ16mm 的光圆铁棒插捣 25 次。待装满刮平后，垂直平稳地向上提起坍落度筒。用尺量测筒高与坍落后混凝土拌和物最高点之间的高度差(mm)，即为该混凝土拌和物的坍落度值。坍落度越大，表明混凝土拌和物的流动性越好。

测定混凝土拌和物坍落度后，观察拌和物的黏聚性和保水性。黏聚性的检查方法是，用捣棒在已坍落的拌和物锥体侧面轻轻击打。如果锥体逐渐下沉，表示黏聚性良好；如果突然倒坍，部分崩裂或石子离析，即为黏聚性不良。保水性的检查方法是，查看提起坍落度筒后，地面上是否有较多的稀浆流淌，骨料是否因失浆而大量裸露。存在上述现象表明保水性不好；反之，则表明保水性良好。

坍落度筒试验只适用于骨料最大粒径不大于40mm的非干硬性混凝土（指混凝土拌和物的坍落度大于10mm的混凝土）。根据坍落度大小，将混凝土拌和物分为四级：大流动性混凝土，即坍落度大于或等于160mm；流动性混凝土，坍落度为100～150mm；塑性混凝土，坍落度为50～90mm；干硬性混凝土，坍落度为10～40mm。

（2）维勃稠度法

对于干硬性混凝土，通常采用维勃稠度仪如图7-7所示，来测定混凝土拌和物的流动性。试验时，先将混凝土拌和物按规定的方法装入存放在圆桶内的坍落度筒内，装满后垂直提起坍落度筒，在拌和物试样顶面放一透明圆盘，开启振动台，同时用秒表计时，到透明圆盘的下表面完全布满水泥浆时停止秒表，关闭振动台。所读秒数即为维勃稠度。维勃稠度试验适用于骨料最大粒径不大于40mm、维勃稠度在5～30s之间的混凝土。根据维勃稠度，可将混凝土拌和物分为四级：超干硬性混凝土，维勃稠度大于或等于31s；特干硬性混凝土，维勃稠度为21～30s；干硬性混凝土，维勃稠度为11～20s；半干硬性混凝土，维勃稠度为5～10s。

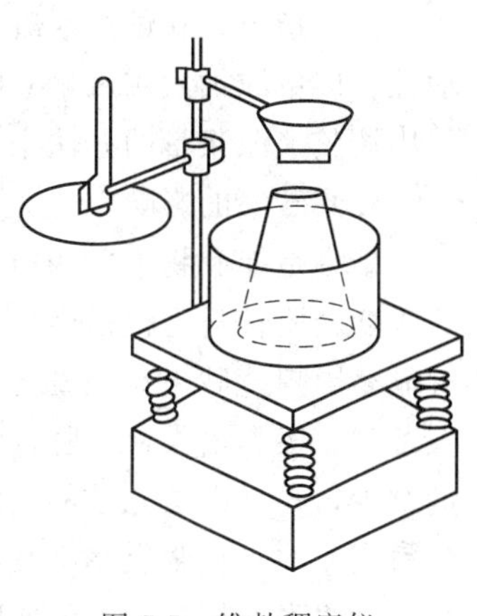

图7-7　维勃稠度仪

（3）流动性（坍落度）的选择

混凝土拌和物的坍落度应根据结构构件截面尺寸的大小、配筋的疏密、施工捣实方法和环境温度来确定。当构件截面尺寸较小或钢筋较密或采用人工插捣时，坍落度可选得大些；反之，若构件截面尺寸较大或钢筋较疏或采用振动器振捣时，坍落度可选得小些。

当环境温度在30℃以下时，可按表7-9确定混凝土拌和物坍落度值；当环境温度在30℃以上时，由于水泥水化和水分蒸发的加快，混凝土拌和物流动性下降加快，在混凝土配合比设计时，应将混凝土拌和物坍落度提高15～25mm。

表7-9　混凝土浇筑时的坍落度

构件种类	坍落度/mm
基础或地面等的垫层、无配筋的大体积结构（挡土墙、基础等）或配筋稀疏的结构	10～30
板、梁和大型及中型截面的柱子等	30～50
配筋密列的结构（薄壁、斗仓、筒仓、细柱等）	50～70
配筋特密的结构	70～90

7.3.1.3　影响和易性的主要因素

和易性的影响因素有水泥浆数量、水泥浆稠度、砂率、水泥、骨料、外加剂、温度和时间及其他影响因素。

（1）水泥浆数量的影响

在水灰比不变的条件下，增加混凝土单位体积中的水泥浆数量，能使骨料周围有足够的水泥浆包裹，改善骨料之间的润滑性，从而使混凝土拌和物的流动性提高。但水泥浆数量不宜过多，否则会出现流浆现象，黏聚性变差，浪费水泥，同时影响混凝土强度。

（2）水泥浆稠度的影响

水泥浆的稠度是由水灰比所决定的。在水泥用量不变的情况下，水灰比越小，水泥浆越稠，混凝土拌和物的流动性便越小。当水灰比过小时，水泥浆干稠，混凝土拌和物的流动性过低，会使施工困难，不能保证混凝土的密实性。增加水灰比会使流动性加大。如果水灰比过大，又会造成混凝土拌和物的黏聚性和保水性不良，而产生流浆、离析现象，并严重影响混凝土的强度，所以水灰比不能过大或过小。一般应根据混凝土强度和耐久性要求合理地选用。

但应指出，在试拌混凝土时，却不能用单纯改变用水量的办法来调整混凝土拌和物的流动性。因单纯加大用水量会降低混凝土的强度和耐久性，所以应该在保持水灰比不变的条件下用调整水泥浆量的办法来调整混凝土拌和物的流动性。

（3）砂率的影响

砂率是拌和物中砂的质量占砂石总质量的百分率。砂在拌和物中填充石子的空隙，砂率的改变会使骨料（包括砂、石）的总表面积和空隙率有显著的变化，从而对拌和物的和易性有显著影响。砂率对混凝土和易性影响较大。砂率过小，不能保证石子间有足够的砂浆层，石子间摩擦力增大，会降低拌和物的流动性。砂率过大（砂过多、石子过少），水泥浆的数量过少，不足以填充砂的空隙，骨料的总表面积及空隙率都会增大，当水泥浆数量一定时，骨料表面的水泥浆层厚度减小，水泥浆的润滑作用减弱，使拌和物的流动性变差。砂率适宜时，砂浆不但填满石子的空隙，而且还能保证石子间有一定厚度的砂浆层以减小石子间的摩擦力，使拌和物有较好的流动性。

由此可见，在配制混凝土时，砂率不能过大，也不能过小，应有合理砂率。合理砂率的技术经济效果可从图 7-8 中反映出来。图 7-8(a）表明，在用水量及水泥用量一定的情况下，合理砂率能使混凝土拌和物获得最大的流动性（且能保持黏聚性及保水性良好）；图 7-8(b）表明，在保持混凝土拌和物坍落度基本相同的情况下（且能保持黏聚性及保水性良好），合理砂率能使水泥浆的数量减少，从而节约水泥用量。

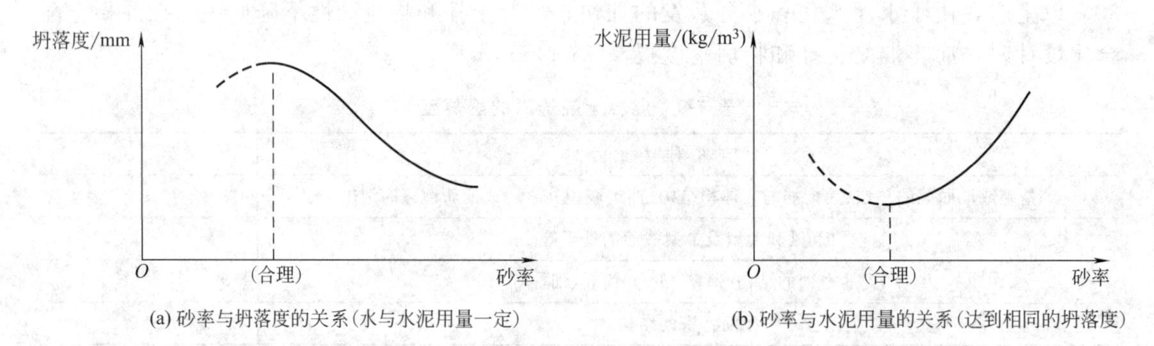

(a) 砂率与坍落度的关系（水与水泥用量一定）

(b) 砂率与水泥用量的关系（达到相同的坍落度）

图 7-8 合理砂率的选择

（4）组成材料性质的影响

① 水泥的影响。水泥对拌和物和易性的影响主要是水泥品种和水泥细度的影响。在其他条件相同的情况下，需水量大的水泥比需水量小的水泥配制的拌和物流动性要小，如矿渣水泥或火山灰水泥拌制的混凝土拌和物，其流动性比用普通水泥时为小。另外，矿渣水泥易泌水。水泥颗粒越细，总表面积越大，润湿颗粒表面及吸附在颗粒表面的水越多，在其他条件相同的情况下，拌和物的流动性变小。

② 骨料的影响。骨料对拌和物和易性的影响主要是骨料总表面积、骨料的空隙率和骨料间摩擦力大小的影响，具体地说，就是骨料级配、颗粒形状、表面特征及粒径的影响。一般来说，级配好的骨料，其拌和物流动性较大，黏聚性与保水性较好；表面光滑的骨料，如河砂、卵石，其拌和物流动性较大；骨料的粒径增大，总表面积减小，拌和物流动性就增大。

③ 外加剂的影响。在拌制混凝土时，加入很少量的减水剂能使混凝土拌和物在不增加水泥用量的条件下，获得很好的和易性，从而增大流动性、改善黏聚性、降低泌水性。并且由于改变了混凝土结构，尚能提高混凝土的耐久性。因此，这种方法也是常用的。通常，配制坍落度很大的流态混凝土主要依靠掺入流化剂（高效减水剂），这样，单位用水量较少，可保证混凝土硬化后具有良好的性能。

④ 温度和时间的影响。随着环境温度的升高，混凝土拌和物的坍落度损失加快（即流动性降低、速度加快）。据测定，温度每增高10℃，拌和物的坍落度减小20～40mm。这是由于温度升高，水泥水化加速，水分蒸发加快。混凝土拌和物随时间的延长而变干稠，流动性降低，这是由于拌和物中一部分水分被骨料吸收，一部分水分蒸发，而另一部分水分与水泥发生水化反应变成水化产物结合水。

7.3.1.4　改善和易性的措施

以上讨论混凝土拌和物和易性的变化规律，目的是为了能运用这些规律去能动地调整混凝土的和易性，以适应具体的结构与施工条件。当决定采取某项措施来调整和易性时，还必须同时考虑对混凝土其他性质（如强度、耐久性）的影响。

在实际工作中，可采取如下措施调整拌和物的和易性：选择适宜品种的水泥；采用最佳砂率，以提高混凝土质量及节约水泥；改善砂、石的级配；在可能的条件下尽量采用较粗的砂、石；当混凝土拌和物坍落度太小时，维持水灰比不变，增加适量的水泥浆；当坍落度太大，保持砂率不变，增加适量的砂、石；有条件时尽量掺用外加剂；充分搅拌。

7.3.1.5　混凝土拌和物的凝结时间

混凝土拌和物的凝结时间与其所用水泥的凝结时间是不相同的。水泥的凝结时间是水泥净浆在规定的温度和稠度条件下测得的，混凝土拌和物的存在条件与水泥凝结时间测定条件不一定相同。混凝土的水灰比、环境温度和外加剂的性能等均对混凝土的凝结快慢产生很大影响。水灰比增大，水泥水化产物间的间距增大，水化产物粘连及填充颗粒间隙的时间延长，凝结时间延长。环境温度升高，水泥水化和水分蒸发加快，凝结时间缩短；缓凝剂会明显延长凝结时间，速凝剂会显著缩短凝结时间。

7.3.2　混凝土的强度

普通混凝土一般均用作结构材料，故其强度是最主要的技术性质。在混凝土的抗拉强度、抗压强度、抗弯强度、抗剪强度中，抗压强度最大，故混凝土主要用来承受压力作用。混凝土的抗压强度是一项最重要的性能指标，它是结构设计的主要参数，也常用作评定混凝土质量的指标。

7.3.2.1　混凝土强度的概念

在土木工程结构和施工验收中，常用的强度有立方体抗压强度、轴心抗压强度、抗拉强度和抗折强度等几种。

(1) 混凝土立方体抗压强度 f_{cu}

根据《普通混凝土力学性能试验方法标准》(GB/T 50081—2016）规定，混凝土立方体抗压强度是指按标准方法制作的、标准尺寸为150mm×150mm×150mm的立方体试件，在标准养护条件下［(20±2)℃］、相对湿度为95%以上的标准养护室，将其养护到28d龄期，以标准试验方法测得的抗压强度值，以 f_{cu} 表示，单位为MPa。

为了使混凝土抗压强度测试结果具有可比性，《混凝土强度检验评定标准》(GB/T 50107—2010）规定，混凝土强度等级小于C60时，用非标准试件测得的强度值均应乘以尺寸换算系数，来换算成标准试件强度值。200mm×200mm×200mm试件的换算系数为1.05，100mm×100mm×100mm试件的换算系数为0.95。当混凝土强度等级大于或等于C60时，宜采用标准试件；使用非标准试件时，尺寸换算系数应由试验确定。

需要说明的是，混凝土各种强度的测定值，均与试件尺寸、试件表面状况、试验加荷速度、环境（或试件）的湿度和温度等因素有关。在进行混凝土各种强度测定时，应按照GB/T 50081—2016等标准规定的条件和方法进行检测，以保证检测结果的可比性。

（2）混凝土强度等级 $f_{cu,k}$

按《混凝土强度检验评定标准》(GB/T 50107—2010）的规定，普通混凝土的强度等级按其立方体抗压强度标准值划分为C15、C20、C25、C30、C35、C40、C45、C50、C55、C60、C65、C70、C75和C80共14个等级。其中，“C”代表混凝土，是concrete的第一个英文字母，C后面的数字为立方体抗压强度标准值（MPa）。混凝土强度等级是混凝土结构设计时强度计算取值、混凝土施工质量控制和工程验收的依据。混凝土立方体抗压强度标准值是指按照标准方法制作养护的边长为150mm的立方体试件，在28d龄期用标准试验方法测得的具有95%保证率的抗压强度，以 $f_{cu,k}$ 表示，单位为MPa。

（3）混凝土轴心抗压强度 f_{cp}

确定混凝土强度等级采用的是立方体试件，但在实际结构中，钢筋混凝土受压构件多为棱柱体或圆柱体。为了使测得的混凝土强度与实际情况接近，在进行钢筋混凝土受压构件（如柱子、桁架的腹杆等）计算时，都采用混凝土的轴心抗压强度。根据国家标准GB/T 50081—2016规定，混凝土轴心抗压强度是指按标准方法制作的、标准尺寸为150mm×150mm×300mm的棱柱体试件，在标准养护条件下养护到28d龄期，以标准试验方法测得的抗压强度值。

非标准试件的尺寸为100mm×100mm×300mm和200mm×200mm×400mm；当施工涉外工程或必须用圆柱体试件来确定混凝土力学性能等特殊情况时，也可用 ϕ150mm×300mm的圆柱体标准试件或 ϕ100mm×200mm和 ϕ200mm×400mm的圆柱体非标准试件。

轴心抗压强度比同截面面积的立方体抗压强度要小，当标准立方体抗压强度在10～50MPa范围内时，两者之间的比值近似为0.7～0.8。

（4）混凝土抗拉强度 f_{ts}

混凝土在直接受拉时，即使很小的变形都会开裂，它在断裂前没有残余变形，是一种脆性破坏。

混凝土的抗拉强度只有抗压强度的1/20～1/10，且随着混凝土强度等级的提高，比值有所降低。也就是说，当混凝土强度等级提高时，抗拉强度的增加不及抗压强度提高得快。

混凝土是脆性材料，抗拉强度很低，拉压比为0.1～0.2，拉压比随着混凝土强度等级的提高而降低。因此，在钢筋混凝土结构设计中，不考虑混凝土所承受的拉力（只考虑钢筋承受的拉应力），但抗拉强度对混凝土抗裂性具有重要作用，是结构设计时确定混凝土抗裂度的重要指标，有时也用它来间接衡量混凝土与钢筋的黏结强度。

混凝土的劈裂抗拉强度按下式计算：

$$f_{ts}=\frac{2P}{\pi A}=\frac{0.637P}{A} \tag{7-3}$$

式中　f_{ts}——混凝土劈裂抗拉强度，MPa；

P——破坏荷载，N；

A——试件劈裂面积，mm^2。

混凝土劈裂抗拉强度较轴心抗拉强度低，试验证明两者的比值在0.9左右。

7.3.2.2　影响混凝土强度的因素

（1）水泥强度等级和水灰比的影响

水泥强度等级和水灰比是影响混凝土抗压强度的最主要因素，也可以说是决定因素。因为混凝土的强度主要取决于水泥石的强度及其与骨料间的黏结力，而水泥石的强度及其与骨料间的黏结力又取决于水泥的强度等级和水灰比的大小。由于拌制混凝土拌和物时，为了获得必要的流动性，常需要加入较多的水，多余的水所占空间在混凝土硬化后成为毛细孔，使混凝土密实度降低，强度下降。

试验证明，在水泥强度等级相同的条件下，水灰比越小，水泥石的强度越高，胶结力越强，混凝土强度也越高，如图7-9所示。

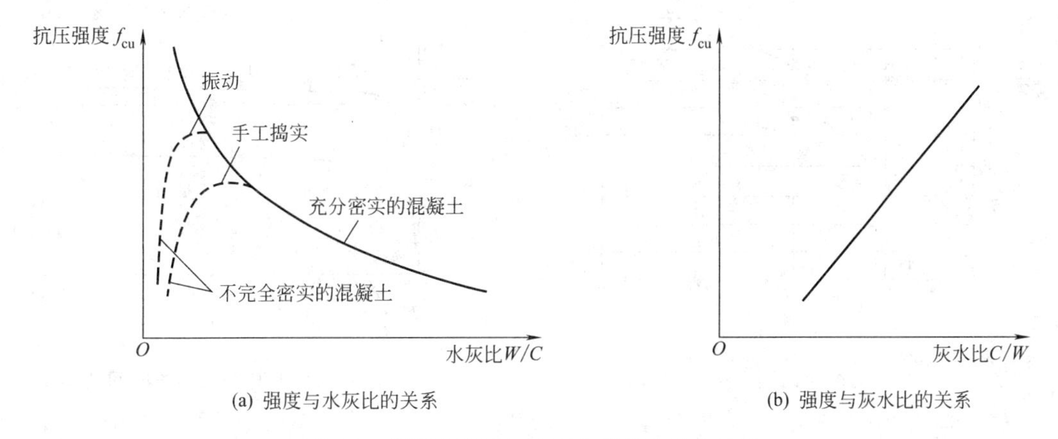

图7-9　混凝土强度与水灰比及灰水比的关系

大量试验结果表明，在原材料一定的情况下，混凝土28d龄期的抗压强度f_{cu}与水泥实际强度f_{ce}及灰水比C/W之间的关系符合下列经验公式：

$$f_{cu}=Af_{ce}\left(\frac{C}{W}-B\right) \tag{7-4}$$

式中，A、B均为回归系数。采用碎石时，$A=0.46$，$B=0.07$；采用卵石时，$A=0.48$，$B=0.33$。

在混凝土施工过程中，经常会发现向混凝土拌和物中随意加水的现象，这样做使混凝土水灰比增大，导致混凝土强度的严重下降，是必须禁止的。在混凝土施工过程中，节约水和节约水泥同等重要。

（2）骨料的影响

骨料本身的强度一般大于水泥石的强度，对混凝土的强度影响很小。但骨料中有害杂质含量较多、级配不良则均不利于混凝土强度的提高。骨料表面粗糙，则与水泥石黏结力较大。当达到相同流动性时，需水量大，随着水灰比变大，强度降低。试验证明，水灰比小于0.4时，用碎石配制的混凝土比用卵石配制的混凝土强度高30%～40%，但随着水灰比增大，两者的差异就不明显了。另外，在相同水灰比和坍落度下，混凝土强度随骨灰比（骨料与胶凝材料质量之比）的增大而提高。

（3）养护温度与湿度的影响

温度与湿度对混凝土强度的影响，本质上是对水泥水化的影响。养护温度高，水泥早期水化越快，混凝土的早期强度越高，如图7-10所示。但如果混凝土早期养护温度过高（40℃以上），则会因水泥水化产物来不及扩散而使混凝土后期强度反而降低。当温度在0℃以下时，水泥水化反应停止，混凝土强度停止发展。这时还会因为混凝土中的水结冰产生体积膨胀，对混凝土产生相当大的膨胀压力，使混凝土结构破坏，强度降低。

湿度是决定水泥能否正常进行水化作用的必要条件。浇筑后的混凝土所处环境湿度相宜，水泥水化反应顺利进行，混凝土强度得以充分发展。若环境湿度较低，水泥不能正常进行水化作用，甚至停止水化，混凝土强度将严重降低或停止发展。图7-11是混凝土强度与保湿养护时间的关系。

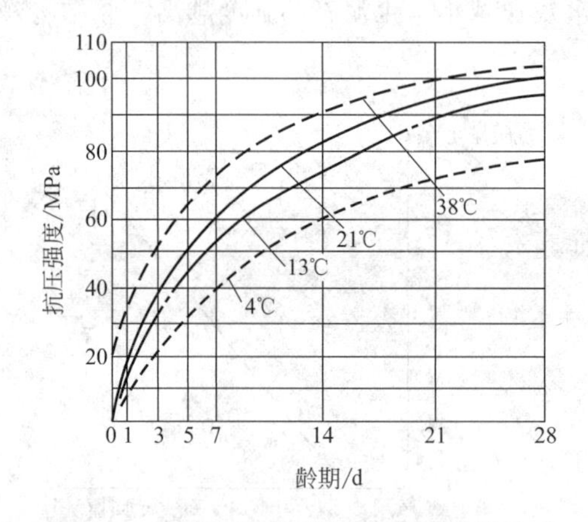

图7-10 养护温度对混凝土强度的影响

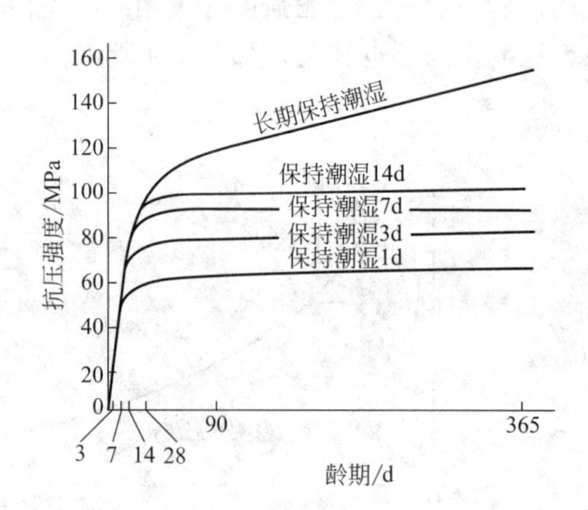

图7-11 混凝土强度与保湿养护时间的关系

为了保证混凝土强度正常发展和防止失水过快引起的收缩裂缝，混凝土浇筑完毕后，应及时覆盖和浇水养护。气候炎热和空气干燥时，不及时进行养护，混凝土中的水分会蒸发过快，出现脱水现象，此时混凝土表面出现片状、粉状剥落和干缩裂纹等劣化现象，混凝土强度明显降低；在冬季则应特别注意保持一定的温度，以保证水泥能正常水化和防止混凝土内因水结冰而引起的膨胀破坏。

（4）龄期与强度的关系

混凝土在正常养护条件下，其强度将随着龄期的增加而提高。在标准养护条件下，混凝土强度的发展大致与龄期的对数成正比关系（龄期不小于3d），可按下式进行推算：

$$f_n = f_{28}\frac{\lg n}{\lg 28} \tag{7-5}$$

式中 f_n ——nd龄期时的混凝土抗压强度，$n \geqslant 3$；

f_{28} ——28d龄期时的混凝土抗压强度。

上式仅适用于正常条件下硬化的中等强度等级的普通混凝土，实际情况要复杂得多。

7.3.2.3　提高混凝土强度的措施

可通过采取以下七种措施来提高混凝土的强度：选用高强度的水泥；尽量采用干硬性混凝土或较小的水灰比；采用级配好、质量高、粒径适宜的集料；掺加适当的外加剂（早强剂、减水剂）；加强养护，自然养护时，冬天注意保温，夏天注意保湿，湿热养护可提高混凝土的早期强度；采用机械搅拌和机械振动成型；掺加混凝土掺和料，必要时可掺加合成树脂或合成树脂乳液，充分考虑徐变的影响。

7.3.3　混凝土的工程指标

混凝土配合比是指混凝土各组成材料数量间的关系。混凝土的组成材料主要包括水泥、粗骨料、细骨料和水。将确定这种数量比例关系的工作称为混凝土配合比设计。配合比常用两种方法表示。

（1）单位用量法

以每立方米混凝土中各种材料的用量表示。例如，水泥∶水∶砂∶石子＝390kg∶175kg∶670kg∶1220kg。

（2）相对用量法

以水泥的质量为 1，并按照“水泥∶砂∶石子∶水灰比（水）”的顺序排列表示。例如，1∶1.72∶3.13∶$W/C=0.45$。

7.3.3.1　混凝土配合比设计的基本要求

配合比设计的任务是根据原材料的技术性能及施工条件确定出能满足工程所要求的技术经济指标的各项组成材料的用量。基本要求是：满足施工所要求的混凝土拌和物的和易性；满足混凝土结构设计要求的强度等级；满足与所使用环境相适应的耐久性要求；在满足以上三项技术性质的前提下，尽量做到节约水泥和降低混凝土成本，符合经济性原则。

7.3.3.2　混凝土配合比设计的资料准备

进行混凝土配合比设计之前，必须详细掌握下列基本资料：了解设计要求的混凝土强度等级和反映混凝土生产中强度质量稳定性的强度标准差，以便确定混凝土的试配强度；了解结构构件的断面尺寸及配筋情况，以便确定混凝土骨料的最大粒径；掌握工程所处环境条件和混凝土耐久性的要求，以便确定所配制混凝土的最大水灰比和最小水泥用量；了解施工工艺对混凝土拌和物的流动性要求及各种原材料的品种、类型和物理力学性能指标，以便选择混凝土拌和物坍落度及骨料最大粒径。

7.3.3.3　混凝土配合比设计基本参数的确定

混凝土配合比设计，实质上就是确定水泥、水、砂和石子这四项基本组成材料的用量。其中有三个重要参数：水灰比、单位用水量和砂率。

（1）水灰比

水灰比是指水与水泥之间的比例。

（2）单位用水量

单位用水量即 $1m^3$ 混凝土的用水量，它反映了水泥浆与骨料之间的比例关系。

（3）砂率

砂率即砂子占砂、石总质量的百分率，它影响着混凝土的黏聚性和保水性。

在混凝土配合比设计中正确地确定这三个参数，就能使混凝土满足上述设计要求。它的基本原则如下。

① 在满足混凝土强度和耐久性的基础上，确定混凝土的水灰比。

② 在满足混凝土施工要求的和易性基础上，根据粗骨料的种类和最大粒径确定混凝土的单位用水量。

③ 砂在骨料中的数量应以填充石子空隙后有富余的原则来确定。

7.3.3.4 普通混凝土配合比的设计方法与步骤

混凝土配合比设计分三步进行，即初步配合比的确定、实验室配合比的确定和施工配合比的确定。

(1) 初步配合比的确定

按原材料性能及混凝土的技术要求，利用公式及表格初步计算出混凝土各种原材料的用量，以得出供试配用的配合比。

① 混凝土配制强度 $f_{cu,0}$ 的确定。为了使混凝土的强度保证率能满足规定的要求，$f_{cu,0}$ 可采用下式计算：

$$f_{cu,0} \geqslant f_{cu,k} + 1.645\sigma \tag{7-6}$$

式中 $f_{cu,0}$——混凝土的配制强度，MPa；

$f_{cu,k}$——混凝土的立方体抗压强度标准值，MPa；

σ——施工单位的混凝土强度标准差，采用至少 25 组试件的无偏估计值。

如果有 25 组以上混凝土试配强度的统计资料时，σ 可按下式求得：

$$\sigma = \sqrt{\frac{\sum_{i=1}^{n} f_{cu,i}^2 - n u_{f_{cu}}^2}{n-1}} \tag{7-7}$$

式中 n——同一品种的混凝土试件的组数，$n \geqslant 25$；

$f_{cu,i}$——第 f 组试件的抗压强度值，MPa；

$u_{f_{cu}}$——n 组试件抗压强度的平均值，MPa。

当施工单位没有近期的同一品种混凝土强度资料时，其混凝土强度标准差 σ 可按表 7-10 取值。

表 7-10 混凝土 σ 取值

混凝土强度等级	＜C20	C20～C35	＞C35
σ/MPa	4.0	5.0	6.0

当遇到以下两种情况时，应提高混凝土配制强度：现场条件与实验室条件有显著差异时；C30 及其以上强度等级的混凝土，采用非统计方法评定时。

② 水灰比 W/C 的确定。根据已测定的水泥实际强度 f_{ce}（或选用的水泥强度等级）、粗骨料种类及所要求的混凝土配制强度 $f_{cu,0}$，水灰比可按下式计算：

$$\frac{W}{C} = \frac{\alpha_a f_{ce}}{f_{cu,0} + \alpha_a \alpha_b f_{ce}} \tag{7-8}$$

式中 α_a，α_b——回归系数；

f_{ce}——水泥 28d 抗压强度实测值，MPa。

回归系数 α_a 和 α_b 宜按下列规定确定。

a. 回归系数 α_a 和 α_b 的确定。应根据工程所使用的水泥、骨料，通过试验由建立的水灰比与混凝土强度关系式确定。

b. 当没有上述试验统计资料时，其回归系数可按表 7-11 采用。然后，再根据混凝土的使用条件，查出相应的最大水灰比值。当计算所得的水灰比大于规定的最大水灰比值时，应取规定的最大水灰比值。

表 7-11　回归系数 α_a 和 α_b 的选用

回归系数	碎石	卵石
α_a	0.46	0.48
α_b	0.07	0.33

当无水泥 28d 抗压强度实测值时，公式中的 f_{ce} 值可按下式确定：

$$f_{ce}=\gamma_c f_{ce,g} \tag{7-9}$$

式中　γ_c——水泥强度等级值的富余系数，可按实际统计资料确定；

$f_{ce,g}$——水泥强度等级值，MPa。

f_{ce} 也可根据 3d 强度或快测强度推定 28d 强度关系式推定得出。

③ $1m^3$ 混凝土用水量 m_{w0} 的选取。用水量选取步骤如下。

a. 干硬性和塑性混凝土用水量的确定。用水量主要根据所要求的坍落度及骨料的种类、粒径来选择。首先根据施工条件选用适宜坍落度，再按照表 7-12 和表 7-13 选取 $1m^3$ 混凝土的用量。

b. 流动性和大流动性混凝土的用水量计算如下。

(a) 以表 7-13 中坍落度为 90mm 的用水量为基础，按坍落度每增大 20mm 用水量增加 5kg，计算未掺外加剂时混凝土的用水量。

(b) 掺入外加剂时混凝土的用水量 m_{wa} 按下式计算：

$$m_{wa}=m_{w0}(1-\beta) \tag{7-10}$$

表 7-12　干硬性混凝土的用水量

拌和物维勃稠度/s	用水量/(kg/m³)					
	卵石最大粒径			碎石最大粒径		
	10mm	20mm	40mm	16mm	20mm	40mm
16～20	175	160	145	180	170	155
11～15	180	165	150	185	175	160
5～10	185	170	155	190	180	165

表 7-13　塑性混凝土的用水量

拌和物坍落度/mm	用水量/(kg/m³)							
	卵石最大粒径				碎石最大粒径			
	10mm	20mm	31.5mm	40mm	16mm	20mm	31.5mm	40mm
10～30	190	170	160	150	200	185	175	165
35～50	200	180	170	160	210	195	185	175
55～70	210	190	180	170	220	205	195	185
75～90	215	195	185	175	230	215	205	195

④ 单位水泥用量 m_{c0} 的确定。根据已选定的每 $1m^3$ 混凝土用水量 m_{w0} 和已确定的水灰比 W/C，可由下式求出水泥用量：

$$m_{c0}=\frac{m_{w0}}{W/C} \tag{7-11}$$

如计算所得的水泥用量小于规定的最小水泥用量时，应取规定的最小水泥用量值。

⑤ 砂率 β_s 的确定。合理的砂率值应根据混凝土拌和物的坍落度、黏聚性及保水性等特征来确定。一般应通过试验找出合理砂率，或者根据本单位对所用材料的使用经验选用合理砂率。如无使用经验，则可按骨料的种类、规格及混凝土的水灰比按表 7-14 选用。

表 7-14　混凝土的砂率 β_s

水灰比 W/C	砂率 β_s					
	卵石最大粒径			碎石最大粒径		
	10mm	20mm	40mm	16mm	20mm	40mm
0.40	26～32	25～31	24～30	30～35	29～34	27～32
0.50	30～35	29～34	28～33	33～38	32～37	30～35
0.60	33～38	32～37	31～36	36～41	35～40	33～38
0.70	36～41	35～40	34～39	39～34	38～43	36～41

注：1. 表中数值是中砂的选用砂率。对细砂或粗砂，可相应地减小或增大砂率。

2. 砂率适用于坍落度为 10～60mm 的混凝土。坍落度如大于 60mm 或小于 10mm 时，应相应地增大或减小砂率。

3. 只用一个单粒级粗骨料配制混凝土时，砂率值应适当增加。

4. 掺有各种外加剂或掺和料时，其合适砂率应经试验或参照其他有关规定选用。

⑥ 粗、细集料用量 m_{g0}、m_{s0} 的计算。粗、细集料的用量可用绝对体积法或质量法（假定表观密度法）求得。

a. 绝对体积法。绝对体积法假定混凝土拌和物的体积等于各组成材料绝对体积和混凝土拌和物中所含空气的体积之和。因此，可用下式联立计算：

$$\frac{m_{c0}}{\rho_c}+\frac{m_{s0}}{\rho_s}+\frac{m_{g0}}{\rho_g}+\frac{m_{w0}}{\rho_w}+0.01\alpha=1$$

$$\beta_s=\frac{m_{s0}}{m_{s0}+m_{g0}}\times 100\% \tag{7-12}$$

式中　ρ_c——水泥密度，可取 2900～3100kg/m³，kg/m³；

ρ_s，ρ_g——细、粗骨料的表观密度，kg/m³；

ρ_w——水的密度，可取 1000kg/m³，kg/m³；

α——混凝土的含气率，在不使用引气型外加剂时，可取 1；

m_{s0}，m_{g0}——每 1m³ 混凝土中细、粗骨料的用量，kg/m³；

β_s——砂率。

b. 质量法（假定表观密度法）。该法假定混凝土拌和物的表观密度为一固定值，混凝土拌和物各组成材料的单位用量之和即为其表观密度。因此可列出以下两式：

$$m_{c0}+m_{s0}+m_{g0}+m_{w0}=m_{cp}$$

$$\beta_s=\frac{m_{s0}}{m_{s0}+m_{g0}}\times 100\% \tag{7-13}$$

式中，m_{cp} 为 1m³ 混凝土拌和物的假定质量，在 2350～2450kg 范围内选定。

通过联立方程求解，求出 m_{g0}、m_{s0}。得到初步计算配合比。

必须注意的是，以上混凝土配合比的计算，均是以干燥状态骨料为基准的（干燥状态骨料是指含水率小于0.5%的细骨料或含水率小于0.2%的粗骨料），如需以饱和面干骨料为基准进行计算，则应对计算式做相应的修改。

⑦ 基准配合比的确定。以上所求的各材料用量，是借助于经验公式和数据计算出来的，或是利用经验资料查得的，因而不一定能够符合实际情况，必须通过试拌调整，直到混凝土拌和物的和易性符合要求为止，然后提出供检验混凝土强度用的基准配合比。

调整混凝土拌和物和易性的方法如下。

a. 当坍落度低于设计要求时，可保持水灰比不变，适当增加水泥浆量或调整砂率。

b. 若坍落度过大，则可在砂率不变的条件下增加砂石用量。

c. 如出现含砂不足、黏聚性和保水性不良时，可适当增大砂率；反之，应减小砂率。

每次调整后再试拌，直到和易性符合要求为止。当试拌调整工作完成后，应测出混凝土拌和物的实际表观密度 $\rho_{c,t}$。

（2）实验室配合比的确定

混凝土和易性满足要求后，还应复核混凝土强度并修正配合比。

① 强度复核。复核检验混凝土强度时至少应采用三个不同水灰比的配合比，其中一个为基准配合比，另外两个是以基准配合比的水灰比为准，在此基础上水灰比分别增加或减少0.05，其用水量不变，砂率值可增加或减少1%，试拌并调整，使和易性满足要求后，测出其实测湿表观密度，每种配合比至少制作一组（三块）试件，标准养护28d后，测定抗压强度。画出强度与水灰比的关系曲线，在图上找出与混凝土配制强度相对应的水灰比。

② 按强度复核情况修正配合比。用水量 m_w 取基准配合比的用水量。水泥用量 m_c 以用水量乘以选定的灰水比计算确定。砂、石用量 m_s、m_g 以基准配合比的砂、石用量为基础，并根据选定的灰水比适当调整。

③ 按混凝土实测表观密度修正配合比。混凝土的表观密度计算值 $\rho_{c,c}$ 的确定按照式(7-14)计算：

$$\rho_{c,c}=m_w+m_c+m_s+m_g \tag{7-14}$$

混凝土配合比校正系数 δ 按照式(7-15)计算：

$$\delta=\frac{\rho_{c,t}}{\rho_{c,c}} \tag{7-15}$$

式中　$\rho_{c,t}$——混凝土表观密度实测值，kg/m^3；

　　　$\rho_{c,c}$——混凝土表观密度计算值，kg/m^3。

当混凝土表观密度实测值与计算值之差的绝对值不超过计算值的2%时，则按上述方法计算确定的配合比为确定的实验室配合比；当两者之差超过2%时，应将配合比中每项材料用量均乘以校正系数的值，即为确定的实验室配合比。

（3）施工配合比的确定

实验室得出的配合比是以干燥材料为基准的，而工地存放的砂、石材料都含有一定的水分。所以现场材料的实际称量应按工地砂、石的含水情况进行修正，修正后的配合比，称为施工配合比。假设工地测出砂的含水率为 $a\%$、石子的含水率为 $b\%$，则上述实验室配合比换算为施工配合比为（每 $1m^3$ 各材料用量）：

$$\begin{cases} M'_c=m_c \\ m'=m_s(1+a\%) \\ m'_g=m_g(1+b\%) \\ m'_w=m_w-m_s\times a\%-m_g\times b\% \end{cases} \tag{7-16}$$

7.3.3.5 混凝土的质量评定（强度评定）

混凝土在正常连续生产的情况下，可用数理统计法来检验混凝土强度或其他技术指标是否达到质量要求。统计方法用算术平均值、标准值、变异系数和保证率等参数综合地评定混凝土的质量。在混凝土生产质量管理中，由于混凝土的抗压强度与其他性能有较好的相关性，因此，实际工程中混凝土的质量一般以抗压强度进行评定。

混凝土强度应分批进行检验评定。一个验收批的混凝土，应由强度等级相同、龄期相同、生产工艺条件和配合比基本相同的混凝土组成。

对大批量、连续生产的混凝土的强度应按《混凝土强度检验评定标准》(GB/T 50107—2010）中规定的统计方法评定，对小批量或零星生产的混凝土的强度应按标准中规定的非统计方法评定。

(1) 统计方法一

当连续生产的混凝土，生产条件在较长时间内保持一致，且同一品种、同一强度等级混凝土的强度变异性能保持稳定时，对混凝土的强度进行评定，一个检验批的样品容量应为连续的三组试件，其强度应同时符合下列规定：

$$m_{f_{cu}} \geqslant f_{cu,k} + 0.7\sigma_0 \tag{7-17}$$

$$f_{cu,min} \geqslant f_{cu,k} - 0.7\sigma_0 \tag{7-18}$$

检验批混凝土立方体抗压强度的标准差应按下式计算（$f_{cu,k}$ 中的 k 值前面有说明）：

$$\sigma_0 = \sqrt{\frac{\sum_{i=1}^{n} f_{cu,i}^2 - nu_{f_{cu}}^2}{n-1}} \tag{7-19}$$

当混凝土强度等级不高于 C20 时，其强度最小值尚应满足下式要求：

$$f_{cu,min} \geqslant 0.85 f_{cu,k} \tag{7-20}$$

当混凝土强度等级高于 C20 时，其强度最小值尚应满足下式要求：

$$f_{cu,min} \geqslant 0.90 f_{cu,k} \tag{7-21}$$

式中 $m_{f_{cu}}$——同一检验批混凝土立方体抗压强度的平均值，N/mm^2，其值精确到 $0.1N/mm^2$；

$f_{cu,min}$——同一检验批混凝土立方体抗压强度中的最小值，N/mm^2，其值精确到 $0.1N/mm^2$；

$f_{cu,k}$——混凝土立方体抗压强度标准值，N/mm^2，其值精确到 $0.1N/mm^2$；

σ_0——检验批混凝土立方体抗压强度标准差，N/mm^2，其值精确到 $0.1N/mm^2$，当检验批混凝土强度标准差 σ_0 计算值小于 $2.5N/mm^2$ 时，应取 $2.5N/mm^2$；

$f_{cu,i}$——前一检验期内同一品种、同一强度等级的第 f 组混凝土试件的立方体抗压强度代表值，N/mm^2，其值精确到 $0.1N/mm^2$，该检验期不应少于 60d，也不得大于 90d；

n——前一检验期的样本容量，在该期间内样本容量不应少于 45。

(2) 统计方法二

当样本容量不少于 10 组时，其强度应同时满足下列公式的要求：

$$f_{cu,min} \geqslant \lambda_2 f_{cu,k}$$

$$m_{f_{cu}} \geqslant f_{cu,k} + \lambda_1 S_{f_{cu}} \tag{7-22}$$

同一检验批混凝土立方体抗压强度的标准差应按下式计算：

$$S_{f_{cu}}=\sqrt{\frac{\sum_{i=1}^{n}f_{cu,i}^{2}-nu_{f_{cu}}^{2}}{n-1}} \tag{7-23}$$

式中　$S_{f_{cu}}$——同一检验批混凝土立方体抗压强度标准差，N/mm^2，其值精确到 $0.01N/mm^2$，当检验批混凝土强度标准差 $S_{f_{cu}}$ 计算值小于 $2.5N/mm^2$ 时，应取 $2.5N/mm^2$；

n——本检验期内的样本容量；

λ_1，λ_2——合格判定系数，按表7-15取用。

表7-15　混凝土强度统计方法的合格判定系数

合格判定系数	试件组数10～14	试件组数15～19	试件组数≥20
λ_1	1.15	1.05	0.95
λ_2	0.90	0.85	0.85

（3）非统计方法

当用于评定的样本容量少于10组时，应采用非统计方法评定混凝土强度，其强度应同时符合下列规定：

$$m_{f_{cu}}\geqslant\lambda_3 f_{cu,k} \tag{7-24}$$

$$f_{cu,min}\geqslant\lambda_4 f_{cu,k} \tag{7-25}$$

式中，λ_3、λ_4 均为合格判定系数，按表7-16取用。

表7-16　混凝土强度非统计方法的合格判定系数

合格判定系数	混凝土强度等级<C60	混凝土强度等级≥C60
λ_3	1.15	1.10
λ_4	0.95	0.95

混凝土强度的合格判断：当检验结果能满足上述统计方法一或统计方法二或非统计方法要求时，则该批混凝土判定为合格；当不满足时，该批混凝土判定为不合格。

7.4　建筑砂浆

7.4.1　概述

建筑砂浆是建筑工程中不可缺少的、用量很大的建筑材料。砂浆是由胶凝材料、细骨料、掺和料和水按一定比例配合调制而成的建筑工程材料。在建筑工程中起黏结、衬垫和传递应力的作用。它与普通混凝土的主要区别是组成材料中没有粗骨料。因此，建筑砂浆也称细骨料混凝土。建筑砂浆的作用主要有以下几个方面：在结构工程中，把单块的砖、石、砌块等胶结起来构成砌体，砖墙的勾缝、大型墙板和各种构件的接缝也离不开砂浆；在装饰工程中，墙面、地面及梁柱结构等表面的抹灰，镶贴天然石材、人造石材、瓷砖、锦砖等也都要使用砂浆。

7.4.2 砂浆的技术要求

砂浆的主要技术性质包括新拌砂浆的性质和硬化后砂浆的性质。砂浆拌和物与混凝土拌和物相似，应具有良好的和易性，对于硬化后的砂浆则要求具有所需要的强度、与基面的黏结强度及较小的变形。

7.4.2.1 新拌砂浆的和易性

新拌砂浆的和易性是指砂浆拌和物容易在粗糙的砖、石、砌块等基面上铺设成均匀的薄层，并能与基面材料很好地黏结，在搅拌、运输和施工过程中不易产生分层、析水现象，这种砂浆既便于施工操作，提高劳动生产率，又能保证工程质量。砂浆和易性包括流动性和保水性两个方面的性质。

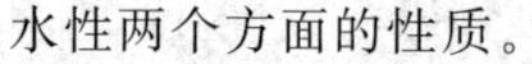

图 7-12 砂浆稠度测定仪

(1) 流动性（稠度）

流动性是指砂浆在自重或外力作用下是否易于流动的性能，也称稠度。砂浆流动性实质上反映了砂浆的稠度。流动性的大小以砂浆稠度测定仪如图 7-12 所示的圆锥体沉入砂浆中的深度（毫米数）来表示。圆锥体沉入深度越大，砂浆的流动性越大。若流动性过大，砂浆易分层、析水；若流动性过小，则不便施工操作，灰缝不易填充。所以新拌砂浆应具有适宜的稠度。

砂浆流动性的选择与砌体材料种类及吸水性能、施工条件、砌体的受力特点以及天气情况等有关。对于多孔吸水的砌体材料和高温干燥的天气，则要求砂浆的流动性要大一些（稀一些）；反之，对于密实不吸水的砌体材料和湿冷的天气，则要求砂浆的流动性要小一些（稠一些）。可参考表 7-17 和表 7-18 来选择砂浆流动性。

表 7-17 砌筑砂浆流动性要求

砌体种类	砂浆稠度/mm	砌体种类	砂浆稠度/mm
烧结普通砖砌体	70～90	烧结普通砖平拱式过梁	50～70
石砌体	30～50	空斗墙、筒拱	
轻骨料混凝土小型空心砌块砌体	60～90	普通混凝土小型空心砌块砌体	
烧结多孔砖、空心砖砌体	60～80	加气混凝土砌块砌体	

表 7-18 抹面砂浆流动性要求

抹灰工程	砂浆稠度/mm		抹灰工程	砂浆稠度/mm	
	机械工程	手工操作		机械工程	手工操作
准备层	80～90	110～120	面层	70～80	90～100
底层	70～80	70～80	石膏浆面层	—	90～120

影响砂浆流动性的主要因素如下：胶凝材料及掺和料的种类和用量，砂的粗细程度、形状及级配，用水量，外加剂种类与掺量，搅拌时间等。

(2) 保水性

砂浆的保水性是指新拌砂浆能够保持水分不容易析出的能力，也表示砂浆中各组成材料是否易分离的性能。

新拌砂浆在存放、运输和使用过程中，都必须保持其水分不致很快流失，才能便于施工操作且保证工程质量。如果砂浆保水性不好，在施工过程中很容易泌水、分层、离析或水分易被基面所吸收，使砂浆变得干稠，致使施工困难，同时影响胶凝材料的正常水化硬化，降低砂浆本身强度以及与基层的黏结强度。因此，砂浆要具有良好的保水性。一般来说，砂浆内胶凝材料充足，尤其是掺加了石灰膏和黏土膏等掺和料后，砂浆的保水性均较好，砂浆中掺入加气剂、微沫剂、塑化剂等也能改善砂浆的保水性和流动性。

但是砌筑砂浆的保水性并非越高越好，对于不吸水基层的砌筑砂浆，保水性太高会使得砂浆内部水分早期无法蒸发释放，从而不利于砂浆强度的增长，并且增大了砂浆的干缩裂缝，降低了整个砌体的整体性。

砂浆的保水性用砂浆分层度测定仪测定，以分层度(mm)表示。分层度的测定是将已测定稠度的砂浆装满分层度筒内（分层度筒内径为150mm，分为上下两节，上节高度为200mm，下节高度为100mm），如图7-13所示。轻轻敲击筒周围1～2下，刮去多余的砂浆并抹平。静置30min后，去掉上部200mm砂浆，取出剩余100mm砂浆，倒入搅拌锅中，拌和2min再测稠度，前后两次测得的稠度差值即为砂浆的分层度（以mm计）。砂浆合理的分层度应控制在10～20mm，分层度大于20mm的砂浆容易离析、泌水、分层或水分流失过快，不便于施工和水泥硬化。一般水泥砂浆分层度不宜超过30mm，水泥混合砂浆分层度不宜超过20mm。若分层度过小，如分层度为零的砂浆，虽然保水性很强，上下无分层现象，但这种砂浆易发生干缩裂缝，影响黏结力，因此不宜作抹灰砂浆。

图7-13 分层度筒

7.4.2.2 *硬化后砂浆的性质*

(1) 抗压强度与强度等级

砂浆强度等级是以70.7mm×70.7mm×70.7mm的6个立方体试块，按标准条件［温度为(20±1)℃，水泥砂浆的相对湿度在90%以上，混合砂浆的相对湿度在60%～80%之间］养护至28d的抗压强度平均值确定的。

根据《砌筑砂浆配合比设计规程》(JGJ/T 98—2010)的规定，水泥砂浆及预拌砂浆的强度等级分为M5、M7.5、M10、M15、M20、M25、M30 7个等级，水泥混合砂浆的强度等级分为M5、M7.5、M10、M15 4个等级。

砂浆的实际强度除了与水泥的强度和用量有关外，还与基底材料的吸水性有关，因此其强度可分为下列两种情况。

① 不吸水基层材料。影响砂浆强度的因素与混凝土基本相同，主要取决于水泥强度和灰水比，即砂浆的强度与水泥强度和灰水比成正比关系。砂浆强度计算公式为：

$$f_{mu}=0.29f_{ce}\left(\frac{C}{W}-0.40\right) \tag{7-26}$$

② 吸水性基层材料。砂浆强度主要取决于水泥强度和水泥用量，而与灰水比无关。砂浆强度计算公式如下：

$$f_{mu}=f_{ce}Q_c\frac{A}{1000}+B \tag{7-27}$$

式中 f_{mu}——砂浆 28d 抗压强度，MPa；

f_{ce}——水泥的实测强度值，MPa；

Q_c——每立方米砂浆中的水泥用量，kg/m^3；

A，B——砂浆的特征系数，其中，$A=3.03$，$B=-15.09$。

(2) 黏结性

砌筑砂浆必须具有足够的黏结力，才能将砌筑材料黏结成一个整体，因此，要求砂浆与基材之间应有一定的黏结强度。两者黏结得越牢，整个砌体的整体性、强度、耐久性及抗震性等越好。

一般来说，砂浆抗压强度越高，其与基材的黏结强度越高。此外，砂浆的黏结强度与基层材料的表面状态、清洁程度、湿润状况以及施工养护等条件有很大关系。同时，它还与砂浆的胶凝材料种类有很大关系，加入聚合物可使砂浆的黏结性大为提高。

实际上，对砌体这个整体来说，砂浆的黏结性较砂浆的抗压强度更为重要。但是，考虑到我国的实际情况，以及抗压强度相对来说容易测定，因此将砂浆抗压强度作为必检项目和配合比设计的依据。

(3) 变形性

砌筑砂浆在承受荷载或在温度变化时会产生变形。如果变形过大或不均匀，则容易使砌体的整体性下降，产生沉陷或裂缝，影响到整个砌体的质量。抹面砂浆在空气中容易产生收缩等变形，变形过大也会使面层产生裂纹或剥离等质量问题。因此要求砂浆具有较小的变形性。

影响砂浆变形性的因素很多，如胶凝材料的种类和用量、用水量、细骨料的种类、级配和质量以及外部环境条件等。

(4) 抗冻性

强度等级在 M2.5 以上的砂浆常用于受冻融影响较多的建筑部位。当设计中有冻融循环要求时，必须进行冻融试验，经冻融试验后，质量损失率不应大于 5%，强度损失率不应大于 25%。

7.4.3 砌筑砂浆

凡用于砌筑砖、石砌体或各种砌块、混凝土构件接缝等的砂浆称为砌筑砂浆。如砌筑基础、墙身、柱、拱等建筑物和构造物。砌筑砂浆在建筑工程中用量最大，它起着黏结砖和砌块、传递荷载并使应力的分布较为均匀、协调变形的作用，从而提高砌体的强度、稳定性。同时，砌筑砂浆通过填充块状材料之间的缝隙，可提高建筑物保温、隔声、防潮等性能。

7.4.3.1 *砌筑砂浆的组成材料*

(1) 水泥

水泥是砌筑砂浆的主要胶凝材料，常用水泥均可以用来配制砂浆。水泥品种的选择与混凝土相同，可根据砌筑部位、环境条件等选择适宜的水泥品种。通常对水泥的强度要求并不很高，一般采用中等强度等级的水泥就能够满足要求。在配制砌筑砂浆时，选择水泥强度等级一般为砂浆强度等级的4～5倍。但水泥砂浆采用的水泥，其强度等级不宜大于32.5级，水泥混合砂浆采用的水泥，其强度等级不宜大于42.5级。如果水泥强度等级过高，可适当掺入掺和料。不同品种的水泥，不得混合使用。为合理利用资源、节约材料，在配制砂浆时要尽量选用低强度等级水泥或砌筑水泥。对于一些特殊用途的砂浆，如修补裂缝、预制构件嵌缝、结构加固等，可采用膨胀水泥。装饰砂浆采用白水泥与彩色水泥等。

(2) 掺和料

为了改善砂浆的和易性和节约水泥，降低砂浆成本，在配制砂浆时，常在砂浆中掺入适量的磨细生石灰、石灰膏、石膏、粉煤灰、黏土膏、电石膏等物质作为掺和料。为了保证砂浆的质量，经常将生石灰先熟化成石灰膏。制成的膏类物质稠度一般为(120±5)mm，如果现场施工时，发现石灰膏稠度与试配时不一致，可参照表7-19进行换算。消石灰粉不得直接使用于砂浆中。

表7-19 石灰膏不同稠度时的换算系数

石灰膏稠度/mm	120	110	100	90	80	70	60	50	40	30
换算系数	1.00	0.99	0.97	0.95	0.93	0.92	0.90	0.88	0.87	0.86

(3) 聚合物

在许多特殊的场合可采用聚合物作为砂浆的胶凝材料，由于聚合物为链型或体型高分子化合物，且黏性好，在砂浆中可呈膜状大面积分布，因此可提高砂浆的黏结性、韧性和抗冲击性，同时也有利于提高砂浆的抗渗、抗碳化等耐久性能，但是可能会使砂浆抗压强度下降。常用的聚合物有聚醋酸乙烯酯、甲基纤维素醚、聚乙烯醇、聚酯树脂、环氧树脂等。

(4) 细集料

配制砂浆的细集料最常用的是天然砂。砂应符合混凝土用砂的技术性质要求。由于砂浆层较薄，因此砂的最大粒径应有所限制，理论上不应超过砂浆层厚度的1/5～1/4。例如，砖砌体用砂浆宜选用中砂，其最大粒径不大于2.5mm；石砌体用砂浆宜选用粗砂，其最大粒径不大于5.0mm；光滑的抹面及勾缝的砂浆宜采用细砂，其最大粒径不大于1.2mm。为保证砂浆质量，尤其在配制高强度砂浆时，应选用洁净的砂。因此对砂含泥量应予以限制，例如砌筑砂浆的砂含泥量不应超过5%。

砂的粗细程度对砂浆的水泥用量、和易性、强度及收缩等影响很大。

(5) 水

拌制砂浆用水与混凝土拌和用水的要求相同，均需满足《混凝土用水标准》(JGJ 63—2006)的规定。

(6) 外加剂

为改善新拌及硬化后砂浆的各种性能或赋予砂浆某些特殊性能，常在砂浆中掺入适量外加剂。为改善砂浆的和易性，提高砂浆的抗裂性、抗冻性及保温性，可掺入微沫剂、减水剂等外加剂；为增强砂浆的防水性和抗渗性，可掺入防水剂等；为增强砂浆的保温隔热性能，除选用轻质细骨料外，还可掺入引气剂提高砂浆的孔隙率。混凝土中使用的外加剂，对砂浆也具有相应的作用。

7.4.3.2 砌筑砂浆配合比的设计

砌筑砂浆是将砖、石、砌块等黏结成为砌体的砂浆。砌筑砂浆主要起黏结、传递应力的作用，是砌体的重要组成部分。

砌筑砂浆可根据工程类别及砌体部位的设计要求，确定砂浆的强度等级，然后选定其配合比。一般情况下，可以查阅有关手册和资料来选择配合比，但如果工程量较大、砌体部位较为重要或掺入外加剂等非常规材料，为保证质量和降低造价，应进行配合比设计。经过计算、试配、调整，从而确定施工用的配合比。

目前常用的砌筑砂浆有水泥砂浆和水泥混合砂浆两大类。根据《砌筑砂浆配合比设计规程》(JGJ 98—2010) 规定，现场配制水泥混合砂浆，配合比设计或选用步骤如下。

(1) 确定试配强度

砂浆的试配强度可按下式确定：

$$f_{m,0}=kf_2 \tag{7-28}$$

式中 $f_{m,0}$——砂浆的试配强度，MPa，可精确至0.1MPa；

f_2——砂浆强度等级值，MPa，可精确至0.1MPa；

k——系数，按表7-20取值。

表7-20 砂浆强度标准差 σ 及 k 值

施工水平	强度标准差 σ/MPa							k
	M5	M7.5	M10	M15	M20	M25	M30	
优良	1.00	1.50	2.00	3.00	4.00	5.00	6.00	1.15
一般	1.25	1.88	2.50	3.75	5.00	6.25	7.50	1.20
较差	1.50	2.25	3.00	4.50	6.00	7.50	9.00	1.25

(2) 计算砌筑砂浆现场强度标准差

砌筑砂浆现场强度标准差可按下式确定：

$$\sigma=\sqrt{\frac{\sum_{i=1}^{n}f_{m,i}^{2}-n\mu_{f_m}^{2}}{n-1}} \tag{7-29}$$

式中 $f_{m,i}$——统计周期内同一品种砂浆第 i 组试件的强度，MPa；

μ_{f_m}——统计周期内同一品种砂浆 n 组试件强度的平均值，MPa；

n——统计周期内同一品种砂浆试件的组数，$n\geqslant25$。

当没有近期统计资料时，砂浆现场强度标准差 σ 可按表7-20取用。

(3) 计算每立方米砂浆中水泥用量

计算公式如下：

$$Q_c=\frac{1000(f_{m,0}-B)}{Af_{ce}} \tag{7-30}$$

式中 Q_c——每立方米砂浆中的水泥用量，kg/m^3，可精确至 $1kg/m^3$；

$f_{m,0}$——砂浆的试配强度，MPa，可精确至0.1MPa；

f_{ce}——水泥的实测强度，MPa，可精确至0.1MPa；

A，B——砂浆的特征系数，其中，$A=3.03$，$B=-15.09$。

在无法取得水泥的实测强度 f_{ce} 时，可按下式计算：

$$f_{ce}=\gamma_c f_{ce,k} \tag{7-31}$$

式中　$f_{ce,k}$——水泥强度等级对应的强度值，MPa；

γ_c——水泥强度等级值的富余系数，该值应按实际统计资料确定，无统计资料时取 $\gamma_c=1.0$。

当计算出水泥砂浆中的水泥用量不足200kg/m³时，应按200kg/m³采用。

（4）水泥混合砂浆的掺和料用量

水泥混合砂浆的掺和料应按下式计算：

$$Q_D=Q_A-Q_C \tag{7-32}$$

式中　Q_D——每立方米砂浆中掺和料用量，kg/m³，可精确至1kg/m³；

Q_C——每立方米砂浆中水泥用量，kg/m³，可精确至1kg/m³；

Q_A——每立方米砂浆中水泥和掺和料的总量，kg/m³，可精确至1kg/m³，可为350kg/m³。

石灰膏、黏土膏使用时的稠度为（120±5）mm。

（5）确定砂子用量

每立方米砂浆中砂子用量 Q_S（kg/m³）应以干燥状态（含水率小于0.5%）的堆积密度作为计算值，即1m³的砂浆含有1m³堆积体积的砂子。

（6）确定用水量

每立方米砂浆中用水量 Q_W（kg/m³）可根据砂浆稠度要求选用240～310kg/m³。

应注意以下几点。

① 混合砂浆中的用水量，不包括石灰膏或黏土膏中的水。

② 当采用细砂或粗砂时，用水量分别取上限或下限。

③ 稠度小于70mm时，用水量可小于下限。

④ 施工现场气候炎热或干燥季节，可酌量增加用水量。

（7）水泥砂浆配合比的选用

水泥砂浆各种材料用量可按表7-21选用。

表7-21　水泥砂浆各种材料用量

强度等级	水泥用量/(kg/m³)	砂	用水量/(kg/m³)
M5	200～230	砂的堆积密度值	270～330
M7.5	230～260		
M10	260～290		
M15	290～330		
M20	340～400		
M25	360～410		
M30	430～480		

注：1. M15及M15以下强度等级的水泥砂浆，水泥强度等级为32.5级，M15以上强度等级的水泥砂浆，水泥强度等级为42.5级。

2. 当采用细砂或粗砂时，用水量分别取上限或下限。

3. 稠度小于70mm时，用水量可小于下限。

4. 施工现场气候炎热或干燥时，可酌量增加用水量。

5. 试配强度应按式（7-26）进行计算。

（8）配合比的试配、调整与确定

砂浆试配时应采用工程中实际使用的材料。搅拌采用机械搅拌，搅拌时间自投料结束后算起，水泥砂浆和水泥混合砂浆不得少于120s，掺用粉煤灰和外加剂的砂浆不得少于180s。

按计算或查表选用的配合比进行试拌，测定其拌和物的稠度和分层度，若不能满足要求，则应调整用水量和掺和料用量，直至符合要求为止。此时的配合比为砂浆基准配合比。

为了保证所测定的砂浆强度在设计要求范围内，试配时应至少采用三个不同的配合比，其中一个为基准配合比，另外两个配合比的水泥用量按基准配合比分别增加或减少10%，在保证稠度和分层度合格的条件下，可将用水量或掺和料用量做相应调整。按《建筑砂浆基本性能试验方法》(JGJ 70—2009）的规定成型试件，测定砂浆强度。选定符合试配强度要求且水泥用量最少的配合比作为砂浆配合比。

砂浆配合比以各种材料用量的比例形式表示如下：

$$\text{水泥}:\text{掺和料}:\text{砂}:\text{水}=Q_C:Q_D:Q_S:Q_W \tag{7-33}$$

7.4.4 抹面砂浆

抹面砂浆也称抹灰砂浆，凡涂抹在基底材料表面，兼有保护基层和增加美观作用的砂浆，均可称为抹面砂浆，其作用是保护墙体不受风雨、潮气等侵蚀，提高墙体防潮、防风化、防腐蚀的能力，同时使墙面、地面等建筑部位平整、光滑、清洁、美观。

与砌筑砂浆相比，抹面砂浆的特点和技术要求有：抹面层不承受荷载；抹面砂浆应具有良好的和易性，容易涂抹成均匀平整的薄层，便于施工；抹面层与基底层要有足够的黏结强度，使其在施工中或长期自重和环境作用下不脱落、不开裂；抹面层多为薄层，并分层涂抹，面层要求平整、光洁、细致、美观；多用于干燥环境，大面积暴露在空气中。

抹面砂浆的主要组成材料仍是水泥、石灰或石膏以及天然砂等，对这些原材料的质量要求同砌筑砂浆。但根据抹面砂浆的使用特点，对其主要技术要求不是抗压强度，而是和易性及其与基层材料的黏结力。为此，常需多用一些胶结材料，并加入适量的有机聚合物以增强黏结力。另外，为减少抹面砂浆因收缩而引起开裂，常在砂浆中加入一定量纤维材料。

7.4.4.1 普通抹面砂浆

普通抹面砂浆对建筑物和墙体起到保护作用。它可以抵抗风、雨、雪等自然环境对建筑物的侵蚀，并提高建筑物的耐久性，同时经过抹面的建筑物表面或墙面又可以达到平整、光洁、美观的效果。

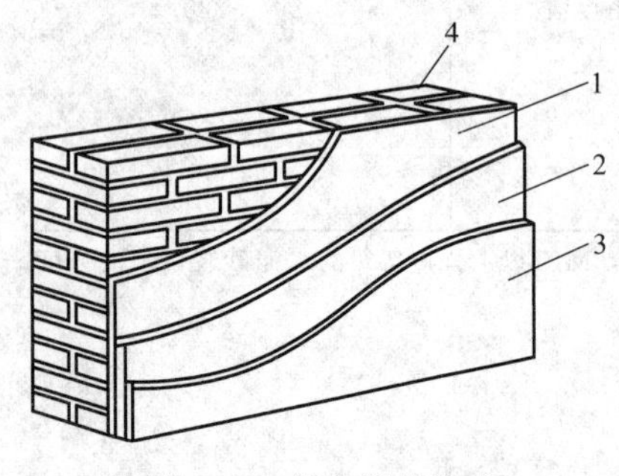

图 7-14 抹灰层的组成

1—底层；2—中层；3—面层；4—基层

常用的普通抹面砂浆有水泥砂浆、石灰砂浆、水泥混合砂浆、麻刀石灰砂浆（简称麻刀灰）、纸筋石灰砂浆（简称纸筋灰）等。如图7-14所示，普通抹面砂浆通常分为两层或三层进行施工。底层抹灰的作用是使砂浆与基底能牢固地黏结，因此要求底层砂浆具有良好的和易性、保水性和较好的黏结强度。中层抹灰主要是找平，有时可省略。面层抹灰是为了获得平整、光洁的表面效果。

各层抹灰面的作用和要求不同，因此每层所选用的砂浆也不一样。同时，不同的基底材料和工程部位，对砂浆技术性能要求也不同，这也是选择砂浆种类的主要依据。

水泥砂浆宜用于潮湿或强度要求较高的部位；混合砂浆多用于室内底层或中层或面层抹灰；石灰砂浆、麻刀灰、纸筋灰多用于室内中层或面层抹灰。水泥砂浆不得涂抹在石灰砂浆层上。

普通抹面砂浆的组成材料及配合比，可根据使用部位及基底材料的特性确定，一般情况下参考有关资料和手册选用。

7.4.4.2 防水砂浆

防水砂浆是指用于制作防水层的抗渗性较高的砂浆。砂浆防水层又称刚性防水层，适用于不受振动和具有一定刚度的混凝土或砖、石砌体工程，用于水塔、水池等的防水。防水砂浆主要有以下三种类型。

(1) 水泥砂浆

水泥砂浆是由水泥、细骨料、掺和料和水制成的砂浆。普通水泥砂浆多层抹面用作防水层。

(2) 掺加防水剂的防水砂浆

在水泥砂浆中掺入一定量的防水剂而制成的防水砂浆是目前应用最广泛的一种防水砂浆。常用的防水剂的品种有硅酸钠类、金属皂类、氯化物金属盐类及有机硅类。加入防水剂可提高水泥砂浆的密实性，提高防水层的抗渗能力。

(3) 膨胀水泥和无收缩水泥配制砂浆

由于膨胀水泥具有微膨胀或补偿收缩性能，从而能提高砂浆的密实性和抗渗性。

防水砂浆的配合比为水泥与砂的质量比，一般不宜大于1∶2.5，水灰比应为0.50～0.60，稠度不应大于80mm。

防水砂浆的施工方法有人工多层抹压法和喷射法等。各种方法都以防水抗渗为目的，减少内部连通毛细孔，提高密实度。

7.4.4.3 特种砂浆

常见的特种砂浆主要有以下五种。

(1) 保温砂浆

保温砂浆是以水泥、石灰、石膏等胶凝材料与膨胀珍珠岩、膨胀蛭石、火山渣或浮石、陶砂等轻质多孔骨料，按一定比例配制成的砂浆，具有轻质和保温性能良好的特点，其热导率为0.07～0.1W/(m·K)。

应用：保温砂浆可用于平屋顶保温层和顶棚、内墙抹灰，以及供热管道的保温防护。

(2) 吸声砂浆

吸声砂浆一般采用轻质多孔骨料拌制而成，由于其骨料内部孔隙率大，因此吸声性能也十分优良。吸声砂浆还可以在砂浆中掺入锯末、玻璃纤维、矿物棉等材料拌制而成。

应用：吸声砂浆主要用于室内吸声墙面和顶面。

(3) 耐腐蚀砂浆

耐腐蚀砂浆按性能可分为以下三类。

① 水玻璃类耐酸砂浆。一般采用水玻璃作为胶凝材料拌制而成，常常掺入氟硅酸钠作

为促硬剂。

应用： 耐酸砂浆主要作为衬砌材料、耐酸地面或内壁防护层等。

② 耐碱砂浆。使用42.5强度等级以上的普通硅酸盐水泥（水泥熟料中铝酸三钙含量应小于9%），细骨料可采用耐碱、密实的石灰岩类（石灰岩、白云岩、大理岩等）、火成岩类（辉绿岩、花岗岩等）制成的砂和粉料，也可采用石英质的普通砂。

应用： 耐碱砂浆可耐一定温度和浓度下的氢氧化钠和铝酸钠溶液的腐蚀，以及任何浓度的氨水、碳酸钠、碱性气体和粉尘等的腐蚀。主要用于发电厂、化学厂房、特种锅炉房、核电站等有特殊防腐蚀要求的工程中。

③ 硫黄砂浆。以硫黄为胶凝材料，加入填料、增韧剂，经加热熬制而成的砂浆。采用石英粉、辉绿岩粉、安山岩粉作为耐酸粉料和细骨料。硫黄砂浆具有良好的耐腐蚀性，几乎能耐大部分有机酸、无机酸、中性盐和酸性盐的腐蚀，对乳酸也有很强的耐腐蚀能力。

（4）防辐射砂浆

防辐射砂浆是采用重水泥（钡水泥、锶水泥）或重质骨料（黄铁矿、重晶石、硼砂等）拌制而成的，可防止各类辐射的砂浆。

应用： 主要用于有防辐射要求的工业类、医疗类、军事类建筑中的射线防护工程。

（5）聚合物砂浆

聚合物砂浆是在水泥砂浆中加入有机聚合物乳液配制而成的，具有黏结力强、干缩率小、脆性低、耐腐蚀性好等特性，用于修补和防护工程。常用的聚合物乳液有氯丁橡胶乳液、丁苯橡胶乳液、丙烯酸树脂乳液等。

7.4.4.4　干粉砂浆

（1）基本概念

干粉砂浆是指经干燥筛分处理的骨料（如石英砂）、无机胶凝材料（如水泥）和添加剂（如聚合物）等按一定比例进行物理混合而成的一种颗粒状或粉状，以袋装或散装的形式运至工地，加水拌和后即可直接使用的物料，又称砂浆干粉料、干混料、干拌粉、干混砂浆。有些建筑黏合剂也属于此类。干粉砂浆在建筑行业中以薄层发挥黏结、衬垫、防护和装饰作用，在建筑和装修工程中应用得极为广泛。在干粉砂浆出现之前，所使用的砂浆大都在施工现场拌制。因材料来源不固定、储存过程中易变质、配合比例变化大、拌和均匀性差等原因，造成现场拌制砂浆强度不稳定、抗渗抗裂性差、收缩率大，这些是粉刷开裂、起翘、剥落、渗漏等建筑质量问题发生的主要原因。同时，现场配制砂浆不可避免地造成资源浪费和环境污染。

应用： 我国干粉砂浆主要分为两大类：一类是普通干粉砂浆，包括砌筑砂浆、抹灰砂浆和地面砂浆；另一类是特种干粉砂浆，包括瓷砖胶黏剂、保温用砂浆、腻子、填缝剂、自流平砂浆、耐磨砂浆、界面处理砂浆、防水砂浆、粉末涂料和修补砂浆等。

（2）现场拌制砂浆与干粉砂浆的比较

砂浆作为一种建筑材料，已有上千年的历史，但砂浆的生产方式却一直沿用上千年的施工现场拌制方式。伴随着建筑技术的发展，对施工工效和建筑质量的要求不断提高，现场拌制砂浆的缺点也逐步显露出来。现场拌制砂浆存在的问题主要有以下几个方面。

① 配合比设计的随意性较大，严重影响材料的内在质量。由于施工队伍众多，施工单位的技术水平良莠不齐，往往凭经验或从别处借鉴配方，对自己选用的原材料的特性分析不足，又缺乏系统的材料性能检验，造成砂浆性能低下，给工程带来隐患。

② 现场计量控制不准造成质量波动。大多数现场仍停留在人工计量的阶段，这样称量误差很大。后果是胶结料少了，会造成强度下降；胶结料多了，一方面会增加成本，同时又会因为水泥的收缩问题而产生裂缝。

③ 混合均匀性难以保证。现场搅拌一般采用小型砂浆搅拌机，对于微掺量的添加剂分散能力差，常会出现拌和不均匀的现象。

④ 生产效率低。劳动强度大，劳动时间长，用于单位工程的人工费用增加。

⑤ 原材料对砂浆性能的影响增大。不同用途的砂浆，对集料、胶结料有着不同的要求。在施工现场生产，限于条件和工期的限制，不可能一一满足。

⑥ 对环境污染大。原料在存放和生产时会形成粉尘、噪声等污染源，对周围环境造成污染。

⑦ 影响建筑功能，造成事故隐患。由于没有科学的经验数学模型的指引，砂浆质量的控制只能采用同期制作试件，到养护龄期后进行后期验证的办法。即使有问题，也难以弥补。由此而造成的墙体开裂、渗水、色差及抹灰层空鼓、脱落的现象时有发生。

为此，对砂浆生产方式进行改革成为必然。砂浆进行工厂化生产，在依据砂浆用途的选材和配合比设计方面，由更具专业化的工程师进行，在设施全面的实验室进行系统的检验，采用电子化计量、专业化生产管理和专门的混合设备进行集中生产，就能够有效地解决上述问题。

（3）干粉砂浆的特点和优势

和传统现场搅拌砂浆相比，干粉砂浆具有如下众多优点。

① 品质优异。干粉砂浆由专业生产厂家按照科学的配方，通过精确的计量，大规模自动化生产而成，其搅拌均匀度高，质量可靠且稳定，适当的外加剂保证了产品能满足特殊的质量要求。

② 品种丰富。生产的灵活性高，可按照不同的要求生产各种性能优越的砂浆。

③ 施工性能良好。易涂刮，可免去基材预湿和后期淋水养护等工作，湿砂浆对其材料的附着力高，不下垂、不流挂。

④ 使用方便。加水搅拌即可直接使用；便于运输和存放，随时随地可以定量供应，用多少，混合多少，无损失浪费，既节约了原材料，又方便了施工管理；施工现场避免堆积大量的各种原材料，减少对周围环境的影响，尤其在大中城市的建筑翻新改造工程中，可以解决因交通拥挤、现场狭窄造成的许多问题。

⑤ 绿色环保。产品无毒、无味，有利于健康居住，是真正的绿色材料；建筑工地无灰尘，益于环境，达到文明施工；部分产品可以将粉煤灰等工业废料进行再生利用，减少废弃物对环境的污染，同时降低生产成本；在高新技术如纳米技术的应用方面也有非常独到的地方，如在内外墙用干粉砂浆中添加不同的纳米材料，可以使内外墙具有净化空气中的废气等

以及自动调节室内空气中的湿度、温度等功能；部分产品的隔热保温技术还可使建筑节能达到50%以上。

⑥ 经济性。节省材料储存费用，无浪费（现场搅拌有20%～30%的材料损失）；适合机械化施工，缩短建筑周期，降低建筑造价；适合薄层施工，增加建筑实用空间；解决了传统砂浆的固有缺陷，因此能保证和提高建筑施工质量，工程质量明显提高，大量节省后期维修费用。

在建筑行业不断发展，人们对环境保护和健康居住的要求日益提高的今天，干粉砂浆这种新型绿色环保建筑材料已逐渐被人们所接受，并成为世界建材行业中发展最快的一种新产品。

7.4.5 装饰砂浆

涂抹在建筑物内外墙表面，以增加建筑物美观效果的砂浆称为装饰砂浆。装饰砂浆的底层和中层抹灰与普通抹面砂浆基本相同，但是其面层要选用具有一定颜色的胶凝材料和骨料并采用特殊的施工操作方法，使得建筑物表面呈现各种不同的色彩、线条和花纹等装饰效果。普通抹面砂浆虽有一定的装饰作用，但毕竟是非常有限的。装饰砂浆是指专门用于建筑物室内外表面装饰，以增加建筑物外观美为主要作用的砂浆。它是在抹面施工的同时，经各种艺术处理而获得特殊的表面形式，以满足艺术审美需要的一种表面装饰。

7.4.5.1 装饰砂浆的种类及其饰面特性

装饰砂浆主要饰面方式可分为灰浆类饰面和石渣类饰面两大类。

(1) 灰浆类饰面

主要通过水泥砂浆的着色或对水泥砂浆表面进行艺术加工，从而获得具有特殊色彩、线条、纹理等质感的饰面。其主要优点是材料来源广泛，施工操作简便，造价比较低廉，而且通过不同的工艺加工，可以创造不同的装饰效果。常用的灰浆类饰面有拉毛、甩毛、搓毛、喷毛、仿面砖、仿毛石、拉条、喷涂、弹涂等饰面做法。

(2) 石渣类饰面

用水泥（普通水泥、白水泥或彩色水泥）、石渣、水拌成石渣浆，同时采用不同的加工手段除去表面水泥浆皮，使石渣呈现不同的外露形式，以及通过水泥浆与石渣的色泽对比构成不同的装饰效果。石渣是天然的大理石、花岗石以及其他天然石材经破碎而成，俗称米石。常用的规格有大八厘（粒径为8mm）、中八厘（粒径为6mm）、小八厘（粒径为4mm）。

常用的石渣类饰面有水刷石、干黏石、斩假石、水磨石等，装饰效果各具特色。在质感方面，水刷石最为粗犷，干黏石粗中带细，斩假石典雅庄重，水磨石润滑细腻。在颜色和花纹方面，水磨石色泽华丽、花纹美观，斩假石的颜色与斩凿的灰色花岗石相似，水刷石的颜色有青灰色、奶黄色等，干黏石的色彩取决于石渣的颜色。

石渣类饰面与灰浆类饰面相比，主要的区别在于，石渣类饰面主要靠石渣的颜色、颗粒形状来达到装饰目的，而灰浆类饰面则主要靠掺入颜料以及砂浆本身所能形成的质感来达到装饰目的。与石渣相比，水泥等材料的装饰质感及耐污染性比较差，而且多数石材的耐光性比颜料好，所以，石渣类饰面的色泽比较明亮，质感相对更丰富，并且不易褪色和污染。但石渣类饰面相对于灰浆类饰面而言，工效较低，造价较高。当然，随着技术与工艺的演变，这种差别正在日益缩小。

7.4.5.2 装饰砂浆的组成材料

(1) 胶凝材料

装饰砂浆所用胶凝材料与普通抹面砂浆基本相同，只是更多地使用白水泥和彩色水泥。

(2) 集料

装饰砂浆所用集料除普通砂外，还常用石英砂、彩釉砂、着色砂以及石渣、石屑、砾石、彩色瓷粒、玻璃珠等。

(3) 颜料

掺入颜料的砂浆，一般用在室外抹灰工程中，如假大理石、假面砖、喷涂、弹涂和彩色砂浆抹面。这些饰面长期处于风吹、日晒、雨淋之中，且受到大气中有害气体的腐蚀和污染等。因此，选择合适的颜料，是保证饰面质量、避免褪色和变色、延长使用年限的关键。

颜料选择要根据其价格、砂浆品种、建筑物所处环境和设计要求而定。建筑物处于受酸侵蚀的环境中时，要选用耐酸性好的颜料；受日光暴晒的部位，要选用耐光性好的颜料；碱度高的砂浆，要选用耐碱性好的颜料；设计要求鲜艳颜色，可选用色彩鲜艳的有机颜料。

7.4.5.3 灰砂类砂浆饰面

建筑工程中常用的灰砂类砂浆饰面做法包括以下十种。

(1) 拉毛灰

拉毛灰是在水泥砂浆或水泥混合砂浆抹灰中层基面上，抹上水泥混合砂浆、纸筋灰或水泥石灰砂浆等，并利用拉毛工具将砂浆拉起波纹和斑点的毛头，做出一种凹凸质感较强的饰面层。拉毛灰有拉长毛、短毛，拉粗毛、细毛之分。此外，还有条筋形拉毛等，条筋形拉毛的外观类似树皮。

应用：一般适用于有音响要求的礼堂、影剧院、会议室等室内墙面，也可用于外墙面、阳台栏板或围墙等外饰面。

(2) 甩毛灰

甩毛灰是用竹丝刷等工具将罩面灰浆往中层砂浆基面上甩洒，形成大小不一又很有规律的云朵状毛面。也有先在基质上刷水泥色浆，再甩上不同颜色的罩面灰浆，并用抹子轻轻压平，形成两种颜色的套色做法。甩出的云朵必须大小相称，纵横相间，既不杂乱无章，也不整齐划一，以免呆板。

(3) 搓毛灰

搓毛灰是在罩面灰浆初凝时，用硬木抹子由上至下搓出一条细而直的纹路，也可水平方向搓出一条L形细纹路，当纹路明显搓出后即停。这种装饰方法工艺简单、造价低、效果朴实大方。

(4) 扫毛灰

扫毛灰是用竹丝扫帚把按设计组合分格的面层砂浆，扫出不同方向的条纹，或做成仿岩石的装饰抹灰。扫毛仿石具有岩石纹理，用多种几何图形的扫毛块石和谐地组合在一起，具有一定的线形与纹理质感，造型美观，质朴淡雅，视觉舒适。不同条纹的光影作用，使不同分块面上明暗变化，形成明显的质感区别，装饰效果好。

应用： 扫毛灰做成假石以代替天然石饰面，工序简单，造价便宜，适用于影剧院、宾馆的内墙和庭院的外墙饰面。

（5）拉条抹灰

拉条抹灰是用专用模具把面层砂浆做出竖线条的饰面。模具是将松木条的一边刻成设计的凹槽，抹上面层砂浆后，立即用模具由上而下拉出线条，使面层具有一定线形的纹理质感。线条有细条形、粗条形、半圆形、波形、梯形、方形等多种形式。

应用： 适用于公共建筑的门厅、会议室、观众厅等的面层装饰。

（6）假面砖

假面砖是采用掺氧化铁系颜料的水泥砂浆，通过手工操作达到类似面砖装饰效果的饰面做法。

应用： 适合于房屋建筑外墙抹灰饰面。

（7）假大理石

假大理石是用掺入适当颜料的石膏色浆和素石膏浆按 1∶10 比例配合，通过手工操作，做成具有大理石表面特征的装饰抹灰。如果做得好，则在颜色、花纹和光洁度等方面都能接近天然大理石的效果。

应用： 适用于高级装饰工程中的内墙抹灰。

（8）外墙喷涂

外墙喷涂是用挤压式砂浆泵或喷斗将聚合物水泥砂浆喷涂在墙面基层或底灰上，形成饰面层。在涂层表面再喷一层甲基硅醇钠或甲基硅树脂疏水剂，以提高涂层耐久性和减少墙面污染。

根据涂层质感可分为：波面喷涂，其表面灰浆饱满，波纹起伏；颗粒喷涂，表面不出浆，布满细碎颗粒；花点喷涂，在波面喷涂层上，再喷以不同色调的砂浆点，远看似水刷石或花岗石饰面效果。

应用： 适用于有耐候性要求的室外建筑物、构筑物的外墙装饰。氟碳漆外墙喷涂工艺具有良好的防水功能和经济性，在现代建筑外立面装饰设计中大量采用。

（9）外墙滚涂

外墙滚涂是将聚合物水泥砂浆抹在墙体表面上，用辊子滚出花纹，再喷罩疏水剂形成饰面层。这种工艺，施工方法简单，容易掌握，对局部施工尤为适用。

应用： 适用于有耐候性要求的室外建筑物、构筑物的外墙艺术性装饰。具有良好的防水功能和经济性。

（10）弹涂

用弹涂器将不同色彩的水泥浆弹涂在基面上，形成3～5mm的扁圆形斑点，不同色点互相衬托，构成一种彩色的装饰面层。彩色水泥点硬化后再罩一层防污染的疏水涂料。

应用：适用于有耐候性要求的室外建筑物、构筑物的外墙艺术性装饰。具有良好的防水功能和经济性。

7.4.5.4 *石渣类砂浆饰面*

建筑工程中主要的石渣类砂浆饰面做法包括以下三种。

（1）水刷石

在水泥砂浆基层上，先薄刮一层水泥净浆，随即抹水泥石渣浆，其体积配合比依石渣粒径而定。当石渣粒径为8mm时，水泥∶石渣＝1∶1；粒径为6mm时，水泥∶石渣＝1∶1.25；粒径为4mm时，水泥∶石渣＝1∶1.3，水泥石渣浆厚度为石渣粒径的2.5倍。要求将水泥石渣浆拍实拍平，当它开始凝结时，用毛刷蘸水或用喷雾器把水泥浆冲洗掉，直至石渣半露为止。水刷石饰面具有石料饰面的朴实的质感效果，如果再结合适当的艺术处理，如分格、分色、凹凸线条等，可使饰面获得自然美观、明快庄重、秀丽淡雅的艺术效果。

应用：水刷石是一种颇受人们欢迎的传统外墙装饰工艺，长期以来在我国各地被广泛采用。其缺点是现场湿作业量大，劳动条件差，费工费料。水刷石除用于建筑物外墙面外，檐口、腰线、窗套、阳台、雨棚、勒脚及花台等部位亦常使用。

（2）斩假石

斩假石又称剁斧石。它是以水泥石渣浆或水泥石屑浆作面层抹灰，待其硬化具有一定强度后，用钝斧及各种凿子等工具，在面层斩剁出类似石材经雕琢的纹理效果的一种人造石材装饰方法。

斩假石在石渣类饰面的各种做法中，装饰效果最好。它既具有貌似真石的质感，又有精工细作的特点，给人以朴实自然、素雅庄重的感觉。缺点是费工费时，劳动强度大，工效较低。

应用：斩假石饰面一般多用于建筑工程中局部小面积装饰，如勒脚、台阶、柱面、扶手等。

（3）水磨石

水磨石是用水泥和有色石渣或白色大理石碎粒及水按适当比例配合，需要时掺入适量颜料，经搅拌、浇捣、养护、硬化、表面打磨、草酸冲洗、干后上蜡等工序制成。既可现场制作，也可工厂预制。表7-22为彩色水磨石参考配合比。

石渣类饰面除上述做法外，还有拉假石、干黏石等做法。它们虽同属石渣类饰面，但在装饰效果特别是质感上有明显的不同。水刷石最为粗犷，而干黏石粗中带细，斩假石则典雅凝重，而水磨石则有润滑细腻之感。在颜色和花纹方面，色泽之华丽和花纹之美观首推水磨石，斩假石的颜色一般较浅，很像斩凿过的灰色花岗石，水刷石有青灰、奶黄等颜色，干黏

表 7-22 彩色水磨石参考配合比

<table>
<tr><th>彩色水磨石名称</th><th colspan="4">主要材料/kg</th><th colspan="2">颜料(占水泥质量)/%</th></tr>
<tr><td rowspan="2">赭色水磨石</td><td colspan="2">紫红石子</td><td>黑石子</td><td>白水泥</td><td>红色</td><td>黑色</td></tr>
<tr><td colspan="2">160</td><td>40</td><td>100</td><td>2</td><td>4</td></tr>
<tr><td rowspan="2">绿色水磨石</td><td colspan="2">绿石子</td><td>黑石子</td><td>白水泥</td><td colspan="2">绿色</td></tr>
<tr><td colspan="2">160</td><td>40</td><td>100</td><td colspan="2">0.5</td></tr>
<tr><td rowspan="2">浅粉红色水磨石</td><td colspan="2">红石子</td><td>白石子</td><td>白水泥</td><td>红色</td><td>黄色</td></tr>
<tr><td colspan="2">140</td><td>60</td><td>100</td><td>适量</td><td>适量</td></tr>
<tr><td rowspan="2">浅黄绿色水磨石</td><td colspan="2">绿石子</td><td>黄石子</td><td>白水泥</td><td>黄色</td><td>绿色</td></tr>
<tr><td colspan="2">100</td><td>100</td><td>100</td><td>4</td><td>1.5</td></tr>
<tr><td rowspan="2">浅橙黄色水磨石</td><td colspan="2">黄石子</td><td>白石子</td><td>白水泥</td><td>黄色</td><td>红色</td></tr>
<tr><td colspan="2">140</td><td>60</td><td>100</td><td>2</td><td>适量</td></tr>
<tr><td rowspan="2">本色水磨石</td><td colspan="2">白石子</td><td>黄石子</td><td>42.5 级水泥</td><td colspan="2">—</td></tr>
<tr><td colspan="2">60</td><td>140</td><td>100</td><td colspan="2">—</td></tr>
<tr><td rowspan="2">白色水磨石</td><td>白石子</td><td>黑石子</td><td>黄石子</td><td>白水泥</td><td colspan="2">—</td></tr>
<tr><td>140</td><td>40</td><td>20</td><td>100</td><td colspan="2">—</td></tr>
</table>

注：白水泥为苏州光华水泥厂产 42.5 级水泥，颜料采用氧化铬绿、氧化铁黄、氧化铁红。

石的色彩主要取决于所用石渣的颜色，这三者都不能像水磨石那样，能在表面做出细巧的图案花纹。

应用：水磨石工程的做法特别适合于建筑室内工程需要耐磨、耐油腻的场合。如餐饮场所地面、办公建筑地面、公共建筑地面、过街天桥地面等处。由于其工艺复杂，定额工作效率低，在我国实际建筑工程中已被淘汰。

7.5 特种混凝土

除普通混凝土以外，还有许多特殊用途的混凝土、新兴的混凝土和采用新工艺的混凝土在建筑工程、桥梁工程、道路工程、特种军事设施工程中得到广泛应用。本节简单介绍部分品种。

7.5.1 轻混凝土

轻混凝土是一种轻质、高强、多功能的新型建筑材料，具有表观密度小、保湿性好、抗震性强等优点。轻混凝土可分为轻集料混凝土、多孔混凝土和无砂大孔混凝土三类。轻混凝土具有以下主要特点。

(1) 表观密度小

轻混凝土与普通混凝土相比，其表观密度一般可减小 1/4～3/4，使上部结构的自重明显减轻，从而显著地减少地基处理费用，并且可减小柱子的截面尺寸。又由于构件自重产生的恒载减小，因此可减少梁板的钢筋用量。此外，还可降低材料运输费用，加快施工进度。

(2) 保温性能良好

材料的表观密度是决定其热导率的最主要因素，因此轻混凝土通常具有良好的保温性能，降低建筑物使用能耗。

(3) 耐火性能良好

轻混凝土具有保温性能好、热膨胀系数小等特点，遇火强度损失小，故特别适用于耐火等级要求高的高层建筑和工业建筑。

(4) 力学性能良好

轻混凝土的弹性模量较小，受力变形较大，抗裂性较好，能有效吸收地震能，提高建筑物的抗震能力，故适用于有抗震要求的建筑。

(5) 易于加工

轻混凝土中，尤其是多孔混凝土，易于打入钉子和进行锯切加工。这给施工中固定门窗框、安装管道和电线等带来很大方便。

(6) 在主体结构中应用不多

轻混凝土在主体结构中应用尚不多，主要原因是价格较高。但是，若对建筑物进行综合经济分析，则可收到显著的技术经济效益，尤其是考虑建筑物使用阶段的节能效益，其技术经济效益更佳。

应用： 适用于耐火等级高的高层建筑和工业建筑中，也适用于有抗震要求的建筑中。

7.5.2 轻骨料混凝土

采用轻质粗骨料、轻质细骨料（或普通砂）、水泥、水配制而成，其干表观密度不大于1950kg/m^3 的混凝土称为轻骨料混凝土。当粗、细骨料均为轻骨料时，称为全轻混凝土；当细骨料为普通砂时，称为砂轻混凝土。

(1) 按骨料粒径和堆积密度分类

骨料粒径在5mm以上，堆积密度小于1000kg/m^3 的轻质骨料，称为轻粗骨料。骨料粒径小于5mm，堆积密度小于1200kg/m^3 的轻质骨料，称为轻细骨料。

(2) 按来源分类

轻骨料按来源不同分为天然轻骨料（如浮石、火山渣、轻砂等）、工业废料轻骨料（如粉煤灰陶粒、膨胀矿渣、自燃煤矸石等）、人造轻骨料（如膨胀珍珠岩、页岩陶粒、黏土陶粒等）三类。

轻骨料混凝土的干表观密度一般为800～1950kg/m^3，共分为12个等级。强度等级按立方体抗压强度标准值分为CL5.0、CL7.5、CL10、CL15、CL20、CL25、CL30、CL35、CL40、CL45、CL50、CL55、CL60共13个强度等级。

轻骨料混凝土由于其轻骨料具有颗粒表观密度小、总表面积大、易于吸水等特点，因此其拌和物适用的流动范围比较窄，过大的流动性会使轻骨料上浮、离析，过小的流动性则会使捣实困难。流动性的大小主要取决于用水量，由于轻骨料吸水率大，因而其用水量的概念与普通混凝土略有区别。加入拌和物中的水量称为总用水量，可分为两部分：一部分被骨料吸收，其数量相当于1h的吸水量，这部分水称为附加用水量；其余部分称为净用水量，使拌和物获得要求的流动性和保证水泥水化的进行。净用水量可根据混凝土的用途及要求的流动性来选择。

另外，轻骨料混凝土的和易性也受砂率的影响，尤其是采用轻细骨料时，拌和物和易性随着砂率的提高而有所改善。轻骨料混凝土的砂率一般比普通混凝土的砂率略大。

对于轻骨料混凝土，由于轻骨料自身强度较低，因此其强度的决定因素除了水泥强度与水灰比（水灰比考虑净用水量）外，还取决于轻骨料的强度。与普通混凝土相比，采用轻骨料会导致混凝土强度下降，并且骨料用量越多，强度降低越大，其表观密度也越小。

轻骨料混凝土的另一特点是，由于受到轻骨料自身强度的限制，因此每一品种轻骨料只能配制一定强度的混凝土。如要配制高于此强度的混凝土，即使降低水灰比，也不可能使混凝土强度有明显提高，或提高幅度很小。轻骨料混凝土与普通混凝土配合比设计中的不同之处主要有两点：一是用水量为净用水量与附加用水量两者之和；二是砂率为砂的体积占砂石总体积之比值。

7.5.3 多孔混凝土

多孔混凝土中无粗、细骨料，内部充满大量细小封闭的孔，孔隙率高达60%以上。多孔混凝土可分为加气混凝土和泡沫混凝土两种。近年来，也有用压缩空气经过充气介质弥散成大量微气泡，均匀地分散在料浆中而形成多孔结构。这种多孔混凝土称为充气混凝土。

根据养护方法不同，多孔混凝土可分为蒸压多孔混凝土和非蒸压（蒸养或自然养护）多孔混凝土两种。由于蒸压加气混凝土在生产和制品性能上有较高优越性，以及可以大量利用工业废渣，故近年来发展应用较为迅速。

多孔混凝土质轻，其表观密度不超过1000kg/m^3，通常在300～800kg/m^{3}之间；保温性能优良，热导率随其表观密度降低而减小，一般为0.09～0.17W/(m·K)；可加工性好，可锯、可刨、可钉、可钻，并可用胶黏剂黏结。

（1）蒸压加气混凝土

蒸压加气混凝土是用钙质材料（水泥、石灰）、硅质材料（石英砂、尾矿粉、粉煤灰、粒状高炉矿渣、页岩等）和适量加气剂为原料，经过磨细、配料、搅拌、浇筑、切割和蒸压养护（在压力0.8～1.5MPa下养护6～8h）等工序生产而成的。

应用：蒸压加气混凝土砌块可用作保温层。蒸压加气混凝土砌块适用于承重和非承重的内墙和外墙，也可用于框架结构中的非承重墙。

（2）泡沫混凝土

泡沫混凝土是将由水泥等拌制的料浆与由泡沫剂搅拌形成的泡沫混合搅拌，再经浇筑、养护硬化而成的多孔混凝土。

应用：配制自然养护的泡沫混凝土时，水泥强度等级不宜低于32.5，否则强度太低。泡沫混凝土的技术性质和应用，与相同表观密度的加气混凝土大体相同。也可在现场直接浇筑，用作屋面保温层。

7.5.4 大孔混凝土

大孔混凝土是指无细骨料的混凝土，按其粗骨料的种类，可分为普通大孔混凝土和轻骨料大孔混凝土两类。普通大孔混凝土是用碎石、卵石、重矿渣等配制而成的。轻骨料大孔混凝土则是用陶粒、浮石、碎砖、煤渣等配制而成的。有时为了提高大孔混凝土的强度，也可掺入少量细骨料，这种混凝土称为少砂混凝土。

普通大孔混凝土的表观密度在1500～1900kg/m^{3}之间，抗压强度为3.5～10MPa。轻骨料大孔混凝土的表观密度在500～1500kg/m^{3}之间，抗压强度为1.5～7.5MPa。

应用：大孔混凝土适用于制作墙体小型空心砌块、砖和各种板材，也可用于现浇墙体。普通大孔混凝土还可制成滤水管、滤水板等，广泛用于市政工程。

7.5.5 防水混凝土

防水混凝土又称抗渗混凝土，指抗渗等级不低于P6级的混凝土，即它能抵抗0.6MPa静水压力作用而不发生透水现象。为了提高混凝土的抗渗性，通常采用合理选择原材料、提高混凝土的密实度以及改善混凝土内部孔隙结构等方法来实现。

防水混凝土的配制原理是：采取多种措施，使普通混凝土中原先存在的渗水毛细管通路尽量减少或被堵塞，从而大大降低混凝土的渗水。根据采取的防渗措施不同，防水混凝土可分为普通防水混凝土、外加剂防水混凝土和膨胀水泥防水混凝土。膨胀水泥防水混凝土采用膨胀水泥配制而成，由于这种水泥在水化过程中能形成大量的钙矾石，会产生一定的体积膨胀，在有约束的条件下，能改善混凝土的孔结构，使毛细孔径减小，总孔隙率降低，从而使混凝土密实度提高、抗渗性提高。

应用：适用于有防水、防潮、防结露要求的各类建筑物的基础、屋面、墙体砌筑中。

7.5.6 纤维混凝土

纤维混凝土是在混凝土中掺入纤维而形成的复合材料。它具有普通钢筋混凝土所没有的许多优良品质，在抗拉强度、抗弯强度、抗裂强度和冲击韧性等方面较普通混凝土有明显的改善。掺入纤维的目的是提高混凝土的抗拉强度、抗弯强度、冲击韧性，也可以有效改善混凝土的脆性。

常用的纤维材料有钢纤维、玻璃纤维、石棉纤维、碳纤维和合成纤维等。所用的纤维必须具有耐碱、耐海水、耐气候变化的特性。国内外研究和应用钢纤维较多，因为钢纤维对抑制混凝土裂缝的形成、提高混凝土抗拉强度和抗弯强度、增加韧性效果最佳，但成本较高。因此，近年来合成纤维的应用技术研究较多，有可能成为纤维混凝土主要品种之一。

在纤维混凝土中，纤维的含量、纤维的几何形状以及纤维的分布情况，对其性质有重要影响。以钢纤维为例，为了便于搅拌，一般控制钢纤维的长径比为60～100，掺量为0.5%～1.3%，钢纤维混凝土一般可提高抗拉强度2倍左右，提高抗冲击强度5倍以上。

应用：纤维混凝土目前主要用于复杂应力结构构件、对抗冲击性要求高的工程，如飞机跑道、高速公路、桥面面层、管道等。随着纤维混凝土技术的提高，各类纤维性能的改善，成本的降低，其在建筑工程中的应用将会越来越广泛。

7.5.7 耐腐蚀混凝土

（1）水玻璃耐酸混凝土

水玻璃耐酸混凝土由水玻璃、耐酸粉料、耐酸粗细骨料和氟硅酸钠组成，是一种能抵抗绝大部分酸类（除氢氟酸、氟硅酸和热磷酸外）侵蚀作用的混凝土，特别是对具有强氧化性的浓硫酸、硝酸等有足够的耐酸稳定性。

在技术规范中规定，水玻璃的模数以2.6～2.8为佳，水玻璃的密度应在1.36～1.42g/cm^3。

（2）耐碱混凝土

碱性介质混凝土的腐蚀有以物理腐蚀为主、以化学腐蚀为主、物理和化学两种腐蚀同时存在三种情况。耐碱混凝土最好采用硅酸盐水泥。耐碱骨料常用的有石灰岩、白云岩和大理石，对于碱性不强的腐蚀介质，亦可采用密实的花岗岩、辉绿岩和石英岩。磨细粉料主要是用来填充混凝土的空隙，提高耐碱混凝土密实性的，磨细粉料也必须是耐碱的，一般采用磨细的石灰石粉。

应用：适用于有防腐蚀要求的工业建筑、军事建筑、特殊公共建筑中。

7.5.8 聚合物混凝土

聚合物混凝土是由有机聚合物、无机胶凝材料和骨料结合而成的新型混凝土，工程常用的有以下两类。

（1）聚合物浸渍混凝土（PIC）

将已硬化的混凝土干燥后浸入有机单体中，用加热或辐射等方法使混凝土孔隙内的单体聚合，使混凝土与聚合物形成整体，称为聚合物浸渍混凝土。由于聚合物填充了混凝土内部的孔隙和微裂缝，从而增加了混凝土的密实度，提高了水泥与骨料之间的黏结强度，减少了应力集中，因此具有高强度、耐腐蚀、抗冲击等优良的物理力学性能。与基材（混凝土）相比，聚合物浸渍混凝土的抗压强度提高2～4倍，可达150MPa。

应用：聚合物浸渍混凝土适用于要求高强度、高耐久性的特殊构件，特别适用于输送液体的有筋管道、无筋管道和坑道。

（2）聚合物水泥混凝土（PCC）

聚合物水泥混凝土是用聚合物乳液拌和水泥，并掺入砂或其他骨料而制成。生产工艺与普通混凝土相似，便于现场施工。

聚合物可用天然聚合物（如天然橡胶）和各种合成聚合物（如聚醋酸乙烯酯、聚苯乙烯、聚氯乙烯等）代替普通混凝土中的部分水泥而引入混凝土，使密实度得以提高。矿物胶凝材料可用普通水泥和高铝水泥。

通常认为，在混凝土凝结硬化过程中，聚合物与水泥之间没有发生化学作用，只是水泥水化吸收乳液中水分，使乳液脱水而逐渐凝固，水泥水化产物与聚合物互相包裹填充形成致密的结构，从而改善了混凝土的物理力学性能，表现为黏结性好，耐久性和耐磨性高，抗折强度明显提高，但不及聚合物浸渍混凝土显著，抗压强度有可能下降。

应用： 聚合物水泥混凝土多用于无缝地面，也常用于混凝土路面、机场跑道面层和构筑物的防水层。

(3) 聚合物胶结混凝土

聚合物胶结混凝土是一种以合成树脂为胶结材料，以砂、石及粉料为骨料的混凝土，又称树脂混凝土。它用聚合物有机胶凝材料完全取代水泥而引入混凝土。树脂混凝土与普通混凝土相比，具有强度高和耐化学腐蚀性、耐磨性、耐水性、抗冻性好等优点。

应用： 聚合物胶结混凝土由于成本高，所以应用不太广泛，仅限于要求高强度、高耐腐蚀性的特殊工程或修补工程用。另外，树脂混凝土外表美观，称为人造大理石，也被用于制成桌面、地面砖、浴缸等。聚合物乳化混凝土可用于机场跑道、高速公路、高等级大桥等需要防冻、防冰雪的地面施工中。

7.5.9 高强高性能混凝土

根据《高强混凝土结构技术规程》(CECS 104:99)，一般将强度等级大于或等于 C50 的混凝土称为高强混凝土；将具有良好的施工和易性和优异的耐久性且均匀密实的混凝土称为高性能混凝土；将同时具有上述各性能的混凝土称为高强高性能混凝土；而《普通混凝土配合比设计规程》(JGJ 55—2011)中将强度等级大于或等于 C60 的混凝土称为高强混凝土。

(1) 高强高性能混凝土的获取途径

可通过以下几种有效途径来获得高强高性能混凝土。

① 改善原材料的性能。主要有掺入高性能混凝土外加剂和活性掺和料，并同时采用高强度等级的水泥和优质骨料。对于具有特殊要求的混凝土，还可掺用纤维材料提高抗拉性能、抗弯性能和冲击韧性；也可掺用聚合物等提高密实度和耐磨性。常用的外加剂有高效减水剂、高效泵送剂、高性能引气剂、防水剂和其他特种外加剂。

② 优化配合比。普通混凝土配合比设计的强度与水灰比关系式在这里不再适用，必须通过试配优化后确定。

③ 加强生产管理。严格控制每个生产环节。

应用： 目前我国应用较广泛的是 C60～C80 高强混凝土，主要用于桥梁、轨枕、高层建筑的基础和柱、输水管、预应力管桩等。

(2) 高强高性能混凝土的特点

高强高性能混凝土具有以下特点。

① 高强高性能混凝土的早期强度高，但后期强度增长率一般不及普通混凝土。故不能用普通混凝土的龄期与强度关系式（或图表），由早期强度推算后期强度。如 C60～C80 的混凝土，3d 强度为 28d 强度的 60%～70%，7d 强度为 28d 强度的 80%～90%。

② 高强高性能混凝土由于非常致密，故抗渗、抗冻、抗碳化、抗腐蚀等耐久性指标均

十分优异，可极大地提高混凝土结构物的使用年限。

③ 由于混凝土强度高，因此构件截面尺寸可大大减小，从而改变“肥梁胖柱”的现状，减轻建筑物自重，简化地基处理，并使高强钢筋的应用和效能得以充分利用。

④ 高强高性能混凝土的弹性模量高，徐变度小，可大大提高构筑物的结构刚度。特别是对预应力混凝土结构，可大大减小预应力损失。

⑤ 高强高性能混凝土的抗拉强度增长幅度往往小于抗压强度，即拉压比相对较低，且随着强度等级提高，脆性增大，韧性下降。

⑥ 高强高性能混凝土的水泥用量较大，故水化热大，自收缩大，干缩也较大，较易产生裂缝。

高强高性能混凝土作为原建设部推广应用的十大新技术之一，是建筑工程发展的必然趋势。发达国家早在20世纪50年代即已开始研究应用高强高性能混凝土。我国约在20世纪80年代初才在轨枕和预应力桥梁中对其加以应用，而在高层建筑中的应用则始于80年代末，直至进入90年代，高强高性能混凝土的研究和应用得以增加，北京、上海、广州、深圳等许多大中城市均已建起了多幢高强高性能混凝土建筑。

应用：随着国民经济的发展，高强高性能混凝土在建筑、道路、桥梁、港口、海洋、大跨度及预应力结构、高耸建筑物等工程中的应用将越来越广泛，强度等级也将不断提高，C50～C80的混凝土将普遍得到使用，C80以上的混凝土将在一定范围内得到应用。

7.5.10 泵送混凝土

泵送混凝土是指坍落度不小于100mm，并用泵送施工的混凝土。它能一次连续完成水平运输和垂直运输，效率高，节约劳动力，因而近年来国内外应用也十分广泛。

泵送混凝土拌和物必须具有较好的可泵性。所谓可泵性，即拌和物具有顺利通过管道、摩擦阻力小、不离析、不阻塞和黏聚性良好的性能。保证混凝土良好可泵性的基本要求有以下几个方面。

(1) 水泥

泵送混凝土应选用硅酸盐水泥、普通硅酸盐水泥、矿渣硅酸盐水泥、粉煤灰硅酸盐水泥，不宜采用火山灰质硅酸盐水泥。

(2) 骨料

泵送混凝土所用粗骨料宜用连续级配，其针、片状颗粒含量不宜大于10%。最大粒径与输送管径之比，当泵送高度在50m以下时，碎石不宜大于1∶3，卵石不宜大于1∶2.5；泵送高度在50～100m时，碎石不宜大于1∶4，卵石不宜大于1∶3；泵送高度在100m以上时，碎石和卵石均不宜大于1∶4.5。宜采用中砂，其通过0.315mm筛孔的颗粒含量不应少于15%，通过0.160mm筛孔的颗粒含量不应少于5%。

(3) 掺和料与外加剂

泵送混凝土应掺用泵送剂或减水剂，并宜掺用粉煤灰或其他活性掺和料以改善混凝土的可泵性。

(4) 坍落度

泵送混凝土入泵时的坍落度一般应符合表7-23的要求。

表 7-23　混凝土入泵坍落度选用

泵送高度/m	30 以下	30～60	60～100	100 以上
坍落度/mm	100～140	140～160	160～180	180～200

(5) 泵送混凝土配合比设计

泵送混凝土的水胶比不宜大于 0.60，水泥和矿物掺和料总量不宜小于 300kg/m^3，且不宜采用火山灰水泥，砂率宜为 35%～45%。采用引气剂的泵送混凝土，其含气量不宜超过 4%。实践证明，泵送混凝土掺用优质的磨细粉煤灰和矿粉后，可显著改善和易性及节约水泥，而不降低强度。泵送混凝土的用水量和用灰量较大，使混凝土易产生离析和收缩裂纹等问题。

7.5.11　防辐射混凝土

能遮蔽 X 射线、γ 射线的混凝土称为防辐射混凝土。它由水泥、水及重骨料配制而成，其表观密度一般在 3000kg/m^3 以上。混凝土越重，其防护 X 射线、γ 射线的性能越好，且防护结构的厚度也越小。但对中子流的防护，除需要混凝土很重外，还需要含有足够多的最轻元素——氢。

配制防辐射混凝土时，宜采用胶结力强、水化结合水量高的水泥，如硅酸盐水泥，最好使用硅酸锶等重水泥。采用高铝水泥施工时，需采取冷却措施。常用重骨料主要有重晶石($BaSO_4$)、褐铁矿（$2Fe_2O_3 \cdot 3H_2O$)、磁铁矿（Fe_3O_4)、赤铁矿（Fe_2O_3）等。另外，掺入硼和硼化物及锂盐等，也能有效改善混凝土的防护性能。

应用：防辐射混凝土主要用于原子能工业以及应用放射性同位素的装置中，如反应堆、加速器、放射化学装置、海关、医院等的防护结构。

7.5.12　彩色混凝土

彩色混凝土也称面层着色混凝土。通常采用彩色水泥或白水泥加颜料按一定比例配制成彩色饰面料，先铺于模底，厚度不小于 10mm，再在其上浇筑普通混凝土，这称为反打一步成型。也可冲压成型。除此之外，还可采取在新浇混凝土表面上干撒着色硬化剂显色，或者采用化学着色剂渗入已硬化混凝土的毛细孔中，生成难溶且抗磨的有色沉淀物显示色彩。

应用：彩色混凝土目前多用于制作路面砖，有人行道砖和车行道砖两类，按其形状又分为普通型砖和异型砖两种。路面砖也有本色砖。普型铺地砖有方形、六角形等多种。它们的表面可做成各种图案花纹，异型路面砖铺设后，砖与砖之间相互产生联锁作用，故又称联锁砖。联锁砖的排列方式有多种，不同排列则形成不同图案的路面。采用彩色路面砖铺路面，可形成美丽多彩的图案和永久性的交通管理标志，具有美化城市的作用。

本章小结

本章学习中应了解普通混凝土的组成材料、性能和影响性能的因素；了解其他种类混凝土的特点和使用情况；了解混凝土技术的新进展及其发展趋势。本章学习中应掌握砂浆的定义和分类；掌握砌筑砂浆的性质、组成、检测方法及配合比设计。了解砌筑砂浆的配合比设计计算。

应掌握普通混凝土各组成原材料的技术要求及选用。重点是理解影响混凝土质量的各种因素及提高其质量的措施。难点是掌握混凝土配合比的基本设计方法。

重点是理解砂浆的分类、砌筑砂浆的技术性质、砌筑砂浆的配合比设计。难点是学习砂浆对原材料的要求，掌握抹面砂浆和其他砂浆的主要品种性能要求及其配制方法。

复习思考题

一、填空题

1. 一般混凝土中砂、石含量占混凝土体积的________以上，起骨架作用，故分别称为细集料和粗集料。

2. 混凝土中集料，粒径在________之间的称为细集料，粒径大于________的称为粗集料。

3. 国家标准规定测量混凝土强度的立方体试件边长尺寸为________。

4. 混凝土的和易性是一项综合性技术指标，包括________的性能。

5. 混凝土流动性的大小用________指标来表示，砂浆流动性的大小用________指标来表示。

6. 砂浆的分层厚度一般以________为宜，但不得大于________。

7. 混合砂浆的基本组成材料包括________、________、________和________。

8. 抹面砂浆一般分底层、中层和面层三层进行施工，其中底层起着________的作用，中层起着________的作用，面层起着________的作用。

二、选择题

1. 砌筑砂浆强度同混凝土相比，除考虑抗压强度外，还应考虑（　　）。

A. 抗拉强度　　B. 黏结强度　　C. 深度　　D. 光洁度

2. 新拌砂浆应具备的技术性质是（　　）。

A. 流动性　　B. 保水性　　C. 变形性　　D. 强度

3. 砌筑砂浆为改善其和易性和节约水泥用量，常掺入（　　）。

A. 石灰膏　　B. 砂　　C. 石膏　　D. 黏土膏

4. 用于砌筑砖砌体的砂浆强度主要取决于（　　）。

A. 水泥用量　　B. 砂子用量　　C. 水灰比　　D. 水泥强度等级

5. 用于石砌体的砂浆强度主要取决于（　　）。

A. 水泥用量　　B. 砂子用量　　C. 水灰比　　D. 水泥强度等级

三、判断题

1. 分层度越小，砂浆的保水性越差。（　　）

2. 砂浆的和易性内容与混凝土的完全相同。（　　）

3. 混合砂浆的强度比水泥砂浆的强度大。（　　）

4. 防水砂浆属于刚性防水。（　　）

四、简答题

1. 影响混凝土强度的因素有哪些？如何影响？

2. 什么是减水剂？混凝土中掺入减水剂有什么技术经济效果？

3. 混凝土配合比设计的任务是什么？需要确定的三个参数是什么？怎样确定？

4. 何谓混凝土耐久性？提高耐久性有哪些措施？

5. 何谓装饰混凝土？使混凝土获得装饰效果的手段有哪些？

6. 什么是轻集料混凝土？可以通过哪些制作工艺获得轻集料效果？

7. 常用建筑砂浆有哪些类型？

8. 何谓砂浆的和易性？为什么砂浆必须有一定的稠度和保水性？

9. 抹面砂浆有哪些技术要求？

10. 灰浆类饰面有哪些工艺做法？效果如何？

11. 何谓水磨石、水刷石、斩假石？它们有什么样的装饰效果？

五、计算题

某工程要求配制M5.0的水泥石灰砂浆，用32.5级的普通硅酸盐水泥，含水率为2%的中砂，其干燥状态下的堆积密度为1450kg/m^3，试求每立方米砂浆中各项材料的用量。

第8章　木　材

木材是人类运用最早的建筑装饰材料之一，木材应用的历史几千年来源远流长，近几年来，虽然出现了许多新型的建筑材料，但由于木材本身所具有的独特优点，仍居于三大建筑材料之一，早已成为了建筑材料行业中不可或缺的材料品种。

8.1　木材的分类与构造

8.1.1　木材的分类

树木的种类繁多，按照树叶形状的不同，可分为针叶树种和阔叶树种两大类。

（1）针叶树种

针叶树种树叶细而长，多为四季常绿树，并且树干通直高大，纹理顺直，材质均匀，木质较软而易于加工，故又称软木材。针叶树种木材强度较高，表观密度和胀缩变形较小，耐腐蚀性较强，为建筑工程中主要承重构件用材。常用树种有松木、柏木、杉木等。

（2）阔叶树种

阔叶树种树叶宽而大，叶脉呈网状分布，多为落叶树，树干通直部分较短，分枝较多，材质较硬，较难加工，故又称硬木材。阔叶树种木材胀缩翘曲变形大，并且易开裂，在建筑工程中常用作尺寸较小的构件，但这类木材的纹理通常较明显、美观，具有很好的装饰性，常用于家具制造及室内装修工程的主要饰面用材，体现自然韵律。常用树种有榉木、胡桃木、樱桃木、水曲柳等。

8.1.2　木材的构造

由于树种和生长环境的不同，各种木材在构造上有很大差别，构造上的差别决定了木材性能上的不同，所以掌握木材的性能先要了解木材的构造，通常从宏观和微观两个角度进行分析。

（1）木材的宏观构造

木材的宏观构造是指用肉眼或放大镜所能看到的木材的组织部分，可通过树木的三个切面来进行观察，即横切面（垂直于树轴的面）、径切面（通过树轴的纵切面）和弦切面（平行于树轴的纵切面），如图8-1所示。

由图 8-1 可见，从外至内树木是由树皮、木质部和髓心等部分组成的。其中木质部所占比例最大，是建筑材料使用的主要部分，也是研究木材性能的主要部分。树皮以前绝大部分无使用价值，只有黄菠萝和栓皮栎两种树的树皮是高级的保温、隔热材料，但现在可将树皮通过工艺加工，制成人造板材，变废为宝，有效利用，或直接使用进行相关自然主题的局部装饰，适用于粗犷、原始、古朴的装饰风格。髓心是树木最早形成的木质部，位于树干中心，它质地松软，强度低，易腐朽。从髓心向外的辐射线称为髓线，与周围连接较差，木材干燥时即会沿此开裂，在横切面上靠近髓心颜色较深的部分称为心材；在横切面上靠近外围颜色较浅的部分称为边材；在横切面上深浅相间的同心圆环称为年轮。在同一年轮中，春天生长的木质，颜色较浅，质地较松，称为春材（又称早材）；夏秋两季生长的木质，颜色较深，质地相对密实，称为夏材（又称晚材）。对于同一树种，夏材所占比例越大，木材强度越高，材质越好。

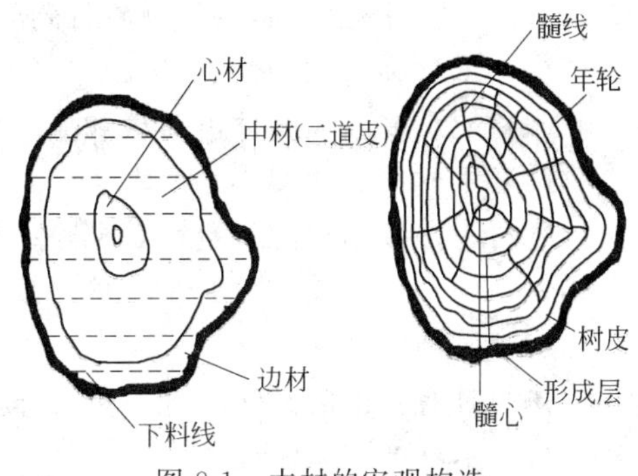

图 8-1 木材的宏观构造

（2）木材的微观构造

木材的微观构造是指借助光学显微镜观察到的结构。各种木材的显微构造是各式各样的。

针叶树和阔叶树的微观构造是不同的。在显微镜下观察，木材是由无数管状细胞紧密结合而成的，如图 8-2 和图 8-3 所示。它们绝大部分纵向排列，少数横向排列。每个细胞都分为细胞壁和细胞腔两个部分，细胞壁由若干层细纤维组成，细胞之间纵向联结比横向联结牢固，所以细胞壁纵向强度高，横向强度低。组成细胞壁的细纤维之间有极小的空隙，能吸附和渗透水分。

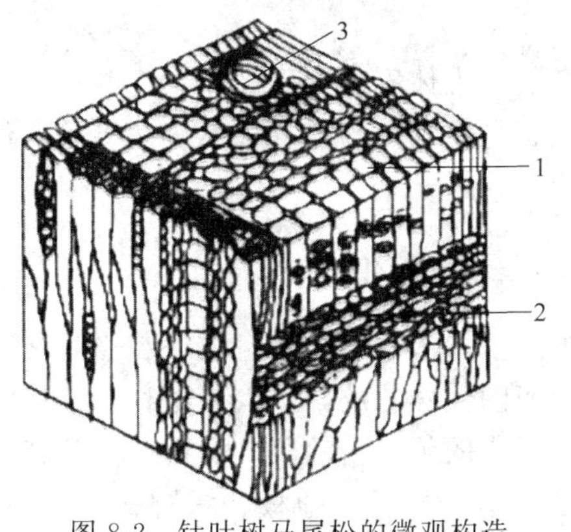

图 8-2 针叶树马尾松的微观构造

1—管胞；2—髓线；3—树脂道

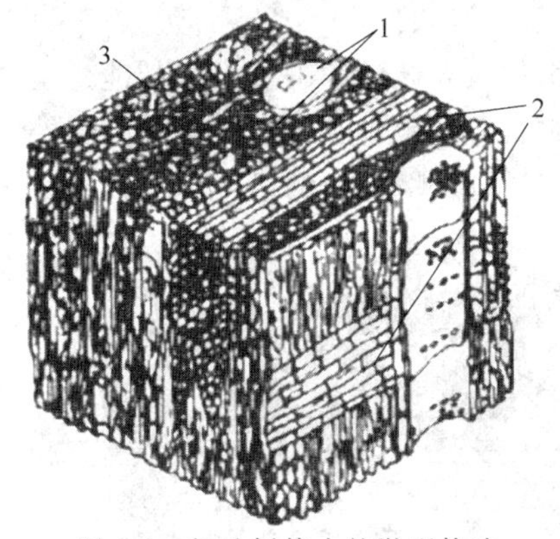

图 8-3 阔叶树柞木的微观构造

1—导管；2—髓线；3—木纤维

细胞组织的构造在很大程度上决定了木材的性质，如木材的细胞壁越厚、腔越小，木材越密实，体积密度和强度也就越大，同时胀缩程度也越大。

8.2 木材的性能与装饰应用

8.2.1 木材的特性

（1）木材质轻，但强度高

木材的表观密度一般在 550kg/m³ 左右，但其顺纹抗拉强度和抗弯强度均在 100MPa 左右，因此木材比强度高，属于轻质高强材料，具有很高的使用价值。

(2) 木材弹性和韧性好

木材能承受较大的冲击荷载和振动作用。

(3) 木材的热导率小

木材为多孔结构的材料，其孔隙率可达50%，一般木材的热导率在0.30W/(m·K) 左右，钢铁的热导率是木材的200倍，故其具有良好的保温隔热性能。

(4) 装饰性好

木材具有美丽的天然纹理，可用作室内装饰或家具制作，给人以回归自然的高雅美感。

(5) 木材的耐久性好

许多古老的木结构建筑虽经千百年的风吹雨淋仍然保存完好。

(6) 易于加工和安装

木材材质较软，可任意进行锯、刨、削、切、钉、雕刻等加工，做成各种造型、线形、花饰等木构件与制品，而且安装施工方便。

(7) 无污染

木材是最典型的双绿色材料，本身无污染源，有的木材含有芳香烃，能发出有益健康、安神醒脑的香气，且木材腐烂后是极易被土壤消化吸收的有机肥料。

(8) 不易结露

由于木材保湿、调湿的性能比金属、石材等材料强，所以当气候潮湿、温度下降时不会在表面出现水珠似的出汗现象，当木材用作地板时，不会因为地面光滑而造成人员滑倒。

(9) 可再生

木材可以通过种植再生，只要合理利用森林资源就可取之不尽、用之不竭。

(10) 缓和冲击

木材与人体的冲击抗力比其他建筑材料柔和，有益于人体安全健康。

木材自身也有其缺点，如各向异性、胀缩变形大、易腐蚀、易燃、天然疵病多等，但这些缺点通过采取适当的措施可大大减少其对应用的影响。

8.2.2 木材的装饰效果

木材历来被广泛用于建筑物的室内外装修与装饰工程中，木材以美丽的天然花纹，给人以淳朴、亲切的质感，表现出朴实无华的传统自然美，从而获得独特的装饰效果。如用于门窗、楼梯、地板、踢脚板、护壁板、楼阁、亭台、牌坊等，尤其是在古建筑中，木材更是被广泛使用的主要材料，它给人以自然美的享受。纯木结构古牌坊如图8-4所示。

图8-4 纯木结构古牌坊

8.2.3 纯木制品

各种装饰纯木制品品种繁多，主要包括纯木地板、纯木门窗、纯木家具、纯木线条、纯木楼梯、纯木构筑物、纯木楼阁等。红木屏风及仿古家具如图8-5所示。

8.2.3.1 实木地板

(1) 条木地板

条木地板是使用最普遍的木质地面，分为空铺和实铺两种。空铺条木地板是由龙骨、水

图 8-5 红木屏风及仿古家具

平支撑和地板三部分构成的。地板有单层和双层两种，双层者下层为毛板层，面层为硬木板层。普通条板（单层）的板材常选用松木、杉木等软木树材，硬木条板多选用水曲柳、柞木、枫木、柚木、榆木等硬质木材。条木地板材质要求耐磨、不易腐蚀、不易变形开裂。地板宽度一般不大于 120mm，板厚为 20～30mm。条木拼缝处加工成企口或错口，直接铺钉在木龙骨上，端头接缝要相互错开。条木地板铺设完工后，应经过一段时间，待木材变形稳定后再进行刨光、清扫及涂漆。

条木地板有素板和漆板之分。素板是用户安装完毕后再上漆，而漆板是指生产商在木地板生产过程中就涂上了漆。目前，市场上比较流行无须上漆的一次成型实木地板（简称实木漆板），它以明显高于安装后手工上漆质量及相对简便的安装过程，迅速引起了消费者的注意，但价格大大高于同级未上漆的实木地板。条木地板脚感舒适，有自然暖感，但受潮后易发生虫蛀、湿胀，导致木地板翘曲变形，结构腐朽，日常维护保养较麻烦，常需上光、打蜡，否则日久发黑，易失去光泽，且价位较高，适用于档次较高的家庭及公共场所使用。原木条木地板如图 8-6 所示。国标木材生长缺陷如图 8-7 所示。

图 8-6 原木条木地板

图 8-7 国标木材生长缺陷

（2）拼花木地板

拼花木地板是一种高级的室内地面装饰材料，分为单层和双层两种，二者面层均为拼花硬木板层，双层者下层为毛板层。面层拼花板材多选用水曲柳、柞木、核桃木、栎木、榆木、槐木、柳桉木等质地优良、不易腐朽开裂的硬质木材。拼花板材的尺寸一般为，长度 250～300mm，宽度 40～60mm，厚度 20～25mm，木条均带有企口。双层拼花木地板的固定方法是，将面层小木板条用暗钉钉在毛板上；单层拼花木地板是采用适宜的黏结材料，将硬木小木板条直接粘贴在混凝土地面上。拼花木地板通过小木板条不同方向的组合，可拼造出多种图案花纹，经抛光、涂漆、打蜡后木纹清晰美观，给人以自然、高雅的感受。

8.2.3.2 实木门窗

实木门窗由实木加工制作而成，表面与内芯相同，是木门窗中的精品，给人以稳重、高雅之感，但由于天然木材含水率的问题，质量不易稳定，易出现翘曲变形等现象。

8.2.3.3 木装饰线条

木装饰线条（又称木线条）通常采用材质较好的木材加工而成，线条有多种断面形状，种类丰富，主要用作家具镶边、栏杆扶手镶边等，使用时应注意色泽一致，厚薄均匀，表面光滑，无坑洞、疤裂、枯朽等部分。

8.3 木材的处理

8.3.1 木材的干燥

树木在生长过程中，不断地吸收水分，被伐倒的树木虽然经过运输、储存，水分有所减少，但内部仍有很多的水分没有排出，如果采用这种含水率大的木材制成产品，将会由于水分蒸发、木材干缩导致制品开裂、翘曲变形，时间久了也易产生腐朽、虫蛀等现象，所以板材、方材都必须经过木材的干燥处理，将木材含水率降到一定的允许范围内，再加工使用。

木材的干燥方法分为天然干燥法和人工干燥法两种。

（1）天然干燥法

天然干燥法是指在自然条件下进行木材干燥，天然干燥不需要什么设备，只要将木材合理堆放在阳光充足和空气流通的地方，经过一定时间就可使木材干燥，达到所要求的含水率，这种方法成本低，但受气候条件的影响较大。

（2）人工干燥法

人工干燥法是指把木材放在保暖性和气密性都完好的特制容器或建筑物内，利用加温加热设备人工控制介质的湿度、温度以及气流循环速度，使木材在一定时间内干燥到指定含水率的一种干燥方法。

8.3.2 木材的防腐及防虫

8.3.2.1 木材的腐朽

木材的腐朽属于真菌侵害所致。真菌分为霉菌、变色菌和腐朽菌三种，其中前两种真菌对木材的质量影响较小，但腐朽菌对木材的质量影响很大。腐朽菌寄生在木材的细胞壁中，它能分泌出一种酵素，把细胞壁物质分解成简单的养分，供自身摄取生存，从而导致木材产生腐朽，但真菌在木材中生存和繁殖必须具备以下三个条件。

（1）水分

真菌生存和繁殖时适宜的木材含水率是35%～50%，亦即木材含水率在纤维饱和点以上时易产生腐朽，而对含水率在20%以下的木材不会发生腐朽。

（2）温度

真菌繁殖的适宜温度为25～35℃，温度低于5℃时，真菌停止繁殖，而高于60℃时，真菌则死亡。另外，木材受热后，木纤维中的胶质处于软化状态，因而使强度降低。若温度超过140℃，木材开始分解炭化。因此，如果环境温度可能长期超过50℃时，不应该采用木结构。

(3) 空气

真菌生存和繁殖需要一定氧气存在，通过隔离氧气的方法可使真菌因缺氧而死亡。如完全浸入水中的木材，因缺氧而不易腐朽。

木材的材质如图8-8所示。

8.3.2.2 木材的防腐措施

防止木材腐朽的方法通常有以下两种。

(1) 破坏真菌的生存条件

破坏真菌的生存条件最常用的办法是使木结构、木制品和储存的木材处于经常保持通风干燥的环境中，并对木结构和木制品表面进行涂漆处理，漆层使木材既隔绝了空气，又隔绝了水分。

(2) 把木材变成有毒的物质

将化学防腐剂注入木材中，使真菌无法寄生。木材防腐剂种类很多，一般分为水溶性防腐剂、油质防腐剂、膏状防腐剂三类。水溶性防腐剂常用品种有氯化锌、氟化钠、氟硅酸钠、硼铬合剂、硼酚合剂、铜铬合剂、氟砷铬合剂等。水溶性防腐剂多用于室内木结构的防腐处理。油质防腐剂常用的有煤焦油、混合防腐油、强化防腐油等。油质防腐剂色深，有恶臭，常用于室外木构件的防腐。膏状防腐剂由粉状防腐剂、油质防腐剂、填料和胶结料（煤沥青、水玻璃等）按一定比例配制而成，用于室外木结构的防腐。

木材注入防腐剂的方法很多，通常有表面涂刷或喷涂法、常压浸渍法、冷热槽浸透法、压力渗透法等。其中表面涂刷或喷涂法简单易行，但防腐剂不能深入木材内部，故防腐效果较差。常压浸渍法是将木材浸入防腐剂中一定时间后取出使用，使防腐剂渗入木材内一定深度，以提高木材的防腐能力。冷热槽浸透法是将木材先浸入热防腐剂中（高于90℃）数小时，再迅速移入冷防腐剂中，以获得更好的防腐效果。压力渗透法是将木材放入密闭罐中，抽取空气使部分真空，再将防腐剂加压充满罐中，经一定时间后，则防腐剂充满木材内部，防腐效果更好，但所需设备较多。

防腐木的构造如图8-9所示。

图8-8 木材的材质

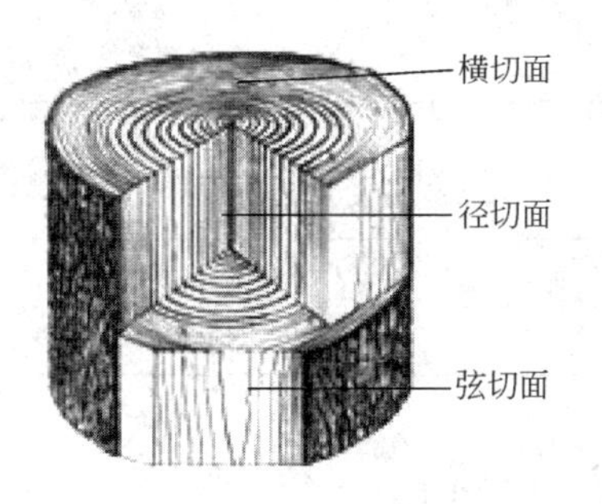

图8-9 防腐木的构造

8.3.3 木材的防火

木材属于易燃物质，应进行防火处理，以提高其耐火性。所谓木材的防火，就是将木材经过具有阻燃性能的化学物质处理后，变成难燃的材料，以达到遇小火能自熄、遇大火能延缓或阻滞燃烧蔓延的目的，从而赢得扑救的时间。常采用以下措施对木材进行防火处理：用防火浸剂对木材进行浸渍处理；将防火涂料刷涂或喷洒于木材表面构成防火保护层。

防火处理能推迟或消除木材的引燃过程，降低火焰在木材上蔓延的速度，延缓火焰破坏的速度，从而给灭火或逃生提供时间。

8.4 人造板材

天然木材由于生长条件和加工过程等方面的原因，不可避免地存在这样或那样的缺陷，同时木材加工过程中也会产生大量的边角废料，为了保护有限的森林资源，提高木材的利用率，人造板材应运而生，并且得到了广泛的推广和应用。人造板材通常指以木材为主要原料或以木材加工过程中剩下的边角废料进行加工处理而制成的板材。种类主要有胶合板、密度板、细木工板、刨花板、木丝板和木屑板等几种。

8.4.1 胶合板

胶合板又称层压板。胶合板是用经过蒸煮的椴木、桦木、松木、水曲柳等原木旋切成大张薄片（厚 1～4.5mm），然后将各张板沿着木纤维方向按纹理垂直交错，消除各向异性，得到均匀的强度，用脲醛等合成树脂黏合，再经热压、干燥、锯边、表面整修而成的板材。胶合板层数为奇数，一般为 3、5、7、9、11、13、15，最高层数为 15 层。层数不同，名称也不同，常见的有三夹板、五夹板、九夹板、十三夹板等（市场俗称三合板、五合板、九厘板、十二厘板等）。目前，我国的胶合板主要采用水曲柳、桦木、柳桉木、马尾松及部分进口原木制成，根据旋切原木树种的不同，胶合板可分为针叶木胶合板和阔叶木胶合板两大类，二者在性能上并无太大差异，只是装饰效果有所不同。按耐水程度的不同，胶合板可分为以下四类：Ⅰ类（NQF），耐气候、耐沸水胶合板；Ⅱ类（NS），耐水胶合板；Ⅲ类（NC），耐潮胶合板；Ⅳ类（BNC），不耐潮胶合板。

胶合板幅面大，平整易加工，材质均匀，收缩性小，是建筑装饰中广泛使用的人造板材。胶合板的幅面尺寸见表 8-1，常用规格为 1220mm ×2440mm。

表 8-1 胶合板的幅面尺寸

宽度/mm	长度/mm				
	915	1220	1830	2135	2440
915	915	1220	1830	2135	—
1220	—	1220	1830	2135	2440

8.4.2 纤维板

纤维板是以植物纤维为主要原料，经破碎、浸泡、研磨成木浆，使其植物纤维结构重组，再经热压成型、干燥处理而制成的一种人造板材。可供制作纤维板的原料非常丰富，如木材采伐加工过程中的板皮、刨花、树枝等边角废料，稻草、玉米秆、麦秸、芦苇以及一些速生灌木，都可以作为纤维板的原料。

按照生产原料的不同，纤维板可分为木质纤维板和非木质纤维板。按照板材的密实程度和弯曲能力的不同，纤维板可分为硬质、半硬质和软质三种。表观密度在0.8g/cm³以上的称为硬质纤维板，表观密度为0.4～0.8g/cm³的称为半硬质纤维板，表观密度在0.4g/cm³以下的称为软质纤维板。装饰工程中通常使用硬质纤维板，其物理力学性能见表8-2。

表8-2　硬质纤维板的物理力学性能

项目		特级	一级	二级	三级
密度/(g/cm³)	大于	0.80	0.80	0.80	0.80
静曲强度/MPa	不小于	49.0	39.0	29.0	20.0
吸水率/%	不大于	15.0	20.0	30.0	35.0
含水率/%		3.0～10.0	3.0～10.0	3.0～10.0	3.0～10.0

生产纤维板可使木材的利用率达到90%以上，可以充分利用木材，并能使木材材质构造均匀，各向强度一致，抗弯强度提高，耐磨、绝热性能增强，不易发生胀缩翘曲变形，克服了木材腐朽、木节、虫眼等缺陷，适用于建筑装饰和板式家具的基材使用。

8.4.3　其他木质复合材料

8.4.3.1　细木工板

细木工板由芯板和上、下两层面层单板构成，芯板用木板拼接而成。在施胶拼接之前，应充分干燥，防止翘曲变形。面层单板材料一般采用胶合板贴面，芯板与两层面层单板拼合施胶后，在加热、加压条件下，热压黏合而成，具有轻质、防虫、不腐、隔声性能较好、幅面大、不易变形等特点。表面可根据需要，进行不同材料的贴面，适用于中高档次的家具制作、室内装修、隔墙等。细木工板的尺寸规格、技术性能见表8-3。

表8-3　细木工板的尺寸规格、技术性能

长度/mm						宽度/mm	厚度/mm	技术性能
915	1220	1520	1830	2135	2440			
915	—	—	1830	2135	—	915	15,18,22,25	含水率为(10±3)%； 厚度为16mm,静曲强度不低于15MPa； 厚度>16mm,静曲强度不低于12MPa； 胶层剪切强度不低于1MPa
—	1220	—	1830	2135	2440	1220	15,18,22,25	

注：芯条胶拼接的细木工板，其横向静曲强度规定值各增加10MPa。

8.4.3.2　刨花板、木丝板、木屑板

刨花板、木丝板、木屑板是利用刨花渣、短小废料为原料，经干燥、拌胶、热压而制成的板材。这类板材一般强度较低，受潮后翘曲变形较大，但可用作吸声、绝热材料，表层贴面后，可使表面具有装饰性，同时增加板材强度。

8.4.3.3　强化复合木地板

(1) 强化复合木地板的基本组成及性能

强化复合木地板学名为“浸渍纸饰面层压木质地板”，属于木材衍生材料，其基本组成为耐磨层、装饰图案层、基材层、防潮平衡层。强化复合木地板四层结构如图8-10所示。强化复合木地板面层机理如图8-11所示。

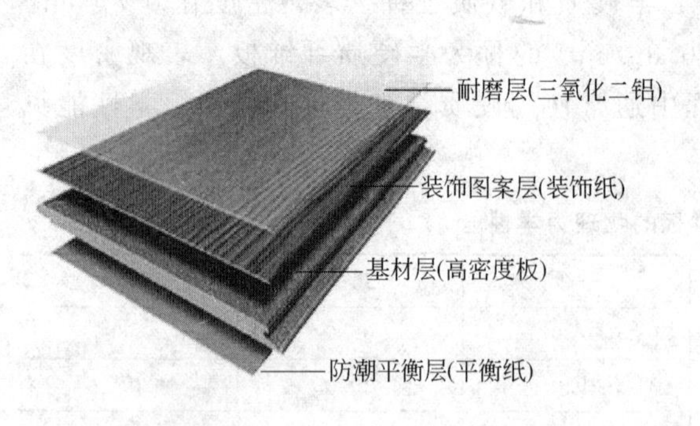

图 8-10 强化复合木地板四层结构

图 8-11 强化复合木地板面层机理

① 耐磨层。为最表层的透明层，它是在木地板表面均匀压制一层三氧化二铝（Al_2O_3）组成的耐磨剂，其中三氧化二铝的含量决定了耐磨转数，而耐磨转数又决定了木地板的使用寿命。例如，每平方米含 Al_2O_3 在 30g 左右，耐磨转数约为 4000r；每平方米含 Al_2O_3 在 38g 左右，耐磨转数约为 5000r。

② 装饰图案层。是将印有特定图案（以仿真纹理为主）的特殊纸板放入三聚氰胺溶液中浸泡后，经过化学处理，利用三聚氰胺加热反应后化学性质稳定而不再发生化学反应的特性，使其成为一种美观耐用的装饰层。

③ 基材层。一般由中密度板或高密度板构成。

④ 防潮平衡层。由聚酯材料制成，胶合于基材底面，起到稳定和防潮的作用。强化复合木地板具有抗冲击、耐刻划、不易变形、阻燃、防潮、抗静电、防虫蛀、防生霉等特点，其耐磨度是实木地板的 30 倍以上，日常维护保养十分方便，无须上光、上漆、打蜡，安装快捷，省时省工。但由于其整体厚度只有 8mm，表面耐磨层为三氧化二铝耐磨颗粒，造成强化复合木地板发硬发脆，脚感不如实木地板，价位较低，适用于一般家庭及人流量大的公共场所使用。

(2) 强化复合木地板的技术性能要求

强化复合木地板的重要技术指标如下。

① 表面耐磨度。耐磨指标一般都以耐磨转数为单位，耐磨转数的高低决定了地板使用寿命的长短，耐磨转数越高，它的抗冲击力和抗压能力就越强，越不易划伤表面，耐磨层质量不以厚度来衡量，而以每平方米三氧化二铝的含量来说明。

② 甲醛释放量。指地板中游离甲醛的释放量，这是一个环保指标，强化复合木地板甲醛释放量的国家标准，在报批标准中合格为 30mg/100g，最佳为 9mg/100g，如果甲醛释放量超标，会对人体造成极大伤害。

③ 表面抗冲击性能。指在相同条件下被测地板承受钢球冲击后留下痕迹的直径大小，这一数值越小，说明该产品的抗冲击性能越强。

④ 吸水厚度膨胀率。强化复合木地板与原木地板相比，最明显的优点是耐磨和不变形，而吸水厚度膨胀率的高低正是决定强化复合木地板受潮后是否变形以及变形大小的重要指标，吸水厚度膨胀率高，地板防潮性能就差，受潮后变形就大，反之越小。

⑤ 静曲强度。这是检测强化复合木地板抗弯曲变形能力的一项指标，该指标数值越高，其抗弯曲变形能力就越强。

除此之外，还有防火保色性能、榫槽咬合强度、表面耐香烟灼烧程度等技术指标。

8.4.3.4 塑料贴面板

塑料贴面板是以纸为基层，以塑料板为面层，与胶合板或其他人造板材层压，通过高强胶黏剂胶贴而成的一种贴面装饰材料。塑料贴面板的图案、色调丰富，仿真性强，耐磨，耐烫，耐一般酸、碱、油脂等溶剂的侵蚀，平整光滑，易清洗，装饰效果好，适用于建筑室内墙面、台面、桌面等的表面装饰。

8.4.3.5 软木

软木是指栓皮栎之类树皮的木栓层。栓皮栎的树皮生长得松软而有韧性，能够每9年采剥一次，而不会影响树木的生长，采剥下来的树皮即为软木材料，葡萄牙是生产软木最主要的产地和产品国，将其视为国宝。

软木中的主要成分软木纤维一般由14面多面体形状的死细胞组成，软木细胞呈蜂窝状结构，中间密封空气约占70%。在显微镜下，每立方厘米的软木含有约4000万个细胞。在受到外来压力时，细胞会收缩变小，细胞内的压力升高；当压力失去时，细胞内的空气压力又会将细胞恢复到原来状态。这种内在结构使软木具有了温暖、柔韧、绝缘、隔声、隔热等性能，表面经耐磨树脂层处理后，用来制作地板、墙板，具有安静、温暖、舒适、耐磨等特点。

8.4.3.6 旋切微薄木

旋切微薄木采用精密设备，将珍贵树种（如山毛榉、樱桃木、柚木、花梨木）经水煮软化后，旋切成0.1～0.3mm的微薄木片，通过高强黏结剂与坚韧的薄纸胶合而成，多作为卷材。与普通胶合板胶贴，可构成微薄木饰面胶合板，是居室和公共建筑装饰装修中一种普遍使用的饰面材料。

本章小结

本章学习中应了解木材的分类及其结构；了解常用木材及木质材料制品；了解木材的防腐与防火；了解木材在装饰工程中的主要用途。

应掌握木材的主要性质；掌握影响木材强度的因素；掌握含水率对木材强度影响的规律。

应重点学习木材的各向异性、湿胀干缩性及含水率等对木材所有性质的影响。

学习难点是掌握平衡含水率与纤维饱和点的概念及其实用意义。

复习思考题

一、填空题

1. 根据树叶的不同，木材可分为________和________两大类。

2. 木材在装饰方面以美丽的________给人以淳朴、亲切的质感，表现出________的传统________，从而获得独特的装饰效果。

3. 从宏观上看，木材由________、________、________三部分组成；从微观上看，木材是由无数________结合而成的。

4. 木材在同一年轮中由________和________组成。

5. 人造板材主要有________、________、________、________、________和________等几种。

6. 木材在长期荷载作用下不致引起破坏的最大强度称为________。

7. 木材随环境温度的升高，其强度会________。

二、名词解释

1. 原木

2. 板方材

3. 年轮

4. 纤维饱和点

5. 木材的平衡含水率

三、选择题

1. 胶合板的层数为（　　）。

A. 奇数　　B. 偶数　　C. 自然数　　D. 平方数

2. 木材强度的大小与（　　）有关。

A. 木材构造　　B. 受力方向　　C. 含水率　　D. 木材缺陷

3. 木材的燃点为（　　）。

A. 140℃　　B. 180℃　　C. 220℃　　D. 300℃

4. 木材湿胀干缩时，变形最大的方向是（　　）。

A. 弦向　　B. 径向　　C. 纵向　　D. 不定

5. 在木结构设计使用中，木材不能长期处于（　　）的温度下使用。

A. 50℃以上　　B. 60℃以上　　C. 65℃以上　　D. 0℃以上

6. 木材含水率变化对（　　）和（　　）两种强度影响较大。

A. 顺纹抗压强度　　B. 顺纹抗拉强度　　C. 抗弯强度　　D. 顺纹抗剪强度

7. 木材的疵病主要有（　　）。

A. 木节　　B. 腐朽　　C. 斜纹　　D. 虫眼

四、判断题

1. 在树木中，靠近髓心的部分称为心材，其材质最好。（　　）

2. 春材较硬，夏材较软。（　　）

3. 为使木材在使用过程中不会产生裂缝或翘曲变形，木材在使用前应进行干燥处理。（　　）

4. 人造板材可以节约木材，提高木材的利用率。（　　）

5. 木材的持久强度等于其极限强度。（　　）

6. 真菌在木材中的生存和繁殖必须具备适当的水分、空气和温度等条件。（　　）

7. 针叶树木材强度较高，表观密度和胀缩变形较小。（　　）

五、简答题

1. 木材如何分类？它有哪些特性？

2. 胶合板有何特点？它是怎样分类的？

3. 木材腐朽的原因及防腐措施有哪些？

4. 有不少住宅的木地板使用一段时间后出现接缝不严，但亦有一些木地板出现起拱。请分析原因。

5. 常言道，木材是“湿千年，干千年，干干湿湿二三年”。请分析其中的道理。

6. 某工地购得一批混凝土模板用胶合板，使用一定时间后发现其质量明显下降。经送检，发现该胶合板是使用脲醛树脂作胶黏剂。请分析原因。

金属材料

第9章　金属材料

9.1　建筑钢材

9.1.1　建筑钢材的主要优点

建筑钢材的主要优点有以下三点。

(1) 强度高

钢材的抗拉强度、抗压强度、抗弯强度、抗剪强度都很高，在常温下具有承受较大冲击荷载的韧性，为典型的韧性材料。在钢筋混凝土中，能弥补混凝土抗拉性能、抗弯性能、抗剪性能和抗裂性能较低的缺点。

(2) 冷加工性好

由于建筑工程的需要，须按照设计图纸要求，对钢材进行切割、绑扎、预应力加工等冷加工。不仅能改变钢材的断面尺寸和形状，还能改良钢材的力学性能。如装配式建筑实施环节中，在车间对钢筋进行冷加工，制成标准化建筑构配件，便于高效、节能地组织施工现场的吊装施工。

(3) 密度均匀

钢材的质量均匀，性能可靠，可以用多种方法焊接或铆接，并可进行热轧和锻造，还可通过热处理方法，在很大范围内改变和控制钢材的性能。

9.1.2　钢的冶炼和分类

9.1.2.1　钢的冶炼

铁矿石经冶炼后得到铁，铁冶炼后得到钢。由于铁和碳的化合力极强，所以工业上很难得到纯铁。含碳量低于0.04%的铁称为熟铁，熟铁软而易加工，但机械强度很差。含碳量在2.0%以上的铁称为生铁，并含有较多的Si、S、P、Mn等杂质。

将生铁的含碳量降低到2.0%以下，使S、P等杂质含量降至一定范围内即成为钢。所以炼钢的基本原理是除碳、造渣和脱氧。

(1) 除碳

通过氧化法，可将一部分碳变为气体而逸出。

$$2Fe+O_2 \longrightarrow 2FeO \quad (9\text{-}1)$$

$$2FeO+C \longrightarrow 2Fe+CO_2 \quad (9\text{-}2)$$

(2) 造渣

氧化还原反应中可将生铁中的 Si、Mn 变为钢渣，上浮于钢水之上而排出。

$$FeO+Mn \longrightarrow Fe+MnO \quad (9\text{-}3)$$

$$2FeO+Si \longrightarrow 2Fe+SiO_2 \quad (9\text{-}4)$$

铁水中的 S、P 杂质只有在碱性条件下才能除去，通常加入一定量的石灰石。

$$5FeO+2P+CaO \longrightarrow Fe+Ca_3(PO_4)_2 \quad (9\text{-}5)$$

$$2FeO+2P+CaO \longrightarrow Fe+Ca_3(PO_4)_2 \quad (9\text{-}6)$$

(3) 脱氧

由于锰、硅、铝与氧的结合能力大于氧与铁的结合能力，所以脱氧时给钢水中加入锰铁、硅铁或铝锭作为还原剂，将钢水中的 FeO 还原为铁，使氧变为锰、硅或铝的氧化物而进入钢渣。

脱氧减少了钢材中的气泡，并克服了元素分布不均匀（通常称为偏析）的缺点，可明显改善钢材的技术性能。目前，常用的炼钢方法有三种：平炉炼钢、转炉炼钢和电炉炼钢。平炉是应用较早的炼钢炉，它以生铁、铁矿石或废钢铁为原料、以煤气或重油为燃料进行冶炼。平炉冶炼时间长，去除杂质更为彻底，钢的质量好，但成本较高，用于冶炼优质碳素钢、合金钢及其他有特殊要求的专用钢。氧气转炉炼钢是由炉顶向炉内吹入高压氧气，使熔融铁水中的碳和硫等杂质被氧化除去，得到较纯净的钢水。转炉炼钢周期短，生产效率高，杂质清除较充分，钢的质量较好，可以生产优质碳素钢和合金钢。电炉炼钢是以电为热源、以废钢及生铁为原料，电炉温度可以自由调控，清除杂质较容易，钢的质量好，但成本高，用于冶炼优质碳素钢和特殊合金钢。

合金钢是在炼钢过程中人为地加入一种或几种合金元素而制成。常用的合金元素有硅、锰、铬、钛等，它们可使钢的某些性质得到显著改善。

9.1.2.2 钢的分类

钢的种类很多，可按冶炼方法、化学成分、质量等级及用途等的不同对钢进行多种的分类，见表 9-1。

9.1.3 建筑钢材的力学性能

建筑钢材的力学性能主要有抗拉性能、冷弯性能、冲击韧性和耐疲劳性等。

9.1.3.1 抗拉性能

抗拉性能是建筑钢材的重要性能。由拉力试验测定的屈服强度、抗拉强度和伸长率是建筑钢材的重要技术指标。

建筑钢材的抗拉性能，可通过低碳钢（软钢）受拉的应力-应变图说明，如图 9-1 所示。

软钢受拉的全过程可分为四个阶段：弹性阶段（$O \rightarrow A$）、屈服阶段（$A \rightarrow B$）、强化阶段（$B \rightarrow C$）和颈缩阶段（$C \rightarrow D$）。

(1) 弹性阶段

在 $O \rightarrow A$ 范围内应力与应变成正比关系，如果卸去外力，试件则恢复原状而无残余变形，这种性质称为弹性，这个阶段称为弹性阶段。弹性阶段的最高点（A 点）所对应的应力称为比例极限或弹性极限，用 σ_p 表示。应力和应变的比值为常数，称为弹性模量，用 E 表示，$E=\sigma/\varepsilon$。弹性模量反映钢材的刚度，即产生单位应变时所需应力的大小，它是计算钢结构变形的重要指标。建筑工程中广泛应用的 Q235 碳素结构钢的弹性模量 E 为（2.0～2.1）$\times 10^5$ MPa。

(2) 屈服阶段

当应力超过比例极限后，应力与应变不再成正比关系，应力的增长滞后于应变的增长，

表 9-1 钢的分类

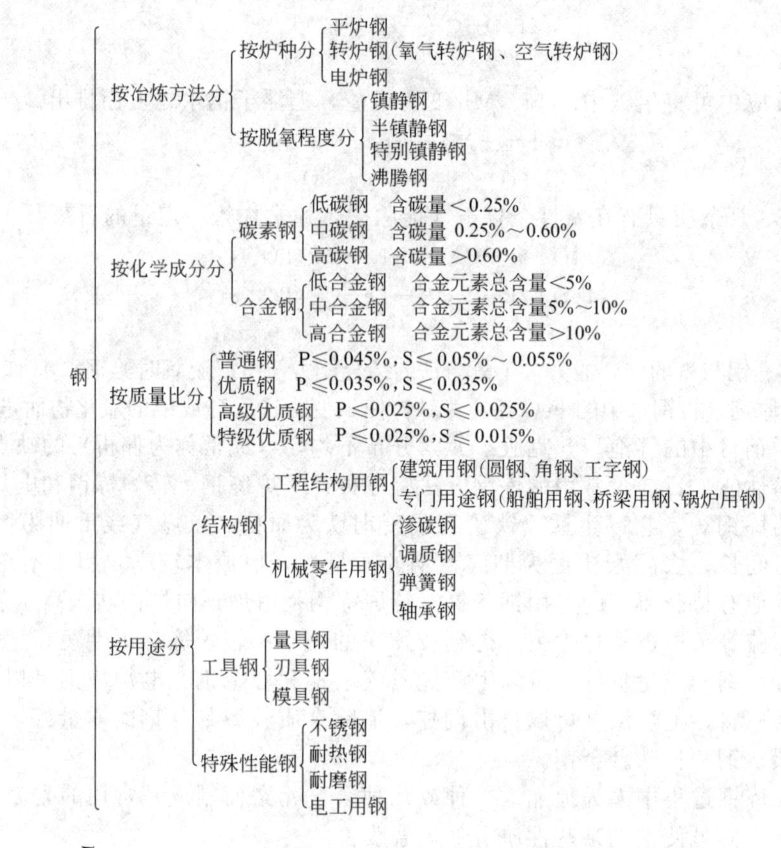

- 钢
  - 按冶炼方法分
    - 按炉种分
      - 平炉钢
      - 转炉钢(氧气转炉钢、空气转炉钢)
      - 电炉钢
    - 按脱氧程度分
      - 镇静钢
      - 半镇静钢
      - 特别镇静钢
      - 沸腾钢
  - 按化学成分分
    - 碳素钢
      - 低碳钢 含碳量<0.25%
      - 中碳钢 含碳量 0.25%～0.60%
      - 高碳钢 含碳量>0.60%
    - 合金钢
      - 低合金钢 合金元素总含量<5%
      - 中合金钢 合金元素总含量5%～10%
      - 高合金钢 合金元素总含量>10%
  - 按质量比分
    - 普通钢 P≤0.045%,S≤0.05%～0.055%
    - 优质钢 P≤0.035%,S≤0.035%
    - 高级优质钢 P≤0.025%,S≤0.025%
    - 特级优质钢 P≤0.025%,S≤0.015%
  - 按用途分
    - 结构钢
      - 工程结构用钢
        - 建筑用钢(圆钢、角钢、工字钢)
        - 专门用途钢(船舶用钢、桥梁用钢、锅炉用钢)
      - 机械零件用钢
        - 渗碳钢
        - 调质钢
        - 弹簧钢
        - 轴承钢
    - 工具钢
      - 量具钢
      - 刃具钢
      - 模具钢
    - 特殊性能钢
      - 不锈钢
      - 耐热钢
      - 耐磨钢
      - 电工用钢

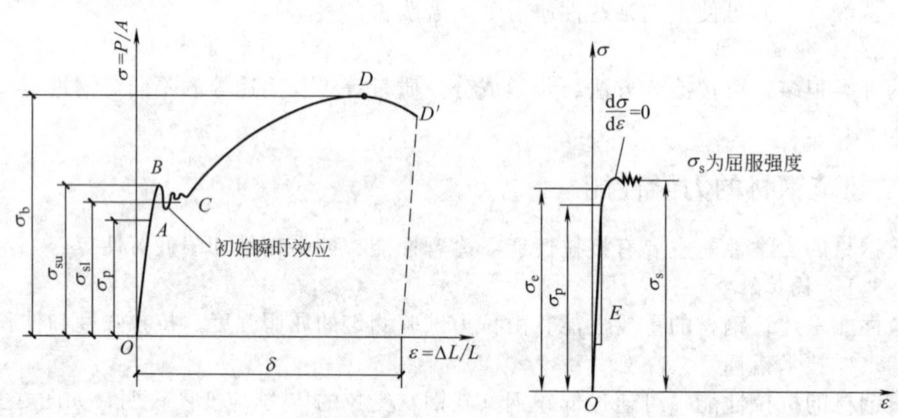

图 9-1 低碳钢应力与应变的关系

从 $B_上$ 点到 $B_下$ 点甚至出现了应力减少的情况。这一现象称为屈服，这一阶段称为屈服阶段。在屈服阶段内，若卸去外力，则试件不能完全恢复，即产生了塑性变形。$B_上$点对应的应力称为屈服上限，$B_下$点所对应的应力称为屈服下限。由于 $B_下$点比较稳定且容易测定，故常以屈服下限作为钢材的屈服强度，用 σ_s 表示。

钢材受力达到屈服强度后，尽管尚未断裂，但由于变形的迅速增长，已不能满足使用要求，故设计中一般以屈服强度作为钢材强度的取值依据。对于在外力作用下屈服现象不明显的钢材（某些合金钢或含碳量高的钢材），则规定以产生残余变形为 0.2%原标距长度时的应力作为该钢材的屈服强度，用 $\sigma_{0.2}$ 表示，如图 9-2、图 9-3 所示。

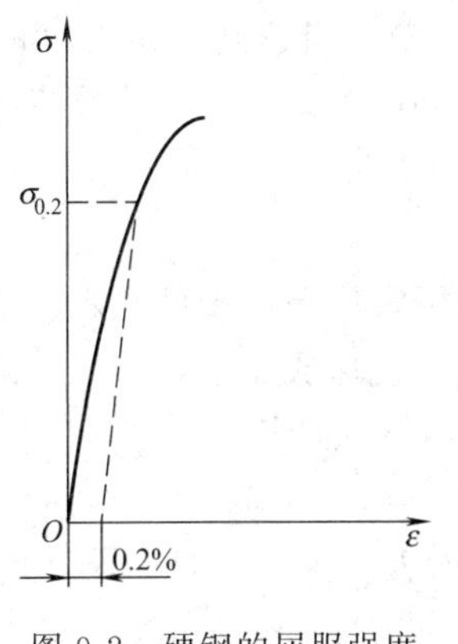

图 9-2 硬钢的屈服强度

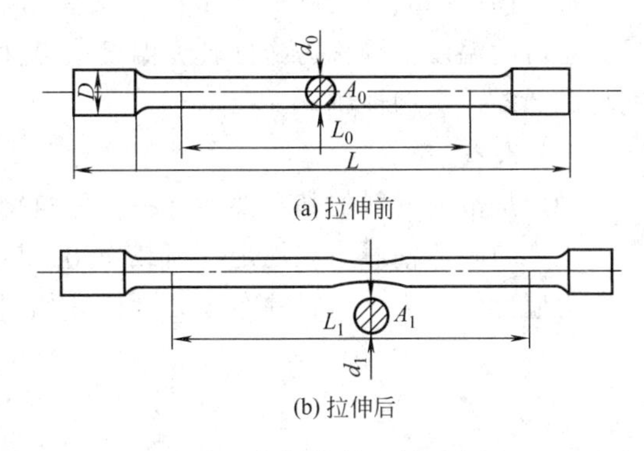

图 9-3 钢的拉伸试件示意图

（3）强化阶段

当钢材屈服到一定程度以后，由于内部晶格扭曲、晶粒破碎等原因，阻止了塑性变形的进一步发展，钢材抵抗能力重新提高，表现在应力-应变图上，即曲线由 $B_{下}$ 点开始上升至最高点 C，这一过程通常称为强化阶段。对应于最高点 C 的应力称为极限抗拉强度，用 σ_b 表示，它是钢材所能承受的最大应力。Q235 钢的屈服强度在 235MPa 以上，抗拉强度在 375MPa 以上。抗拉强度在设计计算中虽然不能直接利用，但是屈服强度与抗拉强度之比是评价钢材受力特征的一个参数。屈强比（σ_s/σ_b）越小，反映钢材受力超过屈服点工作时的可靠性越大，安全性越高。但是，屈强比如果太小，钢材强度的利用率就会偏低，浪费材料。钢材的 σ_s/σ_b 常为 0.60～0.75。

（4）颈缩阶段

当钢材强化达到 C 点后，在试件薄弱处的断面将显著减小，塑性变形急剧增加，产生“颈缩”现象而很快断裂，如图 9-4、图 9-5 条件下测定的，而冷弯性能则是在更严格条件下钢材局部变形的能力。它可揭示钢材内部结构是否均匀，是否存在内应力和夹杂物等缺陷。

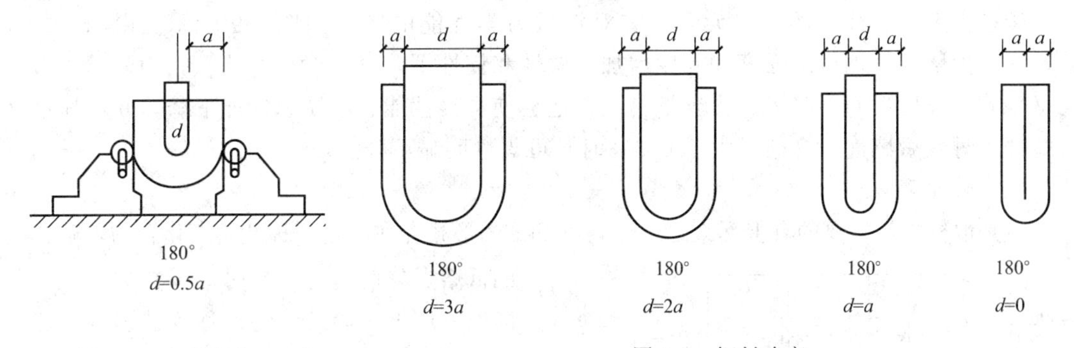

图 9-4 冷弯试验

图 9-5 钢材冷弯

冲击韧性是指钢材抵抗冲击荷载的能力。冲击韧性指标是通过标准试件的冲击韧性试验确定的，如图 9-6 所示。以摆锤冲击试件刻槽的背面，将其打断，试件单位横截面积上所消耗的功即为钢材的冲击韧性指标，以 α_k 表示（J/cm^2），α_k 值越大，表明钢材的冲击韧性越好。

钢材的冲击韧性对钢的化学成分、组织状态以及冶炼、轧制质量都较敏感。例如，钢中硫、磷的含量较高，存在偏析、非金属夹杂物和焊接中形成的微裂纹等均会使冲击韧性显著降低。试验表明钢材在常温下不显示脆性，但随着温度下降到一定程度则可以发生脆性断裂，这一性质称为钢材的冷脆性。

冲击韧性随温度的降低而下降，其规律是开始下降缓慢，当达到一定温度时则突然下降。这时的温度范围称为脆性转变温度或脆性临界温度，如图 9-7 所示，其数值越低，表明钢材的低温冲击韧性越好。

9.1.3.2 硬度

硬度是金属材料的基本性能之一。建筑钢材的硬度指标常用布氏硬度表示。它是用规定直径大小的硬质钢球，在规定的荷载作用下压入钢材表面，使形成压痕，将压力除以压痕面积所得应力值作为该钢材的布氏硬度值，如图 9-8 所示，由下式计算：

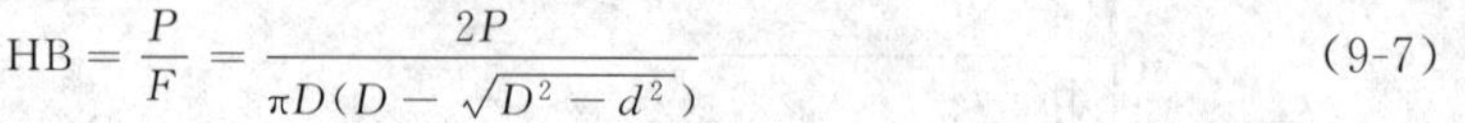

$$HB=\frac{P}{F}=\frac{2P}{\pi D(D-\sqrt{D^2-d^2})} \tag{9-7}$$

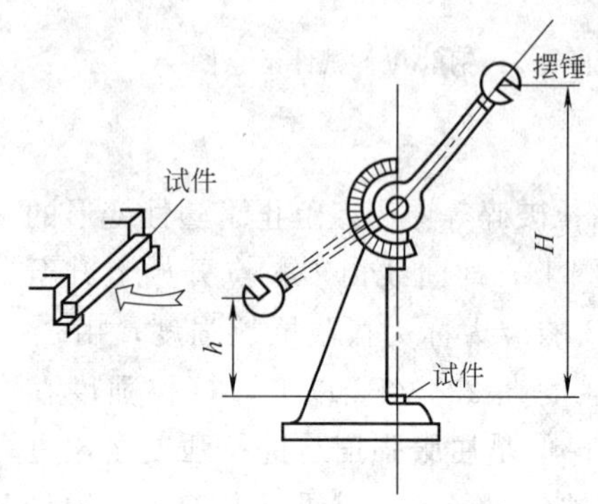

图 9-6 摆锤式冲击试验

图 9-7 钢材的脆性转变温度

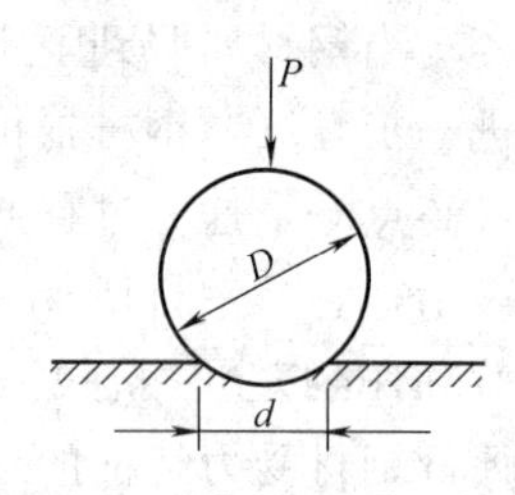

图 9-8 布氏硬度示意图

9.1.4 化学成分对钢材性能的影响

钢中主要化学元素为铁（Fe），另外还有少量的碳（C）、硅（Si）、锰（Mn）、硫（S）、磷（P）、氧（O）、氮（N）等，这些少量元素对钢材性能影响很大。

（1）碳元素

碳是决定钢材性能的重要元素。它对钢材力学性能的影响如图 9-9 所示。由图 9-9 可见，含碳量增加，钢材的强度和硬度增加，塑性和韧性下降。但含碳量大于 1.0%时，由于钢材变脆，强度反而下降了。含碳量增加，还会使焊接性能、耐锈蚀性能下降，并增加钢材的脆性和时效敏感性。含碳量大于 0.3%时，可焊性明显下降。

（2）硫元素

硫是钢材中最主要的有害元素之一。它以 FeS 的形式存在，是一种低熔点化合物，硫化物的低熔点易使钢材焊接时形成热裂纹，这种高温下产生热裂纹的特性称为热脆性。热脆性严重损害了钢材的可焊性和热加工性。硫还会降低钢材所有的物理力学性能，如冲击韧性、耐疲劳性、耐腐蚀性等。因此硫是钢中的有害元素之一，一般不得超过 0.05%，硫的含量也是区分钢材品质的重要指标之一。

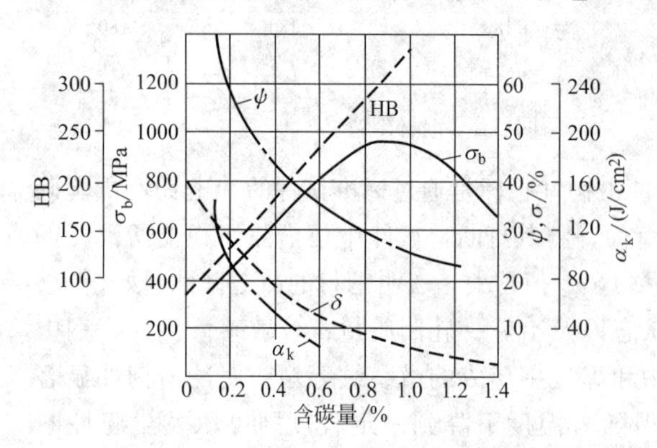

图 9-9 含碳量对碳素钢力学性能的影响

（3）磷元素

磷是钢材的主要有害元素之一，含量一般不得超过 0.045%，也是区分钢材品质的重要指标之一。磷是炼钢时原料带入的，它可显著降低钢材的塑性和韧性，特别是低温下的冲击韧性下降更为显著，磷的偏析较为严重，分布不均匀，含量高时可与铁形成 Fe_3P 夹杂物。磷使钢材的冷脆性增加和可焊性下降。

磷可使钢材的强度、耐磨性、耐腐蚀性提高，尤其与铜等合金元素共存时效果更为明显。

（4）硅、锰元素

硅和锰均是为了脱氧去硫而加入的元素。因为硅、锰与氧的结合力大于铁与氧的结合力，锰与硫的结合力大于铁与硫的结合力，所以可使有害的 FeO 和 FeS 分别形成 SiO_2、MnO 和 MnS 而进入钢渣排出，硫的减少可使钢材热脆性下降，力学性能得到改善。

硅是钢的主要合金元素，含量常在 1%以内，大部分溶于铁素体中，可提高强度，对塑性和韧性的影响不明显。锰是低合金结构钢的主要合金元素，含量常在 1%～2%，溶于铁素体中，可使晶粒细化，提高强度。

（5）氧、氮元素

氧和氮都是在炼钢过程中进入钢液的。未除尽的氧、氮大部分以化合物的形式存在，如 FeO、Fe_4N 等。这些非金属化合物、夹杂物降低了钢材的强度、冷弯性能和焊接性能。氧还使热脆性增加，氮使冷脆性及时效敏感性增加。因此氧、氮均为有害元素，含氧量不得超过 0.05%，含氮量不得超过 0.03%。

（6）钛元素

钛是强脱氧剂，能细化晶粒，显著提高钢材的强度并改善韧性，减少时效敏感性，改善可焊性，但塑性稍有降低，是常用的合金元素。

（7）钒元素

钒可减弱碳与氮对钢材的不利影响，也可细化晶粒，有效地提高强度，减少时效敏感性，但可增加焊接时的淬硬倾向。

9.1.5　建筑钢材的冷加工及时效处理

将钢材于常温下进行冷拉、冷拔或冷轧，使其产生塑性变形，从而提高屈服强度。这个过程称为冷加工强化处理。

工程中常用冷拉和冷拔来提高屈服强度、节约钢材。但冷加工往往导致塑性、韧性及弹性模量的降低。图 9-10 中 O、B、C、D 为未经冷拉和经冷拉时效后试件的应力-应变曲线。将试件拉至超过屈服点的任一点 K，然后卸去荷载。

在卸荷过程中，由于试件已产生塑性变形，故曲线沿 KO' 下降，KO' 大致与 BO 平行。如立即重新拉伸，则新的屈服强度将高至原来达到的 K 点。以后的应力与应变关系将与原来曲线 KCD 相似。这表明，钢材经冷拉后，屈服点将提高。如在 K 点卸荷后，不立即拉伸，将试件在常温下存放 15～20d 后（自然时效），或加热到 100～200℃并保持一定时间（人工时效），这个过程称为时效处理。经过时效处理后再拉伸，钢材屈服点将升高至 K_1 点。继续拉伸，曲线将沿着 K_1、C_1、D_1 发展，表明钢材经冷拉时效后，屈服点和抗拉强度都得到提高。时效还可以使冷拉损失的弹性模量基本恢复，硬度增加，但塑性和韧性则进一步降低。

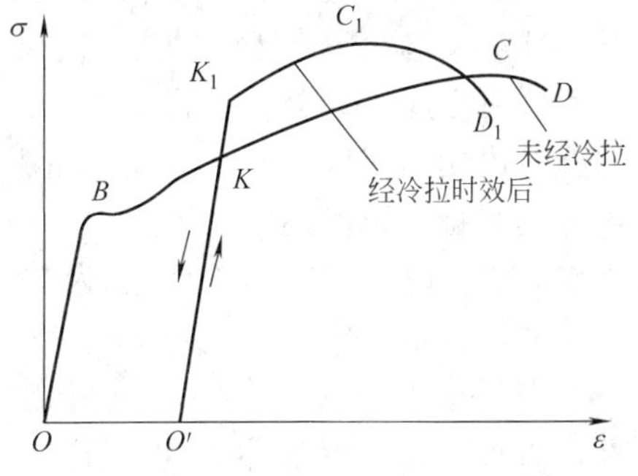

图 9-10　钢筋冷拉曲线

钢材的时效是普遍而长期的过程。未经冷拉的钢材同样存在时效问题，冷拉只是加速了时效的发展。

冷拔是将低碳钢丝（ϕ6mm 以下的盘条）从孔径略小于被拔钢丝直径的硬质拔丝模中强力拔出，使钢丝断面减小、长度伸长的过程。

冷轧是使低碳钢丝通过硬质轧辊，在钢丝表面轧制出呈一定规律分布的轧痕。冷加工具有明显的经济效益。如冷拉后屈服强度可提高 15%～20%，冷拔后屈服强度可提高 40%～60%，作为钢筋混凝土中的受力主筋，可适量减小设计截面或减少配筋量，节约钢材。

冷拉可简化施工工艺，可使盘条钢筋开盘、矫直、冷拉三道工序合为一道工序，使直条钢筋的矫直、除锈、冷拉合为一道工序。冷加工和时效一般同时采用，通过试验确定冷拉控制参数和时效方式。一般来说，强度低的钢筋宜采用自然时效，强度较高的钢筋宜采用人工时效。

9.1.6 建筑钢材的技术标准及选用

建筑钢材可分为钢结构用型钢和钢筋混凝土用钢筋。

9.1.6.1 碳素结构钢

(1) 碳钢的定义及分类

碳钢也称碳素钢，是指含碳量小于 2.11%的铁碳合金。碳钢除含碳外，一般还含有少量的硅、锰、硫、磷。碳钢的分类方式有以下几种。

① 按用途分类。可以把碳钢分为碳素结构钢、碳素工具钢和易切削结构钢三类，碳素结构钢又分为建筑结构钢和机器制造结构钢两种。

② 按冶炼方法分类。可以把碳钢分为平炉钢和转炉钢。

③ 按脱氧程度分类。可以把碳钢分为沸腾钢（F）、镇静钢（Z）、半镇静钢（b）和特殊镇静钢（TZ）。

④ 按含碳量分类。可以把碳钢分为低碳钢（含碳量小于或等于 0.25%）、中碳钢（含碳量为 0.25%～0.6%）和高碳钢（含碳量大于 0.6%）。

⑤ 按钢的质量分类。可以把碳素钢分为普通碳素钢（含磷、硫较高）、优质碳素钢（含磷、硫较低）、高级优质钢（含磷、硫更低）和特级优质钢。

一般碳素钢中含碳量越高，则硬度越大，强度也越高，但塑性越低。

碳素结构钢包括一般结构钢和工程用热轧钢板、钢带、型钢等。现行国家标准《碳素结构钢》(GB/T 700—2006）具体规定了它的牌号表示方法、代号和符号、技术需求、试验方法、检验规则等。

(2) 牌号表示方法

标准中规定：碳素结构钢按照屈服点的数值分为 195MPa、215MPa、235MPa、255MPa、275MPa 五种；按照硫、磷杂质的含量由多到少分为 A、B、C、D 四个质量等级；按照脱氧程度不同分为沸腾钢（F）、镇静钢（Z）、半镇静钢（b）和特殊镇静钢（TZ）。钢的牌号由代表屈服点的字母 Q、屈服点数值、质量等级和脱氧程度四个部分顺序组成。对于镇静钢和特殊镇静钢，在钢的牌号中予以省略。如 Q235-A·F 表示屈服点为 235MPa 的 A 级沸腾钢；Q235-C 表示屈服点为 235MPa 的 C 级镇静钢。

(3) 技术要求

碳素结构钢的技术要求包括化学成分、力学性能、冶炼方法、交货状态及表面质量五个方面，碳素结构钢的化学成分、力学性能、冷弯试验指标应分别符合表 9-2、表 9-3 的要求。

碳素结构钢的冶炼方法采用氧气转炉、平炉和电炉。一般为热轧状态交货，表面质量也应符合有关规定。

表 9-2 碳素结构钢的化学成分

牌号	统一数字代号①	等级	厚度(或直径)/mm	脱氧方法	化学成分(质量分数)/% 不大于				
					C	Si	Mn	P	S
Q195	U11952	—	—	F、Z	0.12	0.30	0.50	0.035	0.040
Q215	U12152	A	—	F、Z	0.50	0.35	1.20	0.045	0.050
	U12155	B							0.045
Q235	U12352	A	—	F、Z	0.22	0.35	1.40	0.045	0.050
	U12355	B			0.20②				0.045
	U12358	C		Z	0.17			0.040	0.040
	U12359	D		TZ				0.035	0.035
Q275	U12752	A	—	F、Z	0.24	0.35	1.50	0.045	0.050
	U12755	B	≤40	Z	0.21			0.045	0.045
			>40		0.22				
	U12758	C	—	Z	0.20			0.040	0.040
	U12759	D		TZ				0.035	0.035

① 表中为镇静钢、特殊镇静钢牌号的统一数字，沸腾钢牌号的统一数字代号如下：Q195F—U11950；Q215AF—U12150、Q215BF—U12153；Q235AF—U12350、Q235BF—U12353；Q275AF—U12750。

② 经需方同意，Q235B的含碳量可不大于0.22%。

(4) 各类牌号钢材的性能和用途

钢材随着钢号的增大，含碳量增加，强度和硬度相应提高，而塑性和韧性则降低。各类牌号碳素结构钢的性能特点与用途见表 9-3。

表 9-3 碳素结构钢的性能特点与用途

材料牌号	等级	w_C/%	w_{Mn}/%	R_{eL}/MPa ≥	R_m/MPa ≥	λ/% ≥	性能特点与用途
Q195	—	0.06～0.12	0.25～0.50	195	315～390	33	伸长率较高，具有良好的焊接性及韧性。主要用来制造要求不高的金属加工件、焊接件，如烟囱、屋面板和钢丝网等
Q215	A	0.09～0.15	0.25～0.55	215	335～410	31	伸长率较高，具有良好的焊接性及韧性。主要用来制造要求不高的金属加工件、焊接件，如烟囱、屋面板和钢丝网等
	B						
Q235	A	0.14～0.22	0.30～0.65	235	375～460	26	有一定的伸长率和强度，韧性及铸造性均好，适于冲压和焊接，应用广泛。主要用来制造钢结构用各种型钢、中厚板、化工容器外壳、法兰等
	B	0.12～0.20	0.30～0.70				
	C	≤0.13	0.35～0.80				
	D	≤0.17					
Q255	A	0.18～0.28	0.40～0.70	255	410～510	24	焊接性尚好。可用于制造强度不高的机械零件，如转轴、心轴等
	B						
Q275	—	0.28～0.38	0.50～0.80	275	490～610	20	有较高的强度，一定的焊接性，切削加工性及塑性较好，完全淬火后硬度可达270～400HBW。可用于制造强度较高的零件，如键、连杆等

建筑工程中应用最广泛的是Q235钢。其含碳量为0.14%~0.22%，属于低碳钢，具有较高的强度，良好的塑性、韧性及可焊性，综合性能好，能满足一般钢结构和钢筋混凝土用钢要求，且成本较低。在钢结构中主要使用Q235钢轧制成各种型钢、钢板。

Q195和Q215钢强度低，塑性和韧性较好，易于冷加工，常用作钢钉、铆钉、螺栓及铁丝等。Q215钢经冷加工后可代替Q235钢使用。Q255、Q275钢强度较高，但塑性、韧性差，可焊性也差，不易焊接和冷弯加工，可用于轧制带肋钢筋、作螺栓配件等，但更多用于机械零件和工具等。

碳素结构钢的弯曲试验性能见表9-4。碳素结构钢的拉伸试验性能和冲击试验性能见表9-5。

表9-4 碳素结构钢的弯曲试验性能

牌号	试样方向	弯心直径		牌号	试样方向	弯心直径	
		厚度(直径)≤60mm	厚度(直径)>60~100mm			厚度(直径)≤60mm	厚度(直径)>60~100mm
Q195	纵	0	—	Q235	纵	a	$2a$
	横	$0.5a$	—		横	$1.5a$	$2.5a$
Q215	纵	$0.5a$	$1.5a$	Q275	纵	$1.5a$	$2.5a$
	横	a	$2a$		横	$2a$	$3a$

注：1. 180°冷弯试验中，$B=2a$，B为试样宽度，a为试样厚度（或直径）。
2. 厚度（直径）大于100mm时，弯曲试验由双方协商确定。

9.1.6.2 低合金高强度结构钢

低合金高强度结构钢是在碳素结构钢（含碳量小于或等于0.20%）的基础上，添加少量的一种或几种合金元素（总含碳量小于5%）的一种结构钢。其目的是为了提高钢的屈服强度、抗拉强度，它是综合性能较为理想的建筑钢材，尤其在大跨度、承受动荷载和冲击荷载的结构中更适用。另外，与使用碳素钢相比，可节约钢材20%~30%，而成本并不很高。此类钢同碳素结构钢比，具有强度高、综合性能好、使用寿命长、应用范围广、比较经济等优点。该钢多轧制成板材、型材、无缝钢管等，被广泛用于桥梁、船舶、锅炉、车辆及重要建筑结构中。我国现行低合金高强度结构钢执行的国家标准是《低合金高强度结构钢》(GB 1591—2008)。

根据国家标准《低合金高强度结构钢》(GB 1591—2008）规定，此类钢中除含有一定量硅或锰基本元素外，还含有其他适合我国资源情况的元素。如钒（V)、铌（Nb)、钛(Ti)、铝（Al)、钼（Mo)、氮（N）和稀土（RE）等微量元素。按化学成分和性能要求，其牌号由Q345A、B、C、D、E，Q390A、B、C、D、E，Q420A、B、C、D、E，Q460C、D、E，Q500C、D、E，Q550C、D、E，Q620C、D、E，Q690C、D、E 8个钢级表示，其含义同碳素结构钢。所加元素主要有锰、硅、钒、钛、铌、铬、镍及稀土元素。V、Nb、Ti、Al等细化晶粒微量元素，在此类钢中除A、B级钢外，其C、D、E级钢中至少应含有其中的一种；为了改善钢的性能，A、B级钢中亦可以加入其中的一种。另外，此类钢的Cr、Ni、Cu残余元素含量各不大于0.30%。

(1) 术语和定义

① 热机械轧制（thermomechanical rolling)。指最终变形在某一温度范围内进行，使材料获得仅仅依靠热处理不能获得的特定性能的轧制工艺。

表 9-5　碳素结构钢的拉伸试验性能和冲击试验性能

牌号	等级	拉伸试验													冲击试验	
		屈服点 σ_s/MPa 不小于						抗拉强度 σ_b /MPa	伸长率 δ_5/% 不小于						温度 /℃	V 型冲击功（纵向）/J 不小于
		厚度（直径）≤16mm	厚度（直径）>16～40mm	厚度（直径）>40～60mm	厚度（直径）>60～100mm	厚度（直径）>100～150mm	厚度（直径）>150mm		厚度（直径）≤16mm	厚度（直径）>16～40mm	厚度（直径）>40～60mm	厚度（直径）>60～100mm	厚度（直径）>100～150mm	厚度（直径）>150mm		
Q195	—	195	185	—	—	—	—	315～390	33	32	—	—	—	—	—	—
Q215	A	215	205	195	185	175	165	335～410	31	30	29	28	27	26	—	—
	B														20	27
Q235	A	235	225	215	205	195	185	375～460	26	25	24	23	22	21	—	—
	B														20	27
	C														0	
	D														20	
Q255	A	255	245	235	225	215	205	410～510	24	23	22	21	20	19	—	—
	B														20	27
Q275	—	275	265	255	245	235	225	490～610	20	19	18	17	16	15	—	—

② 正火轧制（normalizing rolling）。指最终变形在某一温度范围内进行，使材料获得与正火后性能相当的轧制工艺。

（2）牌号表示方法

钢的牌号表示方法由代表屈服强度的汉语拼音字母、屈服强度数值、质量等级符号三个部分组成。例如 Q345D。其中，Q 表示钢的屈服强度的“屈”字汉语拼音的首位字母；345 表示钢的屈服强度的数值，单位是 MPa；D 表示钢的质量等级是 D 级。

当钢材的需求方需要钢板具有厚度方向性能时，则在上述规定的牌号后加上代表厚度方向（Z 向）性能级别的符号。例如 Q345DZ15。

（3）标准与选用

作为产品交货的低合金高强度结构钢的技术要求包括牌号及化学成分、冶炼方法、交货状态、力学性能及工艺性能、表面质量、特殊要求 6 项指标。

① 牌号及化学成分（熔炼分析）。低合金高强度结构钢的牌号由代表屈服点的汉语拼音字母（Q）、屈服点数值、质量等级符号（A、B、C、D、E）三个部分组成。例如 Q390A。其中，Q 表示钢的屈服点的“屈”字汉语拼音的首位字母；390 表示屈服点的数值，单位是 MPa；A 表示钢的质量等级是 A 级。低合金高强度结构钢的牌号和化学成分应符合表 9-6 的要求。

表 9-6 低合金高强度结构钢的化学成分

牌号	质量等级	化学成分/%														
		C	Si	Mn	P	S	Nb	V	Ti	Cr	Ni	Cu	N	Mo	B	Al
		≤	≤	≤	≤											≥
	A	0.20			0.035	0.035										—
	B	0.20			0.035	0.035										—
Q345	C	0.20	0.5	1.7	0.030	0.030	0.07	0.15	0.20	0.30	0.50	0.30	0.012	0.10	—	0.015
	D	0.18			0.030	0.025										0.015
	E	0.18			0.025	0.020										0.015
	A				0.035	0.035										—
	B				0.035	0.035										—
Q390	C	0.20	0.5	1.7	0.030	0.030	0.07	0.20	0.20	0.30	0.50	0.30	0.015	0.10	—	0.015
	D				0.030	0.025										0.015
	E				0.025	0.020										0.015
	A				0.035	0.035										—
	B				0.035	0.035										—
Q420	C	0.20	0.5	1.7	0.030	0.030	0.07	0.20	0.20	0.30	0.80	0.30	0.015	0.20	—	0.015
	D				0.030	0.025										0.015
	E				0.025	0.020										0.015
	C				0.030	0.030										
Q460	D	0.20	0.6	1.8	0.030	0.025	0.11	0.20	0.20	0.30	0.80	0.55	0.015	0.20	0.004	0.015
	E				0.025	0.020										
	C				0.030	0.030										
Q500	D	0.18	0.6	1.8	0.030	0.025	0.11	0.20	0.20	0.60	0.80	0.55	0.015	0.20	0.004	0.015
	E				0.025	0.020										
	C				0.030	0.030										
Q550	D	0.18	0.6	2.0	0.030	0.025	0.11	0.20	0.20	0.80	0.80	0.80	0.015	0.30	0.004	0.015
	E				0.025	0.020										

续表

牌号	质量等级	化学成分/%														
		C	Si	Mn	P	S	Nb	V	Ti	Cr	Ni	Cu	N	Mo	B	Al
		≤	≤	≤	≤											≥
Q620	C	0.18	0.6	2.0	0.030	0.030	0.11	0.20	0.20	1.00	1.00	0.80	0.015	0.30	0.004	0.015
	D				0.030	0.025										
	E				0.025	0.020										
Q690	C	0.18	0.6	2.0	0.030	0.030	0.11	0.20	0.20	1.00	1.00	0.80	0.015	0.30	0.004	0.015
	D				0.030	0.025										
	E				0.025	0.020										

注：1. 表中型材和棒材 P、S 含量可提高 0.005%，其中，A 级钢上限可为 0.045%。

2. 当细化晶粒元素组合加入时，Nb+V+Ti≤0.22%，Mo+Cr≤0.30%。

3. 钢材、钢坯的化学成分允许偏差应符合 GB/T 222 的规定。

4. 当钢材需货方要求保证钢材的厚度方向性能时，其化学成分应符合 GB/T 5313 的规定。

各牌号除了 A 级钢以外的钢材，当以热轧、控轧状态交货时，最大碳当量值应符合表 9-7 的规定；当以正火、正火轧制、正火加回火状态交货时，其最大碳当量值应符合表 9-8 的规定；当以热机械轧制（TMCP）或热机械轧制加回火状态交货时，其最大碳当量值应符合表 9-9 的规定。碳当量（CEV）应采用熔炼分析法和式（9-8）计算：

$$CEV = C + Mn/6 + (Cr + Mo + V)/5 + (Ni + Cu)/15 \tag{9-8}$$

表 9-7 热轧、控轧状态交货钢材的碳当量

牌号	碳当量(CEV)/%		
	公称厚度或直径≤63mm	公称厚度或直径>63～250mm	公称厚度或直径>250mm
Q345	≤0.44	≤0.47	≤0.47
Q390	≤0.45	≤0.48	≤0.48
Q420	≤0.45	≤0.48	≤0.48
Q460	≤0.46	≤0.49	—

表 9-8 正火、正火轧制、正火加回火状态交货钢材的碳当量

牌号	碳当量(CEV)/%		
	公称厚度≤63mm	公称厚度>63～120mm	公称厚度>120～250mm
Q345	≤0.45	≤0.48	≤0.48
Q390	≤0.46	≤0.48	≤0.49
Q420	≤0.48	≤0.50	≤0.52
Q460	≤0.53	≤0.54	≤0.55

表 9-9 热机械轧制（TMCP）或热机械轧制加回火状态交货钢材的碳当量

牌号	碳当量(CEV)/%		
	公称厚度≤63mm	公称厚度>63～120mm	公称厚度>120～250mm
Q345	≤0.44	≤0.45	≤0.45
Q390	≤0.46	≤0.47	≤0.47
Q420	≤0.46	≤0.47	≤0.47
Q460	≤0.47	≤0.48	≤0.48

续表

牌号	碳当量(CEV)/%		
	公称厚度≤63mm	公称厚度>63～120mm	公称厚度>120～250mm
Q500	≤0.47	≤0.48	≤0.48
Q550	≤0.47	≤0.48	≤0.48
Q620	≤0.48	≤0.49	≤0.49
Q690	≤0.49	≤0.49	≤0.49

当以热机械轧制（TMCP）或热机械轧制加回火状态交货钢材的含碳量不大于0.12%时，可采用焊接裂纹敏感性指数（PCM）代替碳当量评估钢材的可焊性。其数值应符合表9-10的规定。PCM应采用熔炼分析法和式（9-9）计算：

$$PCM=C+Si/30+Mn/20+Cu/20+Ni/60+Cr/20+Mo/15+V/10+5B \quad (9\text{-}9)$$

表9-10 热机械轧制（TMCP）或热机械轧制加回火状态交货钢材的PCM

牌号	PCM/%	牌号	PCM/%
Q345	≤0.20	Q500	≤0.25
Q390	≤0.20	Q550	≤0.25
Q420	≤0.20	Q620	≤0.25
Q460	≤0.20	Q690	≤0.25

经供需双方协商，可指定采用碳当量或焊接裂纹敏感性指数作为衡量可焊性的指标，当未指定时，供货方可任选其一。

② 冶炼方法。钢由转炉或电炉冶炼，必要时加炉外精炼。

③ 交货状态。钢材以热轧、控轧、正火、正火轧制、热机械轧制（TMCP）或热机械轧制加回火状态交货。例如，部分牌号钢材产品的交货状态应符合表9-11的要求。

表9-11 部分牌号钢材产品的交货状态

牌号	试样毛坯尺寸/mm	推荐热处理温度/℃			力学性能					钢材交货状态硬度HBS(10/3000)≤	
		正火	淬火	回火	σ_b/MPa	σ_s/MPa	δ_5/%	ψ/%	A_{KU}/J		
					≥					未热处理钢	退火钢
50Mn	25	830	830	600	645	390	13	40	31	255	217
60Mn	25	810			695	410	11	35		269	229
65Mn	25	830			735	430	9	30		285	229
70Mn	25	790			785	450	8	30		265	229

注：1.对于直径或厚度小于25mm的钢材，热处理是在与成品截面尺寸相同的试样毛坯上进行。

2.表中所列正火推荐保温时间不少于30min，空冷；淬火推荐保温时间不少于30min，75、80和85钢油冷，其余钢水冷；回火推荐保温时间不少于1h。

④ 力学性能及工艺性能。包括拉伸试验性能、夏比（V型）冲击试验性能、弯曲试验性能。

以低合金高强度钢板为例进行分析，钢材的拉伸试验性能、冲击试验性能、冷弯试验性能应符合表9-12的规定。以低合金高强度钢Q690为例进行分析，钢材的拉伸试验性能应符合表9-13的规定。

表 9-12 低合金高强度钢板的牌号、尺寸规格及力学性能

尺寸规格标准	按 GB/T 709—2006 热轧钢板和钢带尺寸、外形、质量及允许偏差的规定									
力学性能	牌号	质量等级	屈服强度(规定残余伸长应力)$R_{p0.2}$/MPa ≥		抗拉强度 R_m /MPa	伸长率 A/% 不小于	冲击吸收功 A_{KV}/J 不小于			180°冷弯试验（d 为弯心直径，a 为试样厚度）
			厚度 ≤50mm	厚度 >50～100mm			0℃	−20℃	−40℃	
	Q420	C D E	420	400	520～570	18	40	40	27	$d=3a$
	Q460	C D E	460	440	550～710	17	40	40	27	$d=3a$
	Q500	D E	500	480	610～770	16	—	40	27	$d=3a$
	Q550	D E	550	530	670～830	16	—	40	27	$d=3a$
	Q620	D E	620	600	720～890	15	—	40	27	$d=3a$
	Q690	D E	690	670	770～940	14	—	40	27	$d=3a$

表 9-13 低合金高强度钢材的拉伸试验性能

牌号	质量等级	拉伸试验①②③																					
		以下公称厚度(直径、边长)下屈服强度 R_{eL}/MPa									以下公称厚度(直径、边长)抗拉强度 R_m/MPa							以下公称厚度（直径、边长）断后伸长率 A/%					
		≤16mm	>16～40mm	>40～63mm	>63～80mm	>80～100mm	>100～150mm	>150～200mm	>200～250mm	>250～400mm	≤40mm	>40～63mm	>63～80mm	>80～100mm	>100～150mm	>150～200mm	>250～400mm	≤40mm	>40～63mm	>63～80mm	>100～150mm	>150～200mm	>250～400mm
Q690	C D E	≥690	≥670	≥660	≥640	—	—	—	—	770～940	750～920	730～900	—	—	—	—	—	≥14	≥14	≥14	—	—	—

① 当屈服不明显时，可测量 $R_{p0.2}$ 代替下屈服强度。

② 宽度不小于 600mm 的扁平材，拉伸试验取横向试样；宽度小于 600mm 的扁平材、型材及棒材，取纵向试样。断后伸长率最小值相应提高 1%（绝对值）。

③ 厚度>250～400mm 的数值适用于扁平材。

低合金高强度钢材的夏比（V 型）冲击试验的试验温度和冲击吸收能量应符合表 9-14 的规定。

表 9-14 低合金高强度钢材的夏比（V 型）冲击试验的试验温度和冲击吸收能量

<table>
<tr><th rowspan="2">牌号</th><th rowspan="2">质量等级</th><th rowspan="2">试验温度/℃</th><th colspan="3">冲击吸收能量 A_{KV}/J</th></tr>
<tr><th>公称厚度（直径、边长）>12～150mm</th><th>公称厚度（直径、边长）>150～250mm</th><th>公称厚度（直径、边长）>250～400mm</th></tr>
<tr><td rowspan="4">Q345</td><td>B</td><td>20</td><td rowspan="4">≥34</td><td rowspan="4">≥27</td><td>—</td></tr>
<tr><td>C</td><td>0</td><td>—</td></tr>
<tr><td>D</td><td>−20</td><td>27</td></tr>
<tr><td>E</td><td>−40</td><td>—</td></tr>
<tr><td rowspan="4">Q390</td><td>B</td><td>20</td><td rowspan="4">≥34</td><td rowspan="4">—</td><td rowspan="4">—</td></tr>
<tr><td>C</td><td>0</td></tr>
<tr><td>D</td><td>−20</td></tr>
<tr><td>E</td><td>−40</td></tr>
<tr><td rowspan="4">Q420</td><td>B</td><td>20</td><td rowspan="4">≥34</td><td rowspan="4">—</td><td rowspan="4">—</td></tr>
<tr><td>C</td><td>0</td></tr>
<tr><td>D</td><td>−20</td></tr>
<tr><td>E</td><td>−40</td></tr>
<tr><td rowspan="3">Q460</td><td>C</td><td>0</td><td rowspan="3">≥34</td><td rowspan="3">—</td><td rowspan="3">—</td></tr>
<tr><td>D</td><td>−20</td></tr>
<tr><td>E</td><td>−40</td></tr>
<tr><td rowspan="3">Q500、Q550、Q620、Q690</td><td>C</td><td>0</td><td>≥55</td><td>—</td><td>—</td></tr>
<tr><td>D</td><td>−20</td><td>≥47</td><td>—</td><td>—</td></tr>
<tr><td>E</td><td>−40</td><td>≥31</td><td>—</td><td>—</td></tr>
</table>

当钢材的需货方要做钢材的弯曲试验时，弯曲试验值应符合表 9-15 的规定。当钢材的供货方保证钢材弯曲性能合格时，可以不做弯曲试验。

表 9-15 低合金高强度钢材的弯曲试验性能

<table>
<tr><th rowspan="2">牌号</th><th rowspan="2">试样方向</th><th colspan="2">180°弯曲试验
[d 为弯心直径，a 为试样厚度(直径)]</th></tr>
<tr><th>厚度（直径、边长）<16mm</th><th>厚度（直径、边长）>16～100mm</th></tr>
<tr><td>Q345、Q390、Q420、Q460</td><td>宽度≥60mm 的扁平材，拉伸试验取横向试样；
宽度≥60mm 的扁平材、型材及棒材，取纵向试样</td><td>$2a$</td><td>$3a$</td></tr>
</table>

⑤ 表面质量。钢材的表面质量应符合相关产品标准的规定。

⑥ 特殊要求。根据钢材供需双方协议，钢材可进行无损检验，其检验标准和级别应在钢材采供合同或协议中明确。根据钢材供需双方协议，可以按照《低合金高强度结构钢》(GB 1591—2008) 的规定，订购具有厚度方向要求的钢材。根据钢材供需双方协议，钢材也可以进行其他项目的检验。

应用：目前，在国内外钢结构设计中，设计师常采用低合金高强度结构钢来轧制型钢、钢板，用以建筑钢结构桥梁、高层及大跨度的钢结构建筑。在重要的钢筋混凝土结构或预应力钢筋混凝土结构中，主要采用低合金高强度钢加工成的热轧带肋钢，作为承重构件。

9.1.6.3 钢筋混凝土结构用钢

钢筋混凝土用钢筋的直径通常为6～40mm，小于6mm者为钢丝。在钢筋混凝土中，采用的钢材形式有两大类。一类是劲性钢筋，由型钢（如角钢、槽钢、工字钢等）组成。在钢筋混凝土构件中置入型钢的称为劲性钢筋混凝土，通常在荷重大的构件中才采用。另一类是柔性钢筋，即通常所指的钢筋。柔性钢筋又包括钢筋和钢丝两类。钢筋按外形分为光圆钢筋和变形钢筋两种。钢筋的品种很多，按化学成分可分为碳素钢钢筋和普通低合金钢钢筋。碳素钢按其含碳量的多少，分为低碳钢（含碳量小于0.25%）、中碳钢（含碳量为0.25%～0.6%）和高碳钢（含碳量为0.6%～1.4%）。低碳钢强度低，但塑性好，称为软钢；高碳钢强度高，但塑性、可焊性差，称为硬钢。普通低合金钢除了含有碳素钢的元素外，又加入了少量的合金元素，如锰、硅、钒、钛等，大部分低合金钢属于软钢。

建筑工程中，常用的钢筋按加工工艺的不同分为热轧钢筋、冷拉钢筋、冷轧带肋钢筋、冷轧扭钢筋、热处理钢筋、碳素钢丝、刻痕钢丝、冷拔低碳钢丝、钢绞线等。

（1）热轧钢筋

热轧钢筋是用加热钢坯经热轧成型，并自然冷却的成品条形钢筋。它由低碳钢和普通合金钢在高温状态下压制而成。主要用于钢筋混凝土和预应力混凝土结构的配筋，是土木建筑工程中使用量最大的钢材品种之一。

热轧钢筋应具备一定的强度，即屈服点和抗拉强度，它是结构设计的主要依据。同时，为了满足结构变形、吸收地震能量以及加工成型等要求，热轧钢筋还应具有良好的塑性、韧性、可焊性和钢筋与混凝土间的黏结性。

① 强度等级分类。根据我国国家标准《钢筋混凝土用热轧光圆钢筋》（GB 1499.1—2008）和《钢筋混凝土用热轧带肋钢筋》（GB 1499.2—2007），我国生产的热轧钢筋按其轧制外形分为热轧光圆钢筋、热轧带肋钢筋。带肋钢筋通常为圆形横截面，且表面带有两条纵肋和沿长度方向均匀分布的横肋。按肋纹的形状分为月牙肋和等高肋，如图9-11所示。月牙肋的纵横肋不相交，而等高肋的纵横肋相交。月牙肋钢筋有生产简便、强度高、应力集中、敏感性小、疲劳性能好等优点，但其与混凝土的黏结锚固性稍逊于等高肋钢筋。

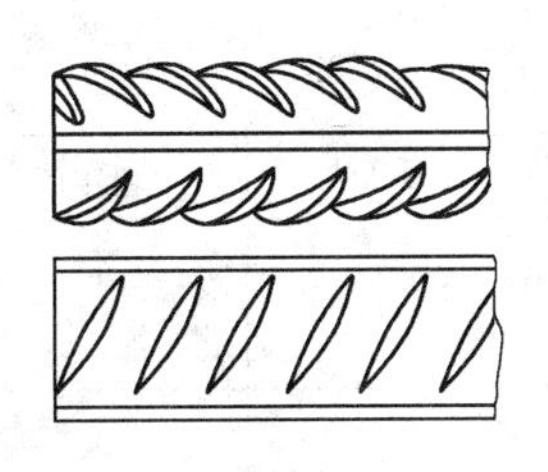
(a) 月牙肋示意图

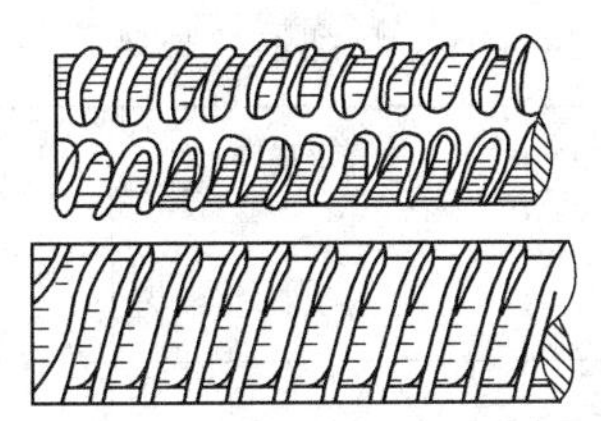
(b) 等高肋示意图

(c) 热轧钢筋产品外形图

图9-11 带肋钢筋示意图和外形图

我国建筑行业热轧钢筋等级可分为以下几种。

a. Ⅰ级钢筋。其强度级别为24/38公斤级，是用镇静钢、半镇静钢或3号普通碳素沸腾钢轧制的光圆钢筋。它属于低强度钢筋，具有塑性好、伸长率高（δ_5 在25%以上）、便于弯折成型、容易焊接等特点。它的使用范围很广，可用作中、小型钢筋混凝土结构的主要受力钢筋，构件的箍筋，钢、木结构的拉杆等。盘条钢筋还可作为冷拔低碳钢丝和双钢筋的原料。

b. Ⅱ级钢筋。用低合金镇静钢或半镇静钢轧制，以硅、锰作为固溶强化元素。Ⅱ级钢筋强度级别为34(32)/52(50)公斤级，其强度较高，塑性较好，焊接性能比较理想。钢筋表面轧有通长的纵肋和均匀分布的横肋，从而可加强钢筋与混凝土间的黏结。用Ⅱ级钢筋作为钢筋混凝土结构的受力钢筋，比使用Ⅰ级钢筋可节省钢材40%～50%。因此，广泛用于大、中型钢筋混凝土结构，如桥梁、水坝、港口工程和房屋建筑结构的主筋。Ⅱ级钢筋经冷拉后，也可用作房屋建筑结构的预应力钢筋。

c. Ⅲ级钢筋。Ⅲ级钢筋主要性能与Ⅱ级钢筋大致相同，强度级别为38/58公斤级。简单来说，这两种钢筋的相同点是：都属于普通低合金热轧钢筋；都属于带肋钢筋（即通常说的螺纹钢筋）；都可以用于普通钢筋混凝土结构工程中。

d. Ⅳ级钢筋。其强度级别为55/85公斤级，用中碳低合金镇静钢轧制，其中除以硅、锰为主要合金元素外，还加入钒或钛作为固溶和析出强化元素，使之在提高强度的同时保证其塑性和韧性。Ⅳ级钢筋表面也轧有纵肋和横肋，它是房屋建筑工程的主要预应力钢筋。Ⅳ级钢筋在使用前应由施工单位进行冷拉处理，冷拉应力为750MPa，以提高屈服点，发挥钢材的内在潜力，达到节约钢材的目的。经冷拉的钢筋，其屈服点不明显，因此设计时以冷拉应力统计值（冷拉设计强度）为依据。

冷拉过的钢筋经数月自然时效或人工加温时效后，钢筋又会出现短小的屈服台阶，其值略高于冷拉应力，同时钢筋有变硬趋势，此现象称为时效硬化。因此，钢筋冷拉时在保证规定冷拉应力的同时，要控制冷拉伸长率不过大，以免钢筋变脆。Ⅳ级钢筋含碳量较高，对焊时一般采用闪光-预热-闪光焊或对焊后通电热处理的工艺，以保证对焊接头，也包括热影响区，不产生淬硬性组织，防止发生脆性断裂。

Ⅳ级钢筋的直径一般为12mm，广泛用于预应力混凝土板类构件以及成束配置用于大型预应力建筑构件（如屋架、吊车梁等）。热轧Ⅳ级钢筋作为预应力钢筋使用时，尚需冷拉、焊接，其强度还偏低，需要进一步改进。

热轧钢筋牌号见表9-16。

表9-16 热轧钢筋牌号

标准	钢筋牌号	规格/mm	弯芯直径 D	弯曲角度
KSD 3504—2009	SD400 SD400W	d	2.5d	180°
	SD500 SD500W SD600 SD700	$d \leqslant 25$ $d > 25$	2.5d 3d	90°

续表

标准	钢筋牌号	规格/mm	弯芯直径 D	弯曲角度
JIS G3112—2010	SD390	d	2.5d	180°
	SD495	$d \leqslant 25$	2.5d	90°
		$d > 25$	3d	
SS2-2:2009	RB500W	$d \leqslant 12$	5d	160°～180°
		$12 < d \leqslant 20$	8d	
		$d > 20$	10d	
ASTM 706—2009b	Grade60[420]	10～16	3d	180°
		19～25	4d	
		29～36	6d	
		43～57	8d	
	Grade80[550]	10～16	3d	180°
		19～25	5d	
		29～36	7d	
		43～57	9d	
ASTM 615—2009	Grade60[420]	10～16	3.5d	180°
		19～25	6d	
		29～36	7d	
		43～57	9d	
	Grade80 [550]	10～25	5d	180°
		29～36	7d	
		43～57	9d	90°
GB 1499.2—2007	HRB500	6～25	6d	180°
		28～40	7d	
		>40～50	8d	
	HRB600	6～25	6d	180°
		28～40	7d	
		>40～50	8d	

② 热轧钢筋的性能。热轧钢筋为软钢，断裂时会产生颈缩现象，伸长率较大。在热轧钢筋的工厂生产中，直径6.5～9mm的钢筋，大多数卷成盘条；直径10～40mm的钢筋，一般是6～12m长的直条。根据我国国家标准《钢筋混凝土用热轧光圆钢筋》(GB 1499.1—2008）和《钢筋混凝土用热轧带肋钢筋》(GB 1499.2—2007）规定，热轧钢筋的力学性能应符合表9-17的规定。H、R、B分别为热轧、带肋、钢筋三个词的英文首位字母。

a. 反向弯曲性能。对牌号含“E”的钢筋增加反向弯曲试验。普通钢筋反向弯曲试验不做强制性要求，仅作为协议要求。

b. 连接性能。因HRB600钢筋未进行焊接性能研究，建议采用机械连接方式。HRBF500钢筋的焊接工艺已有相关研究，但未纳入到《钢筋焊接及验收规程》(JGJ 18—2012）中，因此，焊接工艺应由试验确定。

表 9-17 热轧钢筋的力学性能

牌号	外形	钢种	公称直径 d /mm	屈服强度 σ_s /MPa	抗拉强度 σ_b /MPa	伸长率 δ_5 /%	180°冷弯试验
R235	光圆	低碳钢	8～20	235	370	25	$d=a$
HRB335	月牙肋	低碳低合金钢	6～25	335	490	16	$d=3a$
			28～50				$d=4a$
HRB400			6～25	400	570	14	$d=4a$
			28～50	—	—	—	$d=5a$
HRB500	等高肋	中碳低合金钢	6～25	500	630	12	$d=6a$
			28～50				$d=7a$

注：表中 d 为弯曲直径，a 为试样直径。

c. 形式检验。这项检验仅在原料、生产工艺、设备有重大变化及新产品生产、停产后复产时进行。

d. 疲劳性能试验。钢筋的疲劳性能试验并非普遍意义所指的应对地震的高应变低周疲劳，而是指低应变高周疲劳。

首先，疲劳是指在某点或某些点承受扰动应力，且足够多的循环扰动作用之后形成裂纹或完全断裂的材料中所发生的局部永久结构变化的发展过程。在结构中，有的处于静载荷而有的处于动载荷下。静载荷的疲劳破坏取决于整体结构，动载荷的疲劳破坏则由应力或应变较高的局部开始，形成损伤并逐渐累积，导致在较低的载荷下即可发生破断性破坏。由于钢筋混凝土结构应用范围广泛，房屋建筑、铁路、公路、桥梁、海港、水电站等各种工程结构中，动静载荷的情况下均需用到，因此无论抗震或非抗震钢筋，均有必要进行疲劳试验。

其次，由于钢筋的疲劳试验耗时较长，考虑到生产过程的连续性，对钢筋的疲劳检验仅在形式检验中进行。

e. 钢筋的连接性能检验。这项检验包括焊接性能和机械连接性能两项检验。钢筋的接头质量应符合相关行业标准的要求。钢筋的连接性能与金相、晶粒度试验由供需双方协商进行。如无特殊要求，在生产厂家可保证的情况下，可不进行检验。但在原料、生产工艺、设备有重大变化及新产品生产、停产后复产时对该项目需进行形式试验。

热轧钢筋中的低碳钢热轧圆盘条，直径为 8～20mm，也广泛地应用在建筑及金属制品中。根据现行规范《低碳钢热轧圆盘条》(GB/T 701—2008）的规定，盘条分为建筑用盘条和拉丝用盘条两类，所用钢材的牌号有 HPB195、HPB215、HPB235。以 HPB235 为例，其工艺性能与力学性能应符合表 9-18、表 9-19 的规定。

(2）冷拔低碳钢丝

冷拔低碳钢丝是将直径为 6.5～8mm 的 Q235 热轧盘条钢筋经冷拔加工而成。根据《混凝土制品用冷拔低碳钢丝》(JC/T 540—2006）的规定，冷拔钢丝分为甲、乙两级，甲级钢丝适用于作预应力筋，乙级钢丝适用于作焊接网、焊接骨架、箍筋和构造钢筋。其力学性能应符合表 9-20 的规定。

表 9-18 HPB235 低碳钢热轧圆盘条的工艺性能

生产厂家		安阳					牌号		HPB235		生产批号							
组号	拉伸试件编号	工程部位	公称直径 a /mm	代表数量 /t	拉伸试验									弯曲试件编号	弯曲试验			判定
					屈服点 σ_s			抗拉强度 σ_b			伸长率 σ_{10}		拉伸试验判定		弯曲性能		弯曲试验判定	
					标准要求 /MPa	实测结果		标准要求 /MPa	实测结果		标准要求 /%	实测结果 /%			标准要求	实测结果		
						拉力 /kN	强度 /MPa		拉力 /kN	强度 /MPa								
1#	1				≥235			≥410			≥23		符合	3	弯心直径 $d=0.5a$，弯曲 180°后受弯曲部位表面无裂纹	无裂纹	符合	合格
1#	2				≥235			≥410			≥23		符合	4	弯心直径 $d=0.5a$，弯曲 180°后受弯曲部位表面无裂纹	无裂纹	符合	合格
2#	1				≥235			≥410			≥23		符合	3	弯心直径 $d=0.5a$，弯曲 180°后受弯曲部位表面无裂纹	无裂纹	符合	合格
2#	2				≥235			≥410			≥23		符合	4	弯心直径 $d=0.5a$，弯曲 180°后受弯曲部位表面无裂纹	无裂纹	符合	合格
3#	1				≥235			≥410			≥23		符合	3	弯心直径 $d=0.5a$，弯曲 180°后受弯曲部位表面无裂纹	无裂纹	符合	合格
3#	2				≥235			≥410			≥23		符合	4	弯心直径 $d=0.5a$，弯曲 180°后受弯曲部位表面无裂纹	无裂纹	符合	合格
检验结论与说明	1. 检测依据:《低碳钢热轧圆盘条》(GB/T 701—2008) 2. 以上所检样品:1# 符合,2# 符合																	
备注																		

表 9-19　HPB235 低碳钢热轧圆盘条的力学性能

用途	牌号	屈服点 σ_s /MPa	抗拉强度 σ_b /MPa	伸长率 σ_{10} /%	180°冷弯试验
建筑用	Q215	不小于 215	不小于 375	不小于 27	$d=0$
	Q235	不小于 235	不小于 410	不小于 23	$d=0.5a$
拉丝用	Q195	—	不大于 390	不小于 30	$d=0$
	Q215	—	不大于 420	不小于 28	$d=0$
	Q235	—	不大于 490	不小于 23	$d=0.5a$

注：表中 d 为弯曲直径，a 为试样直径。

表 9-20　冷拔低碳钢丝的力学性能

钢丝级别	公称直径 d/mm	抗拉强度/MPa 不小于	断后伸长率 A_{100}/% 不小于	反复弯曲次数(180°)/次 不小于
甲级	5.0	650	3.0	4
		600		
	4.0	700	2.5	
		650		
乙级	3.0,4.0,5.0,6.0	550	2.0	4

注：1. 甲级钢丝应采用符合Ⅰ级热轧钢筋标准的圆盘条拔制。
2. 预应力冷拔低碳钢丝经机械调直后，抗拉强度标准值应降低 50MPa。

钢筋混凝土结构用钢除热轧钢筋、冷拔低碳钢丝外，还有冷轧带肋钢筋、预应力混凝土用的热处理钢筋、高强钢丝及钢绞线等。

知识链接：

精轧螺纹钢筋

为了解决大直径、高强度预应力钢筋的连接和锚具问题，我国已研制成功精轧螺纹钢筋。它是在钢筋表面直接轧出不带纵肋而横肋为梯形螺扣外形的钢筋，可用连接套筒接长，用专用螺帽作为锚具。这种钢筋已在我国建筑工程中的大型预应力混凝土结构、桥梁结构等中使用，并获得成功。

9.2 建筑装饰用钢材制品

现代建筑装饰中，金属制品已被广泛采用，如柱子外包不锈钢板或铜板，墙面、顶棚镶贴铝合金板，楼梯扶手采用不锈钢管或铜管等。由于金属装饰制品坚固耐用，装饰表面具有独特的艺术风格与强烈的时代感，且安装方便，故在一些要求高级装饰的公共建筑中，越来越多地被采用。

9.2.1 不锈钢及其制品

不锈钢装饰具有以下一些特点：不锈钢装饰件与其他金属装饰件一样，具有金属的光泽和质感；不锈钢与铝合金一样，具有不易锈蚀的特点，因此可以较长时间地保持初始的装饰效果；不锈钢具有如同镜面的效果，因其镜面的反射作用，可取得与周围环境中的色彩和景物交相辉映的效果，并且在灯光的配合下，可形成夺目的高光部分，使之成为空间环境中的注意点和兴趣中心，对空间环境的效果起到强化、点缀和烘托的作用；不锈钢装饰件与铝合金装饰件相比，具有强度和硬度较大的优点，在施工和使用过程中不易发生变形。综上所述，不锈钢用作建筑装饰具有非常明显的优越性。

不锈钢的定义是各式各样的，因此，不锈钢所包含的钢种范围也是不固定的。根据比较标准的定义，不锈钢是指以铬（Cr）为主加元素的合金钢。铬在不锈钢中，因其性质比铁活泼，首先与环境中的氧化合，生成一层与钢基体牢固结合的致密氧化层（称为钝化膜），能很好地保护不锈钢不致生锈。铬的含量越高，钢的耐腐蚀性越好。不锈钢中还需加入镍（Ni）、锰（Mn）、钛（Ti）、硅（Si）等合金元素，以改善不锈钢的性能。

（1）不锈钢装饰制品

建筑装饰用不锈钢制品主要是薄钢板，它采用热轧钢板和冷轧钢板两种。常用不锈钢板的厚度在0.2～2mm之间，其中厚度小于1mm的薄板用得最多。不锈钢除制成薄板外，还可加工成型材、管材及各种异型材，在建筑上可用作屋面、幕墙、隔墙、门、窗、内外墙饰面、栏杆扶手等。

（2）彩色不锈钢板

彩色不锈钢板是在不锈钢板上进行技术性和艺术性加工，使其表面成为具有各种绚丽色彩的不锈钢装饰板，颜色有蓝、灰、紫、红、青、绿、金黄、橙、茶色等多种。彩色不锈钢板具有耐腐蚀性强、较高的力学性能、彩色面层经久不褪色、色泽随着光照度不同会产生色调变幻等特点，而且彩色面层能耐200℃的温度，耐盐雾腐蚀性能超过一般不锈钢，耐磨和耐刻划性能相当于箔层镀金的性能。当弯曲90°时，彩色面层不会损坏。

（3）彩色涂层钢板

彩色涂层钢板又称彩色有机涂层钢板，是以冷轧钢板或镀锌钢板为基板，经过刷磨、除油、磷化、钝化等表面处理，在基板的表面形成了一层极薄的磷化、钝化膜，以增强基层的耐腐蚀性和提高漆膜对基材的附着力。经过表面处理的基板在通过辊涂机时，基板两面涂覆一定厚度的涂层，再经过烘烤炉加热使涂层固化。一般涂覆烘干两次，即获得彩色涂层钢板。有机涂层可配制成各种不同的颜色和花纹；涂层必须具有良好的防腐蚀和防水蒸气渗透的能力，避免产生腐蚀斑点；涂层还必须具有与基板黏结的良好性能。彩色涂层钢板具有绝缘、耐磨、耐酸碱、耐油及醇的侵蚀等特点，并有良好的加工性能，可切断、弯曲、钻孔、铆接、卷边等。它可以用作墙板、屋面板、瓦楞板、防水汽渗透板、排气管、通风管等。

（4）彩色压型钢板

彩色压型钢板是以镀锌钢板为基材，经过成型机轧制，并涂覆各种耐腐蚀涂层与彩色烤漆而制成的轻型围护结构材料。这种钢板具有重量轻、抗震性好、耐久性强、色彩鲜艳、易加工以及施工方便等优点。适用于工业与民用公共建筑的屋盖、墙板及墙壁安装。彩色压型钢板的板型如图9-12所示。彩色压型钢板的规格见表9-21。

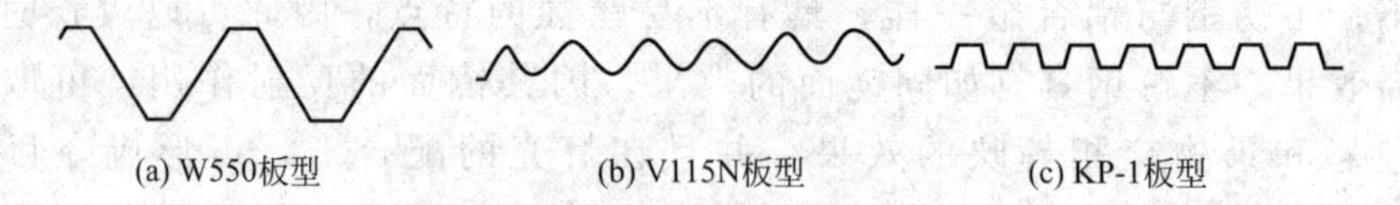

图 9-12 彩色压型钢板的板型

表 9-21 彩色压型钢板的规格

压型钢板	板宽/mm	板厚/mm	波高/mm	波距/mm
W550	550	0.8	130	275
V115N	677	0.5～0.6	35	115
KP-1	650	1.2	25	90

9.2.2 轻钢龙骨

轻钢龙骨是以镀锌钢带或薄钢板由特制轧机经多道工艺轧制而成。它具有强度大、通用性强、耐火性好、安装简易等优点，可装配各种类型的石膏板、钙塑板、吸声板等。轻钢龙骨可用作墙体隔断和吊顶的龙骨支架，美观大方。它广泛用于各种民用建筑及轻纺工业厂房，对室内装饰造型、隔声等功能起到良好的效果。

轻钢龙骨断面有 U 形、C 形、T 形及 L 形。吊顶龙骨代号为 D，隔断龙骨代号为 Q。吊顶龙骨分为主龙骨（又称大梁龙骨、承重龙骨）和次龙骨（又称小龙骨、隔断龙骨）。隔断龙骨则分为横龙骨、竖龙骨和通贯龙骨等。轻钢龙骨的断面形状如图 9-13 所示。

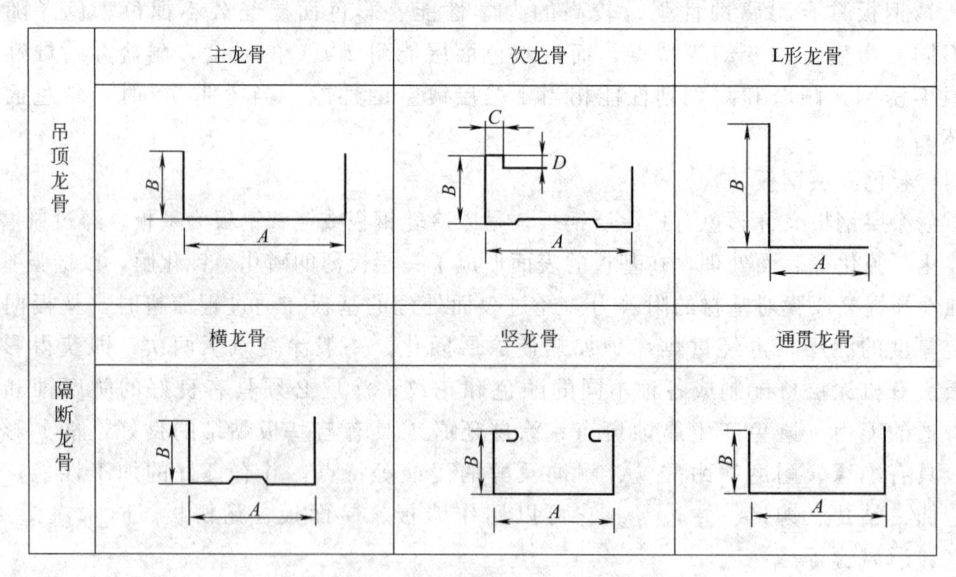

图 9-13 轻钢龙骨的断面形状

轻钢龙骨产品的规格、技术要求、试验方法和检验规则见国家标准《建筑用轻钢龙骨》(GB/T 11981—2008)，产品规格系列为：隔断龙骨主要规格有 Q50、Q75 和 Q100；吊顶龙骨主要规格有 D38、D45、D50 和 D60。

例如，表 9-22 和表 9-23 列出浙江某厂和北京某厂生产的轻钢龙骨的型号和规格。

表 9-22 浙江某厂生产的轻钢龙骨

<table>
<tr><th>名称</th><th>型号</th><th>系列</th><th>规格代号</th><th>断面形式</th><th>规格/mm</th><th>材料厚度/mm</th><th>截面面积/cm^2</th><th>单位长度质量/(kg/m)</th><th>备注</th></tr>
<tr><td rowspan="8">轻钢龙骨</td><td rowspan="8">U</td><td rowspan="4">上人</td><td>U</td><td>UD</td><td>2000×62×31.5</td><td>1.5</td><td>1.88</td><td>1.47</td><td rowspan="19">该产品各龙骨及配件采用环塑表面涂层，有橘黄、墨绿、天蓝等颜色，也可根据用户所需配成其他颜色</td></tr>
<tr><td rowspan="3">C</td><td>UZ</td><td>2000×50×19</td><td rowspan="3">0.5</td><td>0.5</td><td>0.39</td></tr>
<tr><td>UZ1</td><td>500×25×19</td><td rowspan="2">0.4</td><td rowspan="2">0.312</td></tr>
<tr><td>UZ2</td><td>600×25×19</td></tr>
<tr><td rowspan="4">不上人</td><td>U</td><td>UD</td><td>2000×36×12</td><td>1</td><td>0.6</td><td>0.468</td></tr>
<tr><td rowspan="3">C</td><td>UZ</td><td>2000×19×50</td><td rowspan="3">0.5</td><td>0.5</td><td>0.39</td></tr>
<tr><td>UZ1</td><td>450×19×25</td><td rowspan="2">0.4</td><td rowspan="2">0.312</td></tr>
<tr><td>UZ2</td><td>550×19×25</td></tr>
<tr><td rowspan="9">轻钢龙骨</td><td rowspan="9">T</td><td rowspan="5">上人</td><td>C</td><td>TD</td><td>2000×62×31.5</td><td>1.5</td><td>1.88</td><td>1.47</td></tr>
<tr><td>T</td><td>TZ</td><td>1820×45×25</td><td>0.35</td><td>0.47</td><td>0.367</td></tr>
<tr><td>T</td><td>TZ1</td><td>550×30×25</td><td rowspan="2">0.35</td><td rowspan="2">0.33</td><td rowspan="2">0.257</td></tr>
<tr><td>T</td><td>TZ2</td><td>650×30×25</td></tr>
<tr><td>L</td><td>TB</td><td>1820×25×25</td><td>0.35</td><td>0.21</td><td>0.164</td></tr>
<tr><td rowspan="4">不上人</td><td>T</td><td>TZ</td><td>1820×45×25</td><td>0.35</td><td>0.47</td><td>0.367</td></tr>
<tr><td>T</td><td>TZ1</td><td>550×30×25</td><td rowspan="2">0.35</td><td rowspan="2">0.33</td><td rowspan="2">0.257</td></tr>
<tr><td>T</td><td>TZ2</td><td>650×30×25</td></tr>
<tr><td>L</td><td>TB</td><td>1820×25×25</td><td>0.35</td><td>0.21</td><td>0.164</td></tr>
<tr><td rowspan="2">隔墙</td><td rowspan="2">C</td><td rowspan="2">单双排</td><td>U</td><td>CZ</td><td>2000×98×50</td><td>1</td><td>1.98</td><td>1.544</td></tr>
<tr><td>C</td><td>CE</td><td>2000×180×40</td><td>1</td><td>1.8</td><td>1.40</td></tr>
</table>

表 9-23 北京某厂生产的轻钢龙骨

名称	代号	断面形式	断面尺寸/mm	断面面积/cm^2	单位长度质量/(kg/m)
沿顶沿底(地)龙骨	GL-1	M	50×40×0.63	0.73	0.61
沿顶沿地龙骨	GL-2	M	75×40×0.63	0.93	0.73
沿顶沿地龙骨	GL-3	M	100×40×0.63	1.08	0.85
整龙骨	GL-4	C	50×50×0.63	1.01	0.79
整龙骨	GL-5	C	75×50×0.63	1.16	0.91
竖龙骨	GL-6	C	100×50×0.63	1.31	1.02
吊顶龙骨	GL-7	C	60×27×0.63	0.80	0.63

9.3 铝和铝合金

纯铝为银白色轻金属，其强度、硬度较低（σ_b 为 80～100MPa），塑性好，在空气中很容易氧化形成氧化铝薄膜，因而有良好的耐腐蚀性。为了提高铝的强度等力学性能，可加入镁、锰、硅、铜等合金元素，组成铝合金。铝合金已在现代建筑中广泛应用，如用作梁、柱、屋架结构材料，用作幕墙、门窗、外墙板、屋面板等装饰材料等。

9.3.1 铝的冶炼

铝的提炼，首先是从铝矿石中提取 Al_2O_3，然后通过电解得到金属铝。在工业上一般用熔盐电解法，电解出来的铝其纯度为 97%，必须再一次精炼。工业上一般用氯化法得到纯度更高的金属铝，称为原铝。原铝经铸造得到铝锭。

9.3.2 铝合金的性质及分类

铝合金通常使用铜、锌、锰、硅、镁等合金元素，是目前工业中应用最广泛的一类有色金属结构材料，在航空、航天、汽车、机械制造、船舶及化学工业中已大量应用。铝合金是 20 世纪初由德国人 Alfred Wilm 发明，对飞机发展帮助极大。随着工业经济的飞速发展，人类对铝合金焊接结构件的需求日益增多，使铝合金的焊接性研究也随之深入。

(1) 铝合金的性质

在干净、干燥的环境下铝合金的表面会形成保护的氧化层。铝合金的力学性能比铝明显提高，并保持铝轻质的固有特性，使用更加广泛，不仅用于建筑装饰，还能用于建筑结构。铝合金与普通的碳素钢相比，有更轻及耐腐蚀的性能，但耐腐蚀性不如纯铝。铝合金与碳素钢性能的比较见表 9-24。

表 9-24 铝合金与碳素钢性能的比较

项目	铝合金	碳素钢	项目	铝合金	碳素钢
密度 $\rho/(g/cm^3)$	2.7～2.9	7.8	抗拉强度极限 f_u/MPa	380～550	320～800
弹性模量 E/MPa	63000～80000	210000～220000	比强度 σ_b/ρ	73～190	27～77
屈服强度极限 $f_{0.2}$/MPa	210～500	210～600			

由表 9-24 可知，铝合金的弹性模量约为钢的 1/3，而铝合金的比强度却是钢的几倍。铝合金材料的屈服强度极限值采用名义屈服强度（即铝合金材料的规定非比例伸长应力值）$f_{0.2}$。铝合金的线膨胀系数约为钢的 2 倍，但因弹性模量小，由温度变化引起的内应力并不大。就铝合金而言，由于弹性模量较低，所以刚度和承受弯曲的能力较小。

(2) 铝合金的分类

铝合金可按加工方法和合金元素分类。

① 按加工方法分类。铝合金按加工方法可分为铸造铝合金和变形铝合金。变形铝合金又可分为不能热处理强化和可热处理强化两种。所谓变形铝合金就是通过冲压、弯曲、辊轧等工艺使其组织、形状发生变化的铝合金。可热处理强化型铝合金是能用热处理的方法提高强度的铝合金。

② 按合金元素分类。常用铝合金有防锈铝中的 Al-Mn 合金、Al-Mg 合金及可热处理强化型铝合金中的 Al-Mg-Si 合金、Al-Zn-Mg 合金、Al-Cu-Mg 合金、Al-Zn-Mg-Cu 合金等。建筑工程中应用最广泛的是 Al-Mn-Si 合金。

我国 LD31 锻铝具有与低碳钢相近似的屈服强度和抗拉强度，但密度比钢小 2/3，所以比强度远远超过低碳钢，是高层建筑、大跨度建筑的理想结构材料。

铝合金的弹性模量比钢低，但在应用中可通过挤压成型做成多种断面的空心型材，以提高刚度，弥补弹性模量的不足。

（3）铝合金的强度设计值

铝合金型材的强度设计值应满足表9-25的要求。

表9-25　铝合金型材的强度设计值

合金状态	合金	壁厚/mm	强度设计值/MPa	
			抗拉强度、抗压强度 f	抗剪强度 f_v
6063	T5	所有	85.5	49.6
	T6	所有	140.0	81.2
6063A	T5	≤10	124.4	72.2
		>10	116.6	67.6
	T6	≤10	147.7	85.2
		>10	140.0	81.2
6061	T4	所有	85.5	49.6
	T6	所有	190.5	110.5

9.3.3　铝合金的表面处理

铝材表面自然氧化膜薄而软，在腐蚀性较强的条件下，不能起到有效的保护作用。为了提高铝材的耐腐蚀性，常用人工方法使氧化膜增厚，在此基础上再进行着色处理。经过处理后的铝合金耐腐蚀性、耐磨性、耐光性、耐气候性均好，色泽美观，提高了装饰效果。

（1）阳极氧化处理

一般用硫酸法，处理后型材表面呈银白色，它是建筑用铝型材的主要品种。阳极氧化处理主要通过控制氧化条件及工艺参数，使铝材表面形成比自然氧化膜（厚度小于0.1μm）厚得多的氧化膜层（厚度达5～20μm）。Al_2O_3 膜层本身是致密的，但在结晶中存在缺陷。因为硫酸电解中的 H^+、SO_4^{2-}、HSO_4^- 会浸入膜层，使氧化膜局部溶解，在型材表面形成大量小孔，所以要进行封孔处理，以提高表面的硬度、耐磨性、耐腐蚀性等。致密的膜层也为进一步着色创造了条件。

阳极氧化实质上就是水的电解，水的电解在阴极上生成氢（H），在阳极上生成氧（O），氧和铝结合成三氧化二铝（Al_2O_3），其反应式为：

阴极　$$2H^+ + 2e^- \longrightarrow H_2\uparrow \tag{9-10}$$

阳极　$$2Al^{3+} + 3O^{2-} \longrightarrow Al_2O_3 + \text{放热} \tag{9-11}$$

铝及铝合金经氧化处理和着色后，表面膜层为多孔状，容易吸附有害物质，使表面污染或腐蚀，故需进行表面封孔处理。建筑用铝型材的封孔是利用水合封孔（沸水封孔、常压封孔或高压蒸汽封孔）和有机涂层封孔（电泳封孔或浸渍封孔）等。

（2）表面着色处理

经中和水洗或阳极氧化后的铝型材，可以进行表面着色处理。着色方法有自然着色法、电解着色法、化学浸渍着色法、涂漆法等。最常用的是自然着色法。自然着色法是铝型材在特定的电解液和电解条件下被阳极氧化而又同时着色的方法。电解着色法是对常规硫酸溶液中生成的氧化膜进一步电解，使电解液所含的金属阳离子沉积到氧化膜孔中而着色的方法。

铝合金的表面着色是通过控制铝型材中不同合金元素的种类和含量，以及控制热处理条件来实现的。不同铝合金由于所含合金成分及其含量不同，在常规硫酸及其他有机溶液中阳极氧化所生成的膜层颜色也不同，见表9-26。

表 9-26 各种铝合金采用不同的自然着色法生成的颜色

合金	主要成分	硫酸电解	卡尔考拉法（磺基水杨酸、硫酸）	杜拉诺狄克法（磺基钛酸、硫酸）	Alandox 法（9%～10%含氧酸）
1100		银白色	青铜色	青铜色	暗黄色
3003	Mn 1.25，Fe 0.7	浅黄色	暗灰色、黑灰色		
4043	Si 5.5，Fe 0.8	灰黑色	灰褐色		灰绿色
5005	Mg 1.0	银白色	深青铜色		
5052	Mg 2.5，Cr 0.25	浅黄色	浅青铜色	浅青铜色	黄色
5038	Mg 4.5，Mn 0.8，Cr 0.2	暗灰色	黑色		
5357	Mg 1.0，Mn 0.3	浅灰色	褐色		
6061	Si 0.6，Mg 1.0，Cr 0.2，Co 0.3	浅灰色	深青铜色	黑色	
6063	Si 0.4，Mg 0.7	银白色	浅青铜色	青铜色	灰黄色
6351	Si 1.0，Mg 0.6，Mn 0.6	暗灰色			暗灰褐色
7075	Cu 1.6，Mg 2.5，Zn 5.5，Mn 0.3	浅灰色	暗蓝黑色	黑色	

9.4 建筑铝合金制品

建筑上常用的铝合金制品有铝合金装饰板、铝合金吊顶、铝合金吊顶龙骨、铝合金门窗及铝合金板幕墙等。另外，家居设施及各种室内装饰配件也大量采用铝合金。

9.4.1 铝合金门窗

在现代建筑中采用铝合金门窗，尽管价格较高，但由于长期维修费用低、性能好、美观、节约能源等，所以在世界范围内得到了广泛的应用。

（1）铝合金门窗的性能特点

铝合金门窗与钢、木门窗相比，具有以下特点。

① 重量轻。铝合金门窗每平方米耗用铝材平均 8～12kg，而每平方米钢门窗耗钢量平均 17～20kg。

② 密封性好。铝合金门窗的气密性、水密性、隔声性和隔热性都比普通门窗显著提高。因此，对具有防尘、隔声、保温、隔热特殊要求的建筑，适宜采用铝合金门窗。

③ 耐腐蚀，耐用，使用和维修方便。铝合金门窗不需要涂漆，不褪色、不脱落，表面不需要维修。铝合金门窗强度高，坚固耐用，零件使用寿命长，施工快。

④ 色调美观，造型新颖大方。铝合金门窗框料型材的表面既可保持铝材的银白色，也可根据需要制成各种柔和的颜色或带色的花纹，还可以在铝材表面涂装一层丙烯酸树脂保护装饰膜，表面光滑美观，便于和建筑物外观、自然环境以及各种使用要求相协调。铝合金门窗造型新颖大方，线条明快，色调柔和，增加了建筑物立面和内部的美观。

（2）铝合金门窗的性能

铝合金门窗通常要进行以下主要性能的检验。

① 强度检验。铝合金门窗的强度是用在压力箱内对窗进行压缩空气加压试验时，所加风压的等级来表示的，单位是 N/m^2。一般性能铝窗强度可达 $1961 \sim 2353N/m^2$，高性能铝窗强度可达 $2352 \sim 2746N/m^2$。在上述压力箱中进行测量，要求窗扇中央的最大位移量应小于窗

框内沿高度的1/70。

② 气密性检验。铝窗在压力箱内，使窗的前、后形成2.94～4.9N/m^{2}的压力差，用每平方米（m^2）面积每小时（h）的通气量（m^3）表示窗的气密性，单位是m^3/(m^2·h)。一般性能的铝窗，当前、后压力差为1N/m^{2}时，气密性可达8m^3/(m^2·h)以下，高密封性能铝窗可达2m^3/(m^2·h)以下。

③ 水密性检验。铝窗在压力箱内，对窗的外侧加周期为2s的正弦波脉冲压力，同时向窗以每分钟每平方米喷射4L的人工降雨，进行连续10min的风雨交加试验，在窗的一侧不应有漏水、渗水现象。在水密性试验时，所施加的脉冲风压是以平均压力表示的，一般性能铝窗水密性为343N/m^2，抗台风高性能铝窗可达490N/m^2。

④ 开闭力检验。当装好玻璃后，打开或关闭窗扇所需的外力应在49N以下。

⑤ 隔声性检验。在音响实验室内，对铝窗的音响透过损失进行试验可以发现，当音响频率达到一定值后，铝窗的音响透过损失趋于恒定，用这种方法测定出隔声性能的等级曲线。有隔声要求的铝窗音响透过损失为25dB，即响声透过铝窗后，声级降低25dB。采用高隔声性能铝窗，音响透过损失为30～45dB。

⑥ 隔热性检验。通常用窗的热对流阻抗值（R）来表示隔热性能，单位是m^2·h·℃/kJ。一般分成三级：$R_1=0.05$，$R_2=0.06$，$R_3=0.07$。采用6mm双层玻璃高性能隔热窗，热对流阻抗值可达0.05m^2·h·℃/kJ。

（3）铝合金门窗的技术标准

① 产品代号。按铝合金门窗的国家标准，其产品代号见表9-27。

表9-27 铝合金门窗产品代号

产品名称	平开铝合金窗		平开铝合金门		推拉铝合金窗		推拉铝合金门	
	不带纱扇	带纱扇	不带纱扇	带纱扇	不带纱扇	带纱扇	不带纱扇	带纱扇
代号	PLC	APLC	PLM	SPLM	TLC	ATLC	TLM	STLM

产品名称	滑轴平开窗	固定窗	上悬窗	中悬窗	下悬窗	主转窗
代号	HPLC	GLC	SLC	CLC	CLC	LLC

② 品种规格。平开铝合金门窗和推拉铝合金门窗的品种规格见表9-28。

设计选用铝合金门窗应注明门窗的规格型号。铝合金门窗的规格型号是以门窗的洞口尺寸表示的。如洞口的宽和高分别为1800mm和2400mm的门，其规格型号为“1824”；若洞口的宽和高均为600mm的窗，其规格型号为“0606”。

表9-28 铝合金门窗的品种规格

名称	洞口尺寸/mm		厚度基本尺寸系列/mm
	宽	高	
平开铝合金窗	600,900,1200,1500,1800,2100	600,900,1200,1500,1800,2100	40,45,50,55,60,65,70
平开铝合金门	800,900,1000,1200,1500,1800	2100,2400,2700	40,45,50,55,60,70,80
推拉铝合金窗	1200,1500,1800,2100,2400,2700,3000	600,900,1200,1500,1800,2100	40,55,60,70,80,90
推拉铝合金门	1500,1800,2100,2400,3000	2100,2400,2700,3000	70,80,90

③ 产品分类及分级。铝合金门窗按其风压强度、气密性和水密性三项性能指标可分为A、B、C三类，每类又分为优等品、一等品和合格品三种，见表9-29。

表 9-29 铝合金门窗按性能指标的分类

门窗	类别	等级	综合性能指标值		
			风压强度/Pa	空气渗透性能/[m³/(m²·h)] ≤	雨水渗透性能/Pa ≥
平开铝合金窗	A类(高性能窗)	优等品(A1级)	3500	0.5	500
		一等品(A2级)	3500	0.5	450
		合格品(A3级)	3000	1.0	450
	B类(中性能窗)	优等品(B1级)	3000	1.0	400
		一等品(B2级)	3000	1.5	400
		合格品(B3级)	2500	1.5	350
	C类(低性能窗)	优等品(C1级)	2500	2.0	350
		一等品(C2级)	2500	2.0	250
		合格品(C3级)	2500	2.5	250
平开铝合金门	A类(高性能门)	优等品(A1级)	3500	1.0	350
		一等品(A2级)	3000	1.0	300
		合格品(A3级)	2500	1.5	300
	B类(中性能门)	优等品(B1级)	2500	1.5	250
		一等品(B2级)	2500	2.0	250
		合格品(B3级)	2000	2.0	200
	C类(低性能门)	优等品(C1级)	2000	2.5	200
		一等品(C2级)	2000	2.5	150
		合格品(C3级)	1500	3.0	150
推拉铝合金窗	A类(高性能窗)	优等品(A1级)	3500	0.5	400
		一等品(A2级)	3000	1.0	400
		合格品(A3级)	3000	1.0	350
	B类(中性能窗)	优等品(B1级)	3000	1.5	350
		一等品(B2级)	2500	1.5	300
		合格品(B3级)	2500	2.0	250
	C类(低性能窗)	优等品(C1级)	2500	2.0	250
		一等品(C2级)	2000	2.5	150
		合格品(C3级)	1500	3.0	100
推拉铝合金门	A类(高性能门)	优等品(A1级)	3000	1.0	300
		一等品(A2级)	3000	1.5	300
		合格品(A3级)	2500	1.5	250
	B类(中性能门)	优等品(B1级)	2500	2.0	250
		一等品(B2级)	2500	2.0	200
		合格品(B3级)	2000	2.5	200
	C类(低性能门)	优等品(C1级)	2000	2.5	150
		一等品(C2级)	2000	3.0	150
		合格品(C3级)	1500	3.5	100

铝合金门窗按空气声隔声性能可分为四级。要求隔声的门窗，其隔声量应大于或等于25dB，见表9-30。

表9-30 铝合金门窗隔声性能分级

级别			Ⅰ	Ⅱ	Ⅲ	Ⅳ	Ⅴ
空气声计权隔声量/dB	≥	门	40	35	30	25	—
		窗	—	40	35	30	25

铝合金门窗按保温性能可分为三级。凡传热阻值大于或等于0.25m²·K/W者为保温门窗，见表9-31。

表9-31 铝合金门窗保温性能分级

级别	Ⅰ	Ⅱ	Ⅲ
传热阻值/(m²·K/W) ≥	0.5	0.33	0.25

铝合金门窗表面膜的处理方法有阳极氧化膜法和阳极氧化复合表膜法，其膜厚度分级分别见表9-32和表9-33。

表9-32 阳极氧化膜厚度分级

级别	Ⅰ	Ⅱ	Ⅲ
阳极氧化膜厚度/μm ≥	20	15	10

表9-33 阳极氧化复合表膜厚度分级

级别	Ⅳ	Ⅴ
阳极氧化复合表膜厚度/μm ≥	12	7

④ 产品标记规则。铝合金门窗产品标记以推拉铝合金窗的标记规则示例如下。

推拉铝合金窗标记为：TLC60-3012-2000×1.5×250×25×0.25-Ⅱ。其中，TLC表示推拉铝合金窗；60表示窗宽度，基本尺寸为60mm；3012表示洞口宽3000mm，高1200mm；2000表示风压强度值为2000Pa；1.5表示空气渗透性能值为1.5m³/(m²·h)；250表示雨水渗透性能值为250Pa；25表示空气声计权隔声值为25dB；0.25表示传热阻值为0.25m²·K/W；Ⅱ表示阳极氧化膜厚度为Ⅱ级。

⑤ 技术要求。对铝合金门窗的技术要求包括材料、表面处理、装配要求和表面质量等几个方面。有关具体要求见铝合金门窗的国家标准。

其他铝合金门窗有折叠铝合金门、旋转铝合金门、铝合金自动门、铝合金卷帘门、铝合金百叶窗帘等。

9.4.2 铝合金装饰板

铝合金花纹板是采用防锈铝合金坯料，用特制的花纹轧辊轧制而成。花纹美观大方，筋高适中，不易磨损，防滑性能好，耐腐蚀性能强，便于冲洗。花纹板板材平整，裁剪尺寸准确，便于安装，广泛用于现代建筑墙面装饰以及楼梯踏步等处。

（1）铝合金浅花纹板

铝合金浅花纹板是优良的建筑装饰材料之一，其花纹精巧别致，色泽美观大方，除具有普通铝板共有的优点外，刚度提高 20%，抗污垢、抗划伤、抗擦伤能力均有提高，尤其是增加了立体图案和美丽的色彩，更使建筑物熠熠生辉。

铝合金浅花纹板在酸（包括强酸）中的耐腐蚀性良好，对白光的反射率达 75%～90%，热反射率达 85%～95%，通过表面处理可得到不同色彩的浅花纹板。

（2）铝及铝合金波纹板

铝及铝合金波纹板横切面的图形是一种波纹形状。其颜色有银白色和其他多种颜色，具有一定的装饰效果。银白色的波纹板还具有很强的光反射能力。它经久耐用，在大气中可使用 20 年不需更换，适用于作工程的围护结构，也可作墙面和屋面。

（3）铝及铝合金压型板

铝及铝合金压型板具有重量轻、外形美观、耐腐蚀、耐久、易安装、施工进度快等优点。可以通过表面处理得到各种色彩的压型板，是目前广泛应用的一种新型建筑装饰材料。主要用于建筑物的外墙和屋面。该板也可作复合墙板，用于有隔热保温要求的工业厂房的围护结构。

（4）铝及铝合金冲孔平板

铝及铝合金冲孔平板是用各种铝合金平板经机械冲孔而成的。其特点是具有良好的耐腐蚀性能，光洁度高，有一定强度，易于机械加工成各种规格，有良好的防震、防潮、防火性能和消声效果，经表面处理后，可获得各种色彩。主要用于有消声要求的各类建筑中，如纺织厂、各种控制室、电子计算机房的天棚及墙壁等。

9.4.3 铝合金吊顶龙骨

铝合金吊顶龙骨具有不生锈、质轻、美观、防火、抗震、安装方便等特点，适用于室内吊顶装饰。

LT 铝合金龙骨配套系列见表 9-34。LT 铝合金龙骨安装示意图如图 9-14 所示。

表 9-34　LT 铝合金龙骨配套系列

型号	主龙骨	主龙骨吊件	主龙骨连接件	异型吊件	异型吊钩	三个系列通用件
TC60系列			L=100mm H=60mm	A=31mm B=70mm	A=31mm B=75mm	LT-23龙骨
TC50系列			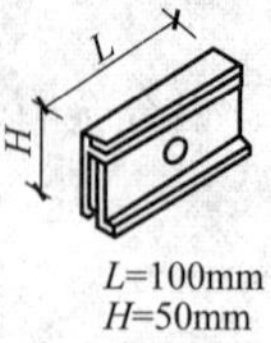 L H L=100mm H=50mm	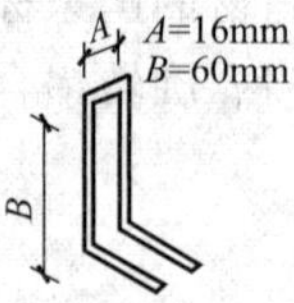 A B A=16mm B=60mm	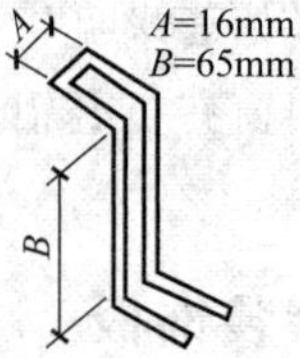 A B A=16mm B=65mm	  LT-23横撑龙骨
TC38系列			L=82mm H=39mm	A=13mm B=48mm	A=131mm B=55mm	LT-23异型龙骨 LT-23边骨

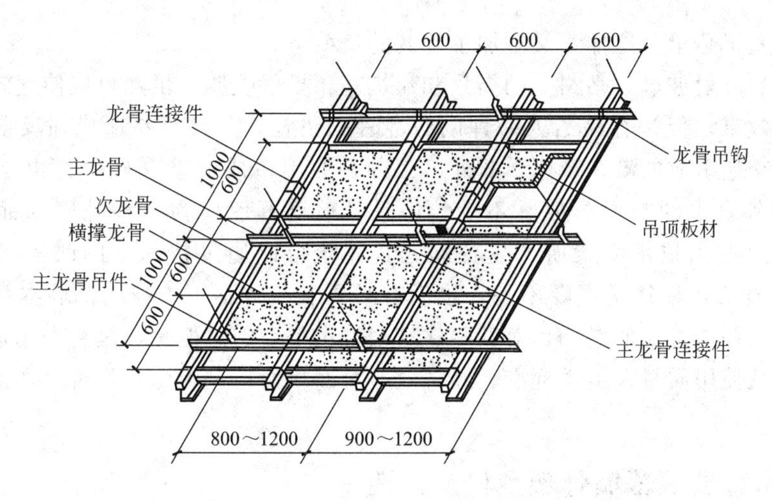

图 9-14 LT 铝合金龙骨安装示意图（尺寸单位：mm）

9.4.4 铝箔

铝箔是用纯铝或铝合金加工成 0.063～0.2mm 的薄片制品，具有良好的防潮、绝热性能。铝箔以多功能保温隔热材料和防潮材料形式广泛用于建筑。建筑上常用的有铝箔牛皮纸、铝箔布、铝箔泡沫塑料板、铝箔波纹板等。

9.4.5 铝粉

在建筑工程中铝粉（俗称银粉）常用于制备各种装饰涂料和金属防锈涂料，也用于土方工程中的发热剂和加气混凝土中的发气剂。铝粉掺入混凝土中，发生下列反应而发气：

$$2Al+3Ca(OH)_2+6H_2O \longrightarrow 3CaO \cdot Al_2O_3 \cdot 6H_2O+3H_2 \tag{9-12}$$

另外，铝合金还可压制五金零件，如把手、铰锁，以及标志、商标、提把、嵌条、包角等装饰制品，金属感强，既美观又耐久不腐。

9.5 铝合金玻璃幕墙骨架型材及构造

9.5.1 概述

建筑物的外立面装饰大面积玻璃，由于玻璃本身的特殊性能，显得格外光亮、华丽、挺拔，较之其他饰面材料，无论是色彩还是光泽，都给人全新的感觉。

玻璃幕墙从某种角度来看，可以说是建筑物外窗的无限扩大，以致将建筑物的外表全部用玻璃包上，由采光、保温、防风雨等较为单纯的功能变为多功能的装饰品，甚至建筑物装上玻璃幕墙可以使人产生许多联想。玻璃幕墙新颖动人、洁净挺拔的外表，本身就是一个成功的广告。玻璃幕墙这种高级、考究、现代化的昂贵材料，以及其安装时所需的先进设备和技术，就是雄厚经济实力的象征。因而在国外，一些比较重要的商业建筑总是优先考虑采用。特别是在高层和超高层建筑中，应用的比例更大。但是玻璃幕墙的出现，由于采用全封闭，以及有些幕墙的热惰性比传统砖石结构性能差，从而加重了空调的负荷。另外，大量使用热反射玻璃，其透光性能比透明玻璃差，要用人工照明来加以补偿，而人工照明不仅消耗了能量，又散发了热量。这样，又增加了空调的负荷量。

大量使用热反射玻璃，马路上的街景和建筑互相投射映照，虽然可以使建筑物的外表获得景致丰富的效果，但是容易给人一种以假乱真的错觉，并且容易造成强反射“光污染”，被认为是临街交通事故的潜在肇因。此外，因种种原因造成的玻璃破碎，也是很令人头痛的问题，国内外发生的类似事故并不少。但是，玻璃幕墙作为一种外墙饰面做法，有其独特的方面。有些因技术因素所产生的问题，完全可以通过技术上的改进求得解决。至于美学方面的看法，往往是褒贬不一，也没有必要非一致不可。玻璃幕墙本身是一种昂贵的装饰材料，而耗能方面的增加，对某些建筑来说也是事实。但是，是否采用玻璃幕墙，应全面衡量，要从使用质量、美学标准、经济效益全面权衡，进行综合评价，才能做出公正的评价。

9.5.2 铝合金玻璃幕墙骨架型材及构造

玻璃幕墙的结构，以其主要部分可分为两大方面。一是饰面的玻璃，二是固定玻璃的骨架，将玻璃与骨架连接而成为玻璃幕墙。骨架支撑玻璃、固定玻璃，然后通过连接件与主体结构相连。将玻璃及墙体所受到的风荷载及其他荷载传给主体结构，使之与主体结构成为一体。

玻璃幕墙的结构，虽然可以概括为两大方面，但在具体构造上，可因主体结构的形式不同，选用的骨架及玻璃材料不同，就有可能造成构造结构的不同。

玻璃幕墙的骨架由铝合金挤压型材组成，骨架分为立柱和横挡。型材断面已规格化，断面尺寸大，抗风压的能力强。

图 9-15 是高度为 160mm 的立柱断面。图 9-16 是与图 9-15 立柱配套使用的横挡断面。

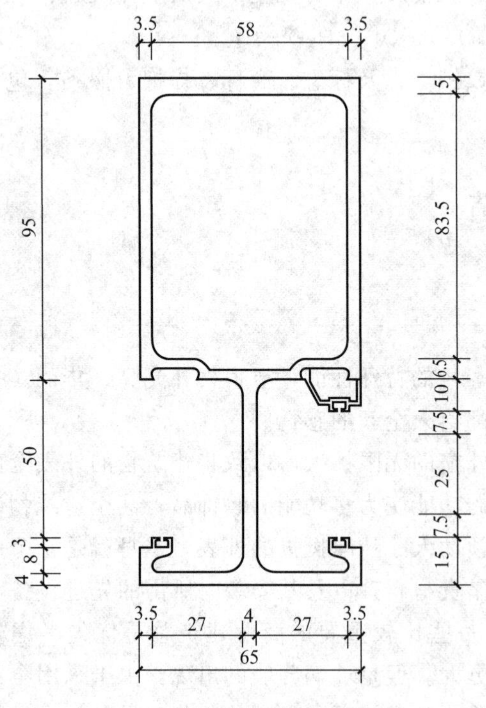

图 9-15 玻璃幕墙立柱断面
（尺寸单位：mm）

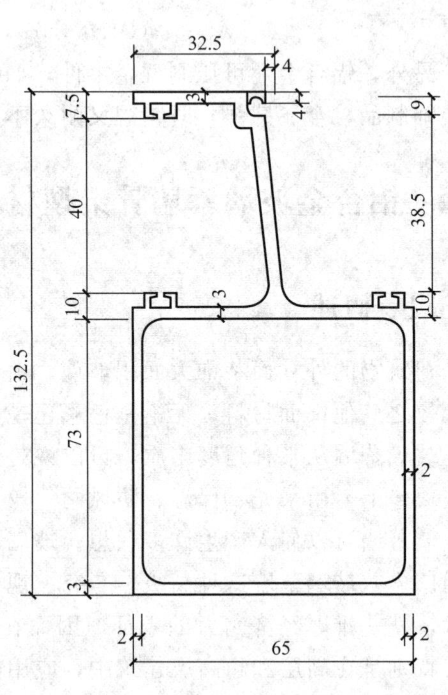

图 9-16 玻璃幕墙横挡断面
（尺寸单位：mm）

用这种型材构成的骨架特点是型材本身兼有固定玻璃的凹槽，而不用另行安装其他配件。玻璃幕墙的立柱与主体结构之间，用连接板固定。一般使用两根角钢，角钢的一条肢与结构固定，另一肢用不锈钢螺栓将方柱拧牢。铝合金立柱固定节点构造如图 9-17 所示。铝合金立柱接长如图 9-18 所示。

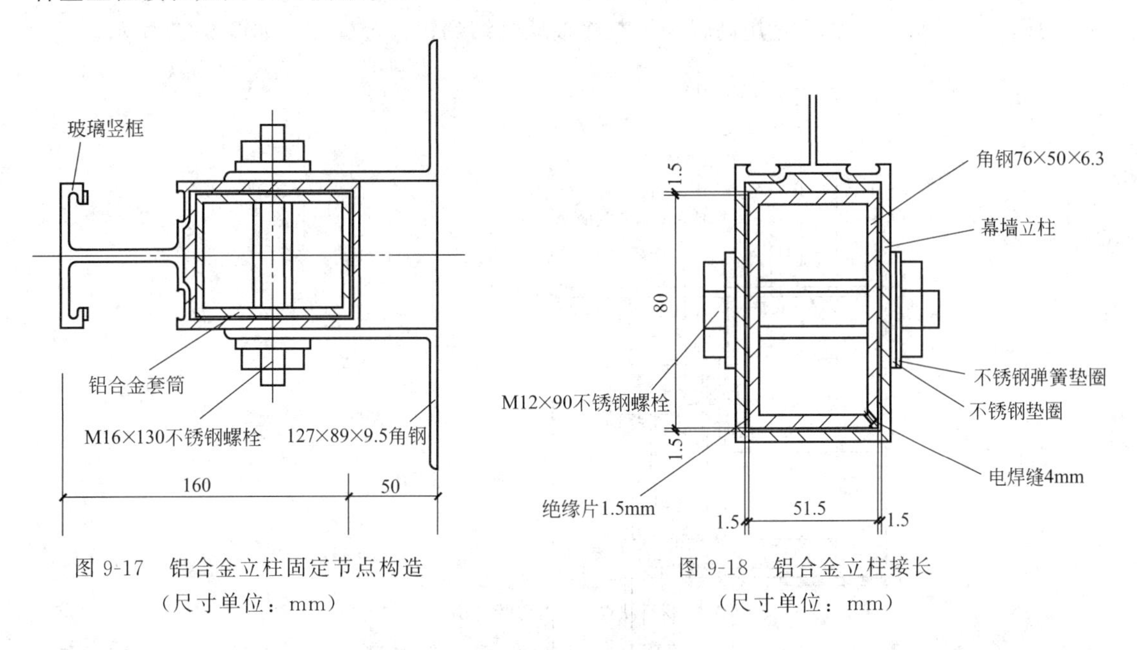

图 9-17 铝合金立柱固定节点构造（尺寸单位：mm）

图 9-18 铝合金立柱接长（尺寸单位：mm）

安装玻璃时，先在立柱的内侧装上玻璃压条，然后将玻璃放入槽内，再用密封材料密封。铝合金横挡上玻璃的安装构造如图 9-19 所示。

横挡装配玻璃，与立柱在构造上有所不同，横挡支承玻璃的部位呈倾斜状，目的是排除因密封不严而流入凹槽内的雨水，外侧用一条盖板封住。图 9-20 是双层中空玻璃在立柱上的安装构造。

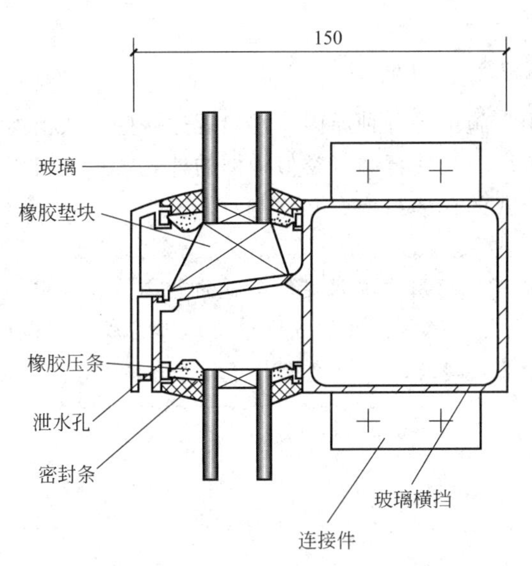

图 9-19 铝合金横挡上玻璃的安装构造（尺寸单位：mm）

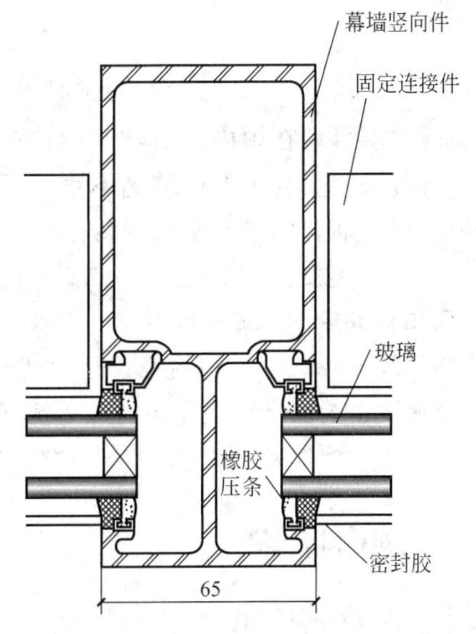

图 9-20 双层中空玻璃在立柱上的安装构造（尺寸单位：mm）

9.5.3 不露骨架结构的玻璃幕墙

不露骨架结构的玻璃幕墙又称隐框玻璃幕墙，玻璃直接与骨架连接，外面不露骨架。这种类型的玻璃幕墙，主要的特点在于立面不见骨架，也不见窗框。所以，使得幕墙外表更加新颖简洁。

隐框玻璃幕墙的安装，是用高强黏结剂将玻璃黏结到铝合金框上，如图 9-21 所示。

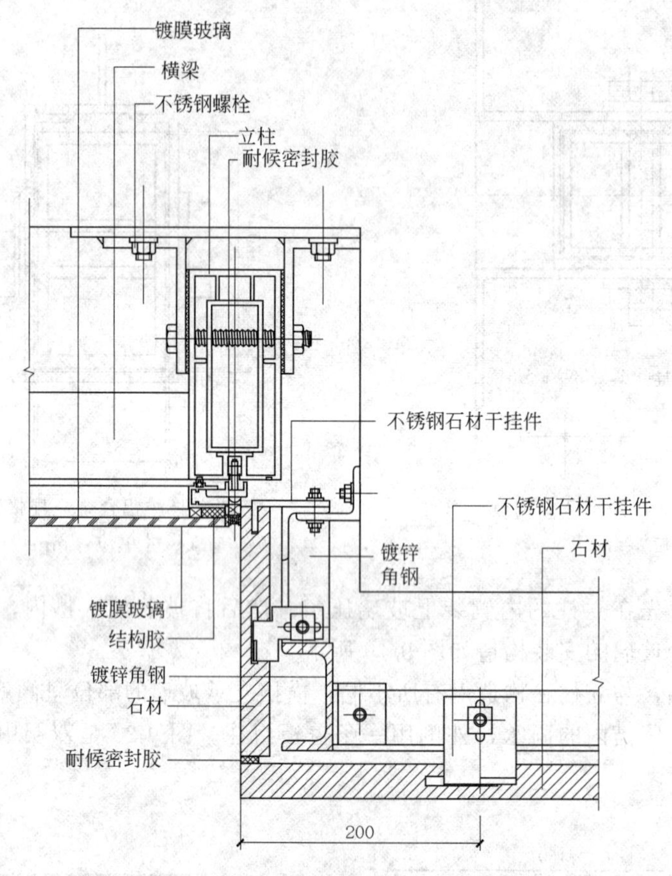

图 9-21 不露骨架玻璃幕墙构造（尺寸单位：mm）

隐框玻璃幕墙在国内外由于设计、材料使用、施工等种种原因，都出现过一些事故，所以不能盲目采用。为了保证玻璃不致从框架上脱落，又使幕墙有类似隐框的外观效果，可以采用半隐框幕墙，即横明竖隐或横隐竖明结构形式的幕墙结构。

应用：铝合金龙骨玻璃幕墙（明框、隐框）广泛应用于现代建筑工程的外立面装修中，其装饰效果美观大方、结构线条简洁明快、构造安全稳固、维护方便、施工工艺成熟、造价控制便捷、耐候性强，在国内外建筑市场中的公共建筑、工业建筑中得到普遍推广。

9.6 铜和铜合金

9.6.1 铜及其应用

铜是我国历史上使用最早、用途较广的一种有色金属。铜在自然界多以化合物状态存在。

炼铜的矿石有黄铜矿、辉铜矿、斑铜矿、赤铜矿和孔雀石等。铜是一种容易精炼的金属材料。

铜合金最初是用于制造兵器而发展起来的，它也可以用作生活用品，如宗教祭具、货币和装饰品等。铜也是一种古老的建筑材料，并广泛用于建筑装饰及各种零部件。

纯铜表面氧化生成的氧化薄膜呈紫红色，故称紫铜。铜的密度为8.92g/cm^3，熔点为1083℃，具有较高的导电性、导热性、耐腐蚀性及良好的延展性、易加工性，可延展成薄片（紫铜片）和线材，是良好的止水材料和导电材料。纯铜强度低，不宜直接用作结构材料。我国纯铜产品分为两类：一类属于冶炼产品；另一类属于加工产品。纯铜的牌号分为四种，即一号铜、二号铜、三号铜、四号铜。

纯铜的冶炼产品有铜锭、铜线锭和电解铜三种。纯铜的加工产品是铜锭经加工变形后获得的各种形状的纯铜材。纯铜锭的代号用化学元素符号“Cu”后面加顺序号表示。纯铜加工产品代号用汉语拼音字母“T”和顺序号表示，即T1、T2、T3、T4，编号越大，纯度越低。纯铜的有害杂质是氧，但可用磷、锰脱氧。含氧量在0.01%以下的称为纯铜，氧铜用TU表示，磷、锰脱氧铜用TUP和TUMn表示。纯铜的冶炼产品和加工产品的牌号、成分及用途见表9-35。

表9-35 纯铜的冶炼产品和加工产品的牌号、成分及用途

组别	牌号	代号		含铜量/% 不小于	杂质含量/% 不大于				用途
		冶炼产品	加工产品		铋	铅	氧	总和	
纯铜	一号铜	Cu-1	T1	99.95	0.002	0.005	0.02	0.05	作导体、导电器材等
	二号铜	Cu-2	T2	99.90	0.002	0.005	0.06	0.10	高级铜合金
	三号铜	Cu-3	T3	99.70	0.002	0.010	0.10	0.30	一般用铜材及铜基合金
	四号铜	Cu-4	T4	99.50	0.003	0.050	0.10	0.50	一般用铜材、普通铜合金
脱氧铜	—	—	TU1	99.97	0.002	0.005	0.003	0.03	电真空器材用铜材
	—	—	TU2	99.95	0.002	0.005	0.003	0.05	焊接等专用铜材
	—	—	TUP	99.50	0.003	0.010	0.010 P<0.4	0.49	—
	—	—	TUMn	99.60	0.002	0.007	—	0.30	电真空器材用铜材

应用：在古建筑中，铜材是一种高档的装饰材料，用于宫廷、寺庙、纪念性建筑以及商店铜字招牌等。在现代建筑中，铜仍然是高级的装饰材料，例如银行建筑、医院建筑门厅的铜框架、铜扶手、铜栏杆、铜浮雕等。

9.6.2 铜合金及其应用

在铜中掺加锌、锡等元素可制成铜合金。铜合金主要有黄铜、白铜和青铜，其强度、硬度等力学性能得到提高。以下主要介绍黄铜。

（1）普通黄铜

铜和锌的合金称为普通黄铜。普通黄铜呈现金黄色或黄色，色泽随含锌量的增加而逐渐变淡。工业用黄铜含锌量为30%～45%。含锌量在30%左右的黄铜称为七三黄铜或α黄铜，其延展性好，可通过冷加工制成薄板或线材。含锌量约40%的黄铜称为六四黄铜或α+β黄铜，其硬度高，主要用于铸造，但在高压下通过轧制和挤压也可成型。铜合金的机械强度、硬度、耐磨性都比纯铜高，且价格比纯铜低。

应用：黄铜不易生锈腐蚀，延展性较好，易于加工成各种建筑五金、装饰制品、水暖器材和机械零件。

（2）特殊黄铜

为了增加黄铜的强度、韧性和其他特殊性质，在铜、锌之外，再添加某些其他元素，便组成特殊黄铜，如锡黄铜、铅黄铜、锰黄铜、镍黄铜、铁黄铜等。

① 锡黄铜。锡黄铜中含锡量在2%以上时，则硬度和强度增大，但延伸率显著减小。在α+β黄铜或α黄铜中添加1%的锡，有较强的抵抗海水浸蚀的能力，故称为海军黄铜。

② 镍黄铜（白铜）。镍黄铜是在黄铜中添加15%～20%的镍的合金，呈现美丽的银白色，故称白铜。它的力学性能、耐热性和耐腐蚀性等都特别好，如果进行冷加工，则更增大其屈服强度，疲劳强度也会更高。在α+β黄铜中添加1%～2%的锰，可得高强度黄铜。

③ 黄铜粉。黄铜粉俗称“金粉”，常用于调制装饰涂料，代替“贴金”。

应用：锡黄铜多用作航海工程中的船舶、海上工作平台（如我国南海海上钻井平台、核动力浮岛基地等军事战略工作平台）等有防海水腐蚀要求的工程特殊保护。镍黄铜多用作弹簧，或用作首饰等装饰品及餐具，也可作建筑、化工、机械材料。镍黄铜还适用于特别要求高强度和耐腐蚀性的部位、铸件和锻件，也可制造涡轮叶片、船舶、矿山机械和器具。

9.6.3 青铜

青铜是以铜和锡为主要成分的合金。

（1）锡青铜

锡青铜中含锡量约30%以下，它的抗拉强度以含锡量在15%～20%之间为最大；而延伸率则以含锡量在10%以内比较大，超过这个限度，就会急剧变小。含锡量10%的铜称为炮铜，炮铜的铸造性能好，力学性能也好。因其在近代炼铜方法发明之前，曾用于制造大炮，故得名炮铜。

应用：在现代佛教文化建筑中，锡青铜主要用于铸造室外佛像。

（2）铝青铜

铜铝合金中含铝量在15%以下时称为铝青铜，工业用的这种铜合金含铝量大部分在12%以下。单纯的铜铝合金是没有的，实际上大部分还添加少量的铁和锰，以改善其力学性能。含铝量在10%以上的铜合金，随着热处理不同其性质各异。这种青铜耐腐蚀性很好，经过加工的材料，其强度近于一般碳素钢，在大气中不变色，即使加热到高温也不会氧化。

这是由于合金中的铝经氧化形成致密的薄层所致。其可用于制造铜丝、铜棒、铜管、铜板、铜弹簧和铜螺栓等。

本章小结

本章学习中应了解钢材的冶炼方法和分类及建筑工程常用钢材的化学成分对钢材性能的影响。应掌握钢材的力学性能、工艺性能。重点学习建筑钢材的标准与选用。知识难点是屈强比概念的理解与应用。

复习思考题

一、填空题

1. 铁和钢的主要成分是________和________，二者的主要区别在于________。钢的含碳量一般在________以下。

2. 根据脱氧程度不同，钢可分为________、________、________和________。

3. 根据化学成分不同，钢可分为________和________两类；根据含磷量多少，钢可分为________、________、________和________四类。

4. ________和________是衡量钢材强度的两个重要指标。

5. 低碳钢从受拉到拉断，经历了四个阶段：________、________、________和________。

6. 冷弯检验是：按规定的________和________进行弯曲后，检查试件弯曲处外面及侧面不发生断裂、裂缝或起层，即认为冷弯性能合格。

二、名词解释

1. 弹性模量

2. 屈服强度

3. 疲劳破坏

4. 钢材的冷加工

5. 隐框铝合金玻璃幕墙

三、选择题

1. 下面几种钢筋中，表面光圆的是（　　）。

A. R235　　B. 20MnSi　　C. 25MnSi　　D. 40MnSi

2. 不锈钢中，（　　）元素主要起耐腐蚀作用。

A. C　　B. Si　　C. Ti　　D. Cr

3. 碳钢中的主要强化组分是（　　）。

A. 渗碳体　　B. 奥氏体

C. 铁素体　　D. 渗碳体和奥氏体

4. 使钢材产生热脆性的有害元素主要是（　　）。

A. C（碳）　　B. S（硫）　　C. P（磷）　　D. O（氧）

5. 钢材经冷加工（冷拉、冷拔、冷轧）后，性能将会发生显著改变，以下表现何者不正确（　　）。

A. 强度提高　B. 塑性增大　C. 变硬　D. 变脆

6. 以下四种热处理方法中，可使钢材表面硬度大大提高的方法是（　）。

A. 正火　B. 回火　C. 淬火　D. 退火

7. 钢材抵抗冲击荷载的能力称为（　）。

A. 塑性　B. 冲击韧性　C. 弹性　D. 硬度

8. 钢的含碳量为（　）。

A. 小于 2.06%　B. 大于 3.0%　C. 大于 2.06%　D. 小于 1.26%

9. 伸长率是衡量钢材的（　）指标。

A. 弹性　B. 塑性　C. 脆性　D. 耐磨性

10. 普通碳素结构钢随钢号的增加，钢材的（　）。

A. 强度增加、塑性增加　B. 强度降低

C. 强度降低、塑性降低　D. 强度增加

11. 在低碳钢的应力-应变图中，有线性关系的阶段是（　）。

A. 弹性阶段　B. 屈服阶段　C. 强化阶段　D. 颈缩阶段

四、判断题

1. 一般来说，钢材硬度越高，强度也越大。（　）
2. 屈强比越小，钢材受力超过屈服点工作时的可靠性越大。（　）
3. 一般来说，钢材的含碳量增加，其塑性也增加。（　）
4. 钢筋混凝土结构主要是利用混凝土受拉、钢筋受压的特点。（　）

五、问答题

1. 软钢在拉伸试验时，在应力-应变图上分哪几个阶段？屈服点和抗拉强度有何实用意义？
2. 如何计算钢材的伸长率？
3. 钢材冷弯性能有何实用意义？冷弯试验的主要规定有哪些？
4. 碳、硅、锰、磷、硫诸元素在碳素钢中有何主要影响？
5. 碳素结构钢和低合金高强度结构钢的牌号是怎样表示的？
6. 热轧钢筋共有几个牌号？技术要求有哪些内容？
7. 什么是钢材的冷加工与时效？
8. 不锈钢板有什么特性？
9. 铝合金门窗有什么特点？
10. 铝合金装饰板有哪几种？应用在什么场合？
11. 钢材的冷加工强化有何作用和意义？

六、计算题

截取两根公称直径为 16mm 的钢筋做拉伸试验，测得其屈服点上荷载分别为 72.2kN、72.3kN，抗拉强度荷载分别为 104.5kN、108.5kN，试件的标距为 80mm，拉断后的标距分别为 96.0mm、94.4mm。试计算其屈服点、抗拉强度和伸长率。

特种材料

第10章 沥青及防水材料

10.1 沥青

10.1.1 沥青的分类

沥青是一种憎水性的有机胶凝材料，它是由一些极其复杂的高分子碳氢化合物及其非金属（氧、氮、硫等）衍生物所组成的混合物。在常温下呈黑色或黑褐色的固体、半固体或是液体状态。沥青几乎完全不溶于水，具有良好的不透水性，能与混凝土、砂浆、砖、石料、木材、金属等材料牢固地黏结在一起。具有一定的塑性，能适应基材的变形。具有较好的抗腐蚀能力，能抵抗一般酸、碱、盐等的腐蚀。还具有良好的电绝缘性。因此，沥青材料及其制品被广泛应用于建筑工程的防水、防潮、防渗、防腐及道路工程。一般用于建筑工程中的沥青有石油沥青和煤沥青两种。石油沥青的技术性质优于煤沥青，在工程中应用更为广泛。沥青按其产源不同可分为地沥青和焦油沥青，其分类见表10-1。

表10-1 沥青的分类

品种	分类	来 源
地沥青	天然沥青	石油在天然条件下,长时间地球物理作用下所形成的产物
	石油沥青	石油经过炼制加工后所得到的产品
焦油沥青	煤沥青	由煤干馏所得到的煤焦油再加工所得的产品
	页岩沥青	由页岩炼油所得到的工业副产品

10.1.2 石油沥青

石油沥青是天然原油经蒸馏提炼出各种轻质油（如汽油、柴油等）及润滑油以后的残留物，再经加工而得的产品。

10.1.2.1 *石油沥青的分类*

根据目前我国现行的标准，石油沥青按原油的成分分为石蜡基沥青和混合基沥青。按石油加工方法不同分为残留沥青、蒸馏沥青、氧化沥青、裂解沥青和调和沥青。按用途分为道路石油沥青、建筑石油沥青、防水防潮石油沥青和普通石油沥青四类。

10.1.2.2 石油沥青的组成

石油沥青的化学成分非常复杂，很难把其中的化合物逐个分离出来，且化学组成与技术性质之间没有直接的关系。因此，为了便于研究，通常将其中的化合物按化学成分和物理性质比较接近的划分为若干个组，这些组称为组分。各组分的含量多少会直接影响沥青的性质。一般分为油分、树脂（又称沥青脂胶）、地沥青质三大组分，此外，还有一定的石蜡固体。

（1）油分

油分赋予沥青以流动性，油分越多，沥青的流动性就越大。油分含量的多少直接影响沥青的柔软性。

（2）树脂

油分在一定条件下可以转化为树脂甚至沥青质。树脂又分为中性树脂和酸性树脂。中性树脂使沥青具有一定的塑性、可流动性和黏结性，其含量增加，沥青的黏聚力和延伸性增加。沥青树脂中还含有少量的酸性树脂，它是沥青中活性最大的部分，能改善沥青对矿质材料的浸润性，特别是提高了与碳酸盐类岩石的黏附性，增加了沥青的可乳化性。沥青质决定着沥青的黏结力、黏度和温度稳定性，以及沥青的硬度、软化点等。沥青质含量增加时，沥青的黏度和黏结力增加，硬度和温度稳定性提高。

（3）地沥青质

地沥青质为深褐色至黑色的硬、脆的无定形不溶性固体，密度为1.10～1.15g/cm^3，分子量为2000～6000。除不溶于酒精、石油醚和汽油外，易溶于大多数有机溶剂。它是决定石油沥青温度敏感性和黏性的重要组分。沥青中地沥青质含量在10%～30%之间。其含量越多，则软化点越高，沥青的黏度和黏结力也增加，硬度和温度稳定性会有所提高。

石油沥青的性质与各组分之间的比例密切相关。液体沥青中油分、树脂多，流动性好；而固体沥青中树脂、沥青质多，特别是沥青质多，所以热稳定性和黏性好。

石油沥青中的这几个组分的比例并不是固定不变的，在热、阳光、空气及水等外界因素作用下，组分在不断改变，即由油分向树脂、树脂向沥青质转变，油分、树脂逐渐减少，而沥青质逐渐增多，使沥青流动性、塑性逐渐变小，脆性增加直至脆裂。这个现象称为沥青材料的老化。

此外，石油沥青中常常含有一定的石蜡，会降低沥青的黏性和塑性，同时增加沥青的温度敏感性，所以石蜡是石油沥青的有害成分。

10.1.2.3 石油沥青的技术性质

（1）黏滞性

黏滞性是指石油沥青在外力作用下抵抗变形的能力。它是沥青材料最为重要的性质。工程上，对于半固体或固体的石油沥青用针入度指标表示。针入度越大，表示沥青越软，黏度越小。

沥青的黏滞性与其组分及所处的温度有关。当沥青质含量较高，同时有适量的树脂，而油分含量较少时，沥青的黏滞性较大。在一定的温度范围内，当温度升高，黏滞性随之降低，反之则增大。一般采用针入度表示石油沥青的黏滞性，针入度值越小，表明黏度越大，塑性越好。

针入度是在温度为25℃时，以负重100g的标准针，经5s沉入沥青试样中的深度，每1/10mm定为1度。其测定示意图如图10-1所示。针入度一般在5～200度之间，是划分沥青牌号的主要依据。

液体石油沥青的黏滞性用黏滞度（也称标准黏度）指标表示，它表征了液体沥青在流动时的内部阻力。黏滞度是在规定温度 T（20℃、25℃、30℃或60℃），由规定直径 d（3mm、5mm或10mm）的孔中流出50mL沥青所需的时间秒数。其测定示意图如图10-2所示。

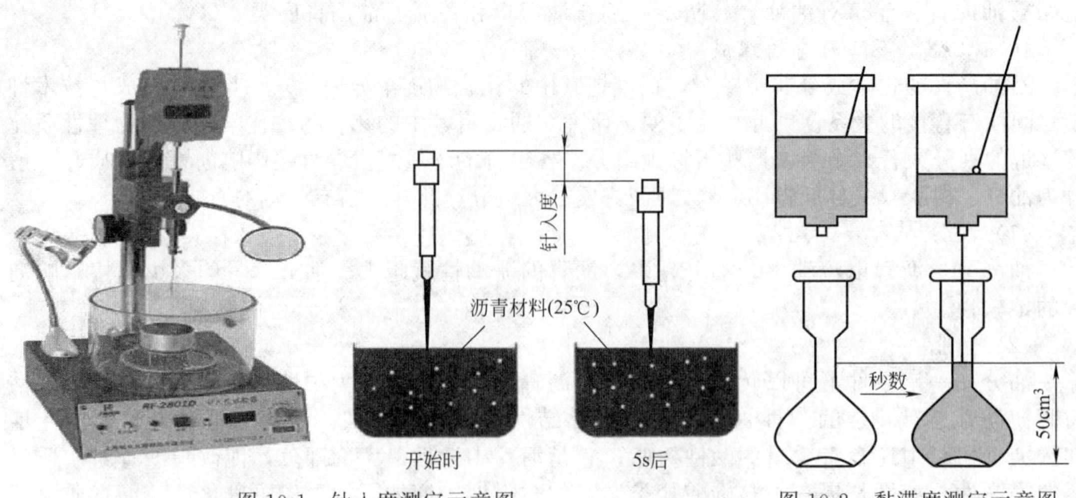

图 10-1 针入度测定示意图

图 10-2 黏滞度测定示意图

(2) 塑性

塑性通常也称延性或延展性，是指石油沥青受到外力作用时产生变形而不被破坏的性能，用延度表示。延度越大，塑性越好，柔性和抗裂性越好。

沥青塑性的大小与它的组分和所处温度紧密相关。沥青的塑性随温度升高而增大，随温度降低而减小；沥青质含量相同时，树脂和油分的比例将决定沥青的塑性大小，油分、树脂含量越多，沥青延度越大，塑性越好。

(3) 温度稳定性

温度稳定性也称温度敏感性，是指石油沥青的黏滞性和塑性随温度升降而变化的性能，是沥青的重要指标之一。变化程度越小，沥青的温度稳定性越大。温度稳定性用软化点来表示，通过“环球法”试验测定。软化点越高，沥青的耐热性越好，温度稳定性越好。

在工程上使用的沥青，要求有较好的温度稳定性，否则容易发生沥青材料夏季流淌或冬季变脆甚至开裂等现象。所以在选择沥青的时候，沥青的软化点既不能太低也不能太高。太低，夏季易熔化发软；太高，质地太硬，就不易施工，而且冬季易发生脆裂现象。可以通过加入滑石粉、石灰石粉等矿物掺和料来减小沥青的温度稳定性。沥青中含蜡量多时，会增大其温度敏感性，因而多蜡沥青不能用于建筑工程。

(4) 大气稳定性

大气稳定性是指石油沥青在大气综合因素（热、阳光、氧气和潮湿等）长期作用下抵抗老化的性能。大气稳定性好的石油沥青可以在长期使用中保持其原有性质。石油沥青在热、阳光、氧气和水分等因素的长期作用下，石油沥青中低分子组分向高分子组分转化，即沥青中油分和树脂相对含量减少，地沥青质逐渐增多，从而使石油沥青的塑性降低，黏度提高，逐渐变得脆硬，直至脆裂，失去使用功能，这个过程称为老化。石油沥青的大气稳定性以加热蒸发损失百分率或蒸发后针入度比来表示。加热蒸发损失百分率越小，或蒸发后针入度比越大，沥青的大气稳定性越好。

(5) 其他性质

为全面评定石油沥青的品质和保证施工安全，还应了解石油沥青的溶解度、闪点和燃点。溶解度是指石油沥青在三氯乙烯、四氯化碳或苯中溶解的百分率。不溶解的物质会降低石油沥青的性能（如黏性等），因而溶解度可以表示石油沥青中有效物质含量。

闪点（也称闪火点）是指沥青被加热挥发出可燃气体，与火焰接触闪火时的最低温度。

燃点（也称着火点）是指沥青被加热挥发出的可燃气体和空气混合，与火焰接触能持续燃烧时的最低温度。

闪点和燃点的高低表明沥青引起火灾或爆炸的可能性的大小，它关系到运输、储存和加热使用等方面的安全。例如，建筑石油沥青闪点约230℃，在熬制时一般温度为185～200℃，为安全起见，沥青还应与火焰隔离。

以上所论及的针入度、延度、软化点是评价黏稠石油沥青性能最常用的指标，也是划分沥青标号的主要依据，所以统称为沥青的“三大指标”。此外，还有溶解度、蒸发损失、蒸发后针入度比、含蜡量、闪点和水分等，这些都是全面评价石油沥青性能的依据。

10.1.2.4　*石油沥青的标准及应用*

（1）技术标准

我国生产的沥青产品主要有道路石油沥青、建筑石油沥青、普通石油沥青等。沥青产品的牌号是依据针入度的大小来划分的。道路石油沥青分为200、180、140、100甲、100乙、60甲、60乙七个牌号；建筑石油沥青分为40、30、10三个牌号；普通石油沥青分为75、65、55三个牌号。同一种沥青中牌号越小，沥青越硬，牌号越大，沥青越软。石油沥青的技术指标见表10-2。

表10-2　石油沥青的技术指标

质量标准	道路石油沥青							建筑石油沥青			普通石油沥青		
	200	180	140	100甲	100乙	60甲	60乙	40	30	10	75	65	55
针入度(25℃,100g)/0.1mm	201～300	161～200	121～160	91～120	81～120	51～80	41～80	36～50	25～35	10～25	75	65	55
延伸度(25℃)/cm 不小于	—	100	100	90	60	70	40	3.5	2.5	1.5	2	1.5	1
软化点(环球法)/℃ 不低于	30～45	35～45	38～48	42～52	42～52	45～55	45～55	60	70	95	60	80	100
溶解度(三氯乙烯、四氯化碳或苯)/% 不小于	99	99	99	99	99	99	99	99.5	99.5	99.5	98	98	98
蒸发损失(160℃,5h)/% 不大于	1	1	1	1	1	1	1	1	1	1	—	—	—
蒸发后针入度比/‰ 不小于	50	60	60	65	65	70	70	65	65	65	—	—	—
闪点(开口)/℃ 不低于	180	200	230	230	230	230	230	230	230	230	230	230	230

（2）石油沥青的选用

选用石油沥青的原则是工程性质（房屋、道路、防腐）及当地气候条件、所处工程部位（屋面、地下）等。在满足上述要求的前提下，尽量选用牌号高的石油沥青，以保证有较长的使用年限。因为牌号高的沥青比牌号低的沥青含油分多，其挥发、变质所需时间较长，不易变硬，所以抗老化能力强，耐久性好。一般屋面用的沥青，其软化点应比本地区屋面可能达到的最高温度高20～25℃，以避免夏季流淌，如可选用10号或30号石油沥青。一些不易受温度影响的部位或气温较低的地区，可选用牌号较高的沥青，如地下防水防潮层，可选用 60 号或 100 号沥青。

几种牌号的石油沥青的应用见表 10-3。

表 10-3 几种牌号的石油沥青的应用

品种	牌号	主要作用
道路石油沥青	200、180、140、100 甲、100 乙、60 甲、60 乙	主要在道路工程中作胶凝材料
建筑石油沥青	40、30、10	主要用于制造油纸、油毡、防水涂料和嵌缝膏等，使用在防水和防腐工程中
普通石油沥青	75、65、55	含蜡量较高，黏结力差，一般不用于建筑工程中

应用：通常情况下，建筑石油沥青多用于建筑屋面工程和地下防水工程、沟槽防水，以及作为建筑防腐蚀材料；道路石油沥青多用来拌制沥青砂浆和沥青混凝土，用于道路路面、车间地坪及地下防水工程。根据工程需要，还可以将建筑石油沥青与道路石油沥青掺和使用。石油沥青的工程应用如图 10-3 所示。

(a) 石油沥青道路

(b) 石油沥青卷材产品

图 10-3 石油沥青的工程应用

当某一牌号的石油沥青不能满足工程技术要求时，可采用两种牌号的石油沥青进行掺配。两种沥青掺配的比例可用下式估算：

$$较软沥青的掺量=\frac{较硬沥青软化点-要求的沥青软化点}{较硬沥青软化点-较软沥青软化点}\times 100\%$$

$$较硬沥青的掺量=①-较软沥青的掺量 \quad (10\text{-}1)$$

按确定的配合比进行试配，测定掺配后沥青的软化点，最终掺量以试配结果（掺量-软化点曲线）来确定。如果有三种沥青进行掺配，可先计算两种的掺量，然后再与第三种沥青进行掺配。

10.1.3 煤沥青

煤沥青是炼焦或生产煤气的副产品。烟煤干馏时所挥发的物质冷凝为煤焦油，煤焦油经分馏加工，提取出各种油质后的产品即为煤沥青。煤沥青可分为硬煤沥青与软煤沥青两种。

硬煤沥青是从煤焦油中蒸馏出轻油、中油、重油及蒽油之后的残留物，常温下一般呈硬的固体；软煤沥青是从煤焦油中蒸馏出水分、轻油及部分中油后得到的产品。煤沥青与石油沥青相比，具有表10-4所示的特点。煤沥青的许多性能都不及石油沥青。煤沥青塑性、温度稳定性较差，冬季易脆，夏季易于软化，老化快。加热燃烧时，烟呈黄色，有刺激性臭味，煤沥青中含有酚，所以有毒性，易污染水质，因此在建筑工程中很少应用，主要应用于防腐及路面工程。使用煤沥青时，应严格遵守国家规定的安全操作规程，防止中毒。煤沥青与石油沥青一般不宜混合使用。

表10-4　石油沥青与煤沥青的主要区别

性质	石油沥青	煤沥青
密度/(g/cm^3)	近于1.0	1.25～1.28
燃烧	烟少、无色、有松香味、无毒	烟多、黄色、臭味大、有毒
锤击	韧性较好	韧性差，较脆
颜色	呈灰亮褐色	浓黑色
溶解性	易溶于煤油与汽油中，呈棕黑色	难溶于煤油与汽油中，呈黄绿色
温度稳定性	较好	较差
大气稳定性	较好	较差
防水性	好	较差(含酚，能溶于水)
耐腐蚀性	差	强

10.1.4　改性沥青

建筑工程上使用的沥青，性能要求比较全面。例如，既要求在低温条件下富有弹性和塑性，又要求在高温条件下具有足够的强度和热稳定性，还要求使用寿命长、耐老化性好以及与掺和料、基体材料有较强的黏结力等。但一般石油沥青却难以全面满足这些要求。为此，常采用矿物材料，有时也采用橡胶或合成树脂等材料改善沥青的性能，这就是所谓的改性沥青，而矿物材料、橡胶、合成树脂等常被称为沥青的改性材料。

(1) 矿物填充料改性沥青

矿物填充料改性沥青可提高沥青的黏结能力、耐热性，减小沥青的温度敏感性。常用的矿物填充料大多是粉状或纤维状矿物，主要有滑石粉、石灰石粉、硅藻土、石棉和云母粉等。

(2) 橡胶改性沥青

橡胶是一类重要的石油改性材料。它与沥青有较好的混溶性，并能使沥青具有橡胶的很多优点，如高温变形小、低温柔性好等。沥青中掺入一定量橡胶后，可改善其耐热性、耐候性等。

应用： 橡胶改性沥青多用于道路路面工程及制作密封材料和涂料。

(3) 树脂改性沥青

树脂改性沥青可以改进沥青的耐寒性、耐热性、黏结性和不透气性。由于石油沥青中含芳香性化合物较少，因而树脂和石油沥青的相容性较差，而且用于改性沥青的树脂品种也较少。常用的树脂有古马隆树脂、聚乙烯、无规聚丙烯、酚醛树脂及天然松香等。无规聚丙烯改性沥青能够克服单纯沥青冷脆热流缺点，具有较好的耐高温性，特别适合于炎热地区。

应用：无规聚丙烯改性沥青主要用于生产防水卷材和防水涂料。

（4）橡胶和树脂改性沥青

橡胶和树脂同时用于沥青改性，可使沥青同时具有橡胶和树脂的特性，如耐寒性，且树脂比橡胶便宜，橡胶和树脂间有较好的混溶性，故效果较好。

应用：橡胶和树脂改性沥青可用于生产卷材、片材、密封材料和防水涂料等。

10.2 防水卷材

防水卷材是工程防水材料的重要品种之一，在防水材料的应用中处于主导地位，是一种面广量大的防水材料。常用的防水卷材按照材料的组成不同，一般可分为沥青防水卷材、高聚物改性沥青防水卷材和合成高分子防水卷材三大类。

10.2.1 沥青防水卷材

沥青防水卷材是指以各种石油沥青或煤焦油、煤沥青为防水基材，以原纸、织物、纤维毡等为胎基，用不同矿物粉料、粒料或合成高分子膜、金属膜作为隔离材料研制成的可卷曲的片状防水材料。

应用：普通沥青防水卷材具有原材料广、价格低、施工技术成熟等特点，可以满足建筑物基础、屋面、须防潮室内地面的一般防水要求，目前用量接近防水材料总量的95%以上。

（1）石油沥青纸胎油毡

沥青防水卷材最具代表性的是石油沥青纸胎油毡，简称油毡，是防水卷材中历史最早的品种。它是用低软化点的石油沥青浸渍原纸，再用高软化点的石油沥青涂盖油纸的两面，再涂或撒隔离材料所制成的一种纸胎防水卷材。表面撒石料作为隔离材料的油毡称为粉毡，撒云母作为隔离材料的称为片毡。

应用：石油沥青纸胎油毡的防水性能较差，耐久年限低，一般只能用作多层防水。其中，500号粉毡用于“三毡四油”的面层；350号粉毡用于里层和下层，也可用“二毡三油”的简易做法来作为非永久性建筑的防水层；200号油毡也适用于简易防水、临时性建筑防水、建筑防潮及包装等。油纸适用于建筑防潮和包装，也可用于多层防水层的下层或刚性防水层的隔离层。

（2）石油沥青玻璃布油毡

石油沥青玻璃布油毡是采用石油沥青涂盖材料浸涂玻璃纤维织布的两面，再涂以隔离材料所制成的一种以无机材料为胎体的沥青防水卷材。该类卷材的抗拉强度高于500号石油沥青纸胎油毡，柔韧性较好，耐磨性、耐腐蚀性较强，吸水率低，耐热性也比石油沥青纸胎油毡提高一倍以上。

应用：石油沥青玻璃布油毡适用于地下防水层、防腐层、屋面防水层及金属管道（热管道除外）的防腐保护等。

（3）石油沥青麻布油毡

石油沥青麻布油毡采用麻织品为底胎，先浸渍低软化点石油沥青，然后涂以含有矿物质填充料的高软化点石油沥青，再撒布几层矿物质石粉而制成。

应用：该卷材抗拉强度高，耐酸碱性强，柔韧性好，但耐热性较低。适用于要求比较严格的防水层及地下防水工程，尤其适用于要求具有高强度的多层防水层及基层结构有变形和结构复杂的防水工程和工业管道包扎等。

（4）铝箔面油毡

铝箔面油毡是采用玻璃纤维毡为胎基，浸涂氧化沥青，在其表面用压纹铝箔贴面，底面撒以细颗粒矿物料或覆盖聚乙烯膜所制成的一种具有热反射或装饰功能的防水卷材。

应用：铝箔面油毡用于单层或多层防水工程的面层。

10.2.2　高聚物改性沥青防水卷材

高聚物改性沥青防水卷材常简称改性沥青防水卷材，迄今为止，它是新型防水材料中使用比例最高的一类。

在沥青中所掺入高分子聚合物，与沥青之间有较好的相容性，高分子具有分支结构，即使加入较少的量，也可生成网状的弹性结构，具有较大范围的高聚性状态。这样才可使沥青在温度上升时，能有一定的机械强度，在低温下又具有弹性和塑性，以弥补黏结性差的不足。通过高分子聚合物对沥青的改性作用，可提高沥青软化点，增加低温下的流动性，使感温性能得到明显改善。增加弹性，使沥青具有可逆变形的能力，改善耐老化性和耐硬化性，使沥青具有良好的使用功能，即高温不流淌、低温不脆裂，刚性、机械强度、低温延伸性有所提高，增大负温下柔韧性，延长使用寿命，从而使改性沥青防水卷材能够满足建筑工程防水应用的功能。

在石油沥青中常用的改性材料有天然橡胶、氯丁橡胶、丁苯橡胶、丁基橡胶、乙丙橡胶、再生橡胶、SBS、无规聚丙烯等高分子聚合物。

（1）SBS改性沥青防水卷材

SBS改性沥青防水卷材是在石油沥青中加入SBS进行改性的卷材。SBS是由丁二烯和苯乙烯两种原料聚合而成的嵌段共聚物，是一种热塑性弹性体，它在受热的条件下呈现树脂特性，即受热可熔融成黏稠液态，可以和沥青共混，兼有热塑性塑料和硫化橡胶的性能，因此SBS也称热塑性丁苯橡胶。它不需要硫化，并且具有弹性高、抗拉强度高、不易变形、低温性能好等优点。在石油沥青中加入适量的SBS而制得的改性沥青具有冷不变脆、低温性好、塑性好、稳定性高、使用寿命长等优良性能，可大大改善石油沥青的低温屈挠性和高温抗流动性，彻底改变石油沥青遇冷脆裂的弱点，并保持了沥青的优良憎水性和黏结性。

以聚酯胎、玻璃纤维胎、聚乙烯膜胎、复合胎等为胎基材料，浸渍SBS改性石油沥青为涂盖材料，也可用在涂盖材料的上表面以细砂、板岩、塑料薄膜等为面层，可制成不同胎基、不同面层、不同厚度的各种规格的系列防水卷材。

SBS是国际上广泛采用的沥青改性剂，并经多年的应用，SBS改性沥青防水卷材的可靠性能在实践中得到证实。SBS具有以下显著特点。

① 可溶物含量高，可制成厚度大的产品，具有塑料和橡胶特性。

② 聚酯胎基有很高的延伸率、拉力、耐穿刺能力和耐撕裂能力。玻璃纤维胎基成本低，尺寸稳定性好，但拉力和延伸率低。

③ 具有良好的耐高温和耐低温性能，能适应建筑物因变形等产生的应力，抵抗防水层断裂。

④ 具有优良的耐水性。由于改性沥青防水卷材采用的胎基以聚酯胎、玻璃纤维胎为主，吸水性很小，涂盖料延伸率高、厚度大，可以承受较高水的压力，因而耐水性好。

⑤ 具有优良的耐老化性和耐久性，耐酸、碱及微生物腐蚀。

⑥ 施工方便，可以选用冷黏结、热黏结、自黏结，可以叠层施工。厚度大于4mm的可以单层施工，厚度大于3mm的可以热熔施工。

⑦ 可选择性、配套性强，生产厚度范围在1.5～5mm之间，不同的涂盖料、不同的胎基和覆面料具有不同的特点和功能，可根据需要进行合理选择与搭配。

⑧ 卷材表面可撒布彩砂、板岩、反光铝膜等，既增加抗紫外线的耐老化性，又美化环境。

应用：SBS改性沥青防水卷材广泛适用于工业建筑与民用建筑。例如，保温建筑的屋面和不保温建筑的屋面、屋顶花园，地下室、卫生间、桥梁、公路、涵洞、停车场、游泳池、蓄水池等建筑工程的防水，尤其适用于较低气温环境和结构变形复杂的建筑防水工程。

(2) 无规聚丙烯改性沥青防水卷材

无规聚丙烯改性沥青防水卷材，是指采用无规聚丙烯塑性材料作为沥青的改性材料，属于塑性体聚合物改性沥青防水卷材。聚丙烯可分为无规聚丙烯、等规聚丙烯和间规聚丙烯三种。在改性沥青防水卷材中应用的多为廉价的无规聚丙烯，它是生产等规聚丙烯的副产品，是改性沥青用树脂与沥青共混性最好的品种之一，有良好的化学稳定性，无明显熔点，在165～176℃之间呈黏稠状态，随着温度的升高，黏度下降，在200℃左右流动性最好。

无规聚丙烯材料的最大特点是分子中极性碳原子少，因而单键结构不易分解，掺入石油沥青后，可明显提高其软化点、延伸率和黏结性。软化点随无规聚丙烯的掺入比例增加而增高，因此，能够提高卷材耐紫外线照射性能，具有耐老化性优良的特点。无规聚丙烯具有以下显著特点。

① 高抵抗能力性能。对于静态和动态撞击以及撕裂具有非凡的抵抗能力（如聚酯胎基）。在弹性沥青配合下，聚酯胎基可使防水卷材承受支撑物的重复性运动而不产生永久变形。

② 耐老化性强。耐老化性材料以塑性为主，对恶劣气候和老化作用具备强有效的抵抗力，确保在各种气候下工程质量的永久性。

③ 高美观性。除抵御外界破坏（紫外线照射）的保护作用外，可生产各种颜色的产品，能够完美地与周围环境融于一体。

应用： 无规聚丙烯改性沥青防水卷材具有多功能性，适用于新旧建筑工程、腐殖质土下防水层、碎石下防水层、地下墙防水工程等。广泛用于工业建筑与民用建筑的屋面和地下防水工程，以及道路、桥梁建筑的防水工程。尤其适用于较高气温环境和高湿地区民用建筑工程、军事建筑工程的防水。

10.2.3　合成高分子防水卷材

以合成橡胶、合成树脂或它们两者的共混体系为基料，加入适量的化学助剂和填充料等，经过橡胶或塑料的加工工艺，如经塑炼、混炼或挤出成型、硫化、定型等工序加工，制成的无胎加筋或不加筋的弹性或塑性的卷材（片材），统称为合成高分子防水卷材。

目前，合成高分子防水卷材主要分为合成橡胶（硫化橡胶和非硫化橡胶）、合成树脂、纤维增强几大类。其主要品种有三元乙丙橡胶、聚氯乙烯、氯化聚乙烯，还有橡塑共混，以及聚乙烯丙纶、土工膜类等。

(1) 三元乙丙橡胶防水卷材

三元乙丙橡胶是由乙烯、丙烯和任何一种非共轭二烯烃（如双环戊二烯）聚合成的高分子聚合物，由于它的主链具有饱和结构的特点，因此呈现了高度的化学稳定性。掺入适量的丁基橡胶、硫化剂、促进剂、活化剂、补强填充剂（如炭黑）、软化剂（增塑剂）等助剂，经过密炼（开炼）、滤胶、切胶、压延、挤出、硫化等工序制成防水卷材。三元乙丙橡胶具有以下显著特性。

① 耐老化性好，使用寿命长。三元乙丙橡胶分子结构中的主链上没有双键，分子内没有极性取代基，基本属于饱和的高分子化合物。当三元乙丙橡胶受到臭氧、紫外线、湿热等作用时，主链上不易发生断裂，这是它的耐老化性强于主链上含有双键的橡胶的根本原因。根据有关资料介绍，三元乙丙橡胶防水卷材使用寿命可达50年以上。

② 耐化学性强。当用于化学工业区的外露屋面和污水处理池的防水卷材时，对于多种极性化学药品和酸、碱、盐有良好的抗耐性。

③ 具有优异的电绝缘性。三元乙丙橡胶的电绝缘性，超过电绝缘性优良的丁基橡胶，尤其是耐电晕性突出。因为三元乙丙橡胶吸水性小，所以在浸水后的抗电性仍然良好。

④ 拉伸强度高，伸长率大。对伸缩或开裂、变形的基层适应性强，能适应防水基层伸缩或开裂、变形的需要。

⑤ 具有优异的耐低温和耐高温性能。在低温下，仍然具有很好的弹性、伸缩性和柔韧性。保持优异的耐候性和耐老化性，可在严寒和酷热的环境中长期使用。

⑥ 施工方便。可采用单层防水施工法，冷施工，不仅操作方便、安全，而且不污染环境，不受施工环境条件限制。

应用： 三元乙丙橡胶防水卷材广泛适用于各种工业建筑与民用建筑屋面的单层外露防水层，是重要级防水工程的首选材料。尤其适用于受震动、易变形建筑工程的防水，如体育馆、火车站、港口、机场等。适用于各种地下工程的防水，如地下储藏室、地下铁路、桥梁、隧道。也可用于有刚性保护层的屋面或倒置式屋面以及水渠、储水池、隧道等土木建筑工程的防水。适用于蓄水池、污水处理池、电站、水库、水坝、水渠等防水工程中的防水。

(2) 聚氯乙烯防水卷材

聚氯乙烯防水卷材是以聚氯乙烯树脂为主体材料，加入适量的增塑剂、改性剂、填充剂、抗氧剂、紫外线吸收剂和其他加工助剂，如润滑剂、着色剂等，经过捏合、高速混合、造粒、塑料挤出和压延牵引等工艺而制成。聚氯乙烯防水卷材具有以下显著特性。

① 拉伸强度高，伸长率大，受热尺寸变化率低。

② 撕裂强度高，能提高防水层的抗裂性。

③ 低温柔性好。

④ 耐渗透，耐化学腐蚀，耐老化，延长防水层使用寿命。

⑤ 具有良好的水汽扩散性，冷凝物易排释，留在基层的湿气、潮气易排出。

⑥ 可焊接性好，即使经数年风化，也可焊接，在卷材正常使用范围内，焊缝牢固可靠。

⑦ 施工操作简便、安全、清洁、快速。

⑧ 原料丰富，防水卷材价格合理，易于选用。

应用：聚氯乙烯防水卷材适用于各种工业、民用、军事新建或翻修建筑物、构筑物屋面外露或保护层的工程防水，以及地下室、隧道、水库、水池、堤坝等土木建筑工程防水。

10.3 防水涂料

建筑防水涂料是一种黏稠状、均质液体，涂刷在建筑物表面，经溶剂或水分的挥发，或两种组分间发生化学反应，形成一层致密的薄膜，使建筑物表面与水隔绝，从而起到建筑物防水的作用。

近年来，由于我国建筑行业的高速发展，以及科研、设计、生产单位的紧密联合与共同努力，使防水涂料基本上形成了不同档次的系列化产品。已不局限在旧房维修和低等级建筑上应用，完全可以满足其他各类建筑工程防水，从产品质量到应用技术都有很大提高。在保证产品质量的条件下，防水涂料具有施工方便、环保、有装饰功能等作用。例如，溶剂型向水乳型发展，薄质型向厚质型发展，煤焦油基（包括古马隆树脂、苯乙烯焦油基）聚氨酯防水涂料向沥青基聚氨酯防水涂料过渡发展，双组分聚氨酯防水涂料向单组分聚氨酯防水涂料发展，只能应用于隐蔽防水工程涂料向外露、彩色、抗老化方向发展。

特别是自 2006 年以来，聚合物水泥防水涂料（JS 复合防水涂料）、聚合物乳液建筑防水涂料发展较快，得到广泛应用。

10.3.1 聚氨酯防水涂料

聚氨酯防水涂料分为双组分反应固化型和单组分湿固化型。双组分聚氨酯防水涂料又分为沥青基聚氨酯防水涂料（适用于隐蔽防水工程）和纯聚氨酯防水涂料（一般为彩色，侧重外露防水工程），为了区别于煤焦油基聚氨酯防水涂料，也常将这类涂料统称为非焦油基聚氨酯防水涂料。单组分有沥青基的、溶剂型纯聚氨酯的、纯聚氨酯以水为稀释剂的等。煤焦油基的双组分和单组分产品都已被淘汰。

目前，双组分聚氨酯防水涂料应用比较普遍，单组分聚氨酯防水涂料通过引进国外技术，现已批量生产，投入市场。聚氨酯防水涂料具有以下技术特性。

① 聚氨酯防水涂料防水膜具有橡胶状弹性，因此延伸性好。拉伸强度和撕裂强度高，耐酸、耐碱、耐腐蚀、防霉，可以制成阻燃剂，适用温度范围广。

② 撕裂强度高，能提高防水层的抗裂性。

③ 施工时操作简便，对于大面积施工部位或复杂结构，可实现整体防水。

④ 同混凝土等多种材质黏结力强。

应用：聚氨酯防水涂料适用于屋面、地下室、卫生间、浴池等防水工程。也适用于铁路、桥梁、公路、隧道、涵洞等防水工程。还适用于储水池、游泳池、屋顶花园、屋顶养鱼池等防水工程。

10.3.2　聚合物水泥防水涂料

聚合物水泥防水涂料（JS 复合防水涂料）是近年来发展较快、应用广泛的新型建筑防水涂料。由有机液料（如聚丙烯酸酯、聚醋酸乙烯酯乳液及各种添加剂组成）和无机粉料（如高铝高铁水泥、石英粉及各种添加剂组成）复合而成的双组分防水涂料，是一种既有有机材料弹性高又有无机材料耐久性好等优点的新型防水材料，涂覆后可形成高强坚韧的防水涂膜，并可根据需要配制成各种彩色涂层。另外，由中国建材科学研究院研制的 PMC 弹性水泥防水材料是一种聚合物的改性水泥，既防水又透气，刚柔并进，是一种功能性防水材料。聚合物水泥防水涂料主要技术特性如下。

① 可在潮湿的多种材质的基面上直接施工，抗紫外线性、耐候性、耐老化性良好，可作外露式屋面防水。

② 涂层坚韧高强，耐水性、耐久性优异。

③ 掺加颜料，可形成彩色涂层。

④ 无毒、无味、无污染，施工简便、工期短，可用于饮水工程。

⑤ 在立面、斜面和顶面上施工不流淌，适用于有饰面材料的外墙、斜屋面防水，表面不沾污。

⑥ 调整组分配合比例，能与基面及饰面砖、屋面瓦、水泥砂浆等各种材料牢固黏结。

应用：以上两种防水涂料既可在干燥表面上施工，也可在潮湿表面上施工。可在潮湿或干燥的各种基面上直接施工，例如砖石、砂浆、混凝土、金属、木材、泡沫板、沥青、橡胶等。用于各种新旧建筑物及构筑物防水工程，如屋面、外墙、地下工程、隧道、桥梁、水库、引水渠、水池等。调整液料与粉料比例为腻子状态，也可作为黏结、密封材料，用于粘贴马赛克、瓷砖等。

10.3.3　硅橡胶防水涂料

硅橡胶防水涂料是以硅橡胶乳液及其他乳液的复合物为主要基料，掺入无机填料（如碳酸钙、滑石粉等）及各种助剂（如酯类增塑剂、消泡剂等）配制而成的乳液型防水涂料。该涂料兼有涂膜防水涂料和浸透性防水涂料两者的优良性能，具有良好的防水性、渗透性、成膜性、弹性、黏结性和耐高低温性等优点。

① 适应基层的变形能力强，能渗入基层与基底黏结牢固。

② 冷施工，施工方便，可以涂刷或喷涂。

③ 成膜速度快，可在潮湿基层上施工。

④ 无毒、无味、阻燃，应用安全可靠。

⑤ 色彩丰富，可以配成各种色泽鲜艳的涂料，美化环境。

⑥ 修补方便，凡施工遗漏或被损伤处可直接涂刷。

应用：硅橡胶防水涂料适用于各类建筑物中地下室、卫生间、屋面及各类储水、输水构筑物的防水、防渗、渗漏工程修补。

10.4 建筑密封膏

不定型密封材料通常为膏状材料，俗称为密封膏或嵌缝膏。该类材料应用范围广，特别是与定型材料复合使用既经济又有效。不定型密封材料的品种很多，其中有塑性密封材料、弹性密封材料和弹塑性密封材料。弹性密封材料的密封性、环境适应性、耐老化性都好于塑性密封材料，弹塑性密封材料的性能居于两者之间。

建筑密封膏主要用于建筑物上人为设置的伸缩缝、沉降缝、建筑结构节点、接头以及门窗的接缝等，对建筑物上的各种缝需进行密封处理，起防水、防尘、隔声、保温等功能作用，否则会诱发结构的破坏，或影响人们正常生活。为保证建筑物的使用和安全，对所有的接缝须用密封材料进行嵌缝密封。因此密封材料成为各类建筑物不可缺少的功能材料。建筑密封材料品种繁多，主要品种有 PVC 油膏、PVC 胶泥、沥青油膏、丙烯酸酯密封腻子、氯丁密封腻子、丁基密封腻子、氯磺化聚乙烯、聚硫橡胶、聚硅氧烷、聚氨酯等。特别是近年来，我国建筑密封膏发展较快，曾经以沥青为基料的塑料油膏和聚氯乙烯胶泥为代表的密封材料，只能用于水平缝起防水作用，从功能、环保要求已不适合现代建筑应用要求。目前密封膏已具备不同档次，而且功能齐全。

密封膏依据能承受接缝位移能力分为低、中、高三类。低位移能力密封膏包括聚丁烯、油性和沥青基嵌缝膏；中位移能力密封膏包括丁基橡胶、丙烯酸酯橡胶、氯丁橡胶等类型的密封膏；高位移能力弹性密封膏有聚硫橡胶、聚氨酯、聚硅氧烷型以及以各种相应改性聚合物为基础的密封膏。

原建设部 1998 年发文推荐的新型防水材料中，密封材料有丙烯酸酯建筑密封膏、聚硫建筑密封膏、聚硅氧烷建筑密封膏和聚氨酯建筑密封膏。

10.4.1 改性沥青油膏

改性沥青油膏又称建筑防水沥青嵌缝膏。建筑防水沥青嵌缝膏是以石油沥青为基料，加入改性材料（如树脂、橡胶等高分子聚合物）、填料、稀释剂等助剂配制而成的黑色膏状嵌缝密封材料。

改性沥青油膏也称橡胶沥青油膏，以石油沥青为基料，加入橡胶改性材料和填充料等，经混合加工而成，是一种具有弹塑性、可以冷施工的防水嵌缝密封材料，是目前我国产量最大的品种。具有以下显著的性能优点。

① 冷施工，操作方便，施工安全。

② 具有优良的黏结性和防水、密封性能。

③ 有较好的耐老化性。

④ 价格低廉。

⑤ 按照耐热性和低温柔性可分为不同型号产品，可按不同施工要求灵活选择。

应用：改性沥青油膏具有良好的防水、防潮性能，黏结性能好，延伸率高，耐高低温性能好，老化缓慢。适用于各种混凝土屋面、墙板及地下工程的接缝密封等，广泛用于一般建筑物上水平面的密封，是一种较好的密封材料。由于该类产品合成工艺简单，加之原料丰富，成品价格低廉，通过不断提高合成技术水平，使该产品具有较好的防水性能，尽管与高档密封膏材料相比在外观、物理性能上有一定区别，但在建筑上仍在广泛应用。

10.4.2　聚氯乙烯胶泥

聚氯乙烯胶泥实际上是一种聚合物改性的沥青油膏，是以煤焦油为基料，以聚氯乙烯为改性材料，掺入一定量的增塑剂、稳定剂及填料，在130～140℃下塑化而形成的热施工嵌缝材料，通常随配方的不同在60～110℃时进行热灌。配方中若加入少量溶剂，油膏变软，就可冷施工，但收缩较大，所以一般要加入一定的填料抑制收缩。填料通常使用碳酸钙和滑石粉。

胶泥的价格较低，生产工艺简单，原材料来源广，施工方便，防水性好，有弹性，耐寒性和耐热性较好。为了降低胶泥的成本，可以选用废旧聚氯乙烯塑料制品来代替聚氯乙烯树脂，这样得到的密封油膏习惯上称为塑料油膏。

应用：聚氯乙烯胶泥适用于各种工业厂房和民用建筑的屋面防水嵌缝，以及受酸碱腐蚀的屋面防水，也可用于地下管道的密封和卫生间等。

10.4.3　聚硫橡胶密封材料

聚硫橡胶密封材料又称聚硫建筑密封膏。聚硫橡胶密封材料是由液态聚硫橡胶（多硫聚合物）为主剂，以金属过氧化物（多数为二氧化铅）为固化剂，加入增塑剂、增韧剂、填充剂及着色剂等配制而成的，是目前世界上应用最广、使用最成熟的一类弹性密封材料。聚硫橡胶密封材料分为单组分和双组分两类，目前国内双组分聚硫橡胶密封材料的品种较多。

聚硫橡胶密封材料按照伸长率和模量分为A类和B类。A类是高模量、低伸长率的聚硫密封膏；B类是高伸长率和低模量的聚硫密封膏。这类密封膏具有优异的耐候性，极佳的气密性和水密性，良好的耐油性、耐溶剂性、耐氧化性、耐湿热性和耐低温性，能适应基层较大的伸缩变形，施工适用期可调整，垂直使用不流淌，水平使用具有自流平性，属于高档密封材料。

应用： 聚硫橡胶密封材料除了适用于较高防水要求的建筑密封防水外，还用于高层建筑的接缝及窗框周边防水、防尘密封，中空玻璃、耐热玻璃周边密封，游泳池、储水槽、上下管道以及冷库等接缝密封。还适用于混凝土墙板、屋面板、楼板、地下室等部位的接缝密封。

10.4.4 有机硅建筑密封胶

有机硅建筑密封胶又称聚硅氧烷密封胶。有机硅建筑密封胶是以有机硅橡胶为基料配制成的一类高弹性高档密封膏。有机硅建筑密封胶分为双组分和单组分两种，单组分应用较多。双组分聚硅氧烷密封胶是一种新型防水密封材料，它的性能优于其他密封胶，该产品为双组分膏状物，两组分有明显的色差，便于混合均匀。使用比例为 A、B 两组分按质量比 1∶1（也可通过调整配合比调节固化速度，B 组分越多，固化速度越快）均匀混合，无色差。

近年来，聚硅氧烷密封胶产量的增长速度居聚合物基密封胶之首。聚硅氧烷密封胶按其产品用途有脱酸型、脱醇型、光学透明型等多种类型。现已生产有酸性、中性、防霉和结构密封胶等品种，是现代建筑和其他行业必需的黏结密封材料。

聚硅氧烷密封胶粘接性能好，温度适用范围广，中性固化，无毒、无腐蚀性。固化后具有优秀的耐候性能及优良的耐紫外线、耐高低温、耐腐蚀等性能。中性脱醇型于室温固化，温差变化巨大时也可调节固化剂使其固化。聚硅氧烷密封胶具有优良的耐热、耐寒、耐老化及耐紫外线等性能，与各种基材如混凝土、铝合金、不锈钢、塑料等有良好的黏结力，并且具有良好的伸缩耐疲劳性能，防水、防潮、抗震、气密、水密性能好。工艺性良好，相容性好。抗臭氧、防霉变，对建筑材料无任何腐蚀作用。施工时间长，具有较高的接口变位能力。可以制成多种颜色。具有高模量、高抗拉张力，有良好的伸长和压缩恢复能力等。施工方便，产品无毒，为环保型产品。

其典型物理特性是在－30～120℃即可形成优异的结构性强度。底涂双组分聚硅氧烷密封胶一般都不需使用底涂，但如果黏结性试验报告指出需使用底涂时，则在施工密封胶前用干净不脱绒的布将底涂在基面涂抹上薄薄的一层并待其干固。在施工密封胶前必须做过测试以确定是否需上底涂。

应用： 由于有机硅建筑密封胶具有独特的密封性，可适用于金属幕墙、预制混凝土、玻璃窗、窗框四周、游泳池、储水槽、地坪及构筑物接缝的防水密封。

10.4.5 聚氨酯弹性密封胶

聚氨酯弹性密封胶是由多异氰酸酯与聚醚通过加成反应制成预聚体后，加入固化剂、助剂等，在常温下交联固化而成的一类高弹性建筑密封膏状体。它分为单组分和双组分两种，双组分的应用较广，单组分的目前已较少应用，其性能比其他溶剂型和水乳型密封胶优良，可用于防水要求中等和偏高的工程。

聚氨酯弹性密封胶是以聚氨基甲酸酯为主要成分的非定型密封材料。是由异氰酸酯与聚醚通过加聚反应制成预聚体后，加入交联剂、催化剂、填充剂、助剂等，在常温下交联固化成的高弹建筑用密封胶。聚氨酯弹性密封胶对金属、混凝土、玻璃、木材等均有良好的黏结性能，具有弹性大、模量低、延伸率大、黏结性好、耐低温、低温柔性好、耐水、耐油、耐酸碱、耐磨性优、耐候性好、抗疲劳及使用年限长等优点。与聚硫、有机硅等反应型建筑密封胶相比，价格较低。

应用：聚氨酯弹性密封胶广泛用于混凝土建筑物、预制件沉降缝、施工缝、伸缩缝、屋面板、外墙板密封。用于阳台、窗框、卫生间等部位的接缝防水密封。用于游泳池、蓄水池、浴室、排水管道密封。用于道路、桥梁、飞机跑道、地下隧道、地铁等工程的接缝与渗漏修补密封。用于地下煤气管道等接头、电缆接头密封。用于冷藏车、冷库保温层及低温容器的黏结密封。用于各种车辆风挡玻璃、玻璃幕墙、金属材料及其他部件的密封、嵌缝与装配等。

10.4.6 丙烯酸酯密封胶

丙烯酸酯密封胶中最为常用的是水乳型丙烯酸酯密封胶，它是以丙烯酸酯乳液为黏结剂，掺入少量表面活性剂、增塑剂、改性剂以及填料、颜料，经搅拌研磨而成的膏状体。该类密封材料具有良好的黏结性能、弹性和低温柔韧性能，无溶剂污染，无毒，不燃，可在潮湿的基层上施工，操作方便，特别是具有优异的耐候性能和耐紫外线老化性能。属于中档建筑密封材料，其适用范围广、价格便宜、施工方便，综合性能明显优于非弹性密封胶和热塑性密封胶，但要比聚氨酯、聚硫橡胶、有机硅等密封胶差一些。该密封材料中含有约15%的水，故在温度低于0℃时不能使用，而且要考虑其中水分的散发所产生的体积收缩，对吸水性较大的材料如混凝土、石料、石板、木材等多孔材料构成的接缝的密封比较适宜。

应用：水乳型丙烯酸酯密封胶主要用于外墙伸缩缝、屋面板缝、石膏板缝、给排水管道与楼屋面接缝等处的密封。

由于防水剂在混凝土一章已经做了介绍，本章不再叙述。

本章小结

本章学习中应了解石油沥青的鉴别、石油沥青和煤沥青的性质和使用上的不同；了解建筑防水材料的分类、性质和常用产品及应用范围。

应掌握建筑石油沥青的分类、主要性能及选用；掌握常用的防水材料的主要技术性能和应用；掌握屋面防水材料的选择和应用。

难点是学习改性沥青的定义和性能。

复习思考题

一、填空题

1. 防水材料总体上可分为__________、__________和__________三类。

2. 在石油沥青中，油分的含量为________。

3. 沥青加热后，产生________，与空气混合后，遇火即发生闪火现象，开始出现闪火时的温度，称为________。

4. 在同一品种石油沥青材料中，牌号越小，沥青越________；牌号越大________，沥青越________。

5. 石油沥青的组成结构为________、________和________三个主要组分。

6. 一般同一类石油沥青随着牌号的增加，其针入度________，延度________，而软化点________。

7. 沥青的塑性指标一般用________来表示，温度敏感性用________来表示。

二、名词解释

1. 沥青的延性

2. 乳化沥青

3. 石油沥青的大气稳定性

三、选择题

1. 下列不属于石油沥青牌号划分主要依据的是（　　）。

A. 针入度　　B. 溶解度　　C. 延度　　D. 软化点

2. 施工中用石油沥青制备冷底子油时，应采用下列材料中（　　）作为稀释剂。

A. 重油　　B. 蒽油　　C. 汽油　　D. 苯

3. 下列哪一种材料不宜用作高级宾馆的屋面防水材料（　　）。

A. SBS 高聚物改性沥青防水卷材　　B. 聚氨酯合成高分子涂料

C. 细石防水混凝土　　D. 三毡四油

4. 屋面防水卷材是使用（　　）粘贴的。

A. 石油沥青　　B. 热沥青　　C. 沥青玛蹄脂　　D. 冷底子油

5. 沥青的牌号是根据（　　）技术指标来划分的。

A. 针入度　　B. 延度　　C. 软化点　　D. 闪点

6. 石油沥青的组分长期在大气中将会转化，其转化顺序是（　　）。

A. 按油分→树脂→地沥青质的顺序递变　　B. 固定不变

C. 按地沥青质→树脂→油分的顺序递变　　D. 不断减少

7. 常用作沥青矿物填充料的物质有（　　）。

A. 滑石粉　　B. 石灰石粉　　C. 磨细砂　　D. 水泥

8. 石油沥青材料属于（　　）结构。

A. 散粒结构　　B. 纤维结构　　C. 胶体结构　　D. 层状结构

9. 根据用途不同，沥青分为（　　）。

A. 道路石油沥青　　B. 普通石油沥青

C. 建筑石油沥青　　D. 天然沥青

四、判断题

1. 当采用一种沥青不能满足配制沥青胶所要求的软化点时，可随意采用石油沥青与煤沥青掺配。（　　）

2. 沥青本身的黏度高低直接影响着沥青混合料黏聚力的大小。（　　）

3. 夏季高温时的抗剪强度不足和冬季低温时的抗变形能力过差，是引起沥青混合料铺筑

的路面产生破坏的重要原因。　（　　）

4.石油沥青的技术牌号越高，其综合性能就越好。　（　　）

五、简答题

1.沥青针入度的测定方法是怎样的？

2.沥青的延度怎样测定？

3.煤沥青和石油沥青怎样区别？

4.聚合物水泥防水涂料的主要特点是什么？有哪些应用？

5.土木工程中选用石油沥青牌号的原则是什么？在地下防潮工程中，如何选择石油沥青的牌号？

6.请比较煤沥青与石油沥青的性能与应用的差别。

第11章　塑料与橡胶

塑料与橡胶可归属于合成高分子材料，它们是以合成树脂（高分子聚合物或预聚物）为主要成分，加入其他添加剂，经一定温度、压力塑制成型，且在常温下保持产品形状不变的黏弹性材料。大都由一种或几种低分子化合物（单体）聚合而成，亦称高分子化合物或高聚物。

合成高分子材料中的塑料、合成橡胶、合成纤维被称为三大合成材料，应用十分广泛。合成材料的发展与应用，时间虽短，但其发展速度极快。由于合成材料原料丰富，适合现代化生产，经济效益高，且不受地域、气候的限制，也不受自然灾害的影响，同时还有许多优良的性能，如密度小、比强度大、弹性高、电绝缘性好、耐腐蚀、装饰性好等，已成为现代建筑中不可缺少的材料。作为一种建筑材料，由于它能减轻建筑物自重，改善性能，提高工效，减少施工安装费用，获得良好的装饰及艺术效果，目前正在逐步取代一些传统的建筑材料。

11.1　高分子化合物的基本概念

11.1.1　高分子化合物的分子量

高分子化合物的分子量通常为$10^4 \sim 10^6$，虽然分子量很大，但它的化学组成一般较简单，如聚氯乙烯是由氯乙烯聚合而成。分子量的大小，对高聚物的性能影响很大，对于合成材料的物理力学性能都有一定的要求，否则无法应用。当分子量偏小时，分子间的作用力较小，机械强度较低，硬度较小；当分子量偏大时，性能相反。如聚氯乙烯，当分子量由小到大时，能增大拉伸强度、伸长率和抗冲击性，还能提高耐低温脆性、耐应力开裂性和耐药品性，因此必须控制分子量的大小。

同一种高聚物，在同一温度下，由于其分子量大小不同，物理形态也随之而异。如聚异丁烯的分子量为3000时，呈油状液体；为15000时，呈黏稠状物质；为50000时，呈玻璃态；为100000时，呈高弹态。由于高聚物的分子量较大，只有固态和液态，而无气态。大多数高聚物在常温下呈固态。

11.1.2　高分子化合物的分子结构

高分子化合物是经过不同结构层次的分子有规律地排列、堆砌而成。按分子几何结构形态来分，可分为线形、支链形和体形三种。

（1）线形结构

线形高聚物的分子为线状长链分子，大多数呈卷曲状，由于高分子链之间的范德华力很微弱，使分子容易相互滑动，在适当的溶剂中能溶解，溶解后的溶液黏度很大。当升高温度时，它可以熔融而不分解，成为黏度较大、能流动的液体。利用此特性，在加工时可以反复塑制。塑性树脂大部分属于线形高聚物。

线形高聚物具有良好的弹性、塑性、柔顺性，还有一定的强度，但硬度小。

（2）支链形结构

支链形高聚物的分子在主链上带有比主链短的支链。它可以溶解和熔融，但当支链的支化程度和支链的长短不同时，会影响高聚物的性能。如低密度聚乙烯属于支链形结构，它与线形高密度聚乙烯相比，其密度小，拉伸强度低，而溶解性增大，这是由于其分子间的作用较弱而造成的。

（3）体形结构

体形高聚物的分子，是由线形或支链形高聚物分子以化学键交联形成，呈空间网状结构。它不能溶解于任何溶剂，最多只能溶胀。加热后不软化，也不能流动，加工时只能一次性塑制。热固性树脂属于体形高聚物。

由于体形高聚物是一个巨形分子，所以塑性和弹性低，但硬度与脆性较大，耐热性较好。三大合成材料中的合成纤维是线形高聚物，而塑料可以是线形高聚物，也可以是体形高聚物。

11.1.3　高分子化合物的分类与命名

（1）高分子化合物的分类

高聚物的分类方法很多，经常采用的方法有如下几种。

① 按高分子化合物的合成材料分为塑料、合成橡胶和合成纤维，此外还有胶黏剂、涂料等。

② 按高分子化合物的分子结构分为线形、支链形和体形三种。

③ 按高分子化合物反应类别分为加聚反应和缩聚反应，其反应产物为加聚物和缩聚物。

（2）高分子化合物的命名

高聚物有多种命名方法，现将常用的方法介绍如下。

① 根据单体名称命名。对简单的加聚反应产物（加聚物），在单体名称前面加上“聚”字，对有些缩聚反应产物（缩聚物），则在单体的名称后面加上“树脂”二字。具体命名方法见表11-1。

表11-1　根据单体名称命名的高聚物

反应类别	单体名称	高聚物名称
加聚反应	乙烯	聚乙烯
	丙烯	聚丙烯
缩聚反应	苯酚	酚醛树脂
	甲醛	
缩聚反应	丙烯腈(A)	丙烯腈-丁二烯-苯乙烯共聚物
	丁二烯(B)	
	苯乙烯(S)	
缩聚反应	己二酸	聚己二酰己二胺
	己二胺	

② 根据商品名称命名。我国习惯以“纶”字作为合成纤维商品的后缀字。例如，将聚对苯二甲酸乙二醇酯纤维称为涤纶，将聚己内酰胺纤维称为锦纶（尼龙－6），将聚乙烯醇缩甲醛纤维称为维尼纶等。

许多合成橡胶是共聚物，往往从共聚单体中各取一字，后附“橡胶”二字来命名。例如，将丁二烯与苯乙烯共聚生成的橡胶称为丁苯橡胶。另外，将酚醛树脂称为电木，将聚甲基丙烯酸甲酯称为有机玻璃，将丙烯腈-丁二烯-苯乙烯共聚物称为 ABS。

11.1.4 高分子化合物的老化与防老化

高聚物的老化现象是普遍存在的。由于高聚物受到空气中的氧、光、热、水以及高能辐射等作用，使其分子产生交联或裂解，从而失去了原有的弹性，变硬、变脆，强度下降。例如，塑料的变脆和破裂，橡胶的发黏、变硬和龟裂，涂料的龟裂和脱落。

高聚物的老化过程是个较复杂的化学变化过程。目前，防老化的方法一般采用如下三种。

（1）高聚物结构的改性

如聚氯乙烯氯化，可以改善其热稳定性。

（2）添加助剂

针对性地添加助剂，如防老剂、紫外线吸收剂、光屏蔽剂等，它们能抑制游离基的链式反应，起到防老化作用。

（3）表面处理

在高聚物的表面喷涂金属或涂料等，形成牢固的保护层，隔绝空气中的氧、光、热、水等，以防止老化。

11.2 塑料的特性及组成

11.2.1 塑料的特性

（1）使用面广

塑料制品可以在各个领域中得到应用。它可以利用各种加工手段制成各种形状的产品，如薄膜、薄板、管材、异型材，尤其是断面形状复杂的异型材和复杂的模制品，都能机械化大规模生产。例如，使用一套双螺杆挤出机组生产塑料门、窗，生产一扇成品窗只需26min，门只需20min。

（2）具有多种功能

塑料的种类很多，通过改变配方就能改变某一种塑料的性能，因此用塑料可以加工出具有各种特殊性能要求的建筑工程材料。同一种制品可以兼备多种性能，如既有装饰性又能隔热保温、隔声等。

（3）密度小，比强度高

塑料密度一般在 0.9～2.2g/cm^3 之间，平均约为铝的一半，钢的 1/5，混凝土的 1/3。而比强度（材料强度与表观密度的比值）则高于钢材和混凝土，这正符合现代高层建筑的要求。表 11-2 列出了几种材料的密度和比强度。

表11-2 几种材料的密度和比强度

材料	密度/(g/cm³)	抗拉强度/MPa	比强度(抗拉强度/密度)
高级钢材	8.0	1280	160
铸铁	8.0	150	19
杜拉铝	2.8	390	140
酚醛布质层压板	1.4	150	110
酚醛木质层压板	1.4	350	250
玻璃布层压板	1.8	300～700	170～400
定向聚偏二氯乙烯	1.7	700	400

(4) 可燃性差别很大

如聚苯乙烯一点火即刻燃烧，而聚氯乙烯只有放在火焰中才会燃烧，当移去火焰时自动熄灭（自熄性）。在塑料制品中加入阻燃剂、石棉填料，可以明显降低其可燃性。

(5) 热导率小

如泡沫塑料的热导率只有0.02～0.046W/(m·K)，约为金属的1/1500，混凝土的1/40，砖的1/20，是理想的绝热材料。

(6) 耐化学腐蚀性优良

一般塑料对酸、碱、盐的侵蚀有较好的抵抗能力，这对装修材料是十分重要的。

(7) 电绝缘性好

塑料的导电性低，是良好的电绝缘材料。

(8) 装饰性好

塑料制品不仅可以着色，而且色彩鲜艳耐久，并可通过照相制版印刷、模仿天然材料的纹理（如木纹、花岗石纹、大理石纹等），达到以假乱真的程度。还可电镀、热压、烫金制成各种图案和花形，使其表面具有立体感和金属的质感。通过电镀技术处理，还可以使塑料具有导电、耐磨和对电磁波的屏障作用等功能。

(9) 光学性能好

如有机玻璃是无色、高度透明的材料，但可加入有机染料或无机颜料而带有各种颜色，这不仅具有装饰效果，而且有机玻璃本身可以通过73%左右的紫外线，远优于普通玻璃。

(10) 刚度差，易老化，易燃烧

这些缺点可通过改进或改变配方而得到改善。事实上，塑料建材在世界各国的迅速发展以及经过三十几年的应用实践已经充分表明，它是一种应用前景十分广阔的建筑装修材料。

应用：建筑上常用的塑料制品绝大多数都是以合成树脂为基本材料，再按一定比例加入填充料、增塑剂、着色剂、稳定剂、助剂等材料，经混炼、塑化，并在一定温度、压力下制成的。

11.2.2 塑料的组成

(1) 树脂

树脂是塑料中最主要的成分，虽然加入各类添加剂可以改变塑料的性质，但树脂是决定塑料类型、性能和用途的根本因素。单一组分塑料中含有树脂几乎达 100%（如聚甲基丙烯酸甲酯)，在多组分塑料中，树脂的含量在 30%～70%之间。

树脂分为天然树脂和合成树脂。在塑料中几乎都采用合成树脂。合成树脂是以石油、煤、天然气等为基本原料，先加工制得分子量较大的有机高分子单体，然后将这些单体经聚合反应制得分子量更大的有机高分了化合物，又称高聚物。

按照受热时所发生的变化不同，合成树脂又可分为热塑性树脂和热固性树脂两种。热塑性树脂具有受热软化、冷却硬化的性能，而且不起化学反应，不论加热和冷却重复进行多少次，均能保持这种性能。凡具有热塑性的树脂其分子结构都属线形结构。热塑性树脂的优点是加工成型简便，具有较高的力学性能。缺点是耐热性和刚性较差。

热固性树脂一旦加热即会软化，然后产生化学反应，相邻的分子互相连接（交联）而逐渐硬化成型，再受热也不软化，也不能溶解。热固性树脂其分子结构为体形结构。热固性树脂的优点是耐热性高，受热不易变形。其缺点是某些力学性能较差。

(2) 填充料

填充料或称填料，是塑料中另一个重要组成部分，能增强塑料的性能。例如，纤维、布类填料的加入，可提高塑料的机械强度；石棉填料的加入，可增加塑料的耐热性能；云母填料的加入，可增强塑料的电绝缘性能；石墨、二硫化钼填料的加入，可改善塑料的摩擦、磨损性能等，此外还能降低塑料的成本。

填料的种类有很多，常用的有机填料有木粉、棉短绒、纸张和木材单片，常用的无机填料有滑石粉、石墨粉、二硫化钼、云母、炭黑、玻璃纤维和玻璃布等。

(3) 增塑剂

增塑剂是具有低蒸气压的低分子量固体或液体有机化合物，主要为酯类或酮类，与树脂混合加工，不发生化学反应，仅能提高混合物的弹性、黏性、可塑性、延伸率，改进低温脆性，增加柔性、抗震性等。如聚氯乙烯若不加增塑剂，只可以制成硬质聚氯乙烯塑料，在其组分中加入适量的邻苯二甲酸二丁酯增塑剂以后，就可以制成软质聚氯乙烯薄膜、人造革等。

增塑剂的缺点是降低塑料制品的力学性能和耐热性等。所以选择增塑剂的种类和加入量，应根据塑料的使用性能来决定。

(4) 着色剂

作为装饰用的塑料，要求具有一定的色泽，故着色剂的选择颇为重要，着色剂一般分为有机染料和无机颜料。

对着色剂的要求是：色泽鲜明，着色力强，分散性好，耐热耐晒，与塑料结合牢固，在成型加工温度下不变色，不起化学反应，不因加入着色剂而降低塑料性能等。

(5) 稳定剂

许多塑料在成型加工和制品使用过程中，由于受热、光或氧的作用，过早地发生降解、氧化断链、交联等现象，而使材料性能变坏，所以为了稳定塑料制品性能，延长使用寿命，通常在其组分中加入稳定剂。如在聚氯乙烯中加入铅白、三碱性硫酸铅等无机化合物或二苯基硫脲等有机化合物，以提高聚氯乙烯制品的耐热性和耐光性。在聚丙烯的成型加工中，加入炭黑作为紫外线吸收剂，能显著改善聚丙烯制品的耐候性。另外，包装食品的塑料制品必须选用无毒稳定剂。

（6）润滑剂

塑料在加工时，为了脱模和使塑料制品的表面光洁，需用润滑剂。根据润滑剂的作用，一般分为内润滑剂和外润滑剂两种。内润滑剂相容于塑料内，降低塑料的熔体黏度，在加工时减少内摩擦，增加流动性。外润滑剂在加工过程中，易从塑料内部析出至表面，形成一层很薄的润滑膜，以减少塑料熔融物与金属模具之间的摩擦和黏附，使成型易于进行。

常用的润滑剂有高级脂肪酸及其盐类，如硬脂酸钙和硬脂酸镁等。塑料中润滑剂一般用量为0.5%～1.5%。

（7）固化剂

固化剂又称硬化剂。其作用是在聚合物中生成横跨键，使分子交联，由受热可塑的线形结构变成体形的热稳定结构。如环氧、聚酯等树脂在成型前加入固化剂，才能成为坚硬的塑料制品。

固化剂的种类很多，通常随着塑料的品种及加工条件的不同而异。用作酚醛树脂固化剂的有六亚甲基四胺；用作环氧树脂固化剂的有胺类、酸酐类化合物；用作聚酯树脂固化剂的有过氧化物等。

（8）抗静电剂

塑料制品的特点是电气特性优良，但其缺点是在加工和使用过程中由于摩擦而容易带有静电。在现代建筑的室内装修中所应用的塑料地板和塑料地毯，由于静电的集尘作用，常使尘埃附着于制品上而降低制品的使用价值。常用的聚苯乙烯、甲基丙烯酸甲酯以及聚乙烯、聚氯乙烯等塑料制品都有这些缺点。为了消除此种现象，须掺入抗静电剂。其根本作用是给予导电性，即在塑料表面上排列、形成连续相，以提高表面导电度，使带电塑料迅速放电，防止静电的积累。应当注意，要求电绝缘的塑料制品，不应进行防静电处理。

（9）其他添加剂

树脂本身是电绝缘体，在塑料里加入适量的银、铜等金属粉末，就可制成导电塑料。在组分中加进一些磁铁粉末，就可制成磁性塑料。加入特殊化学发泡剂，就可制成泡沫塑料。在普通塑料中掺进一些放射性物质与发光材料，可以制成能发出浅绿色、淡蓝色柔和冷光的发光塑料。加入芳香酯类物质，即可制得能经久发出香味的塑料制品。为了阻止塑料制品的燃烧并具有自熄性，可加入阻燃剂等。塑料是一种极为复杂的合成材料，性质取决于其组分结构方式和加入添加剂分量的相对比例。

应用： 塑料的最大优点是能根据使用要求，合理地选择添加剂，配制成各种特异性能的塑料制品。建筑上常用的塑料制品绝大多数都是以合成树脂为基本材料，再按一定比例加入填充料、增塑剂、着色剂、稳定剂、助剂等材料，经混炼、塑化，并在一定温度、压力下制成的。合成树脂是单组分塑料。改变填充料及其他添加剂的品种，塑料的性质也随之改变。建筑塑料中常用的树脂有聚乙烯（PE）、聚氯乙烯（PVC）、聚苯乙烯（PS）、酚醛树脂（PF）、脲醛树脂（UF）、环氧树脂（EP）、聚酯树脂（PR）、聚氨酯（PU）、聚甲基丙烯酸甲酯（PMMA）、有机硅（SI）等。

11.3 建筑塑料的种类

用于建筑的塑料制品很多，几乎遍及建筑物的各个部位，最常见的有：用于地面装饰的各类塑料地板或铺地卷材、塑料涂料地面、塑料地毯，用于墙面装饰的各类塑料贴面板、塑料壁纸、彩印塑料贴面薄膜，塑料门窗，塑料贴面吸声板，以及用于上下水的塑料管材等。

11.3.1 塑料地板

塑料地板是建筑塑料制品之一，是发展最早的塑料类建筑材料。地面装饰对人的工作、生活环境起着重要的作用，可以装饰美化环境，给予步行以舒适的脚感，对减轻疲劳、调整心态有重要作用。作为地面装饰材料，一般应满足四个基本要求。

（1）足够的耐磨性

除花岗石、瓷质地砖以外，聚酯、聚氯乙烯塑料地板材料的耐磨性是较为理想的，优于橡胶卷材地面和水泥砂浆地面。

（2）回弹性好

能减轻步行的疲劳感，其坚固性和柔软度适当。这一点对塑料地板材料来说，只要设计得当，是容易达到的。

（3）脚感舒适

脚感舒适这一指标很难定量表示，国内外研究认为，除与地板材料的回弹性有关外，人足踏在地面上时以温度下降1℃以内的较为舒适，而塑料类复合地板大体上都可以达到这一舒适的温度范围。

这一方面塑料地板具有其他各类材料无可比拟的优点。它可以通过彩色照相制版印刷出各种色彩丰富的图案，各种仿花岗石纹、大理石纹、天然木纹、锦缎花纹等，甚至可以以假乱真，从而改变传统水泥砂浆地面的灰、冷、硬、暗的缺点。

（4）尺寸稳定

塑料地板还具有耐水洗、耐冲刷、遇水不变形的尺寸稳定性，贴铺或摊铺方便，维修及重复使用好，以及价格较低等特点。

应用：塑料地板具有上述许多优点，所以得到广泛的应用。在美国，绝大多数的公用建筑，如办公楼、商店、学校等，都采用PVC地板，住宅则用塑料地毯，几乎完全取代了传统的地面材料。

11.3.2 塑料壁纸

塑料壁纸又称塑料蜡纸，是以纸为基层，在纸基上涂布或压延一层塑料，再经过印花、压花或发泡处理等多种工艺而制成的一种墙面装饰材料。这是目前市面上常见的壁纸，所用塑料绝大部分为聚氯乙烯（或聚乙烯），简称PVC塑料壁纸。塑料壁纸与传统的墙纸及织物饰面材料相比，具有以下特点。

（1）装饰效果好

由于壁纸表面可进行印花、压花及发泡处理，能仿天然石材、木纹及锦缎，达到以假乱真的地步，并通过精心设计，印刷适合各种环境的花纹图案，几乎不受限制。色彩也可任意调配，做到自然流畅、清淡高雅。

（2）性能优越

根据需要可加工成难燃、隔热、吸声、防霉，且不易结露、不怕水洗、不易受机械损伤的产品。

（3）适合大规模生产

塑料的加工性能良好，可进行工业化连续生产。

（4）黏结方便

纸基的塑料壁纸用普通 107 胶或乳白胶即可粘贴，且透气性好，可在尚未完全干燥的墙面粘贴，而不致造成起鼓、剥落。

（5）使用寿命长，易维修保养

表面可清洗，对酸、碱有较强的抵抗能力。北京饭店新楼使用的印花涂塑壁纸经人工老化 500h，壁纸无异常。

应用： 塑料壁纸是目前国内外使用最广泛的一种室内墙面装饰材料，也可用作天棚、梁柱以及车辆、船舶、飞机的表面装饰。

20 世纪 70 年代我国试制成功乳液涂布壁纸、纸基涂塑壁纸、彩色套印壁纸，1973 年在北京饭店客房中首次大面积应用，取得了较好的技术经济效果。1980 年北京引进了压延法塑料壁纸生产线，并相继在全国各地得到很大发展。近几年来各类壁纸的应用也得到了普遍推广，上海、北京、广州等地壁纸的产量以每年递增 25％的速度发展。

11.3.2.1 塑料壁纸的分类

目前，在国内外市场上，塑料壁纸大致可分为普通塑料壁纸、发泡塑料壁纸、特种塑料壁纸三类。每种塑料壁纸又有三四个品种，几十种乃至上百种花色，如图 11-1 所示。

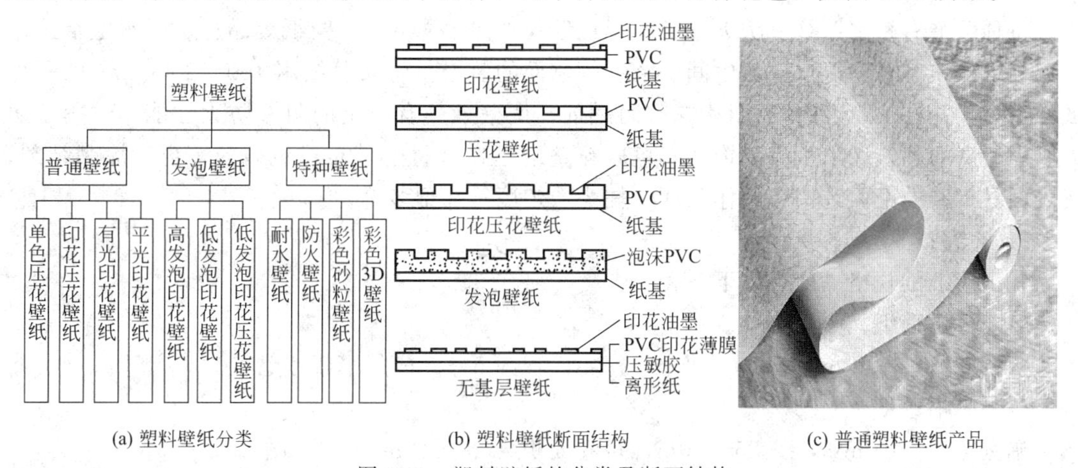

(a) 塑料壁纸分类　(b) 塑料壁纸断面结构　(c) 普通塑料壁纸产品

图 11-1　塑料壁纸的分类及断面结构

以上只是塑料壁纸的基本分类。实际上随着工艺技术的改进，新品种层出不穷，如布底胶面，胶面上再压花或印花的墙纸，以及表面静电植绒的墙纸等。

（1）普通壁纸

普通壁纸是以 80～100g/m^2 的纸作基材，涂塑 100g/m^2 左右的聚氯乙烯糊状树脂，经印花、压花而成。这种壁纸花色品种多，适用面广，价格低，是民用住宅和公共建筑墙面装饰最普遍应用的一种壁纸。

① 单色压花壁纸。经凸版轮转热轧花机加工，可制成仿丝绸、织锦缎等多种花色。

② 印花压花壁纸。经多套色凹版轮转印刷机印花后再轧花而成，可制成印有各种色彩的图案，并压有布纹、隐条凹凸花等双重花纹，故又称艺术装饰壁纸。

③ 有光印花壁纸和平光印花壁纸。前者是在抛光辊轧光的面上印花，表面光洁明亮；后者是在消光辊轧平的面上印花，表面平整柔和，以适应用户的不同要求。

(2) 发泡壁纸

发泡壁纸是以 $100g/m^2$ 的纸作基材，涂塑 $300\sim400g/m^2$ 掺有发泡剂的PVC糊状料，轧花后再加热发泡而成。这种壁纸有高发泡印花、低发泡印花、低发泡印花压花等品种。高发泡印花壁纸发泡倍率大，表面呈现富有弹性的凹凸花纹，具有立体感强、吸声、图样真、装饰性强等特点，是一种常用的室内装饰、吸声多功能壁纸，常用作建筑室内天棚等装饰。

低发泡印花壁纸是在发泡平面印有图案的品种。低发泡印花压花壁纸（化学压花）是用有不同抑制发泡作用的油墨印花后再发泡，使表面形成具有不同色彩的凹凸花纹图案，也称化学浮雕。该品种还有仿木纹、拼花、仿瓷砖等花色。图样真、立体感强、装饰效果好，并有弹性，适用于室内墙裙、客厅和内走廊的装饰。发泡壁纸如图11-2所示。

图11-2 发泡壁纸

还有一种仿砖、仿石面的深浮雕型壁纸，凹凸高度可达25mm，采用座模压制而成，只适用于室内墙面装饰。

(3) 特种壁纸

特种壁纸有耐水壁纸、防火壁纸、彩色砂粒壁纸、彩色3D壁纸等品种。耐水壁纸是用玻璃纤维毡作基材，以适应卫生间、浴室等墙面的装饰。防火壁纸用 $100\sim200g/m^2$ 的石棉纸作基材，并在PVC涂塑材料中掺有阻燃剂，使壁纸具有一定的阻燃防火性能，适用于防火要求较高的建筑和木板面装饰。彩色砂粒壁纸是在基材上散布彩色砂粒，再喷涂黏结剂，使表面具有砂粒毛面，一般用作门厅、柱头、走廊等局部装饰。

11.3.2.2 壁纸的规格

我国壁纸的规格一般有以下三种。

(1) 窄幅壁纸

幅宽530～600mm，长10～12m，每卷面积为 $5\sim6m^2$ 的窄幅小卷。

(2) 中幅壁纸

幅宽760～900mm，长25～50m，每卷面积为 $20\sim45m^2$ 的中幅中卷。

(3) 宽幅壁纸

幅宽920～1200mm，长50m，每卷面积为 $46\sim90m^2$ 的宽幅大卷。

小卷壁纸是生产最多的一种规格，它施工方便，选购数量和花色灵活，比较适合民用，一般用户可自行粘贴。中卷、大卷粘贴工效高，接缝少，适合公共建筑，由专业人员粘贴。

各种塑料壁纸的特点及用途见表11-3。

表 11-3　各种塑料壁纸的特点及用途

品名	规格		特点	用途
	宽度/mm	长度/m		
普通塑料壁纸	530+5 900～1000+10	10+0.05 50+0.5	耐磨、耐折、耐老化、装饰效果好	适用于各种建筑室内的墙面、顶棚、柱面等表面装饰
特种塑料壁纸	530+5 900～1000+10	10+0.05 50+0.5	除具备一般塑料壁纸的性能外，分别具有防火、防霉、防结露、防 X 射线等功能	适用于具有特殊要求的室内装饰
纸基涂塑壁纸	530	10	耐擦洗、透气性好、价格低廉	适用于公共建筑和住宅建筑的室内装饰

11.3.3　塑料装饰板材

建筑用塑料装饰板材主要用作护墙板、屋面板和平顶板，此外有夹芯层的夹芯板可作非承重的墙体和隔断。

塑料装饰板材重量轻，能减轻建筑物的自重。塑料护墙板可以具有各种形状的断面和立面，并任意着色，用它装饰的建筑物内、外墙面富有立体感，具有独特的建筑效果。从施工安装方面来看，塑料护墙板或屋面板是干法施工的，轻便灵活，减少了现场的湿作业（抹灰、涂装、粘贴等）。它们保养也很方便，甚至可以说是无须保养的材料。

塑料装饰板材是以树脂材料为浸渍材料或以树脂为基材，经一定工艺制成的具有装饰功能的板材。塑料装饰板材按其原材料分，有塑料金属板、GRP（玻璃钢）板、硬质 PVC 建筑板、三聚氰胺装饰层压板、聚乙烯低发泡钙塑板、有机玻璃板、复合夹层板（硬质聚氨酯泡沫夹层板）。按外形分，塑料装饰板材有以下几种形式。

（1）波形板

包括具有各种圆弧形式或梯形断面的波形板，被用作屋面板和护墙板。

（2）异型板材

它们是具有异型断面的长条板材，也被称为披叠板或侧板，主要用作外墙护墙板。

（3）格子板

格子板是具有立体图案的方形或矩形塑料板材，用来装饰平顶和外墙。

（4）夹层墙板

这种板材有中间芯层，一般为泡沫塑料或矿棉等无机隔热材料。它们具备墙体所应有的基本性能。

应用：塑料室内装饰板采用提前预制，现场扣接式施工，具有工期短、尺寸精准、污染少、浪费少、视觉效果好、维护方便等显著特点。是建筑工程、飞机、船舶等室内空间墙面、天棚、柱面装饰的良好材料。在现代装饰工程中得到有效的推广。施工面层图案有仿石材效果、仿壁纸效果、仿瓷砖效果、仿木材效果等多种样式，可满足不同层次客户的需求。

11.3.4　塑料门、窗和异型材

异型材是指断面形状比较复杂的长条制品。它的种类很多，被广泛地用作建筑装饰装修材料。

(1) 闭合中空异型材

它的断面是完全闭合的，中间有单孔或多孔。

(2) 开放中空异型材

它也是单孔或多孔的异型材，但有开放的部位。

(3) 开放异型材

它没有中空室，是薄壁异型材。

(4) 复合异型材

它用两种不同的塑料或不同颜色的同种塑料共挤出而成。

(5) 嵌件异型材

它是用塑料包在金属、木材的外面共挤出，挤出时用十字机头。

塑料异型材的断面尽管十分复杂，但利用塑料易于加工成型的优点，它的制造方法却很简单，加工费用低，能稳定、高效率地生产。建筑中的塑料异型材重量轻，耐水、耐腐蚀，可以任意着色，因而是代钢、代木的理想材料。许多建筑装饰材料都可以用塑料异型材制作。目前它主要用来生产塑料门、窗、装修线材，如画镜线、踢脚板、楼梯扶手、异型护墙板等。

11.3.4.1 塑料窗

(1) 塑料窗的特点

窗在建筑中起采光和通风的作用，同时它又是建筑物的主要开口部分，是造成热量损失的原因之一。与传统的木窗和钢窗相比，塑料窗有如下几个优点。

① 耐水和耐腐蚀。它可以应用于多雨湿热地区，地下建筑和有腐蚀气体的工业建筑。

② 隔热性好。表 11-4 为几种门、窗隔热性的比较。虽然 PVC 本身的热导率与木材接近，但由于塑料窗是由中空异型材拼装而成的，中空室内的空气的隔热性好，所以 PVC 整窗的隔热性比钢窗、木窗好得多。由于从窗散失的热量占建筑全部散失热量的 30%左右，因此改善窗的隔热性对于节省能源的作用很大。根据德国诺贝尔公司的统计，如用 PVC 窗替换下旧的钢窗，窗面积为 $30m^2$，每年可节省燃油 2500L。

表 11-4 几种门、窗隔热性的比较

材料热导率/[W/(m·K)][kcal/(m²·h·℃)]					整窗热导率/[W/(m·K)][kcal/(m²·h·℃)]		
铝	钢	松木、杉木	PVC	空气	铝窗	木窗	PVC 窗
174.45 (150)	58.15 (50)	0.17～0.35 (0.15～0.30)	0.13～0.29 (0.11～0.25)	0.047 (0.04)	5.95 (5.12)	1.72 (1.479)	0.44 (0.378)

③ 气密性、水密性好。PVC 窗异型材设计时就考虑到气密和水密的要求，在窗扇和窗框之间有密封条，因此密封性好。在内外压差为 300Pa、雨水量为 $2L/(min \cdot m^2)$ 的条件下，10min 不进水。在风速为 40km/h 时，用 ASTM 283 标准的方法测定，空气泄漏量仅为 $0.283m^3/min$。

④ 隔声性好。按 DIN 4109 试验，隔声达 30dB，而普通窗的隔声只有 25dB。

⑤ 装饰性好。PVC 窗可以着色，目前较多是白色。PVC 窗的造型新颖大方，线条明快，清晰挺拔，外表平整美观，对建筑物起美化装饰作用。最近已研制成功用双色共挤出工艺生产具有多种色彩变化的塑料窗。窗的室外一侧为彩色的聚丙烯层，而室内一侧则为白色

的PVC层，从而较好地解决了装饰及耐老化要求之间的矛盾。另外，近年来国内通过技术引进，开发了表面进行木纹压印装饰的PVC窗，具有生产塑料门窗的先进的国际水平。

⑥ 保养方便。PVC窗不锈不蚀，不需要经常涂装保养，其表面光洁，清扫方便。

⑦ 经济适用。从价格方面来看，目前国内PVC窗比钢窗、木窗高，与铝合金窗相当，而在国外某些国家如德国，PVC窗已接近或低于木窗的价格。从发展的趋势来看，PVC窗的价格与钢窗、木窗的价格会逐渐接近，成为有竞争力的产品。

⑧ 耐候性强。塑料的老化是人们普遍关切的问题。PVC窗的耐老化性相当好。实际使用的结果是对这一问题的最好回答。在德国，塑料窗已使用30余年，除光泽稍有变化外，性能无明显变化，估计可使用50年以上。

⑨ 节能环保。塑料窗自20世纪60年代开始在西欧国家使用，主要是从节省能源的角度，政府鼓励和支持塑料窗的使用，因而生产量和使用量增长很快，目前已占全部窗的40%以上。我国原建设部和各省节能办也力推使用塑料窗，以减少能耗。

（2）塑料窗的技术标准

窗的风雨密封性表示在大雨大风情况下雨水渗漏的情况。德国工业规范（DIN 18055）规定，一定风压一定量的水冲击窗面，经规定时间测定渗水量，密封性分为A、B、C、D四个等级。此外，尚有隔声性能试验［德国工业规范（DIN 4109）］。按隔声性好坏，将PVC窗分为四级：Ⅰ级，用于较安静的地区，隔声25dB；Ⅱ级，用于交通噪声一般的地区，隔声30dB；Ⅲ级，用于靠近交通频繁道路的地区，隔声35dB；Ⅳ级，用于隔声要求特别高的地区，隔声40dB。

11.3.4.2 塑料门

塑料门与塑料窗一样具有装饰性好、保养简单、耐水性和耐腐蚀性好等优点。按塑料门结构的不同可分为以下五种。

（1）推拉门

这种门的门扇由带推拉槽的中空薄壁异型材镶扣而成，四周包上边框。门框用多孔异型材拼成。推拉门结构简单，材料耗用少，但比较单薄，一般作为内门。

（2）框板门

这种门的结构与窗基本相同。门扇由门扇框和门芯板组成。门扇框与窗扇框相近，但型材的断面较大。门芯板用玻璃做成玻璃门，也可用中空薄壁异型材拼成。门芯板的固定方法基本与窗玻璃干法安装相同。框板门的刚性好，具有较好的水密性和气密性，因此可以作为外门。

（3）折叠门

折叠门的结构简单，用硬质PVC异型材拼装而成。它有多种形式，如双折门、多折门。这种门轻巧灵活，耗料省，价格低。它在开启时占地较少。由于它的密闭性较差，强度也较小，适用于作为厨房、卫生间的门，也可以作为内门以及房间内的分隔。

（4）整体门

这种门由正反两片整体门结合而成。它用大型注射机一次注塑而成。它的整体性好，外形变化多，表面可以有复杂的立体图案，十分美观，类似高级的木门。

（5）轻质塑料透明门

它适用于工业建筑，如在铲车通行的仓库出入口，可以看清出入的车辆，又能自行开闭，塑料门大都用PVC制成。

11.3.4.3 塑钢门窗

塑钢门窗是以聚氯乙烯（UPVC）树脂为主要原料，加上一定比例的稳定剂、着色剂、填充剂、紫外线吸收剂等，经挤出机挤出成型，然后通过切割、焊接或螺接的方式制成门窗框扇，配装上密封胶条、毛条、五金件等，同时为提高型材的刚性，超过一定长度的型材空腔内需要增加钢衬（加强筋），这样制成的门窗，称为塑钢门窗。

（1）塑钢门窗的分类

塑钢门窗按开启方式分为固定窗、上悬窗、中悬窗、下悬窗、立转窗、平开门窗、滑轮平开窗、滑轮窗、平开下悬门窗、推拉门窗、推拉平开窗、折叠门、地弹簧门、提升推拉门、推拉折叠门、内倒侧滑门。按性能分为普通型门窗、隔声型门窗、保温型门窗。按应用部位分为内门窗、外门窗。

（2）塑钢门窗的特性

① 塑钢门窗的优点。塑钢门窗保温性好，铝塑复合型材中的塑料热导率低，隔热效果比铝材优越1250倍，加上有良好的气密性，在寒冷的地区尽管室外零下几十摄氏度，室内却是另一个世界。塑钢门窗隔声性好，其结构经精心设计，接缝严密，隔声达30dB，符合相关标准。塑钢门窗抗冲击，由于铝塑复合型材外表面为铝合金，因此它比塑钢门窗型材的抗冲击性高得多。塑钢门窗气密性好，铝塑复合窗各缝隙处均装多道密封毛条或胶条，气密性为一级，可充分发挥空调效应，并节约50%能源。塑钢门窗水密性好，门窗设计有防雨水结构，将雨水完全隔绝于室外，水密性符合国家相关标准。塑钢门窗防火性好，塑钢门窗为UPVC材料，不自燃、不助燃。塑钢门窗防盗性好，铝塑复合窗配置优良的五金配件及高级装饰锁，使盗贼束手无策。塑钢门窗免维护，铝塑复合型材不易受酸碱侵蚀，不会变黄褪色，几乎不必保养。脏污时，可用水加清洗剂擦洗，清洗后洁净如初。塑钢门窗为最佳设计，铝塑复合窗是经过科学设计，采用合理的节能型材，因此得到国家权威部门的认可和好评，可为建筑增光添彩。

② 塑钢门窗的缺点。UPVC材料刚性不好，必须要在内部附加钢条来增加硬度。防火性略差，如果在防火要求条件比较高的情况下，推荐使用铝合金材料。塑钢材料脆性大，相比铝合金材料要重些，燃烧时会有有毒物质排放。

塑钢门窗的综合性价比优于传统的铝合金门窗，是我国“十三五”规划建设生态智慧城市的主推建筑型材。

11.3.5 建筑用塑料管材

11.3.5.1 概述

塑料管材在国外是使用最多的一种塑料建材，几乎占全部塑料建材制品的40%。国内在20世纪60年代开始采用塑料管材，最早用于化工、化纤等工业部门输送腐蚀性液体，少量在民用建筑的给排水系统中试用。20世纪70年代开始用于农用喷灌管道。20世纪80年代初，塑料管道的给排水系统正式为建筑部门所接受，并制定出完整的设计、施工规范和方法。目前已广泛用于房屋建筑的给排水工程、排气和排污的卫生管、地下排水系统、农用灌溉水管。

各种塑料管道在建筑工程中之所以得到广泛应用，是由于它们与传统的铸铁管、石棉水泥管及钢管相比有下述优点。

（1）重量轻

塑料管的密度只有钢、铁管材的1/7，铝管的1/2。由于重量轻，施工时劳动强度大大减小。

(2) 安装方便

塑料管的连接方法简单，如用溶剂黏结、承插连接、焊接等，故安装简便快速。

(3) 液体的阻力小

塑料管内壁光滑，不易结垢和生苔，在同样压力下塑料管的流量比铸铁管高 30%，且不易阻塞。

(4) 耐腐蚀性好

塑料管可用来输送各种腐蚀性液体，如在硝酸吸收塔中使用硬质 PVC 管已 20 多年，仍无损坏迹象。

(5) 维修费用省

塑料管不锈不蚀，无须涂漆，破损也易修补。

塑料管道也有它的缺点，由于所用的塑料大部分为热塑性塑料，如 PVC、PE、PP 等，塑料的耐热性较差，因此不能用作热水供水管道，否则会造成管道变形、泄漏等问题。塑料管的冷热变形较大，因此在管道系统设计中必须考虑这一点。有些塑料管如硬质 PVC 管的抗冲击性等力学性能也不及铸铁管，因此在安装使用中要尽量避免撞击或挂搭重物。

11.3.5.2　常用塑料管材种类

目前，我国生产的塑料管按材质划分主要有：PVC、PE、PP 等通用热塑性树脂制成的塑料管，和 PF、EP 等热固性树脂制成的玻璃钢管，以及石棉酚醛塑料制成的某些化工工业使用的管道等。在各类管道中，以 PVC 管的产量最大，使用最为普遍，约占整个塑料管材的 80%。

(1) 聚氯乙烯 (PVC) 塑料管

它是以 PVC 树脂为原料，加入稳定剂、润滑剂、填料等，经捏合、辊压、塑化、切粒、挤出成型加工而成。与其他热塑性塑料管如 PE、PP 管相比，PVC 管的力学性能、耐老化性较好。在给排水工程中主要用硬质 PVC 管，针对硬质 PVC 管的加工性差和抗冲击性差的问题，可在配方中加入丙烯酸酯和甲基丙烯酸甲酯-丁二烯-苯乙烯三元共聚物进行改性，使其性能得到很大改善。

PVC 塑料管用于排水（污水）和给水（饮用水）所用的管材是有区别的，分别按不同标准生产和供货。它们的配方基本相同，给水管在配方中选用的是低毒或无毒性的无锡稳定剂、低铅稳定剂。例如，采用辛基硫醇锡 0.4%～0.8%和钙皂 0.6%～1.0%等复合稳定剂，以保证对人体的安全。

硬质 PVC 塑料管的规格及技术性能应符合现行相关规范，管材的外径和壁厚分为轻型和重型两种，管长一般为 4m。硬质 PVC 管常温使用压力，轻型不得超过 0.6MPa，重型不得超过 1.0MPa，管材使用温度范围为 0～60℃，可根据使用场合，合理选用管材的直径和类型。

PVC 管除硬质管外，还有软质管。产品为透明或不透明，质地比较柔软。主要用于输送流体管、电气套管等。管长一般不少于 10m。击穿电压大于 20kV/mm，拉伸强度大于 15.0MPa，断裂延伸率大于 200%，20℃时的体积电阻率大于 $1\times10^{9}\Omega\cdot cm$，可用于－10℃以上的寒冷地区。内径为 1.0～40.0mm，颜色有白色、黄色、红色、蓝色、黑色等。

(2) 聚乙烯 (PE) 塑料管

PE 塑料管分为低密度聚乙烯（LDPE）管和高密度聚乙烯（HDPE）管两种。与 PVC 管相比，PE 管的密度小，柔性较好，耐腐蚀性、耐溶剂性也优于 PVC 管，可用来输送大多数溶剂和腐蚀性液体。但对动植物油有一定的溶胀性。LDPE 管的柔性、弹性较好，用作给水管道时，冬季不易冻裂，安装时可承受不大于管径 12 倍的弯曲。PE 管的使用温度也是 60℃，但耐低温性优于 PVC 管。

PE 管可用于工业与民用建筑的上、下水或输送液、气体等。PE 管的管长一般为 4m，外径为 5～63mm；常温使用压力，HDPE 管为 0.6MPa，LDPE 管为 0.4MPa；拉伸强度大于 0.8MPa，断裂伸长率大于 200%，颜色一般为本色和黑色。

(3) 聚丙烯（PP）塑料管

PP 塑料管是由 PP 树脂加入适当助剂，经挤出加工制成。PP 管的密度比 PE 管还小，耐热性比 PVC、PE 管要好得多，可在 100～200℃的温度下，仍保持一定的机械强度。因此，可用作热水管，压力较小时温度可达 120℃，但压力较大时温度不高于 60℃。

(4) 耐酸酚醛（PF）树脂管

PF 树脂管是以热固性 PF 树脂为胶结剂，耐酸石棉（或石墨）为填料，经捏合、液压、金属压模热压制成。PF 树脂管的特点是质轻、耐酸、强度高、抗冲击等，适用于基本化学工业、冶金、有机染料、合成橡胶、人造纤维、医药、造纸、石油化工、纺织等工业输送液体（或气体）腐蚀性介质，如各种浓度的盐酸、硫酸及氯气、二氧化硫气体等。

(5) PPR 铝塑复合管

PPR 铝塑复合管简称为铝塑管（PAP），是以聚乙烯（PE）或交联聚乙烯（PEX）为内外层，中间芯层夹有一条焊接铝管，并在铝管的内外表面涂覆胶黏剂与塑料层黏结，通过一次成型或两次成型复合工艺成型的管材。从 1992 年开始，铝塑管在欧洲的平均年增长率超过 20%。相对于其他用于自来水系统的管材，其增长率是最高的。

一般情况下，PPR 冷水管（白色）用于生活用给水、冷凝水、氧气、压缩空气、其他化学液体；热水管（橙色）用于采暖管道系统、地面辐射采暖管道系统；燃气管（黄色）用于天然气、液化气、煤气管道。

PPR 冷水管适用温度为－40～60℃，适用压力为 1MPa；热水管适用温度为－40～95℃，适用压力为 1MPa；燃气管适用温度为－40～60℃，适用压力为 1MPa，1MPa 相当于 10kg 水压。PPR 铝塑复合管的规格主要有 *DN*1216（12 是内径，16 是外径）、*DN*1418、*DN*1620、*DN*2025 等。

以上介绍的塑料管道，为正常使用，配有相应的弯头、三通、四通及法兰活套接头等管件，以便布置管线时连接。塑料管的连接除使用不同的管线外，还可以采用相应的黏结剂结合和焊接等方式。例如，硬质 PVC 塑料管胶接黏合，大多是采用 PVC 塑料粉在四氢呋喃或己酮等溶剂中溶解而成的黏结剂。连接时除去插口和承口的毛刺、灰尘，用溶剂擦净润湿，然后在插口外和承口内涂上黏结剂，将管子插入承口，转动几次，使黏结剂全部充满间隙即可。对 PE 和 PP 管，因为没有合适的溶剂，常采用焊接方法。

(6) 聚氯乙烯（UPVC）螺旋消音管

UPVC 管以聚氯乙烯树脂为载体，在减弱树脂分子链间的引力时具有感温准确、定时熔融、迅速吸收添加剂的有效成分等优良特性。同时，采用钙锌复合型热稳定剂，在树脂受到高温与熔融的过程中可捕捉、抑制、吸收中和氯化氢的脱出，与聚烯烃结构进行双键加成反应，置换分子中活泼和不稳定的氯原子。从而有效、科学地控制树脂在熔融状态下的催化降解和氧化分解。

① 性能特点。UPVC 管是一种以聚氯乙烯（PVC）树脂为原料，不含增塑剂的塑料管

材。随着化学工业技术的发展，现在可以生产无毒级的管材，所以它既具备一般聚氯乙烯的性能，又增加了一些优异性能，具体来说，它具有耐腐蚀性和柔软性好的优点，因而特别适用于供水管网。由于它不导电，因而不容易与酸、碱、盐发生电化学反应，酸、碱、盐都难以腐蚀它，所以不需要外防腐涂层和内衬。而柔软性好又克服了过去塑料管脆性的缺点，在荷载作用下能产生屈服而不发生破裂。UPVC管有较小的弹性模量，能减小压力冲击的幅度，从而能减轻水锤的冲击力。UPVC管内壁光滑，阻力小（UPVC管阻力系数为0.009，而一般的镀锌管、铸铁管阻力系数为0.012～0.013），因而水力条件好是显而易见的。随着改革开放的不断深入发展，人们的生活水平不断提高，对自来水质量的要求也越来越高。供水行业除了保证出厂水符合生活饮用水标准外，还必须使通过管网输送的水合格。导致管网水质变差（如变黄、变黑）的主要原因是给水管道的锈蚀。特别是冷镀锌管内壁的镀层不稳定，管材使用一年半载不长时间就开始锈蚀，会造成自来水的用户端出水中有铁腥味和颜色，埋在地下的镀锌管锈蚀更为严重。而UPVC管耐腐蚀、不结垢，能抑制细菌生长，有利于保护水质不受给水管道的二次污染，UPVC管材因此有着广泛的应用前景，尤其是用户水表前的大量埋地管都可以用它。UPVC管材还具有重量轻、运输方便的优点。UPVC管的连接方式有承插胶圈连接、黏合连接以及法兰连接等。

② 应用范围。UPVC管材的主要工程应用有以下几个方面。

a. 自来水配管工程（包括室内供水管和市政室外给水管），由于UPVC塑料管具有耐酸碱、耐腐蚀、不生锈、不结垢、保护水质、避免水质受到二次污染的优点，在大力提倡生产环保产品的今天，作为一种保护人类健康的理想“绿色建材”，已被中国乃至全球广泛推广应用。

b. 节水灌溉配管工程，UPVC喷滴灌溉系统的使用与普通灌溉相比，可节水50%～70%，同时可节约肥料和农药用量，农作物产量可提高30%～80%。在中国水资源缺乏、农业生产灌溉方式落后的今天，这对促进中国节水农业生产发展有着极大的社会效益。

c. 建筑用配管工程。

d. UPVC塑料管具有优异的绝缘能力，还广泛用作邮电通信电缆导管。

e. UPVC塑料管耐酸碱、耐腐蚀，在许多化工厂用作输液配管。

f. 其他还用于凿井工程、医药配管工程、矿物盐水输送配管工程、电气配管工程等。

③ 发展前景。中国市场上已出现技术成熟的塑料金属复合管，耐高温、噪声低，但由于价格贵、管径小，适用于高档装饰中的冷热水管道。中国市场上还有刚度好、耐高温的塑钢复合管，但价格也较高，尚无条件用于排水系统。中国还有些单位已开发出双层塑料管，可减少噪声指标。中国城市排水工程目前仍以排水铸铁管、水泥管、钢筋混凝土管为主，当前硬质聚氯乙烯排水管的推广和应用虽取得一定的成绩，但总的说来仍处于发展的初期阶段，同国外先进国家相比，尚有较大差距。到21世纪初，中国排水管道服务面积达到80%，这需要大量硬质聚氯乙烯塑料排水管，广阔的市场为塑料管的发展提供了更好的前景。

④ 存在问题。存在的问题有以下几个。

a. 温度影响大。UPVC管耐热性差，且在60℃以上环境拉伸强度下降（适用于连续排放温度不超过40℃、瞬时排放温度不超过80℃的生活污水）。设计使用中应远离热源，同时热水管道应采取保温措施，不得穿越烟道和防火墙。低温环境下硬质聚氯乙烯塑料排水管抗冲击强度降低。因此在有空调的设备转换层，可以考虑采用铸铁管代替硬质聚氯乙烯排水管，以保证排水安全性。由于受温度影响大，膨胀系数大，每层立管及较长的横管上均要求设置伸缩节。其他专业布置时应考虑 UPVC 管的缺口效应，在与其他管道平行敷设时，塑料管靠边，当交叉敷设时，塑料管在下且应错开，并考虑加金属套管防护。立管穿越楼板屋面处应作为固定支承点，并应加装柔性护套。

b. 刚度影响。对于立管每层应有一个牢固的固定支架，固定支架既可控制管道膨胀方向，也可分担立管自重，还使立管与出户横管连接的管头免于受压过大，引起管道破裂漏水，同时立管底部也应设支墩或吊架等固定措施。在户外施工中，UPVC 管尤其容易受到破坏。在 UPVC 管与室外综合管网交叉施工时，人工、机械器具足以对其造成不同程度破坏，甚至粉碎、断裂造成管路不通。管道回填时，UPVC 管也常因管道部分架空或遭较大坚硬物压迫而破损。所以，埋地 UPVC 管要求基底夯实后，管下方有 100mm、管上方有 300mm 回填砂，且总埋深不少于 900mm。

c. 建筑防火问题。中国对 UPVC 塑料阻燃技术的研究普遍存在一点倾向，片面追求氧指数的提高，忽视发烟性能的研究。统计资料表明，火灾中死亡的人有 79%是烟气致死的。有的 UPVC 管氧指数高达 50%以上，但燃烧时发烟量很大，且维卡软化温度仅在 70～90℃之间。所以 UPVC 管材虽难燃，但极易软化变形，且烟味极浓。火灾中，一方面产生致命烟气；另一方面，温度超过 90℃时，管道软化变形，火势在管道穿越部位蔓延，而穿过屋面的排水管或通气管风速更大，则火势蔓延更快。所以，高层建筑能否应用 UPVC 管，曾是争论的问题，而争论的焦点则是其防火特性。

d. UPVC 排水管在使用中还存在立管消能、减少噪声及防止结露等课题。所有这些均在一定程度上限制了现有 UPVC 排水管的推广和使用。

UPVC 管材已广泛应用到高层建筑，但对上述防火问题并未引起足够重视，在设计中应做到：雨、污水及通气立管尽可能沿建筑物外墙设置；雨、污水及通气立管在建筑物内时，应设置于管道井内，或用砖、混凝土制块等非燃性材料保护；排入排水立管的支管，采用金属排水管道，或对支管采取严格防火措施，如钢制套管、无机防火套管等。排水的配件亦应尽量采用金属制品。

⑤ 技术标准。我国 UPVC 管材目前采用的行业标准主要有：《建筑排水用硬聚氯乙烯（PVC-U）管件》（GB/T 5836.2—2006）；《给水用硬聚氯乙烯（PVC-U）管件》（GB/T 10002.2—2003）；《硬聚氯乙烯（PVC-U）管件坠落试验方法》（GB/T 8801—2007）；《注塑硬聚氯乙烯（PVC-U）管件热烘箱试验方法》（GB/T 8803—1988）；《冷热水用氯化聚氯乙烯（PVC-C）管道系统　第 3 部分　管件》（GB/T 18993.3—2003）；《建筑物内排污、废水（高、低温）用氯化聚氯乙烯（PVC-C）管材和管件》（GB/T 24452—2009）等。

11.4 橡胶

11.4.1 橡胶的概念

橡胶是具有可逆形变的高弹性聚合物材料。在室温下富有弹性，在很小的外力作用下能产生较大形变，除去外力后能恢复原状。橡胶属于完全无定形聚合物，它的玻璃化转变温度低，分子量往往很大，超过几十万。

橡胶一词来源于印第安语 call-uchu，意为“流泪的树”。天然橡胶就是由三叶橡胶树割胶时流出的胶乳经凝固、干燥后而制得。1770 年，英国化学家 J. 普里斯特利发现橡胶可用来擦去铅笔字迹，当时将这种用途的材料称为 rubber，此词一直沿用至今。橡胶的分子链可以交联，交联后的橡胶受外力作用发生变形时，具有迅速复原的能力，并具有良好的物理力学性能和化学稳定性。

11.4.2　橡胶的分类

橡胶按原料分为天然橡胶和合成橡胶。按形态分为块状生胶、胶乳、液体橡胶和粉末橡胶。胶乳为橡胶的胶体状水分散体；液体橡胶为橡胶的低聚物，未硫化前一般为黏稠的液体；粉末橡胶是将胶乳加工成粉末状，以利配料和加工制作。20 世纪 60 年代开发的热塑性橡胶，无须化学硫化，而采用热塑性塑料的加工方法成型。橡胶按使用又分为通用型和特种型两类。

11.4.3　橡胶的加工

加工过程包括塑炼、混炼、压延或挤出、成型和硫化等基本工序，每个工序针对制品有不同的要求，分别配合以若干辅助操作。为了能将各种所需的配合剂加入橡胶中，生胶首先需经过塑炼提高其塑性；然后通过混炼将炭黑及各种橡胶助剂与橡胶均匀混合成胶料；胶料经过压出制成一定形状坯料；再使其与经过压延挂胶或涂胶的纺织材料（或与金属材料）组合在一起成型为半成品；最后经过硫化又将具有塑性的半成品制成高弹性的最终产品。

11.4.4　合成橡胶

合成橡胶是人工合成的高弹性聚合物，以煤、石油、天然气为原料，便宜易得，而且品种很多，并可按工业、公交运输的需要合成各种具有特殊性能（如耐热、耐寒、耐磨、耐油、耐腐蚀等）的橡胶，因此目前世界上合成橡胶的总产量已远远超过了天然橡胶。

合成橡胶主要有顺丁橡胶、丁苯橡胶、氯丁橡胶、丁腈橡胶等。按橡胶制品形成过程可分为热塑性橡胶和硫化型橡胶；按成品状态可分为液体橡胶、固体橡胶、粉末橡胶和胶乳。合成的生胶具有良好的弹性，但强度不够，必须经过加工才能使用，其加工过程包括塑炼、混炼、成型、硫化等步骤。

应用： 应用型橡胶的综合性能较好，应用广泛。橡胶是制造飞机、军舰、汽车、拖拉机、收割机、水利排灌机械、医疗器械等所必需的材料。合成橡胶一般在性能上不如天然橡胶全面，但它具有高弹性、绝缘性、气密性、耐油、耐高温或低温等性能，因而广泛应用于工农业、国防、交通及日常生活中。橡胶是橡胶工业的基本原料，广泛用于制造轮胎、胶管、胶带、电缆及其他各种橡胶制品。在建筑上橡胶被大量用来制造橡胶地板和电缆线的护套。

本章小结

本章学习中应了解高分子化合物的基本概念，熟悉塑料和橡胶的基本特性，能够在工程实践中熟练应用不同品种的塑料和橡胶。

复习思考题

一、填空题

1. 塑料密度一般在 0.9～2.2g/cm^3 之间，平均约为铝的一半，钢的__________，混凝土的__________，而比强度则高于钢材和混凝土。

2. 塑料中润滑剂一般用量为__________。

3. 单一组分塑料中含有树脂几乎达到__________之间。在多组分塑料中，树脂的含量在__________之间。

二、选择题

1. 在塑料中最主要组成材料是（　　）。

A. 滑石粉　　B. 阻燃剂　　C. 合成树脂　　D. 二丁酯

2. 硬质聚氯乙烯使用温度应（　　）。

A. 低于 120℃　　B. 低于 150℃　　C. 低于 80℃　　D. 低于 100℃

3. 下述聚合物中不属于热塑性的是（　　）。

A. 聚氯乙烯　　B. 环氧树脂　　C. 聚丙烯　　D. 聚苯乙烯

4. 常见的地面装饰塑料制品主要使用（　　）塑料制作。

A. 聚氯乙烯　　B. 聚丙烯　　C. 聚乙烯　　D. 尼龙

三、简答题

1. 简述塑料的特性。

2. 简述塑料的组成和分类。

3. 简述塑料地板的结构与分类。

4. 塑料壁纸如何分类？各有什么特点？

5. 塑料板材有哪些种类？各有什么特点？

6. 塑料门窗有哪些特点？主要有哪些用途？

第12章　建筑涂料

12.1 概述

涂覆于物体表面能与基体材料很好黏结并形成完整而坚韧保护膜的物料称为涂料。涂料具有防护、装饰、防腐、防水或其他特殊功能。由于早期的涂料生产采用的主要原料是油和漆，因此，在很长一段时间，涂料被称为油漆，由这类涂料在物体表面形成的涂膜，也就被称为漆膜。

用油漆作为建筑物的表面装饰，在我国已有几千年的历史，但是由于天然树脂和油料的资源有限，建筑涂料的发展受到资源的限制。20 世纪 50 年代以来，由于石油工业的发展，各种合成树脂和溶剂、助剂相继出现，并大规模生产，作为涂料生产的原料，再也不仅是依靠天然树脂和油脂了。20 世纪 60 年代开始，相继研制出以合成树脂和各种人工合成有机稀释剂为主，甚至以水为稀释剂的乳液型涂料。所以油漆一词已不能代表涂料的确切含义，故改称为“涂料”。但人们习惯上仍把溶剂型涂料俗称油漆，而把乳液型涂料俗称为乳胶漆。不过值得提醒的是，现在人们所说的“漆”已和传统的漆有了很大的不同。

12.2 涂料的组成

各种涂料的组成成分并不相同，但基本上由主要成膜物质、次要成膜物质、辅助材料等所组成。涂料的组成见表 12-1。

表 12-1　涂料的组成

固体成分 (固体含量)	主要成膜物质	油料
		树脂
	次要成膜物质	颜料
挥发成分	辅助成膜物质	辅助材料
		溶剂

(1) 主要成膜物质 (胶结剂)

主要成膜物质是涂料的主要组分。涂料中的成膜物质在材料表面，经一定的物理或化学变化，能干结、硬化成具有一定强度的涂膜，并与基面牢固粘贴。成膜物质的质量，对涂料的性质有决定性作用。常用各种油料或树脂作为涂料的成膜物质。

油料成膜物质分为干性油、半干性油及不干性油三种。干性油具有快干性，干燥的涂膜不软化、不熔化，也不溶解于有机溶剂中。常用的干性油有亚麻仁油、桐油、梓油、苏籽油等。半干性油干燥速度较慢，干燥后能重新软化、熔融，易溶于有机溶剂中。为达到快干目的，需掺入催干剂。常用的半干性油有大豆油、向日葵油、菜籽油等。不干性油不能自干，不适于单独使用，常与干性油或树脂混合使用。常用的不干性油有蓖麻油、椰子油、花生油、柴油等。

树脂成膜物质由各种合成树脂或天然树脂等原料构成。大多数树脂成膜剂能溶于有机溶剂中，溶剂挥发后，形成一层连续的与基面牢固粘贴的薄膜。这种涂膜的硬度、光泽、耐水性、耐化学腐蚀性、绝缘性、耐高温性等都较好。常用的合成树脂有酚醛树脂、环氧树脂、醇酸树脂、聚酰胺树脂等。天然树脂有松香、琥珀、虫胶等。有时也用动物胶、干酪素等作成膜剂。

（2）次要成膜物质（颜料）

颜料或填充料是指不溶于水、油、树脂中的矿物或有机物质。颜料赋予涂料以必要的色彩和遮盖力，增加防护性能，同时起填充和骨架作用，提高涂膜的机械强度和密实度，减小收缩，避免开裂，改善涂料的质量。

根据颜料在涂料中的作用，可分为着色颜料、防锈颜料和体质颜料等。

着色颜料主要起着色作用。常用的有铅铬黄、锌铬黄、银珠、猩红铁蓝、钛白、炭黑、土红、铁红、铬绿、孔雀绿、银粉（铝粉）等。

防锈颜料主要起防锈作用，但也起着色作用。常用的有红丹、铅白、锌铬黄、锌白、铝粉、石墨等。

体质颜料又称填充料，没有着色力，仅起填充作用，但能提高耐化学侵蚀、抗大气、耐磨性能。常用的填充料有石膏、瓷土、重晶石粉、云母粉、硅藻土、碳酸镁、氢氧化铝等。

（3）辅助成膜物质（溶剂）

溶剂或稀释剂是能溶解油料、树脂、沥青、硝化纤维，而易于挥发的有机物质。溶剂的主要作用是调整涂料稠度，便于施工，增加涂料的渗透能力，改善黏结性能，并节约涂料，但掺量过多会降低涂膜的强度和耐久性。常用的溶剂有松节油、松香水、香蕉水、酒精、汽油、苯、丙酮、乙醚等。水是水性涂料的稀释剂。

为加速涂料的成膜过程，使涂膜较快地干结、硬化，可在涂料中加入催干剂。常用铅、钴、锰、铬、铁、铜、锌、钙等金属的氧化物、盐及各种有机酸的皂类作为催干剂。

12.3 涂料的分类

涂料的品种很多，使用范围很广，分类方法也不尽相同，一般油漆类涂料可参见国家标准《涂料产品分类和命名》（GB/T 2705—2003）分类的方法。但建筑涂料是近十几年才发展形成的一类专用涂料，至今国家尚未制定详细标准。因此，有关建筑涂料的分类与命名主要是依据习惯方法。

涂料根据其主要物质成分可划分为以下三种。

（1）溶剂型涂料

溶剂型涂料是以高分子合成树脂为主要成膜物质，以有机溶剂为稀释剂，并加入适量颜料、填料（体质颜料）及辅助材料，经研磨而成的涂料。涂膜薄而坚硬，有一定的耐水性。其缺点是有机溶剂价格高、易燃，挥发物质对人体有害。

（2）水溶性涂料

水溶性涂料是以水溶性树脂为主要成膜物质，以水为稀释剂，并加入适量颜料、填料及辅助材料，经研磨而成的涂料。该涂料直接溶于水中，无毒、无味，工艺简单，涂膜光洁、平滑，耐燃性及透气性好，价格低廉。其缺点是耐水性较差，在潮湿地区易发霉。

（3）乳胶漆

乳胶漆是将合成树脂以0.1～0.5μm的细微粒子分散于有乳化剂的水中构成乳液，以乳液为主要成膜物质，并加入适量颜料、填料和辅助材料，共同研磨而成的涂料。该涂料以水为分散介质，无易燃溶剂，施工方便，可在潮湿基层上施工，耐候性、透气性好。但必须在10℃以上气温施工，以免影响涂料质量。

应用：乳胶漆广泛应用于民用建筑和公共建筑工程室内梁、柱、墙、天棚等面层的装饰中。可以根据用户需求，调制出丰富多彩的面漆色彩，增加装饰艺术效果。

12.3.1 油漆涂料分类

油漆涂料是一种传统的材料，广泛使用于建筑业、制造业、交通运输业和农业等各部门。建筑涂料是近年来发展起来的，专供建筑上使用的一种新型的建筑装饰材料。生产生活中常用的油漆涂料根据其溶剂和溶质成分的不同，通常划分为以下四种。

（1）天然漆

天然漆又称大漆，有生漆和熟漆之分。天然漆是漆树上取得的液汁，经部分脱水并过滤而得的棕黄色黏稠液体。天然漆的特性是漆膜坚硬，富有光泽，耐久，耐磨，耐油，耐水，耐腐蚀，绝缘，耐热（≤250℃），与基底材料表面结合力强。缺点是黏度高而不易施工（尤其是生漆），漆膜色深，性脆，不耐阳光直射，抗强氧化剂性和抗碱性差，漆酚有毒。生漆不加催干剂可直接作涂料使用。生漆经加工即成熟漆，或改性后制成各种精制漆。

应用：精制漆有光漆和推光漆等品种，具有漆膜坚韧、耐水、耐热、耐久、耐腐蚀等良好性能，光泽动人，装饰性强，适用于木器家具、工艺美术品及某些建筑零件等。

（2）调和漆

调和漆是在干性油中加入颜料、溶剂、催干剂等调和而成，是最常用的一种油漆。调和漆质地均匀，稀稠适度，漆膜耐蚀、耐晒，经久不裂，遮盖力强，耐久性好，施工方便。常用的有油性调和漆、磁性调和漆等品种。

应用：调和漆适用于建筑工程中的室内外钢铁、木材等材料表面。

（3）清漆

清漆属于一种树脂漆，是将树脂溶于溶剂中，加入适量催干剂配制而成。清漆一般不掺入颜料，涂刷于材料表面，溶剂挥发后干结成光亮的透明薄膜，能显示出材料表面原有的花纹。清漆易干、耐用，并能耐酸、耐油、可刷、可喷、可烤。

根据所用原料的不同，清漆有油清漆和醇酸清漆等品种。

油清漆是由合成树脂、干性油、溶剂、催干剂等配制而成。油料用量较多时，漆膜柔韧、耐久且富有弹性，但干燥较慢。油料用量少时，则漆膜坚硬、光亮，干燥快，但较易脆裂。

醇酸清漆是由醇酸树脂溶于有机溶剂中配制而成，通常是浅棕色的半透明液体。这种清漆干燥迅速，漆膜硬度高，电绝缘性好，可抛光、打磨，显示出光亮的色泽，但漆膜脆，耐热性及抗大气性较差。

应用：醇酸清漆主要用于建筑工程中涂刷室内门窗、木地板、家具等，不宜外用。

（4）磁漆（瓷漆）

磁漆是在清漆基础上加入无机颜料配制而成。磁漆因漆膜光亮、坚硬，酷似瓷器，又名瓷漆。磁漆色泽丰富，附着力强，适用于室内装修和家具，也可用于室外的钢铁和木材表面。常用的有醇酸磁漆、酚醛磁漆等品种。

喷漆是清漆或磁漆的一个品种，因采用喷涂法，故名。常用喷漆由硝化纤维、醇酸树脂、溶剂或掺加颜料等配制而成。喷漆漆膜坚硬，附着力大，富有光泽，耐酸性、耐热性好。

应用：喷漆是室内木器家具、金属装修件的常用涂料。

12.3.2 建筑涂料按使用部位分类

建筑涂料包括内墙涂料、外墙涂料、地面涂料三种类型。

12.3.2.1 内墙涂料

（1）内墙涂料的特点

内墙涂料的特点如下。

① 色彩丰富、细腻、协调。内墙涂料的色彩一般应浅淡、明亮，由于居住者对色调的喜爱不同，因此要求色彩丰富多样，内墙与人的目视距离也最近，因此要求内墙涂料应质地平滑、细腻、色调柔和。

② 耐碱性、耐水性好，且不易粉化。由于墙面多带有碱性，屋内湿度也较大，同时为保持内墙洁净，有时需要洗刷，为此必须有一定的耐水性、耐洗刷性。而内墙涂料的脱粉，更是给居住者带来极大的不快。

③ 良好的透气性、吸湿排湿性。不会因湿度变化而结露。

④ 涂刷方便，重涂性好。为保持居室的优雅，内墙可能多次涂刷翻修，因此，要求施工方便，重涂性好。

（2）内墙涂料的种类

常用的内墙涂料有以下四种。

① 改性聚乙烯醇系内墙涂料。聚乙烯醇水玻璃或聚乙烯醇缩甲醛涂料，在耐水性、耐擦洗性上有所差别，但总的来说，作为内墙涂料，其耐水性、耐洗刷性仍显得不高，难以满足内墙装饰的功能要求。为此，近年来各地进行了大量的改性研究工作，取得了明显的效果。改性后的聚乙烯醇系内墙涂料，其耐擦洗性提高到500～1000次以上，除可以用于内墙涂料外，尚可用于外墙装饰。

② 聚醋酸乙烯酯乳液内墙涂料。它是以聚醋酸乙烯酯乳液为主要成膜物质，加入适量

的填料、少量的颜料以及其他助剂，经加工而成的水乳型涂料。

它具有无味、无毒、不燃、易于施工、干燥快、透气性好、附着力强、耐水性较好、颜色鲜艳、施工方便、装饰效果明快的优点，是一种中档的内墙涂料。

这种乳液型涂料（又称乳胶漆）在生产工艺上与聚乙烯醇水玻璃内墙涂料相比，除乳液聚合较为复杂外，其混合、搅拌、研磨、过滤工艺过程基本类同，只是在生产与配料时更讲究，乳液的固体含量较高，约为50%，用量为涂料质量的30%～60%，并以聚乙烯醇或甲基纤维素等为增稠剂，以乙二醇、甘油等为防冻剂。另外，由于增稠剂中使用了纤维素，其储存或涂膜在潮湿环境中易发霉，要求加入防霉剂。常用的防霉剂有醋酸苯汞、三丁基氧化锡或五氯酚钠等，用量为涂料质量的0.05%～0.2%，其他还加有防锈剂等。

③ 乙-丙有光乳胶漆。乙-丙有光乳胶漆是以聚醋酸乙烯酯-丙烯酸酯共聚乳液为主要成膜物质，掺入适量的填料、少量的颜料及助剂，经过研磨、分散后配制成的半光或有光的内墙涂料，用于建筑内墙装饰，其耐碱性、耐水性、耐久性都优于聚醋酸乙烯酯乳胶漆，并具有光泽，是一种中高档的内墙涂料。

④ 苯-丙乳胶漆内墙涂料。苯-丙乳胶漆内墙涂料是由苯乙烯-丙烯酸酯-甲基丙烯酸三元共聚乳液为主要成膜物质，掺入适当的填料、少量的颜料和助剂，经研磨、分散配制成的各色无光内墙涂料。用于内墙装饰，其耐碱性、耐水性、耐擦洗性及耐久性都优于上述各类内墙涂料，是一种高档内墙涂料，同时也是外墙涂料中较好的一种。

应用：各种档次的内墙涂料主要功能是起装饰和保护室内墙面的作用，使其达到美观整洁。

12.3.2.2 外墙涂料

(1) 外墙涂料的特点

外墙涂料的特点有以下五点。

① 装饰效果好。色彩丰富多样，且应保色性好，原有色彩不应因天气、阳光作用而过早变色。

② 耐水性好。外墙面直接暴露在大气中，经常受雨水的冲刷，因而应有较好的耐水性。

③ 耐候性要好。涂层暴露在大气中，要经受日光、雨水、风沙、冷热等作用。要求涂层在规定的年限，不应因为上述作用而开裂、剥落、变色或起粉。

④ 耐污染性要求。大气中的尘埃及其他物质沾污涂层以后，要易于清洗。

⑤ 施工及维修容易，价格合理。

(2) 外墙涂料的种类

我国国内常用的外墙涂料有以下七种。

① 过氯乙烯外墙涂料。过氯乙烯外墙涂料是以过氯乙烯树脂为主要成膜物质，掺入增塑剂、稳定剂、颜料和填充料等，经混炼、切片后溶于有机溶剂中制成。这种涂料具有良好的耐腐蚀性、耐水性及抗大气性。涂料层干燥后，柔韧，富有弹性，不透水，能适应建筑物因温度变化而引起的伸缩。这种涂料与抹灰面、石膏板、纤维板、混凝土和砖墙黏结良好，可连续喷涂，用于外墙，美观耐久，防水，耐污染，便于洗刷。

② 氯化橡胶外墙涂料。氯化橡胶外墙涂料是由氯化橡胶、溶剂、增塑剂、颜料、填料和助剂配制而成的一种溶剂型外墙涂料。

氯化橡胶外墙涂料是靠溶剂挥发而结膜干燥，在25℃以上的气温环境中2h可表干，8h可刷第二道，允许在20～50℃的高温环境中施工，随气温降低，干燥速度减慢；涂料对水泥混凝土和钢铁表面具有好的附着力；耐水性、耐碱性、耐酸性及耐候性好；且涂料的维修重涂性好，是一种较理想的溶剂型外墙涂料。施工中需注意防火和劳动保护。

③ 丙烯酸酯外墙涂料。丙烯酸酯外墙涂料是以热塑性丙烯酸酯合成的树脂为主要成膜物质，加入溶剂、填料、助剂等，经研磨而制成的一种溶剂型外墙涂料。靠溶剂挥发而结膜干燥，有很好的耐久性，使用寿命估计可达10年以上，是目前外墙涂料中较为优良的品种之一，与丙烯酸系的乳液如苯-丙乳液涂料同时得到广泛应用，是我国目前高层建筑外墙装饰涂料应用较多的品种之一。

丙烯酸酯外墙涂料具有如下特点：涂料的耐候性良好，在长期光照、日晒、雨淋环境中，不易变色、粉化或脱落。耐碱性好，且对墙面有较好的渗透作用，黏结牢固。使用不受温度限制，即使是在0℃以下的严寒季节，也能干燥成膜。施工方法方便，可刷、可滚、可喷，也可根据工程需要配制成各种颜色。

④ 聚氨酯系外墙涂料。聚氨酯系外墙涂料是以聚氨酯或与其他合成树脂复合为主要成膜物质，添加颜料、填料、助剂而制成的一种双组分固化型的优质外墙涂料。

聚氨酯系外墙涂料的特点如下：固体含量高。不是靠溶剂挥发，而是双组分按比例混合固化成膜。其涂膜相当柔软，弹性变形能力大，与混凝土、金属、木材等黏结牢固，可以随基层的变形而延伸，即使基层裂缝宽度在0.3mm以上时，也不至于将涂膜撕裂。耐化学药品的浸蚀性好。耐候性优良，经1000h的加速耐候试验，其伸长率、硬度、拉伸强度等性能几乎没有降低。且经5000次以上的伸缩疲劳试验而不断裂，而丙烯酸系的厚质涂料经500次伸缩疲劳试验就发生断裂。表面光洁度极好，表面呈瓷质状，耐沾污性好，因此是一种有发展前途的高档外墙涂料。

聚氨酯系外墙涂料可以做成各种颜色，施工时要求在现场按比例混合均匀，要求基层含水率不大于8%；涂料中溶剂挥发，应注意防火及劳动保护；已在现场搅拌好的涂料，一般应在4～6h内用完。

⑤ 乙-丙乳液外墙涂料。乙-丙乳液外墙涂料是由醋酸乙烯和一种或几种丙烯酸酯类单体、乳化剂、引发剂，通过乳液聚合反应制得的涂料。它是由乙-丙共聚乳液作为主要成膜物质，并掺入颜料、填料、助剂、防霉剂，经混合、分散配制而成的一种乳液型外墙涂料。通常称为乙-丙乳胶漆。

该涂料以水为稀释剂，完全无毒，施工方便，干燥快，耐候性、保色性好，是一种常用的建筑外墙涂料。

⑥ 彩色瓷粒外墙涂料（又称砂壁状建筑涂料）。彩色瓷粒外墙涂料可以丙烯酸合成树脂为基料，以彩色瓷料及石英砂料等作集料，掺加颜料及其他辅料配制而成。这种涂层色泽耐久，抗大气性和耐水性好，有天然石材的装饰效果，艳丽别致，是一种性能良好的外墙饰面。

⑦ 彩色复层凹凸花纹外墙涂料。涂层的底层材料由水泥和细集料组成，掺加适量缓凝剂，拌和成厚浆，主要用于形成凹凸的富有质感的花纹。面层材料用丙烯酸合成树脂配制成的彩色涂料，起罩光、着色及装饰作用。涂层用手提式喷枪进行喷涂后，在30min内用橡胶辊子或聚乙烯辊子将凸起部分稍作压平，待涂层干燥，再用辊子将凸起部位套涂一定颜色的涂料。

应用：外墙涂料由于其独特的防水性能，其主要功能是装饰和保护建筑物的外墙面，使建筑外貌整洁美观，并延长其使用寿命。

12.3.2.3 地面涂料

建筑物的室内地面采用专门的地面涂料作饰面是近几年来兴起的一种新材料和新工艺。与传统的地面相比较，施工简便，用料省，造价低，维修更新方便，所以地面涂料很快在建筑中获得了广泛的应用。

(1) 过氯乙烯地面涂料

过氯乙烯地面涂料是以过氯乙烯树脂为成膜物质，掺入增塑剂、稳定剂和填料等，经混炼、滚轧、切片后溶于有机溶剂中配制而成的溶剂型地面涂料。

应用：过氯乙烯地面涂料具有一定硬度、强度、抗冲击性、附着力和耐水性，生产工艺简单，施工方便，涂膜干燥快，涂布后，地面光滑美观，易于清洗。主要适用于工业、商业、办公建筑中的公共区域地面装饰。

(2) 苯乙烯地面涂料

苯乙烯地面涂料是以苯乙烯焦油为成膜物质，经熬炼处理，加入颜料、填料、有机溶剂等原料配制而成的溶剂型地面涂料。

该涂料涂膜干燥快，与水泥砂浆、混凝土有很强的黏结力，同时有一定的耐磨性、耐水性、耐酸性和耐碱性。

应用：苯乙烯地面涂料用于民用建筑和公共建筑中的室内建筑地面，装饰效果良好。

(3) 环氧树脂地面涂料

环氧树脂是环氧树脂地面涂料的主要成膜物质，以低黏度液体状的为好（牌号6101）。固化剂为乙二胺、二亚乙基三胺、三亚乙基四胺等多胺类等，为了改善其柔软性，常加入苯二甲酸二丁酯。稀释剂用二甲苯、丙酮等，再加颜料、填料（细集料以滑石粉为好，粗集料选用砂或其他材料）经混合而成，施工方法简单，与普通地面施工方法相同，但施工前地面必须干燥。地面可做成大理石花纹或仿水磨石地面等。涂布地面后进行养护一星期后再交付使用。如果在使用前进行打蜡处理，则可提高其装饰效果和耐污染性。

应用：环氧树脂地面涂料用于民用建筑和公共建筑中的室内建筑地面，装饰效果良好。

(4) 不饱和聚酯地面涂料

以不饱和聚酯为主要成膜物质，加入固化剂过氧化环己酮，为了便于溶解，将其与苯二甲酸二丁酯共同研磨成浆，常用环烷酸钴为促进剂，用大理石渣作填料可制成磨石状地面，为使其充分固化，常用苯乙烯溶液做封闭处理，以免空气中的氧起阻聚作用。

该涂料固化很快，一般12h后可以上人，进行磨光。但其缺点是固化后收缩较大，日后在使用过程中可能产生裂缝或起鼓现象。该涂料流平性与施工性较好，表面平整。

应用： 不饱和聚酯地面涂料用于工业建筑和公共建筑中的室内建筑地面，性价比高，工期短，装饰效果良好。

（5）聚氨酯地面涂料

聚氨酯地面涂料是由聚氨酯预聚体、交联固化剂和颜料、填料等所组成。铺设地面时，将三种材料按照比例调成胶浆，涂布于基层上，在常温下固化后形成整体的具有弹性的无缝地面。

该涂料具有许多独特的优点，特别是耐磨、弹性、耐水、抗渗、耐油、耐腐蚀等性能。施工方法简便。

应用： 聚氨酯地面涂料的主要功能是装饰和保护室内地面，使地面清洁美观，同时与墙面装饰相适应，让居住者处于优雅的室内环境之中，还要求涂料与地面具有良好的黏结性，以及耐碱性、耐水性、耐磨性和抗冲击性，不易开裂或脱落，施工方便，重涂容易。

12.3.3 其他分类的涂料

（1）特种涂料

特种涂料主要划分为以下五种。

① 卫生灭蚊涂料。该涂料以聚乙烯醇、丙烯酸酯为主要成膜物质，配以高效低毒的杀虫剂，加入助剂配合而成。其色泽鲜艳、遮盖力强、耐湿擦性好，对蚊蝇、蟑螂等虫害有很好的杀灭作用，同时又具有良好的耐热性、耐水性，附着力强，高效低毒，无不良反应。

应用： 卫生灭蚊涂料可用于居民住宅、食品储藏室、医院、部队营房等工程。

② 防霉涂料。该涂料以氯乙烯-偏氯乙烯共聚物为主要成膜物质，加入低毒高效的防霉剂等配制而成。对黄曲霉、黑曲霉、萨氏曲霉、土曲霉、焦曲霉、黄青霉等十几种霉菌有防菌效果，同时还具有耐水性、耐酸碱性、耐洗刷性、附着力强等性能。

应用： 防霉涂料适用于工业建筑中的食品厂、糖果厂、罐头厂、卷烟厂、酒厂以及地下室等区域，还可适用于军事建筑洞库等易于霉变的工程。

③ 防静电涂料。该涂料以聚乙烯醇缩甲醛为基料，掺入抗静电剂和多种助剂加工配制而成。具有质轻、层薄、耐磨、不燃、附着力强、有一定弹性、耐水性好等特点。

应用： 防静电涂料适用于电脑机房、网吧、计算中心等有较高防静电要求的场合。与电气工程中等电位连接系统类同，可提高建筑物内部的防静电等级，降低电气火灾隐患。

④ 发光涂料。该涂料是在夜间能指示、起标志作用的涂料。涂料由成膜物质、填充剂、荧光颜料等组成。具有耐候性、耐油性、耐老化性和透明性。

应用： 发光涂料可用于标志牌、广告牌、交通指示器、电灯开关、钥匙孔、门窗把手工程。

⑤ 金属闪光色彩的气溶胶涂料。该涂料同醇酸树脂和丙烯酸树脂溶解到一些在常压条件下为气体、在加压密闭容器中为液体作动力溶剂的材料中，当打开容器喷嘴时，这种溶剂就能自动地喷射到建筑物上成膜。其动力溶剂为有机氟烃类或石油馏分中的低分子烃类等。加入颜料、填料尚可配制各种色彩的涂料。

应用： 金属闪光色彩的气溶胶涂料具有保护墙体和装饰的作用，适用于有特殊工艺要求的工业建筑、民用建筑的泵站等需要色标区分标注的场合。

（2）防锈涂料

防锈涂料用精炼的亚麻仁油、桐油等优质干性油作成膜剂，用红丹、锌铬黄、铁红、铝粉等作防锈颜料。也可加入适量滑石粉、瓷土等作填料。

① 红丹漆。红丹漆是目前使用最广泛的防锈底漆。红丹呈碱性，能与侵蚀性介质中的酸性物质起中和作用；红丹还具有较高的氧化能力，能使钢铁表面氧化成均匀的 Fe_2O_3 薄膜，与内层紧密结合，起强烈的表面钝化作用；红丹与干性油结合所形成的铅皂，能使漆膜紧密，不透水，因此有显著的防锈效果。

② 锌铬黄防锈漆。锌铬黄防锈漆也是一种常用的防锈漆。锌铬黄也呈碱性，能与金属结合，使表面钝化，具有防锈效果，且能抵抗海水的侵蚀。

③ 沥青清漆及磁漆。沥青清漆及磁漆具有较高的防锈性。对水、酸及弱碱的抵抗性较强，适宜于钢铁表面的防锈。与铝粉配合使用，可使沥青漆的耐老化性增强，并改善其防水、防锈、防腐蚀性能。

④ 硼钡酚醛防锈漆。硼钡酚醛防锈漆是一种新型防锈漆，可代替红丹漆。这种防锈漆最好与醇酸磁漆、酚醛磁漆等配合使用，具有防锈性好、干燥快、施工方便、无毒等特点。

应用： 防锈涂料可广泛适用于有防锈蚀要求的民用建筑、公共建筑、军事建筑中的地下管道中，还可应用于海底隧道、桥梁、航海船舶、舰艇及水下军事武器壳体表面，延长被保护对象的工作寿命。

本章小结

本章学习中应了解建筑涂料的组成，熟悉建筑涂料的分类、性质和使用功能。学习难点是掌握特种涂料的功能，能够熟练掌握室内外涂料的应用场合。

复习思考题

一、填空题

1. 在建筑工程中，常用生漆、__________漆、__________漆、环氧漆、__________漆等

作为耐酸、防腐漆，用于化工防腐蚀工程。

2. 各种涂料的组成成分并不相同，但基本上由________成膜物质、________成膜物质、________辅助材料等所组成。

二、名词解释

1. 外墙涂料
2. 无机建筑涂料
3. 油漆涂料

三、选择题

1. 以下建筑涂料属于特种涂料的是（　　）。

A. 防静电涂料　　B. 金属闪光色彩的气溶胶涂料
C. 不饱和聚酯地面涂料　　D. 防水涂料

2. 建筑涂料包括四种，即（　　）。

A. 外墙涂料　　B. 内墙涂料　　C. 地面涂料　　D. 防水涂料
E. 发光涂料　　F. 油漆涂料

四、判断题

1. 发光涂料的特点是具有耐候性、耐油性、耐老化性和透明性。（　　）

2. 防水涂料是为隔绝雨水、地下水及其他水渗透的材料。防水涂料的质量与建筑物的使用寿命密切相关。它属于特种涂料。（　　）

五、简答题

1. 建筑涂料的分类有哪些？
2. 地面涂料的主要功能是什么？它有哪些常用类型？

第13章　保温隔热材料及吸声材料

13.1　保温隔热材料

保温隔热材料（又称无机活性墙体隔热保温材料）是指对热流具有显著阻抗性的材料或材料复合体。是用于防止建筑物和设备的热量散失，或隔绝外界热量传入室内的材料。

保温隔热材料的特点是：表观密度小，导热性低。由于建筑构造和施工安装的需要，也要求保温隔热材料具有一定的强度。通常对保温隔热材料的基本要求是：热导率小于0.174W/(m·K)，表观密度通常小于$1000kg/m^3$。

13.1.1　保温隔热材料的分类

（1）按材料来源和性质分类

① 有机保温隔热材料。如稻草、稻壳、软木、棉花、聚苯乙烯泡沫塑料、脲醛泡沫塑料、聚氨酯泡沫塑料、聚氯乙烯泡沫塑料等。这类材料重度小，来源广，价格低，但吸湿性大，受潮后易腐烂，在高温下易分解或燃烧。

② 无机保温隔热材料。矿物类有矿渣棉、岩棉、玻璃棉、石棉、膨胀珍珠岩、多孔混凝土等。这类材料不腐烂，耐高温性好，部分吸湿性大，不燃烧。

③ 金属保温隔热材料。主要指铝及其制品，如铝板、铝箔、硅酸铝、铝箔复合轻板等。这类材料不吸收热量，本身的辐射能力也很小，但热反射能力很强，隔热性较好，目前其来源较广，但价格高。

（2）按材料形状分类

① 松散保温隔热材料。如矿物棉、玻璃棉、炉渣、膨胀蛭石、膨胀珍珠岩、锯末和稻壳等。这些材料不宜直接用于受震动的围护结构。

② 板状保温隔热材料。一般为松散保温隔热材料的制品或化学合成聚酯与合成橡胶类材料，如矿棉板、玻璃棉板、蛭石板、泡沫塑料板、软木板、木丝板、刨花板、稻壳板和甘蔗板等。另外还有泡沫混凝土板等，保持原松散材料的一些性能，加工简单，施工方便。

③ 整体保温隔热材料。一般是用松散保温隔热材料作集料，浇注或喷涂而成，如蛭石混凝土、膨胀珍珠岩混凝土、炉渣混凝土等。这类材料仍具有原松散材料的一些性能，整体

性好，施工方便。

13.1.2 保温隔热材料的特性及选用方法

（1）保温隔热材料的特性

① 隔热方法。保温隔热材料通过其中的静态空气泡来延缓热的流动，达到隔热的目的。

② 最大缺点如下：传统材料无法阻止热的流动，当有温差时，热量就会不断向温度低的一方传递。传统材料静态空气泡少，储热性能差，为达保温效果只有增大体积。传统材料中静态空气泡易受到潮气的侵入（水是良导体），则大大降低隔热效果。传统材料湿度增加1.5%，则其隔热功能会相对降低35%。传统材料防火性能差，安全隐患多，施工工艺烦琐。传统材料保温性能差，使用寿命通常在5年左右。

（2）保温隔热材料的选用方法

选择保温隔热材料一般从以下几点考虑。

① 耐温范围。根据材料的耐温范围，保温隔热材料分为低温保温隔热材料、中温保温隔热材料、高温保温隔热材料。所选保温隔热材料的耐温性能必须符合使用环境。选择低温保温隔热材料时，一般选择分类温度低于长期使用温度10～30℃的材料。选择中温保温隔热材料和高温保温隔热材料时，一般选择分类温度高于长期使用温度100～150℃的材料。

② 形态和物理特性。保温隔热材料的形态有板、毯、棉、纸、毡、异型件、纺织品等。不同类型的保温隔热材料的物理特性（机械加工性、耐磨性、耐压性等）有所差异。所选保温隔热材料的形态和物理特性必须符合使用环境。

③ 材料化学特性。不同类型的保温隔热材料的化学特性（防水性、耐腐蚀性等）有所差异。所选保温隔热材料的化学特性必须符合使用环境。

④ 保温隔热性能。隔热系统中隔热层的厚度往往有个最大值。使用所选保温隔热材料所需的隔热层厚度必须在最大值以内。在一些要求隔热层厚度较薄的场合，往往需要选择保温隔热性能较好的保温隔热材料（如派基隔热软毡、纳基隔热软毡）。

⑤ 材料的环保等级。所选保温隔热材料的环保等级必须满足设计需求。某些出口产品中往往需要用到环保等级非常高的保温隔热材料。

⑥ 材料的成本。确定好材料的范围之后，根据材料价格核算成本，选择性价比最好的材料。

综上所述，选择保温隔热材料就是选择出形态、物理特性、化学特性、保温隔热性能符合使用环境，环保等级满足设计需求的保温隔热材料，经过核算成本，最终确定所要使用的保温隔热材料。

13.1.3 保温隔热材料的工业应用

工业用保温隔热材料的热导率往往更低一些，具体指标要求与行业领域和具体应用密切相关。人们也一直在寻求与研究能大大提高保温隔热材料反射率的新型保温隔热材料。

20世纪90年代，美国国家航空航天局（NASA）的科研人员为解决航天飞行器传热控制问题而研发采用了一种新型太空绝热反射瓷层（Therma-Cover），该材料是由一些悬浮于惰性乳胶中的微小陶瓷颗粒构成的，它具有高反射率、高辐射率、低热导率、低蓄热系数等热工性能，具有卓越的隔热反射功能。这种高科技材料在国外由航空航天领域推广应用到民用，用于建筑和工业设施中，并已引入到我国，用于一些大型工业设施中。但美中不足的是，该材料高达20美元/kg的昂贵售价实在令国内许多行业“望物兴叹”，难以承受。

同样是20世纪90年代，美国国家航空航天局为解决宇航服隔绝外界高低温而研发制成了新型材料气凝胶。这种材料的全称为二氧化硅气凝胶。它是目前已知的密度最小的固体材料，也是迄今为止保温性能最好的材料。其最小密度可达到 3kg/m^3，热导率在常温下低至 0.013W/(m·K)。这种纳米高科技材料已经由航天领域推广到军工和民用领域，其价格也降低到民用可以承受的价格点。至今，国内生产工业用二氧化硅气凝胶绝热毡的技术已经比较完备，能够成功地将这种气凝胶绝热毡产业化的企业包括浙江纳诺科技有限公司等。

13.1.4 影响保温隔热材料性能的主要因素

热导率是保温隔热材料的一个主要热物理指标，表示材料传递热量的能力。热导率的物理意义为：在稳定传热条件下，当材料层单位厚度内的温差为 1℃时，在 1h 内通过 1m^2 表面积的热量。热导率主要与材料的成分、密度和分子结构等有关。另外，材料所处环境的温度和湿度对热导率也有一定的影响，特别是材料的湿度，对热导率的影响较大。

（1）热导率与材料重度的关系

绝大多数建筑材料内部都有一定的孔隙，材料的重度与孔隙有关。当材料固体物质的密度一定时，孔隙率越大，重度越小。一般情况下，重度小的材料，其热导率也比较小；材料越密实，热导率越大。但对于松散的纤维材料，热导率与压实情况有密切关系。当重度低于某个极限时，热导率反而增大。这是由于孔隙过大甚至互相串通，对流换热加剧的缘故。这类材料存在一个最佳重度，在最佳重度下，热导率最小，当重度大于或小于此值时，热导率都将增大。

（2）热导率与材料内部构造的关系

当成分、重度、平均温度和含水率等条件完全相同时，多孔材料的热导率随其单位体积中气孔数量的多少而不同，气孔数量越多，热导率越小。对于各向异性的材料，如木材等纤维质材料，当热流平行于纤维延伸方向时，热流受到阻力小，而热流垂直于纤维延伸方向时，热流受到阻力大。

（3）热导率与温度、湿度的关系

材料受潮后，其热导率增大，在多孔材料中最为明显。这是由于在材料的孔隙中有了水分后，除孔隙中剩余的空气分子的导热、对流外，部分孔壁结成冰，热导率将更大。材料的热导率随温度增高而增大。温度升高时，材料固体分子的热运动增强，同时材料孔隙中空气的导热和孔壁间的辐射作用也增强。当温度在 0～50℃时这种影响并不显著，只有处于高温或低温下的材料，才考虑这种温度影响。在以上各项因素中，材料的表观密度和湿度的影响为最大。

知识链接：

保温隔热材料的发展趋势

建筑物隔热保温是节约能源、改善居住环境和使用功能的一个重要方面。建筑能耗在人类整个能源消耗中所占比例一般在 30%～40%之间，绝大部分是采暖和空调的能耗，故建筑节能意义重大。当今全球的保温隔热材料正朝着高效、节能、薄层、隔热、防水、外护一体化方向发展，在发展新型保温隔热材料及复合结构保温节能技术的同时，更强调有针对性地使用保温隔热材料，按标准规范设计及施工，努力提高保温效率及降低成本。近年来，国内外纷纷开展薄层隔热保温涂料的研究，美国已有多家公司生产这种绝热瓷层涂料，如美国的 SPM Thermo-Shield、Thermal Protective Systems 推出的 Ceramic-Cover、J. H. International 的 Therma-Cover 等产品。

我国国内也悄然掀起一股研发保温隔热新材料的热潮，且北京志盛威华科技发展有限公司已率先在国内同行中研制成功集高效、薄层、隔热保温、装饰、防水等于一体的新型太空反射绝热涂料。该涂料选用了具有优异耐热性、耐候性、耐腐蚀和防水性的硅丙乳液和水性氟碳乳液为成膜物质，采用被誉为“空间时代材料”的极细中空陶瓷颗粒为填料，由中空陶粒多组合排列制得的涂膜构成。它对400～1800nm范围内的可见光和近红外区的太阳热进行高反射，同时在涂膜中引入热导率极低的空气微孔层来隔绝热能的传递。这样通过强化反射太阳热和对流传递的显著阻抗性，能有效地降低辐射传热和对流传热，从而降低物体表面的热平衡温度，可使屋面温度最高降低20℃，室内温度降低5～10℃。产品绝热等级达到R-33.3，热反射率为89%，热导率为0.030W/(m·K)。该隔热保温涂料以水为稀释介质，不含挥发性有机溶剂，对人体及环境无危害，且生产成本仅约为国外同类产品的1/5，越来越受到人们的关注与青睐。

目前，这种太空反射绝热涂料正经历着一场由工业隔热保温向建筑隔热保温为主的方向转变，由厚层隔热保温向薄层隔热保温的技术转变，这也是今后保温隔热材料主要的发展方向之一。太空反射绝热涂料通过应用陶瓷球形颗粒中空材料在涂层中形成的真空腔体层，构筑有效的热屏障，不仅自身热阻大，热导率低，而且热反射率高，可减少建筑物对太阳辐射热的吸收，降低被覆表面和内部空间温度，因此它被认为是有发展前景的高效节能材料之一。

13.1.5 常用保温隔热材料

(1) 玻璃棉及其制品

玻璃棉是玻璃纤维的一种，具有表观密度小、热导率小、耐温性高等特点。玻璃纤维一般分为长纤维和短纤维。连续的长纤维一般是将玻璃原料熔化后，用滚筒拉制而成；短纤维一般由喷吹法或离心法制得。短纤维由于相互纵横交错在一起，构成了多孔结构的玻璃棉。玻璃纤维制品的表观密度在10～120kg/m³之间。常见的玻璃棉性能指标见表13-1。

表13-1 常见的玻璃棉性能指标

<table>
<tr><th colspan="2" rowspan="2">名称</th><th rowspan="2">纤维直径/μm</th><th rowspan="2">渣球含量/%</th><th rowspan="2">产品体积质量/(kg/m³)</th><th rowspan="2">常温热导率/[W/(m·K)]</th><th rowspan="2">黏结剂含量/%</th><th rowspan="2">使用温度/℃</th><th rowspan="2">吸湿率/%</th><th colspan="2">噪声系数(厚度50mm)</th></tr>
<tr><th>100～1000Hz</th><th>1000Hz以上</th></tr>
<tr><td rowspan="4">短绒玻璃棉</td><td>沥青玻璃棉毡</td><td>≤13</td><td>≤4</td><td>≤80</td><td>0.041</td><td>2～5</td><td>≤250</td><td>≤0.5</td><td>平均0.60</td><td>0.90</td></tr>
<tr><td>沥青玻璃棉缝毡</td><td>≤13</td><td>≤4</td><td>≤85</td><td>0.041</td><td>2～5</td><td>≤250</td><td>≤0.5</td><td>平均0.60</td><td>0.90</td></tr>
<tr><td>酚醛玻璃棉板</td><td>≤15</td><td>≤5</td><td>120～150</td><td>0.041</td><td>3～8</td><td>≤300</td><td>≤1</td><td>平均0.65</td><td>0.90</td></tr>
<tr><td>酚醛玻璃棉管</td><td>≤15</td><td>≤5</td><td>120～150</td><td>0.041</td><td>3～8</td><td>≤300</td><td>≤1</td><td>平均0.65</td><td>0.90</td></tr>
<tr><td rowspan="5">超细玻璃棉</td><td>酚醛超细玻璃棉毡</td><td>3～4</td><td>0.4</td><td><20</td><td>0.035</td><td>≤2</td><td>≤400</td><td>≤1</td><td rowspan="5">平均0.65</td><td rowspan="5">0.80</td></tr>
<tr><td>酚醛超细玻璃棉管</td><td>≤6</td><td>≤1</td><td><20</td><td>0.035</td><td>3～5</td><td>≤300</td><td>≤1</td></tr>
<tr><td>酚醛超细玻璃棉板</td><td>≤6</td><td>≤1</td><td>≤60</td><td>0.035</td><td>3～5</td><td>≤300</td><td>≤1</td></tr>
<tr><td>无碱超细玻璃棉毡</td><td>≤4</td><td>—</td><td>≤60</td><td>0.035</td><td>3～5</td><td>≤300</td><td>≤1</td></tr>
<tr><td>高硅氧超细玻璃棉毡</td><td>≤4</td><td>—</td><td>≤95</td><td>0.0754～0.1020(262～415℃)</td><td>≤5</td><td>≤1000</td><td>—</td></tr>
</table>

玻璃纤维制品的最高使用温度，一般有碱纤维为 350℃，无碱纤维为 600℃。玻璃纤维在－50℃的低温下长期使用其性能稳定，故常被用作冷库的保冷材料。以玻璃纤维为主要原料的保温隔热制品主要有沥青玻璃棉毡和酚醛玻璃棉板，以及各种玻璃毡、玻璃毯等。

应用：玻璃纤维制品通常用于房屋建筑屋面和墙体的保温、吸声等。

（2）岩棉及其制品

岩棉属于矿物棉，是由玄武岩、火山岩或其他镁质矿物在冲天炉或电炉中熔化后，用压缩空气喷吹法或离心法制成。岩棉使用温度不超过 700℃。岩棉主要用来制作多种岩棉纤维制品，如纤维带、纤维毡、纤维纸、纤维板和纤维筒。

应用：岩棉还可以制成粒状棉用作填充料，也可与沥青、合成树脂、水玻璃等胶结材料配合制成多种保温隔热制品，如沥青岩棉毡、沥青岩棉板、玻璃棉管壳等。

（3）石棉及其制品

石棉为常见的保温隔热材料，是一类纤维状无机结晶材料。按矿物组成，可把石棉分为纤维状蛇纹石石棉和角闪石石棉两大类。纤维状蛇纹石石棉又称温石棉、白石棉，角闪石石棉包括青石棉（蓝石棉）和铁石棉（褐石棉）。

其中以温石棉含量最为丰富，用途最广。温石棉白色纤维长度一般为 1～20cm，最长可达 2m，具有良好的绝热保温和电绝缘性能，耐碱不耐酸。青石棉呈蓝色或青灰色，纤维长 20cm 左右。铁石棉纤维较长，但比较粗，不能分解成很细的纤维。青石棉与铁石棉的耐酸、耐碱性能较好。松散石棉的表观密度约 103kg/m^3，热导率为 0.049W/(m·K)。

一方面，石棉水泥制品是天然纤维状的硅质矿物的泛称，是一种被广泛应用于建材防火板的硅酸盐类矿物纤维，也是唯一的天然矿物纤维，它具有良好的抗拉强度和良好的隔热性与耐腐蚀性，不易燃烧，故被广泛应用。

另一方面，极其微小的石棉纤维飞散到空中，被吸入人体后，经过 20～40 年的潜伏期，很容易诱发肺癌等肺部疾病。这就是在世界各国受到不同程度关注的石棉公害问题。在欧洲，据预测到 2020 年因石棉公害引发的肺癌而致死的患者将达到 50 万人。而在日本，预测到 2040 年将有 10 万人因此死亡。

应用：通常以石棉为主要原料生产的保温隔热制品有石棉涂料、石棉板、石棉筒和白云石石棉制品等。

（4）矿渣棉及其制品

矿渣棉是以高炉矿渣为主要原料，经熔化，用喷吹法或离心法而制成的纤维材料。具有质轻、热导率小、不燃、防蛀、耐腐蚀、吸声性好等特点。但矿渣棉直接用作保温隔热材料时，会给施工和使用带来困难，如会对人体皮肤产生刺激等。因而通常添加适量黏结剂并经固化定型，制成板、毡、管壳等矿渣棉制品。

应用：矿渣棉制品的种类很多，有粒状棉、矿渣棉沥青毡、矿渣棉半硬板、矿渣棉保温管、矿渣棉装饰吸声板等。主要用于建筑物、构筑物、冷热设备及管道工程。

（5）膨胀蛭石及其制品

蛭石是一种非金属矿物，由于膨胀后形状像水蛭而得名，成因复杂，一般认为是由金云母或黑云母变质而成。是一种复杂的镁、铁含水硅酸盐矿物。具有层状结构，层间有结晶水。将天然蛭石经晾干、破碎、筛选、燃烧后而得到膨胀蛭石。蛭石在850～1000℃燃烧时，其内部结晶水变成气体，可使单片体积膨胀20～30倍，蛭石总体积膨胀5～7倍。膨胀后的蛭石薄片间形成空气夹层，其中充满无数细小孔隙，表观密度降至80～200kg/m^3，热导率为0.047～0.07W/(m·K)，最高使用温度为1000～1100℃。

应用：膨胀蛭石制品的种类很多，常见的有水泥蛭石制品、水玻璃蛭石制品、热（冷）压沥青蛭石板、蛭石石棉制品、蛭石矿渣棉制品等。它是一种良好的无机保温材料，既可直接作为松散填料用于建筑，也可用水泥、水玻璃、沥青、树脂等作胶结材料，制成膨胀蛭石制品。

（6）膨胀珍珠岩及其制品

珍珠岩是一种天然的火山熔岩，由于具有珍珠光泽而得名。将珍珠岩原矿破碎、筛分后快速通过煅烧带，可使其体积膨胀20倍。膨胀珍珠岩是一种表观密度很小的白色颗粒物质，具有轻质、绝热、吸声、无毒、无味、不燃、熔点高于1050℃等特点。

应用：珍珠岩在建筑保温隔热工程中得到广泛应用。常见的膨胀珍珠岩制品有膨胀珍珠岩保温混凝土、沥青膨胀珍珠岩制品、水玻璃膨胀珍珠岩制品和磷酸盐膨胀珍珠岩制品等。常用作屋顶保温。

膨胀珍珠岩产品物理性能见表13-2。

表13-2 膨胀珍珠岩产品物理性能

指标名称		产品分类			
		散料	一级	二级	三级
密度/(kg/m^3)		<80	<80	80～150	150～250
热导率/[W/(m·K)]	高温下	0.058～0.15	0.058～0.076	—	—
	常温下	0.0164	<0.025	0.052～0.064	0.061～0.076
	低温下	常压下0.024	0.0014	—	—
耐火度/℃		1000	1280～1360	—	—
吸水率/%		<2	<2	<2	<2
使用温度/℃		−250～800	−200～800	—	—
吸湿度/%		0.2	1.1	—	—

（7）有机保温隔热材料

有机保温隔热材料由于其防火性能差，不被大量使用，有时只用于某些建筑物的表面装饰。其产品有泡沫塑料、软木板、木丝板、软质纤维板、毛毡、轻质钙塑板和蜂窝板等。

知识链接：

纳米保温材料

纳米保温材料能够捕获存储热量，是通过保温把热量存储在材料的孔隙中。

1g 纳米材料就有 $1000cm^3$ 的比体积，可以存储热量 1～10mcal[1]。比表面积为 640～$700m^2/g$，比体积在 $1000cm^3$ 左右，孔径分布是 0.06～0.1nm，分子为 0.8～0.9μm，热容比传统材料高出几百倍还要多，这就是纳米材料的神奇！在热障设计上利用了纳米材料独有的特性，温度不会升得太高，和周围环境之间温差特别小，通过这种方式来阻止热的传输，纳米材料如果温差不到 10℃不释放，即使释放也非常缓慢，基本上释放 10～12h。纳米尺度材料比传统的二氧化钛反射净红外线高出几百倍甚至上千倍，所以它的保温隔热效果大大优于传统材料。

13.2 吸声材料

人们经常看到演播室、影剧院、礼堂、会议室以及某些工厂车间的墙面或顶面有穿孔铝合金板、木丝板、穿孔胶合板及玻璃棉软包等类材料。这些材料具有能够把入射在它上面的声能吸收掉的特性，所以称为吸声材料。吸声材料是处理建筑室内设计声学问题的主要物质手段之一。

建筑中吸声材料的应用是十分广泛的。正确地使用吸声材料可以达到改善厅堂音质、消除回声和颤动回声以及控制和降低噪声干扰等目的。所以建筑师必须掌握吸声材料的吸声原理，了解吸声材料的吸声特性，以便正确地选择和合理地使用吸声材料。

13.2.1 概述

(1) 材料的吸声系数

材料的吸声性能以吸声系数表示。当声波入射到建筑构件（如墙、板等）时，声能的一部分被反射，一部分透过构件，还有一部分由于材料的振动或声音在其中传播时与材料介质摩擦、热传导而被损耗，我们通常说它被材料所吸收，如图 13-1 所示。

根据能量守恒定律，若单位时间内入射到构件上的总声能为 E_o，反射的声能为 E_r，构件吸收的声能为 E_d，透过构件的声能为 E_τ，则有如下关系：

$$E_o=E_r+E_d+E_\tau \tag{13-1}$$

公式两边同时除以 E_o 得：

$$1=\frac{E_r}{E_o}+\frac{E_d}{E_o}+\frac{E_\tau}{E_o} \tag{13-2}$$

我们把透射声能与入射声能之比称为透射系数，记作 τ；反射声能与入射声能之比称为反射系数，记作 r；吸收声能与入射声能之比称为损耗系数，记作 d，即：

$$\tau=\frac{E_\tau}{E_o} \tag{13-3}$$

[1] 1cal=4.1840J。

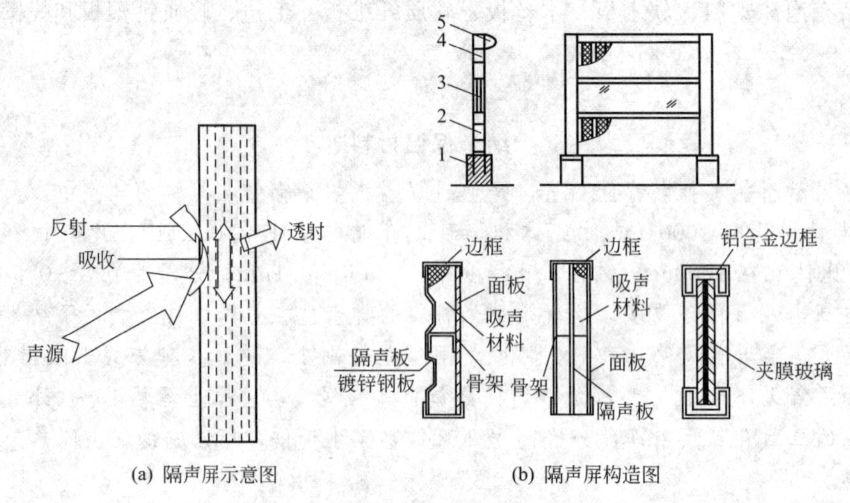

(a) 隔声屏示意图　　(b) 隔声屏构造图

图 13-1　声能的反射、透射和吸收

1—隔声屏路基；2，4—隔声屏障板；3—透明屏体；5—半圆吸声柱

$$r=\frac{E_{\mathrm{r}}}{E_{\mathrm{o}}} \tag{13-4}$$

$$d=\frac{E_{\mathrm{d}}}{E_{\mathrm{o}}} \tag{13-5}$$

人们常把 τ 值小的材料称为隔声材料，把 r 值小的材料称为吸声材料。实际上构件吸收的声能只是 E_{d}，但从入射波和反射波所在的空间考虑问题，常用下式来定义材料的吸声系数 α：

$$\alpha=1-r=1-\frac{E_{\mathrm{r}}}{E_{\mathrm{o}}}=\tau+d=\frac{E_{\tau}+E_{\mathrm{d}}}{E_{\mathrm{o}}} \tag{13-6}$$

上式说明，材料的吸声系数等于其透射系数和损耗系数之和。在进行室内音质设计或噪声控制时，必须了解各种材料的隔声、吸声特性，从而合理地选用材料。假如在一个空间中入射声能的 65％被吸收，其余 35％被反射，则材料的吸声系数就等于 0.65。当入射声能的 100％被吸收，而无反射时，吸声系数等于 1。当门窗开启时，吸声系数相当于 1。当有悬挂的空间吸声体，由于有效吸声面积大于计算面积，可获得的吸声系数大于 1。声能被吸收和反射的情形如图 13-2 所示。

（2）材料的吸声特性与声波频率的关系

材料的吸声特性不但与声波的方向有关，还与声波的频率有很大关系，同一材料对于高、中、低不同频率其吸声系数不同。为了全面反映材料的吸声特性，通常取 125Hz、250Hz、500Hz、1000Hz、2000Hz、4000Hz 6 个频率的吸声系数来表示材料吸声的频率特性。凡 6 个频率的平均吸声系数大于 0.2 的材料，可称为吸声材料。材料的吸声系数越高，吸声效果越好。如果是音乐演出，还要考虑 63Hz 和 8000Hz 两个频率。由于音乐厅要求混响时间相对较长，所以吸声材料不可多用。

吸声材料应考虑防火、防潮、防腐、防蚀等问题。尽可能选用吸声系数较高的材料，以便使用较少的材料达到较好的吸声效果。

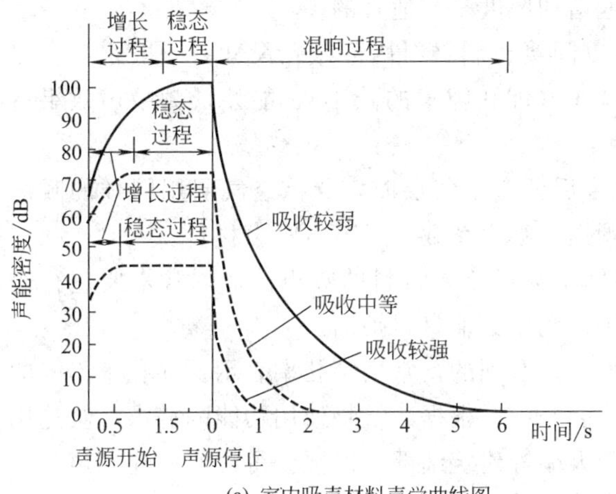

(a) 室内吸声材料声学曲线图

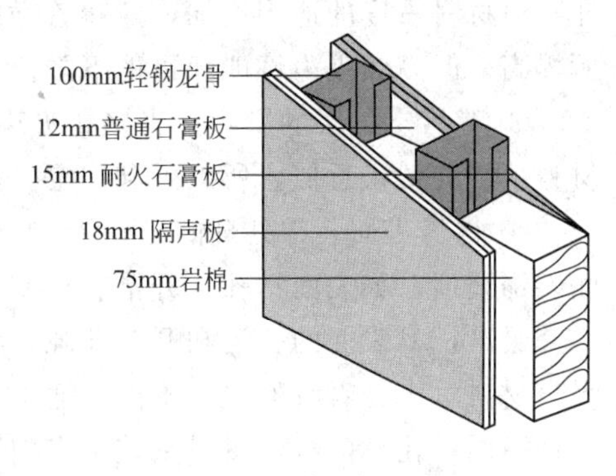

(b) 墙体隔声材料构造图

(c) 天棚吸声材料实景图

图 13-2 声能被吸收和反射

13.2.2 吸声材料的类型及其结构形式

（1）多孔吸声材料

多孔吸声材料是主要的吸声材料，它具有良好的高频吸声性能。多孔吸声材料具有大量内外连通的微小间隙和连续气泡，因而具有一定的通气性，当声波入射到材料表面时，声波很快地顺着微孔进入材料内部，引起空隙间的空气振动，由于摩擦、空气黏滞阻力和空隙间空气与纤维之间的热传导作用，使相当一部分声能转化为热能而被吸收掉。所以多孔吸声材料吸声的先决条件是声波能很容易地进入微孔内，因此不仅材料内部，而且在材料表面上也应当多孔，如果多孔吸声材料的微孔被灰尘、污垢或抹灰、涂料等封闭时，会对材料的吸声性能产生不利影响。它与保温隔热材料要求有封闭的微孔是不一样的。

多孔吸声材料的吸声性能与材料的表观密度和内部构造有关。在实际应用中，多孔吸声材料的厚度、重度、材料背后是否有空气层以及材料表面的装饰处理等，都对它的吸声性能有影响。

① 材料厚度的影响。多孔吸声材料的吸声系数，一般随着厚度的增加而提高其低频的吸声效果，而高频影响不显著。但材料厚度增加到一定程度后，吸声效果的提高就不明显

了。所以为了提高材料的吸声性能而无限制地增加厚度是不适宜的。

② 材料重度的影响。改变材料的重度可以间接控制材料内部微孔尺寸。一般来说，多孔吸声材料重度的适当增加，意味着微孔的减少（即孔隙率的减小），能使低频吸声效果有所提高，但高频吸声性能却可能下降。

③ 背后空气层的影响。当多孔吸声材料背后留有空气层时，与该空气层用同样的吸声材料填满的效果近似，所以可利用空气层，既提高吸声系数，又节省吸声材料。

④ 材料表面装饰处理的影响。在建筑装修中为了改善材料的吸声性能，常常要进行表面装饰处理，如表面钻孔、开槽、粉刷、涂漆、利用其他材料护面。

吸声材料表面的孔洞和开口孔隙，对吸声也是有利的，常用穿孔率表示。穿孔率不同的吸声材料对声音吸收的效果不同。通常在建筑装修中，根据建筑物使用功能的需求，会选用三种不同穿孔率的吸声材料来装饰室内墙面、天棚等建筑细部，以便获得良好的建筑声学听觉效果。

当材料吸湿或表面喷漆，孔口充水或堵塞，会大大降低吸声材料的吸声效果。

常用的多孔吸声材料有玻璃棉、矿渣棉、泡沫塑料，还有各种软质纤维板、木丝板、微孔吸声砖、纤维铝板，目前，又有压铸铝吸声板，它是绿色、防火、防潮的吸声材料。

（2）板状（或薄膜）吸声体

不穿孔的板状或薄膜吸声体是第二类吸声体。任何一种不透气的材料装在墙壁上并保持一定的空气层，就成为板状吸声构造，当声波撞击板面时便发生振动。板的挠曲振动将吸收部分的入射声能，并把这种声能转变为热能。薄板是一种很有效的低频吸声构造。因为室内空间和多孔材料对中频和高频吸收都较大，如果选择适当，薄板吸声构造可起平衡作用。因此，使用薄板吸声构造能在音频范围得到均匀的混响特性。

图 13-3 为 6mm 厚胶合板与墙面构成的空气层为 75mm 时在空气层中填充或不填充吸声毡的吸声系数。在空气层内填充多孔吸声材料能增加低频的吸收，或展宽吸收的频带。

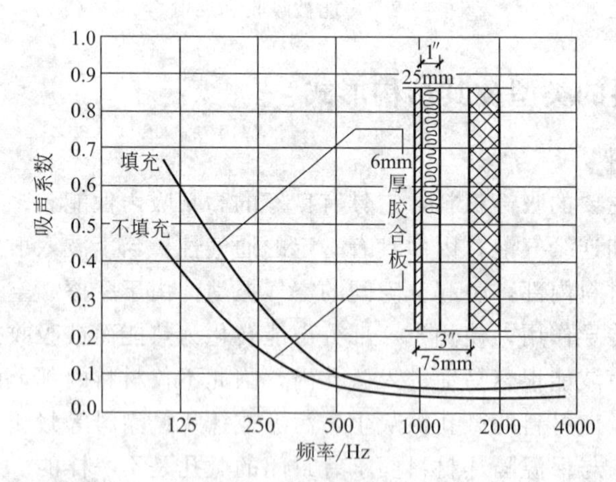

图 13-3 6mm 厚胶合板与墙面构成的空气层为 75mm 时在空气层中填充或不填充吸声毡的吸声系数

在厅堂内表面的装饰构造中，下列的薄板能有效地吸收低频：木板、硬纸板、石膏板、悬吊式抹灰板、硬塑料板、拉毛干灰板、窗、门、玻璃、木地板、木讲台、金属板散热器等。为了使吸声构造耐磨经用，很多非穿孔的薄板吸声构造都设置在墙壁的较低部分作为墙裙的装饰。皮革、人造革、塑料薄膜等材料具有透气、柔软、受张拉时有弹性等特性。这些薄膜材料与其背后的封闭空气层形成共振系统，用于吸收共振频率附近的入射声能。薄膜吸声结构频率通常在 200～1000Hz 范围内，最大吸声系数为 0.3～0.4，一般把它作为中频范围的吸声材料。板状（或薄膜）吸声体在室内装饰工程中的应用如图 13-4 所示。

图 13-4 板状（或薄膜）吸声体在室内装饰工程中的应用

（3）空腔（亥姆霍兹）共振器

空腔（亥姆霍兹）共振器是第三类吸声体。它是一个内部为硬表面的封闭体，连接一条颈状的狭窄通道，以便声波通过狭窄通道进入封闭体内。空腔共振器可分为单个空腔共振器、穿孔板共振器、窄缝共振器。

① 单个空腔共振器。单个空腔共振器可以是规格不一的空的陶土容器，20 世纪中叶有些国家的教堂已经采用。它们的有效吸声范围为 100～400Hz。按一定级配搅拌的混凝土制造的带狭窄槽空腔的标准砌块，称为吸声砌块。这种砌块就是一种空腔共振器。由于砌块不需要做吸声处理，所以是一种控制混响或噪声的经济方法。低频时，砌块的吸声量最大，高频时减少。砌块表面可以涂漆，不影响它们的吸声效果，这种砌块的最大优点是坚固耐久，适用于体育馆、游泳池、工业厂房、交通运输终点站和比地面低的公路等。

② 穿孔板共振器。把穿孔板与墙壁隔开一定距离安装，实际上是充分利用空腔共振器的吸声原理。穿孔板构造有很多狭窄通道，它的作用如同一排空腔共振器。穿孔板厚度、穿孔率、孔径、孔距、背后空气层厚度，以及是否填充多孔吸声材料等，都直接影响吸声结构的吸声性能。

市场上已有的穿孔吸声板为穿孔铝合金板、胶合板、硬质纤维板、石膏板、石棉水泥板、薄钢板等。将周边固定在龙骨上并在背后设置空气层或填充多孔吸声材料而构成。这种吸声结构在现代装饰工程中普遍使用。它对某些频率进行有选择的吸收。

③ 窄缝共振器。用木头、金属或硬塑料做成的条板，用带有开口缝隙或外露槽口的空心砌块来装饰墙面，后面填充毛毡等多孔吸声材料，构成一种窄缝共振吸声构造。它的作用与穿孔板共振器很相似，窄缝的后面构成空腔。所有的缝隙起透声作用，它的面积最少应占总面积的 35%。这种吸声构造由于处理手法可以灵活多变有利于空间造型处理，所以设计人员经常采用，如市场上出现的双面交叉开槽密肋缝吸声板。

（4）空间吸声体

当一座厅堂内的墙面和顶面没有足够的或适当的表面做普通的声学处理时。可采用空间吸声体悬吊在顶棚下面。由于声波可以撞击在吸声体的各个表面，它们的吸声效果远比普通的吸声材料要好。图 13-5 所示的我国国家标准常用吸声结构规范技术指标和构造做法，空间吸声体用穿孔板材（钢、铝、硬纸板条等）可做成各种形状，如弧板形、棱柱体形、立方体形、球形、圆柱体形、单锥和双锥壳体形等，通常填充或衬贴玻璃棉、矿棉等吸声材料。特别适用于噪声很大的工业厂房做吸声处理。

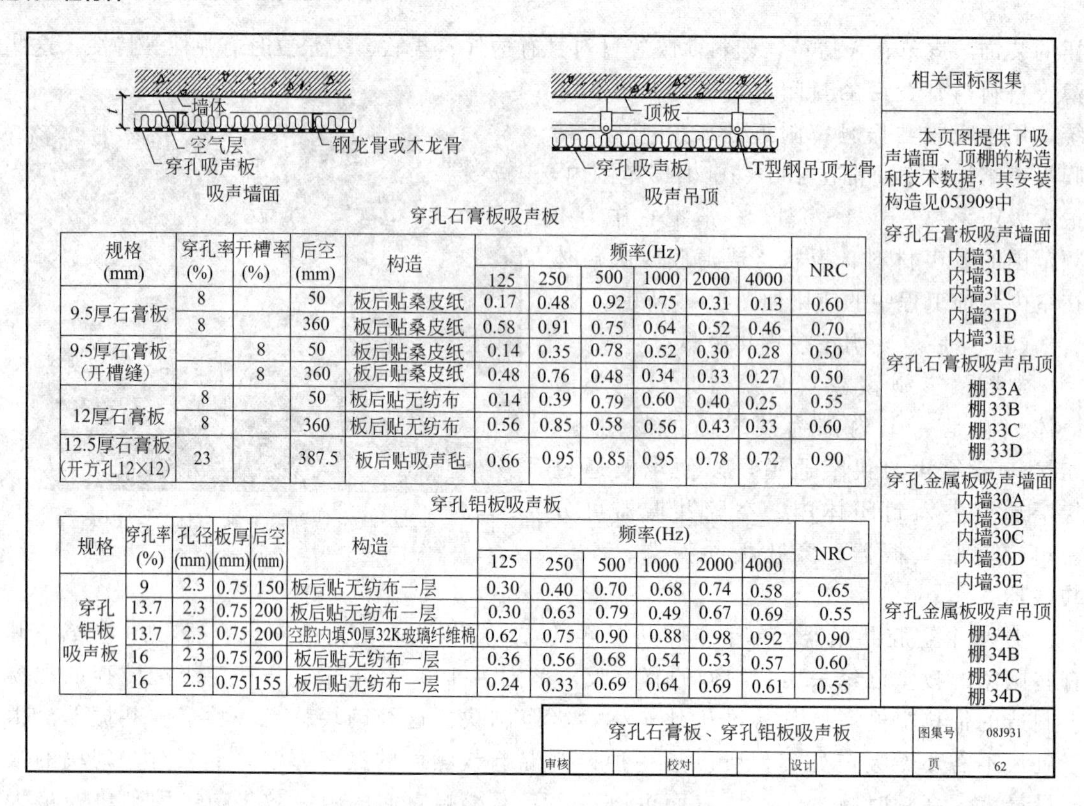

穿孔石膏板吸声板

规格(mm)	穿孔率(%)	开槽率(%)	后空(mm)	构造	频率(Hz) 125	250	500	1000	2000	4000	NRC
9.5厚石膏板	8		50	板后贴桑皮纸	0.17	0.48	0.92	0.75	0.31	0.13	0.60
	8		360	板后贴桑皮纸	0.58	0.91	0.75	0.64	0.52	0.46	0.70
9.5厚石膏板(开槽缝)		8	50	板后贴桑皮纸	0.14	0.35	0.78	0.52	0.30	0.28	0.50
		8	360	板后贴桑皮纸	0.48	0.76	0.48	0.34	0.33	0.27	0.50
12厚石膏板	8		50	板后贴无纺布	0.14	0.39	0.79	0.60	0.40	0.25	0.55
	8		360	板后贴无纺布	0.56	0.85	0.58	0.56	0.43	0.33	0.60
12.5厚石膏板(开方孔12×12)	23		387.5	板后贴吸声毡	0.66	0.95	0.85	0.95	0.78	0.72	0.90

穿孔铝板吸声板

规格	穿孔率(%)	孔径(mm)	板厚(mm)	后空(mm)	构造	频率(Hz) 125	250	500	1000	2000	4000	NRC
穿孔铝板吸声板	9	2.3	0.75	150	板后贴无纺布一层	0.30	0.40	0.70	0.68	0.74	0.58	0.65
	13.7	2.3	0.75	200	板后贴无纺布一层	0.30	0.63	0.79	0.49	0.67	0.69	0.55
	13.7	2.3	0.75	200	空腔内填50厚32K玻璃纤维棉	0.62	0.75	0.90	0.88	0.98	0.92	0.90
	16	2.3	0.75	200	板后贴无纺布一层	0.36	0.56	0.68	0.54	0.53	0.57	0.60
	16	2.3	0.75	155	板后贴无纺布一层	0.24	0.33	0.69	0.64	0.69	0.61	0.55

相关国标图集

本页图提供了吸声墙面、顶棚的构造和技术数据，其安装构造见05J909中

穿孔石膏板吸声墙面 内墙31A 内墙31B 内墙31C 内墙31D 内墙31E

穿孔石膏板吸声吊顶 棚33A 棚33B 棚33C 棚33D

穿孔金属板吸声墙面 内墙30A 内墙30B 内墙30C 内墙30D 内墙30E

穿孔金属板吸声吊顶 棚34A 棚34B 棚34C 棚34D

穿孔石膏板、穿孔铝板吸声板 图集号 08J931

审核 校对 设计 页 62

(a) 穿孔石膏板、穿孔铝板吸声板的构造图

说明 | 外墙隔声 | 内隔墙隔声 | 楼板隔声 | 管道、设备隔振 | 电梯机房 井道隔声 | 门窗隔声 | 吸声构造

轻型墙体的隔声性能（Rw+C≥45dB的轻型隔墙）

编号	构造简图	构造	墙厚(mm)	面密度(kg/m²)	计权隔声量 R_W(dB)	频谱修正量 C(dB)	C_{tr}(dB)	Rw+C	Rw+C_{tr}	附注
隔墙9	100	磷石膏砌块	106	122	40	−1	−3	39	37	需加厚抹灰层方可满足住宅卧室分室墙隔声要求
隔墙10	90 130	轻集料空心砌块 390×190×90 双面抹灰	130	234	45	−1	−2	44	43	满足住宅卧室分室墙隔声要求
隔墙11	100 120	蒸压加气混凝土砌块 600×200×100 双面抹灰	120	125	43	−1	−3	42	40	满足住宅卧室分室墙隔声要求
隔墙12	240 250	页岩空心砖 双面抹灰	250	202	44	−1	−3	43	41	满足住宅卧室分室墙隔声要求

注：本页隔墙9～隔墙12的隔声数据根据中国建筑科学研究院建筑物理所提供资料编制。

轻型墙体的隔声性能 图集号 08J931

审核 校对 设计 页 14

(b) 轻型隔声墙体的构造图

7 空气声隔声标准

7.1 住宅建筑空气声隔声标准见表2、表3。

表2 住宅建筑空气声隔声标准(构件)

构件名称	空气声隔声单值评价量+频谱修正量(dB)		
		一般标准	高要求标准
分户墙、分户楼板	Rw+C	>45	>50
分隔住宅和非居住用途空间的楼板	Rw+C_{tr}	>51	
临交通干道的卧室、起居室(厅)的窗	Rw+C_{tr}	≥30	
其他窗	Rw+C_{tr}	≥25	
外墙	Rw+C_{tr}	≥45	
户(套)门	Rw+C	≥25	
户内卧室墙	Rw+C	≥35	
户内其他分室墙	Rw+C	≥30	

表3 住宅建筑空气声隔声标准(房间)

房间名称	空气声隔声单值评价量+频谱修正量(dB)		
		一般标准	高要求标准
卧室、起居室(厅)与邻户房间之间	$D_{nT,w}$+C	≥45	≥50
相邻两户的厨房之间、卫生间之间	$D_{nT,w}$+C	≥40	≥45
住宅和非居住用途空间分隔楼板上下的房间之间	$D_{nT,w}$+C_{tr}	51	

7.2 学校建筑空气声隔声标准见表4、表5。

表4 学校建筑空气声隔声标准(构件)

构件名称	空气声隔声单值评价量+频谱修正量(dB)	
语言教室、阅览室的隔墙与楼板	Rw+C	>50
普通教室与各种产生噪声的房间之间的隔墙、楼板	Rw+C	>50
普通教室之间的隔墙与楼板	Rw+C	>45
音乐教室、琴房之间的隔墙与楼板	Rw+C	>45
临街的外窗	Rw+C_{tr}	≥30
其他外窗	Rw+C_{tr}	≥25
产生噪声的房间的门	Rw+C_{tr}	≥25
其他门	Rw+C_{tr}	≥20

表5 学校建筑空气声隔声标准(房间)

房间名称	空气声隔声单值评价量+频谱修正量(dB)	
语言教室、阅览室与相邻房间之间	$D_{nT,w}$+C	≥50
普通教室与各种产生噪声的房间之间	$D_{nT,w}$+C	≥50
普通教室之间	$D_{nT,w}$+C	≥45
音乐教室、琴房之间	$D_{nT,w}$+C	≥45

注：产生噪声的房间系指音乐教室、舞蹈教室、琴房、健身房以及产生噪声与振动的机械设备房。

说明						图集号	08J931
审核		校对		设计		页	5

(c) 住宅及学校建筑空气声隔声标准

吸声材料和吸声结构的主要种类及其吸声特性表

种类	基本结构	吸声特性曲线	材料举例
多孔材料			玻璃棉、矿渣棉、木丝棉、聚氨酯泡沫塑料、珍珠岩吸声砖
亥姆霍磁共振器			
穿孔板吸声结构			穿孔胶合板、穿孔纤维板、穿孔石膏板、穿孔铁板和铝板
微穿孔板吸声结构			微穿孔铁板、铝板和纸板
薄板共振吸声结构			胶合板、水泥板、纤维板、石膏板
柔顺材料			闭孔泡沫塑料如聚苯乙烯泡沫塑料

(d) 多种吸声材料隔声构造类比图

图 13-5

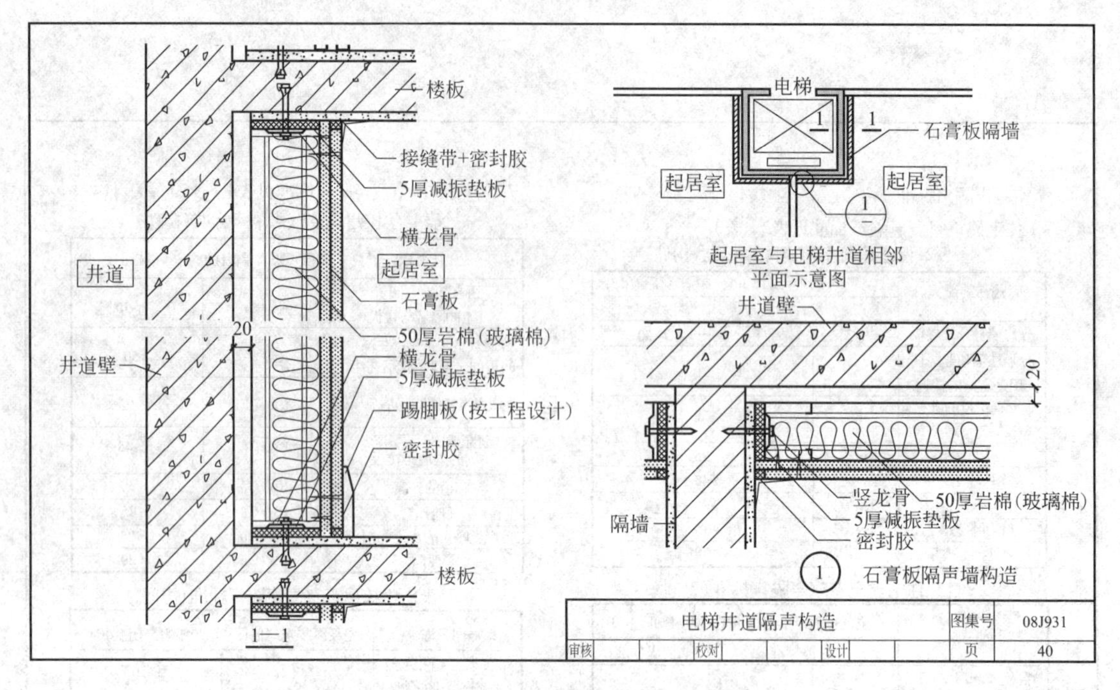

(e) 电梯井道隔声构造图

说 明

1 编制依据

建设部建质函[2007]128号"关于发布《2007年国家建筑标准设计编制工作计划》的通知"

《民用建筑设计通则》GB 50352—2005

《住宅设计规范》GB 50096—1999(2003年版)

《建筑隔声评价标准》GB/T 50121—2005

《住宅性能认定技术标准》GB/T 50362—2005

2 使用范围

本图集适用于新建、改建和扩建的各类民用建筑中对声学有要求的建筑和房间，以及民用建筑中配套的水泵房、风机房、空调机房、锅炉房等设备用房的隔声、吸声构造。

3 图集内容

图集包括建筑隔声构造和建筑吸声构造两个部分内容，主要有建筑外墙、内隔墙、楼板、吊顶以及门窗等部位的隔声和吸声构造，同时提供相应的技术数据以方便选用。

4 选用方法

设计人员根据建筑部位、建筑构造和技术参数，结合工程实际，选用合理的建筑构造。

吸声构造部分本图集仅提供墙面和吊顶板的吸声构造与技术数据，其墙体龙骨和吊顶龙骨构造另见国家标准设计相关图集。

选用时应注意，由于市场上的建筑隔声和吸声产品众多，即使同一品种，其技术数据也会有区别，设计时应以所选定的厂家产品技术数据为最后依据。

5 术语、符号

5.1 允许噪声级 permitted noise level

为保证某区域所需的安静程度而规定的用声级表示的噪声限值。

5.2 空气声 air-borne sound

声源经过空气向四周传播的声音。

5.3 撞击声 impact sound

在建筑结构上撞击而引起的噪声。

5.4 隔声量 sound reduction index

墙或间壁一面的入射声能与另一面的透射声能相差的分贝数。单位dB。

5.5 计权隔声量(Rw)weighted sound reduction index

建筑构件在实验室测量所确定的空气声隔声的单值评价量。

说 明						图集号	08J931
审核		校对		设计		页	3

(f)《建筑隔声与吸声标准》(08J931)应用说明

图 13-5 我国国家标准常用吸声结构规范技术指标和构造做法

（5）帘幕吸声体

帘幕吸声体是将具有通气性能的纺织品安装在离开墙面或窗洞一段距离处，背后设置空气层。这种吸声体对中、高频都有一定的吸声效果。帘幕吸声体安装、拆卸方便，兼具装饰作用，应用价值较高。

本章小结

本章学习中应了解保温隔热材料、吸声材料的概念，理解保温材料的分类和性能影响因素。能够根据吸声材料的性能指标进行正确的工程设计选择。能够熟练应用不同品种的保温材料和吸声材料。

复习思考题

一、填空题

1. 通常所指的保温隔热材料是指热导率小于__________的材料。

2. 某些松散的纤维保温材料存在一个最佳重度，在最佳重度下，热导率__________，当重度大于或小于此值时，热导率将__________。

3. 材料的吸声系数等于其__________和__________之和。

4. 为了全面反映材料的吸声特性，通常把125Hz、250Hz、500Hz、1000Hz、2000Hz、4000Hz 6个频率的平均吸声系数大于__________的材料，称为吸声材料。

5. 绝热材料除应具有__________的热导率外，还应具有较小的__________或__________。

6. 优良的绝热材料是具有较高__________，并以__________为主的吸湿性和吸水率较小的有机或无机非金属材料。

7. 绝热材料的基本结构特征是__________和__________。

8. 材料的吸声系数越大，其吸声性越好，吸声系数与声音的__________和__________有关。

9. 吸声材料分为__________吸声材料和__________吸声材料，其中__________是最重要、用量最大的吸声材料。

二、选择题

1. 对多孔吸声材料的吸声效果有影响的因素是（　　）。

A. 材料的密度　　B. 材料的微观结构

C. 材料的化学组成　　D. 材料的孔隙特征

2. 下列叙述，（　　）有错。

A. 同一材料对不同频率的声音吸声系数不同

B. 吸声材料开放并相互连通的孔越多，其吸声性越好

C. 吸声材料的孔结构与绝热材料的孔结构相同

D. 吸声材料受潮，吸声系数将会减小

3. 材料的吸声性能与以下因素无关的是（　　）。

A. 材料背后设置空气层　　B. 材料厚度与表面特征

C. 材料的体积密度和构造状态　　D. 材料的安装部位

4. 岩棉的热导率是（　　）W/(m·K)。

A. ≤0.041　　B. 0.158　　C. 0.081　　D. 0.105

5. 下列材料属于绝热材料的是（　　）。

A. 松木　　B. 玻璃棉板　　C. 黏土砖　　D. 石膏板

6. 由于钢材的热导率较混凝土大，钢筋受热后，其热膨胀率是混凝土膨胀率的（　　）倍。

A. 2　　B. 1.5　　C. 3　　D. 2.5

7. 建筑结构中，主要起吸声作用且吸声系数不小于（　　）的材料称为吸声材料。

A. 0.1　　B. 0.2　　C. 0.3　　D. 0.4

8. 绝热材料的热导率应（　　）W/(m·K)。

A. >0.23　　B. ≤0.23　　C. >0.023　　D. ≤0.023

9. 无机绝热材料包括（　　）。

A. 岩棉及其制品　　B. 膨胀珍珠岩及其制品

C. 泡沫塑料及其制品　　D. 蜂窝板

10. 建筑上对吸声材料的主要要求除应具有较高的吸声系数外，还应具有一定的（　　）。

A. 强度　　B. 耐水性　　C. 防火性　　D. 耐腐蚀性

E. 抗冻性

11. 多孔吸声材料的主要特征有（　　）。

A. 轻质　　B. 细小的开口孔隙　　C. 大量的闭口孔隙　　D. 连通的孔隙

E. 不连通的封闭孔隙

12. 吸声系数采用声音从各个方向入射的吸收平均值，并指出是哪个频率下的吸收值，通常使用的频率有（　　）。

A. 四个　　B. 五个　　C. 六个　　D. 八个

三、判断题

1. 釉面砖常用于室外装饰。（　　）

2. 大理石宜用于室外装饰。（　　）

3. 三元乙丙橡胶不适合用于严寒地区的防水工程。（　　）

四、简答题

1. 简述多孔材料的吸声机理。对它的吸声性能有哪些影响因素？

2. 热导率的物理意义是什么？

3. 热导率与温度、湿度的关系怎样？

4. 某绝热材料受潮后，其绝热性能明显下降。请分析原因。

5. 广东某高档高层建筑需建玻璃幕墙，有吸热玻璃及热反射玻璃两种材料可选用。请选用并简述理由。

6. 吸声材料和绝热材料在构造特征上有何异同？泡沫玻璃是一种强度较高的多孔结构材料，但不能用作吸声材料，为什么？

第 14 章　建筑防火材料

14.1 概述

建筑防火材料，是使建筑物成为不燃性或难燃性的，以防止火灾发生和蔓延，或者即使发生火灾，在初期也能起到延缓燃烧，以争取防止延烧和避难所需的时间，为此目的而使用的材料。

14.1.1 火灾危险性分类

根据《建筑设计防火规范》(GB 50016—2014) 规定，火灾危险性分类可分为生产的火灾危险性分类、储存物品的火灾危险性分类、可燃气体的火灾危险性分类和可燃液体的火灾危险性分类四种。其中，生产的火灾危险性分类分为甲级、乙级、丙级、丁级、戊级。储存物品的火灾危险性分类分为甲级、乙级、丙级、丁级、戊级。可燃气体的火灾危险性分类分为甲级、乙级。可燃液体的火灾危险性分类分为甲级、乙级、丙级。

火灾危险等级分为轻危险级、中危险级、严重危险级和仓库危险级。轻危险级是指建筑高度为 24m 以下的办公楼、旅馆等。中危险级是指高层民用建筑、公共建筑（含单、多高层)、文化遗产建筑、工业建筑等。严重危险级是指印刷厂、酒精制品、可燃液体制品等工厂的备料与车间等。仓库危险级是指食品、烟酒、木箱、纸箱包装的不燃难燃物品、仓储式商场的货架区等。

生产的火灾危险性分类见表 14-1。

表 14-1　生产的火灾危险性分类

生产的火灾危险性类别	使用或产生下列物质生产的火灾危险性特征
甲	(1)闪点＜28℃的液体； (2)爆炸下限＜10%的气体； (3)常温下能自行分解或在空气中氧化能导致迅速自燃或爆炸的物质； (4)常温下受到水或空气中的水蒸气的作用，能产生可燃气体，并引起燃烧或爆炸的物质； (5)遇酸、受热、撞击、摩擦、催化以及遇有机物或酸雨等易燃的无机物，极易引起燃烧或爆炸的强氧化剂； (6)受撞击、摩擦或与氧化剂、有机物接触时能引起燃烧或爆炸的物质； (7)在密闭设备内操作温度不低于物质本身自燃点的生产

续表

生产的火灾危险性类别	使用或产生下列物质生产的火灾危险性特征
乙	(1)28℃≤闪点＜60℃的液体； (2)爆炸下限＞10%的气体； (3)不属于甲类的氧化剂； (4)不属于甲类的易燃固体； (5)助燃气体； (6)能与空气形成爆炸性混合物的浮游状态的粉尘、纤维、闪点≥60℃的液体雾滴
丙	(1)闪点≥60℃的液体； (2)可燃固体
丁	(1)对不燃烧物质进行加工,并在高温或熔化状态下经常产生强辐射热、火花或火焰的生产； (2)利用气体、液体、固体作为燃料,或将气体、液体进行燃烧,作其他用的各种生产； (3)常温下使用或加工难燃烧物质的生产
戊	常温下使用或加工不燃烧物质的生产

14.1.2 厂房和仓库的耐火等级

根据《建筑设计防火规范》(GB 50016—2014) 规定，厂房和仓库的耐火等级可分为一级、二级、三级、四级。不同耐火等级建筑相应构件的燃烧性能和耐火等级除了符合此规范的规定外，还应满足表 14-2 的要求。

表 14-2 不同耐火等级建筑相应构件的燃烧性能和耐火极限

构件名称		结构厚度或截面最小尺寸/cm	耐火极限/h	燃烧性能
承重墙	普通黏土砖、混凝土、钢筋混凝土实体墙	12	2.50	不燃烧体
		18	3.50	不燃烧体
		24	5.50	不燃烧体
		37	10.50	不燃烧体
	加气混凝土砌块墙	10	2.00	不燃烧体
	轻质混凝土砌块墙	12	1.50	不燃烧体
		24	3.50	不燃烧体
		37	5.50	不燃烧体
非承重墙	普通黏土砖墙(不包括双面抹灰厚)	6	1.50	不燃烧体
		12	3.00	不燃烧体
	普通黏土砖墙(包括双面抹灰 1.5cm 厚)	15	4.50	不燃烧体
		18	5.00	不燃烧体
		24	8.00	不燃烧体
	七孔黏土砖墙(不包括墙中空 12cm 厚)	12	8.00	不燃烧体

14.1.3 建筑防火材料的等级

按照国家标准《建筑材料及制品燃烧性能分级》(GB 8624—2012) 的规定，建筑材料及制品按照其燃烧性能分为 A、B1、B2、B3 共 4 个级别。建筑材料及制品的燃烧性能等级见表 14-3。

表 14-3 建筑材料及制品的燃烧性能等级

燃烧性能等级	名称
A	不燃材料(制品)
B1	难燃材料(制品)
B2	可燃材料(制品)
B3	易燃材料(制品)

A 级为不燃性建筑材料，几乎不发生燃烧。

B1 级为难燃性建筑材料，有较好的阻燃作用。在空气中遇明火或在高温作用下难起火，不易很快发生蔓延，且当火源移开后燃烧立即停止。

B2 级为可燃性建筑材料，有一定的阻燃作用。在空气中遇明火或在高温作用下会立即起火燃烧，易导致火灾的蔓延，如木柱、木屋架、木梁、木楼梯等。

B3 级为易燃性建筑材料，无任何阻燃效果。极易燃烧，火灾危险性很大。

固体可燃物质燃烧环保分析见表 14-4。

表 14-4 固体可燃物质燃烧环保分析

生物质	升温速度/(℃/min)	初始燃烧温度/℃	燃烧峰温度/℃	燃烧末温度/℃	燃烧峰速度/[mg/(min·mg)]
红松	15	414	488	507	0.0463
烟杆	15	367	410	—	0.1142
稻壳	15	386	447	—	0.0587
甘蔗渣	15	398	478	515	—
玉米芯	15	384	447	508	0.0737
糠醛渣	15	399	449	506	0.0556

可燃物质燃烧反应示意图如图 14-1 所示。

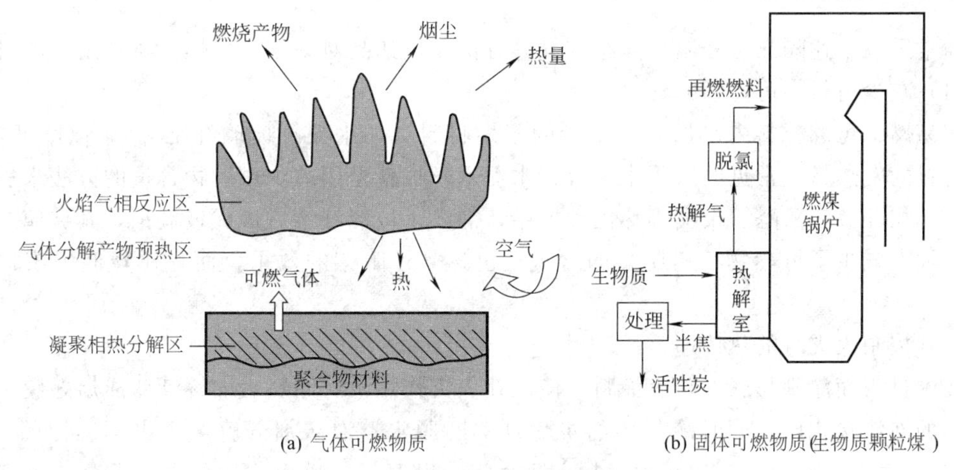

(a) 气体可燃物质 (b) 固体可燃物质(生物质颗粒煤)

图 14-1 可燃物质燃烧反应示意图

14.2 建筑材料的阻燃原理及方法

在种类繁多的建筑材料中，无机材料遇火后绝大多数不发生燃烧，仅引起物理力学性能降低，严重者丧失其承载能力；而有机高分子材料，如塑料、橡胶、合成纤维等，则因其分子中含有大量的碳氢化合物而使其燃点低，容易着火，燃烧时蔓延速度快。因此，建筑材料的阻燃，从某种意义上说，就是对有机高分子材料进行的阻燃。

14.2.1 建筑材料的阻燃原理

任何物质的燃烧都是一种剧烈的、伴之以发光发热的氧化反应过程。高分子材料化学成分复杂，因而，燃烧过程也比较复杂，它包括了一系列的物理变化和化学变化过程，这些理化反应过程如图 14-2 所示。

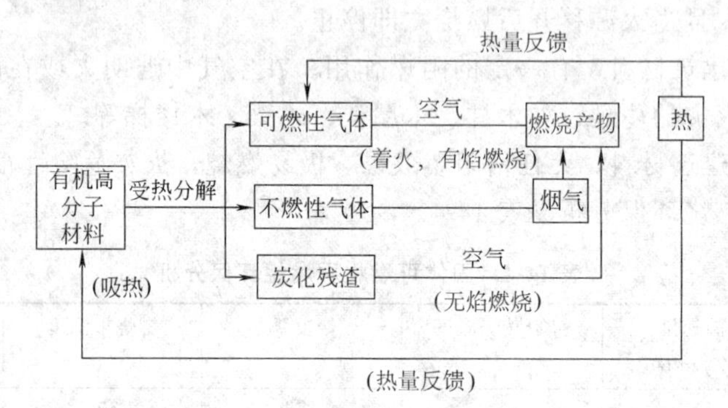

图 14-2 物质燃烧示意图

图 14-2 显示了建筑火灾中材料参与燃烧的过程是一个连续反应的过程，其中材料受热分解是最关键的一个过程。热分解进行的难易、快慢程度，与热源温度、可燃物组成及其燃烧特性和空气中的供氧浓度因素有关，因此，有机高分子材料的阻燃，就是要采取物理和化学的方法，控制材料热分解过程的发生和发展，从而有效地阻止它的燃烧和蔓延。

14.2.2 建筑材料的阻燃方法

通常采取下述隔热、降温和隔绝空气等方法，以达到对易燃、可燃性材料阻燃的目的。

（1）减少材料中可燃物的含量

在易燃、可燃材料内，加入一定量的不燃材料（如水泥、玻璃纤维等），以降低易燃、可燃材料的发热量。常见的纸浆水泥板、水泥木丝板就是用减少可燃物含量的方法来进行阻燃的。又如环氧、酚醛、聚酯等热固性树脂，加入了玻璃纤维后形成玻璃钢，其玻璃纤维的加入，大大减少了可燃物（树脂）的含量，也达到了阻燃的效果，而且还降低了该材料的成本。

（2）控制火灾时的热传递

在木材表面涂刷膨胀性防火涂料，使之在火灾作用下，涂料表面逐渐变成熔融膜，并构成均匀的泡沫炭化层，同时涂料中的炭化剂不断脱水，泡沫剂分解产生出不燃性的 NH_3、Cl_2 HCl 气体等。此时，犹如在木材与火源之间，设置了一道泡沫炭化层、水蒸气和不燃性气体所组成的防火屏障，使火焰不能与木材直接接触，从而达到了控制热传递的作用。

（3）抑制材料燃烧时的气态反应

在合成材料中，加入可抑制燃烧反应的物质，以捕捉燃烧时所析出的自由基（OH·），从而达到阻燃的目的。最常见的处理办法是在合成高分子材料中加入卤素化合物，当火灾发生后，卤化物在一定温度下受热分解，产生出的 HX 与已燃烧的该物质所产生的自由基

(OH·)发生作用，生成水蒸气，进而抑制该材料燃烧的继续进行。其反应式如下：

$$HX+OH\cdot \longrightarrow H_2O+X\cdot \tag{14-1}$$

此反应使具有高活性的自由基(OH·)转变为相对不活泼的卤原子(X·)，继而使卤原子又从可燃物(RH)中夺取氢原子再形成HX。该过程往复不断，直到燃烧反应终了为止。其反应式如下：

$$RH+X\cdot \longrightarrow HX+R\cdot \tag{14-2}$$

(4) 采取隔绝氧气的办法

在易燃、可燃材料表面粘贴金属箔(如铝箔等)，一方面由于金属箔大量反射燃烧所生成的热量，使被覆盖的易燃、可燃材料吸热量减少，进而使材料的热分解速度变慢；另一方面又可以阻止被覆盖的材料在受热分解时所释放出的可燃性气体直接与火焰接触，从而达到阻燃的目的。

总之，易燃、可燃材料的阻燃处理可用阻燃剂直接加到材料内，构成材料的一个组分，也可以在材料表面涂覆防火涂料或粘贴不燃材料来达到阻燃的目的。实践证明，经过阻燃处理后的有机高分子材料，用作建筑装饰材料，能有效地减少重大火灾事故的发生。

14.3 木材的阻燃处理及应用

木材是建筑工程和人民生活用品的重要材料之一，近年来，在建筑工程中，较多的木材作为地板、室内护墙板、木制门等。木材因含有90%的纤维素、半纤维素、木质素和约10%的浸提物而具有可燃性，易引起火灾和使火蔓延扩大。据了解，美国21%的火灾由木材等纤维素引起。我国在历史上就是一个多火灾国家，从3000多年前商代有文字记载的火灾起到现在，人们都把木材作为引起火灾、使火蔓延的祸首。如今，随着工农业的发展及人口的剧增，火灾危害更是有增无减。

木材在火的作用下发生热分解反应，使木材中复杂的高分子物质分解成许多简单的低分子物质。同时，随着温度的增高，反应由吸热变为放热，从而又加速了木材本身的热分解。

木材遇火热解时，除分解出可燃气体外，还有游离碳、干馏物粒子等，这些就是烟。烟的出现，影响光线通过，阻挡人的视线，妨碍室内人员的安全疏散和消防人员的灭火扑救。

14.3.1 木材阻燃处理方法

(1) 抑制木材在高温下的热分解

实践证明，某些含磷化合物能降低木材的热稳定性，使其在较低温度下即发生分解，从而减少可燃气体的生成，抑制气相燃烧。

(2) 阻滞热传递

通过实践发现，一些盐类，特别是含有结晶水的盐类，具有阻燃作用。例如，含结晶水的硼化物、含水氧化铝和氢氧化镁等，遇热后吸收热量而放出水蒸气，从而减少了热量传递。磷酸盐遇热后缩聚成强酸，使木材迅速脱水炭化，而木炭的热导率仅为木材的1/3～1/2，从而有效地抑制了热的传递。同时，磷酸盐在高温下形成的玻璃状液体物质覆盖在木材表面，也起到隔热层的作用。

(3) 稀释木材燃烧面周围空气中的氧气和热分解产生的可燃气体，增加隔氧作用

如采用含结晶水的硼化物和含水氧化铝等，遇热放出的水蒸气，能稀释氧气及可燃气体

的浓度，从而抑制了木材的气相燃烧，而磷酸盐和硼化物等在高温下形成的玻璃状覆盖层，则阻滞了木材的固相燃烧。另外，卤化物遇热分解生成的卤化氢，能稀释可燃气体，卤化氢还可与活化基作用而切断燃烧链，终止气相燃烧。

木材阻燃剂的阻燃途径并不是孤立的，而是采用多种手段，亦即在配制木材阻燃剂时，通常选用两种以上的成分复合使用，使其相互补充，加强阻燃效果。以达到一种阻燃剂同时具有几种阻燃作用。当然，各种阻燃剂均有其各自的侧重面。

14.3.2 木材常用的阻燃剂

（1）磷-氮阻燃剂

有磷酸铵［$(NH_4)PO_4$］、磷酸二氢铵［$(NH_4)H_2PO_4$］、磷酸氢二铵［$(NH_4)_2HPO_4$］、聚磷酸铵、磷酸双氰胺、三聚氰胺、甲醛-磷酸树脂等。

（2）硼系阻燃剂

有硼酸（H_3BO_3）、硼酸锌［$Zn_3(BO_3)_2$］、硼砂（$Na_2B_4O_7 \cdot 10H_2O$）等。

（3）卤系阻燃剂

有氯化铵（NH_4Cl）、溴化铵（NH_4Br）、氯化石蜡等。

（4）含铝、镁、锑等金属氧化物或氢氧化物阻燃剂

有含水氧化铝（$Al_2O_3 \cdot 10H_2O$）、氢氧化镁［$Mg(OH)_2$］、三氧化二锑。

（5）其他阻燃剂

有碳酸铵、硫酸铵、水玻璃等。

14.3.3 木材防火的处理方法

木材阻燃处理的方法分为表面涂覆法和溶液浸注法。

（1）表面涂覆法

木材防火处理表面涂覆法就是在木材表面涂覆防火涂料，起到既防火，又具防腐和装饰的作用。为了减少火灾，保障国家和人民生命财产的安全，许多国家都建立和健全了各种消防法规，规定所用可燃、易燃材料必须经过阻燃处理。所谓阻燃并不是说这种材料完全不燃，而是使材料遇小火能自熄，遇大火能延缓或阻滞燃烧行为的过程。木材经具有阻燃性能的化学药剂处理后很难燃烧。

（2）溶液浸注法

木材防火处理溶液浸注法分为常压浸注和加压浸注两种。一般木材浸注处理后，吸收阻燃剂干药量在 $20 \sim 80 kg/m^3$ 时可达阻燃要求。但在浸注处理前应让木材充分气干，并加工成所需形状和尺寸。以免由于锯、刨等加工，使浸有阻燃剂最多的表面被去掉。经阻燃处理后的木材，除应具有所要求的阻燃性能外，还应基本保持原有木材的外观、强度、吸湿性能及表面对涂料的附着性能和对金属的耐腐蚀性能等。

由于某些阻燃剂对木材强度有一定的影响，一般是吸收药量越多，强度降低越大。据国外资料报道，经阻燃处理后强度降低10%是允许的，使用部门应根据本部门对强度的要求，确定阻燃木材强度降低的允许范围。

14.3.4 阻燃型木质人造板

木质人造板包括花板、纤维板和胶合板，在建筑工程和家具制造中广泛应用。由于人造

板所用原料是利用木材加工后的废料、采伐剩余物、小径木等，它们均同母材一样，都属可燃物质，为了保障建筑物和人民生命财产安全，需要对木质人造板进行阻燃处理。

制造阻燃型木质人造板可采用对成板进行阻燃处理和在生产工序中添加阻燃剂两种途径。阻燃型木质人造板除应具有一定阻燃性能外，还需保持普通人造板的胶合强度、吸湿性能等。由于某些阻燃剂能降低人造板的强度，提高吸湿性能，因此，阻燃剂加量要根据所要求的阻燃性能、胶合强度降低的允许范围、成本等因素权衡而定。

14.3.5　阻燃木质制品

阻燃木质制品是将阻燃材料、阻燃木质人造板制成木质防火门。木质防火门在火灾发生后，可手动或使用自动装置将门关闭，使火和烟限制在一定范围内，从而阻止火势蔓延，最大限度地减少火灾损失。木质防火门适用于高层建筑和大型公共建筑等场所，也可安装在工厂、仓库的楼道内作隔门，还可作为宾馆、医院、办公楼的单元门、配电间房门、档案室门等用。

14.4　沥青的阻燃与应用

沥青在建筑上是防水、防潮、防腐、防锈、防渗的理想材料，但沥青及油毡易燃烧，虽然燃烧性能不如汽油、柴油、煤油，但是一旦被火源引燃，其燃烧也和汽油火灾一样，难以扑灭。沥青燃烧时的现象有受热熔融、滴落、流淌和熔珠燃烧、滴落、流淌等，火势蔓延扩大，会形成熊熊大火和滚滚浓烟，如果扑救不力，甚至可把整个建筑物烧毁。沥青在燃烧过程中会分解出氢气、苯及烷烃类易燃气体，这些易燃气体又进一步加快了沥青的热分解，所以沥青火灾的特点是来势猛、扩展快、范围广、造成的损失大。解决沥青的阻燃问题，首先要解决沥青在受热时不熔融、不滴落、不流淌。在沥青中添加阻燃剂、不燃材料、难燃材料、吸附材料、增滞材料等，可提高沥青的熔点和分解温度，使之在较高温度下不熔融、不滴落、不分解，或即便在较高温度下出现分解，但在分解气体中也是不燃气体的量多于可燃气体的量，从而达到提高氧指数的目的。

14.4.1　沥青常用的阻燃剂

对沥青进行阻燃处理的阻燃剂包括阻燃剂和阻燃添加剂两部分。阻燃剂有硼系阻燃剂、磷系阻燃剂、锑-卤阻燃剂、卤系阻燃剂、镁铝阻燃剂等。阻燃添加剂有难燃和不燃材料、吸附材料、增滞材料以及调整剂等。

14.4.2　沥青的阻燃处理方法

（1）热熔添加法

首先将沥青加热熔融，再把阻燃剂、吸附剂、增滞剂、不燃材料等粉状材料加到热熔沥青中，经搅拌混合均匀而成，然后涂覆在需要保护的建筑部位。这种方法适用于分解温度较高的惰性阻燃剂。

（2）挤压嵌入法

先将沥青热熔后制成卷材、块材，然后在 120～150℃下把阻燃剂等撒布在上面，经双辊机挤压，使阻燃剂、添加剂等牢牢地被嵌入沥青中。这种方法比较简单，适用于分解温度较低（200℃左右）的阻燃剂。

(3) 金属膜保护法

先将阻燃剂加到热熔沥青中制成阻燃沥青，然后涂覆在需要保护的建筑部位，还需要在其上加一金属膜片（铝片或锌片），再涂一层阻燃沥青。此法也适用于分解温度高的阻燃处理法，这种金属膜保护法一般适用于屋面防水工程。

(4) 冷法

首先将沥青溶于溶剂中制成膏状，然后将阻燃剂、吸附剂、增滞剂等加入膏状沥青中，经搅拌均匀，即制成阻燃液态沥青，再用涂覆、辊压等方式施于被保护的基础上。这种方法既不损害沥青原有物化性能，也不降低阻燃剂的效力，因而阻燃效果特别好，应用范围较广，对被保护基材无任何影响，适用于油毡的阻燃处理。

在沥青中加入阻燃剂后，当沥青温度达到500℃也未见猛烈燃烧现象，仅有缓慢炭化和热分解发生。油分挥发减慢，表现出热释放强度减弱，即沥青升温速度减慢，所以经阻燃处理后的沥青，在燃烧过程中不熔滴、不流淌、不延燃和能离火自熄，杜绝了火势蔓延扩大的危险。但经阻燃处理的沥青，其软化点较未处理前有所降低。

14.4.3 沥青防火油毡

沥青防火油毡主要是对沥青和基胎首先进行阻燃处理，其余生产工艺与普通油毡相同。生产油毡的基胎一般有纸胎、化纤胎、玻璃纤维胎等。对纸胎和化纤胎必须进行阻燃处理。纸胎的阻燃处理是将纸胎置于阻燃液中浸渍后取出，挤压去除水分，再烘干即成阻燃纸胎。化纤胎的阻燃处理，同纺织品阻燃处理。

将经过阻燃处理的沥青用刮涂或辊压方法冷涂于已经阻燃处理的基胎上，烘干，并在油毡两面均匀地撒上防黏剂（如滑石粉、烧结灰粉、云母粉等），再辊压即成防火油毡。油毡经过沥青和基胎的阻燃处理后，其氧指数大大提高。

14.5 建筑塑料的阻燃与应用

在各种塑料建材制品中，我国目前使用最多的是塑料管材，其次是装饰装修材料，如塑料壁纸、塑料地板、塑料门窗、塑料吊顶材料、塑料卫生洁具、塑料灯具、塑料楼梯扶手等。

目前塑料制品的绝大多数是可燃的，其氧指数（OI）均在17%～19%之间。由泡沫塑料、钙塑板、电线包皮、电缆线、塑料壁纸等引起的火灾不胜枚举，给国家财产和人民生活造成严重损害。因此，赋予塑料制品以阻燃性，对防止火灾蔓延和扩大将有重要意义。今天塑料的阻燃已普遍受到人们重视，许多国家都已制定了各种阻燃标准和一些行政法规，规定达不到阻燃标准的塑料制品不准出售和使用，这无疑将对防火管理和预防火灾发生起到积极作用。

当前对塑料阻燃的主要手段和技术是添加各种阻燃剂，现在应用于塑料中的阻燃剂分为有机型和无机型两大类。

有机型阻燃剂有氯化石蜡、六溴苯酚、十溴联苯醚、三（2,3-二溴丙基）异氰酸酯（简称TBC）、四溴双酚A、四溴苯酚、六溴环十二烷等。

无机型阻燃剂有三氧化二锑（Sb_2O_3）、三水合氧化铝（Al_2O_3）、硼酸锌（$B_2O_3 \cdot ZnO \cdot 5H_2O$）、氢氧化镁［$Mg(OH)_2$］。

14.5.1 阻燃聚氯乙烯

聚氯乙燃（PVC）是建筑中应用量最大的一种塑料，可制成各种地砖、地板、卷材、墙纸、门窗、管道等。它的化学稳定性好，耐老化性好，硬度和刚性都较大，但耐热性较差，当温度高于100℃会引起分解、变质，进而破坏，故通常都在60～80℃以下使用。PVC是一种多功能材料，通过改变配方，可以是硬质的，也可以是软质的。硬质的PVC基本不含增塑剂或增塑剂含量小于10%，它的力学性能好，电绝缘性优良，对酸碱抵抗力极强，但抗冲击性较差，尤其在较低温度时呈现脆性。软质PVC制品的增塑剂含量一般都在40%以上，故材性变化范围较大。

不含任何添加剂的PVC，其含氯量达56%，大于45%，是一种自熄性聚合物。在生产过程中，为了改善PVC的性能，添加了一定量的增塑剂等多种添加剂，故使PVC的总含氯量降至30%左右，制品的氧指数也降至20%左右，达不到阻燃要求。为了改善增塑后的PVC的阻燃性，需添加阻燃剂或将可燃性增塑剂的一部分换成难燃性增塑剂，以提高PVC制品的阻燃性。

在PVC中加入Sb_2O_3可使其具有难燃性。原因是PVC在初期燃烧时会放出HCl气体，此时，HCl与Sb_2O_3反应生成氯氧化锑（SbOCl），SbOCl会继续受热分解，最后生成三氯化锑（$SbCl_3$）。整个反应为吸热反应，它能除去燃烧过程中所产生的一部分热量，且燃烧时生成的$SbCl_3$密度较大，覆盖在PVC表面，使PVC受热分解而生成的可燃气体难以逸出，从而起到隔绝空气的作用。

由于Sb_2O_3来源有限，而使用硼酸锌部分代替Sb_2O_3，可降低成本，起到吸热、脱水、降温、阻燃作用，且两种阻燃剂并用，比单用Sb_2O_3效果好。这种加硼酸锌和其他阻燃剂的PVC，不仅用于电线、电缆的包皮和护套，而且还用于乳液PVC浆料中，既可制成透明PVC制品，又可制成不透明PVC制品。

14.5.2 阻燃聚乙烯

聚乙烯（PE）极易着火，燃烧时呈浅蓝色的火焰，并发生滴落，造成火灾蔓延，特别是用于吊顶的PE钙塑泡沫装饰板极易引起火灾。为此，在建筑物内使用时，必须采用它的阻燃制品。

聚乙烯的阻燃大多采用添加含卤阻燃剂的方法（如用氯化石蜡、溴类阻燃剂等，并与Sb_2O_3配合使用），也可添加三水合氧化铝、聚磷酸铵（APP）等。阻燃PE泡沫塑料是用PE树脂为主要原料，加阻燃剂和其他助剂，经交联、发泡等工艺而成的一种轻质、隔热、隔声板材。按发泡比率不同，可得到低发泡PE塑料（发泡比率为2～3倍）、中发泡PE塑料（发泡比率为4～5倍）和高发泡PE塑料（发泡比率大于6倍）。按添加阻燃剂、填充剂类型不同，又可得到发泡PE钙塑、发泡PE铝塑和发泡PE镁塑等，其性能随发泡比率和阻燃剂的不同而变化，见表14-5。

表14-5 性能随发泡比率和阻燃剂的变化

物理性能	低发泡PE钙塑	中发泡PE钙塑	高发泡PE泡沫塑料		
			高发泡PE钙塑	高发泡PE铝塑	高发泡PE镁塑
表观密度/(g/cm³)	≥0.8	0.5	0.15～0.18	0.15～0.3	0.15～0.25
热导率/[W/(m·K)]	0.081	0.073	0.051	0.071	0.071
抗拉强度/MPa	2.02	1.52	0.076	0.687	0.736
氧指数/%	28	27	≥25	≥30	≥32

阻燃聚乙烯泡沫塑料的性能与PE钙塑泡沫装饰板材性能基本相同，均具有轻质、隔热、抗震、防潮等许多特点。故在建筑工程中，常作为墙面板、吊顶材料、保温材料使用；

在管道工程中，常作为管道的包衬材料、保温隔热垫使用；在人防工程中，既可作为防潮材料，又可作为轻质防火吊顶材料使用。

阻燃和未经阻燃的钙塑泡沫装饰板材，从外观上无特殊区别，因此，在物资管理中应将产品标签随货物同行，切不可将两种标签调位。否则将未经阻燃的钙塑板用到工程上，特别是用到吊顶等部位，一旦遇上电火花等，则会着火成灾。

14.5.3 阻燃聚丙烯

聚丙烯（PP）的燃烧性与PE接近，氧指数为18%～18.5%，着火后会发生滴落，引起火灾蔓延，所以必须对PP进行阻燃化处理。用含卤阻燃剂与Sb_2O_3并用，不仅适用于聚乙烯，同样也可适用于聚丙烯。此外，聚磷酸铵、$Al(OH)_3$对PP也有明显的阻燃效果。用上述配方制得的阻燃PP料，不仅容易加工成所需制品的形状，而且平整光滑、颜色均匀。

14.5.4 阻燃聚苯乙烯

阻燃聚苯乙烯（PS）的制造，主要是用添加阻燃剂的方法，常用的阻燃剂为卤系阻燃剂和磷系阻燃剂。经过阻燃处理的PS，在建筑上可用来制作预制层压板、墙板、绝热隔声板材和作吊顶板用。现在市场上销售的“泰柏板”，是以钢丝网为骨架，以阻燃聚苯乙烯为填料，两面按耐火要求涂抹水泥砂浆或石膏涂层，形成轻质、坚固的隔热保温、隔声、防震、防潮、防冻的墙体，可作高层建筑的各种墙体使用，也可作吊顶板。

14.6 钢材的防火保护

14.6.1 钢结构的防火保护

钢材虽然遇火不燃，也不向火灾提供燃料，但钢材受火作用后会迅速变软，当钢结构遇火烧15～20min，屋架及其他杆件会软化塌落。随着局部的破坏，使结构整体失去稳定而破坏，而且，破坏后的钢结构无法修复再用。为了克服钢结构耐火性差的缺点，可采用下列保护方法，以确保钢结构遇火后的安全。

根据不同的耐火极限要求，选用不同的保护方法。如要求耐火极限为1h，可用13mm厚石棉隔板和8mm厚隔热板将钢结构的各杆件包覆。当要求耐火极限更高时，其隔热板的厚度需相应增加。

给钢柱加做箱形外套，在套内注水，火灾时，由于钢柱受水的保护而升温减慢。

用防火涂料涂刷在钢结构上，以提高其耐火极限。

近年来，多采用后一种方法保护。在钢结构上所采用的防火涂料有LG钢结构防火隔热涂料（厚涂层型）、LB薄涂层型防火涂料、JC-276钢结构防火涂料和STI-A钢结构防火涂料，后两种涂料除用于钢结构防火外，还可用于预应力混凝土构件的防火处理。

14.6.2 钢筋的防火保护

钢筋混凝土结构是由混凝土和钢筋共同组成受力的梁、板、柱、屋架等构件。在构件中，钢筋虽然被混凝土包裹，但在火灾作用下，仍会造成构件力学性能的丧失，使结构破坏。

由于钢材的热导率较混凝土大，钢筋受热后，其热膨胀率是混凝土膨胀率的1.5倍，故受热钢筋的伸长变形比混凝土大。因此，在结构设计允许的范围内适当增加保护层厚度，可以减小或延缓钢筋的伸长变形和预应力值损失。如结构设计不允许增厚保护层，可在受拉区混凝土表面涂刷防火涂料，从而使结构得到保护。

14.7 其他阻燃制品

14.7.1 阻燃纺织品

随着我国纺织品工业的发展和人民生活水平的不断提高，纺织品在家庭中的使用范围不断扩大，除床单、窗帘外，还有沙发、台布等。特别是一些高层建筑和娱乐场所，建筑师在进行室内设计时，往往从色彩、质感等装饰效果出发，更是大量使用装饰布。如此众多地使用纺织品，给建筑增加了火灾隐患。据美国、英国、日本等国家对火灾起因进行的调查，因纺织品不阻燃而蔓延引起火灾，约占火灾总数的一半。因此，提高纺织品的阻燃性，对确保安全和减少火灾事故有极其重要的意义。

所谓纺织品阻燃就是在生产纤维过程中引入阻燃剂，或对织物进行后整理时，将阻燃剂固着在织物上而获得阻燃效果。

纺织品的阻燃处理分为两种方式：一种方式是添加，即在纺丝原液中添加阻燃剂；另一种方式是在纤维和织物上进行阻燃处理。纺织品所用阻燃剂按耐久程度分为非永久性整理剂、半永久性整理剂和永久性整理剂。整理剂可根据不同目的，单独或混合使用，使织物获得需要的阻燃性能。例如，永久性阻燃整理的产品一般能耐水洗50次以上，而且能耐皂洗，它主要用于消防服、劳保服、睡衣、床单等；半永久性阻燃整理的产品能耐1～15次中性皂洗涤，但不耐高温皂水洗涤，一般用于沙发套、电热毯、门帘、窗帘、床垫等；非永久性阻燃整理的产品不耐水洗，一般用于墙面软包用布等。

应用：我国现有的阻燃纺织品分为劳动保护、救生、消防、床上用品、装饰用布和儿童睡衣六大类。建筑装饰用布是指用于旅馆、饭店和影剧院等公共建筑及家庭中窗帘、门帘、台布、床垫、床单、沙发套、地毯及贴墙布等。这类产品纤维品种最多的是纤维素纤维、黏胶纤维，其次有涤纶、羊毛、尼龙和涤棉混纺等。

(1) 棉、麻、黏胶纤维的阻燃

纤维的阻燃是在焙烘过程中，阻燃剂依靠交联与纤维结合，使之具有阻燃效果。此方法生产工艺简单，阻燃效果好，产品能耐水洗，手感舒适，但织物的强度、不吸湿性明显下降，主要用于窗帘、室内装饰织物等。

这些阻燃黏胶纤维在热源和火焰中不熔融、不收缩，燃烧时分解产物毒性小，对人体安全无害，且有良好的透气和不易产生静电的性能，其氧指数为27%～29%。

应用：我国国内阻燃黏胶纤维主要与羊毛、棉花等混纺，制成服装和装饰织物。

(2) 尼龙织物的阻燃

尼龙又称锦纶。尼龙织物是聚酰胺纤维织物的总称，其产品颇多，如尼龙 66、尼龙 6、尼龙 1010 等。据研究，大部分阻燃剂对尼龙虽有阻燃效果，但都存在一些缺点，如硫脲及其他硫化物阻燃剂的加入，虽然提高了氧指数，但却降低了尼龙的熔点和尼龙熔断后的黏性，使熔融和燃烧的尼龙很快下滴，目前尚未找到作为尼龙织物的理想阻燃剂。

应用：尼龙织物目前主要应用于工业、农业商品包装。

(3) 涤纶（聚酯纤维）织物的阻燃

涤纶又称的确良或聚酯纤维。它的可燃性不是很高，如一根燃着的火柴落在织物上，当立即取走，纤维不会燃烧；当纤维和较小的火源接触，织物虽然出现了熔融和收缩，形成熔珠，但不燃烧。用涤纶织物与棉纤维织物做着火对比试验时可见，涤纶烧不着，而棉纤维则立即着火。

用于涤纶阻燃的阻燃剂有十溴联苯醚、三氧化二锑等。这些阻燃剂热稳定性好，燃烧时无毒，不会因熔结而烫伤皮肤。

应用：阻燃涤纶可作为室内装饰织物之用，可作窗帘、淋浴室帘布、地毯、沙发布、座椅套，还可作被褥、床单、毛毯等床上所有用品，以及消防服、军服、时装等。

(4) 腈纶织物的阻燃

腈纶比尼龙容易燃烧，其氧指数较低，仅 18%～18.5%，燃烧热较高，故为易燃纤维。但普通腈纶经用氯系阻燃剂和氯锑阻燃剂进行阻燃处理后得到阻燃腈纶，其含氯量则可达 27%左右，且燃烧时纤维不熔融、不延燃，当火源撤离后，立刻自灭。典型的阻燃单体有氯乙烯、偏二氯乙烯、溴乙烯等。

应用：由于阻燃腈纶易保管，不怕虫蛀，它可用来制造装饰物，如窗帘、门帘、家具用布及壁毯，能满足医院、旅馆、影剧院、餐厅等公共建筑的使用要求，但阻燃腈纶中含氯量高，因此纤维有较大的静电。

(5) 混纺织物的阻燃

混纺织物由两种或两种以上的纤维相互混合，再经纺纱织布而成。在各种混纺织物中。以涤棉混纺为多。对混纺织物的阻燃，有用各种纤维和难燃纤维混纺，可以不加整理和略加整理来改善织物的阻燃性能，也可将混纺织物经阻燃整理后来提高阻燃性能。在现阶段，除涤棉混纺外，利用前者来进行混纺织物阻燃整理的居多。

应用：混纺织物多用于服装制造、特殊工业品及特殊军事物品阻燃包装。

(6) 阻燃地毯的阻燃

地毯虽然只是铺于客房、走道、卧室等处的地面上，一般不直接与火源接触，但吸烟者常因不慎而将未熄灭的火柴棍和烟头扔于地毯上，如地毯未经阻燃，则可能引起一场大火。

因此，地毯应经过阻燃处理。化纤地毯的阻燃主要在于毯面纤维的处理。毯面纤维阻燃方法同纺织品的阻燃，以在制造化纤过程中加入阻燃剂为好。目前市售化纤地毯的氧指数为19%～21%。经严格阻燃处理后的化纤地毯氧指数在26%以上。

应用： 阻燃地毯多用于公共建筑、商业建筑特殊部位室内地面的火灾防范和阻燃。

14.7.2　阻燃墙纸

目前市售的绝大多数墙纸都是未经阻燃处理的，一旦遇到火源，极易着火蔓延成灾，并释放出烟和有害气体，使室内人员和消防扑救人员中毒身亡。因此，未阻燃墙纸的使用，增加了建筑物的火灾隐患和危害。为了满足建筑物的室内装饰的需要，又不增加其火灾隐患和危害，确保人民生命和财产的安全，我国已研制成功一种阻燃性能好、发烟量低、烟气基本无毒的 PVC 发泡阻燃塑料墙纸（称为 PF-8701 阻燃低毒塑料墙纸）。

这种墙纸首先是对底纸涂布专用的阻燃涂料，以加热烘干后即成难燃底纸。然后在底纸上涂布含阻燃剂、发泡剂、增塑剂、热稳定剂、着色剂等的 PVC 树脂底层涂布料，经塑化后再辊压印刷含阻燃剂、发泡剂等的花纹层涂布料，进行辊压印花、加热处理，冷却后即得 PF-8701 阻燃低毒塑料墙纸。PF-8701 墙纸的阻燃性能经检测，比普通发泡塑料墙纸和日本发泡阻燃塑料墙纸都好，见表 14-6。

表 14-6　几种墙纸阻燃性的比较

测试方法	样品名称	炭化长度/cm	余焰时间/s	余烬时间/s	氧指数/%
氧指数法	PF-8701 墙纸	—	—	—	28.5
	日本发泡阻燃塑料墙纸	—	—	—	28.1
倾斜 45°燃烧法	PF-8701 墙纸	60	0	0	—
	普通发泡塑料墙纸	全烧光	—	—	—
	普通压延塑料墙纸	全烧光	—	—	—
垂直燃烧法	日本发泡阻燃塑料墙纸	18.5	0	0	—
	普通压延塑料墙纸	全烧光	—	—	—
	PF-8701 墙纸	8.0	0	0	—

经用小白鼠在 PF-8701 墙纸燃烧烟气中做染毒试验 2h，无一死亡，说明该墙纸在空气中的燃烧烟气基本无毒。此外，PF-8701 墙纸的外观与普通高发泡塑料墙纸相似，发泡均匀，手感柔软，图案有较强的立体感和良好的装饰效果。

14.7.3　防火涂料

防火涂料实质上是阻燃涂料的习惯称呼。防火涂料根据所采用的溶剂，可分为溶剂型和水溶型两类。无机防火涂料和乳胶防火涂料均以水为溶剂；有机防火涂料采用有机溶剂。按防火涂料的作用机理，可分为非膨胀型防火涂料和膨胀型防火涂料。非膨胀型防火涂料基本上是以无机盐类制成黏合剂，掺入石棉、硼化物等无机盐，也有用含卤素的热塑性树脂掺入卤化物和氧化锑等加工制成。膨胀型防火涂料是以天然树脂或人工合成的树脂为基料，添加发泡剂、碳源等防火组分构成防火体系。受火作用时，能形成均匀、致密的蜂窝状碳质泡沫层，这种泡沫层不仅有较好的隔绝氧气的作用，而且有非常好的隔热效果。

(1) 对防火涂料组成材料的要求

防火材料是由主要成膜物质、次要成膜物质和辅助成膜物质构成的。但主要成膜物质必须与阻燃剂很好地结合，构成有机的防火体系。

阻燃剂是防火涂料中起着防火作用的关键组分。非膨胀型防火涂料的阻燃剂，在受火作用时能分解并放出不燃性气体，或本身不燃且导热性很低的物质。对于膨胀型防火涂料的阻燃剂，要求其中的发泡组分能在较低的温度下分解，并与主要成膜物质共同形成泡沫层的骨架，同时必须有利于提供碳源的高碳化合物作用，使正常的燃烧反应转化为脱水反应，有效地把碳固定在骨架上，形成均匀、致密的碳质泡沫层。

颜料不仅要使防火涂料呈现必要的装饰性，更要能改善防火涂料的力学性能、物理性能（耐候性、耐磨性等）和化学性能（耐酸碱性、耐腐蚀性、耐水性等），并增强防火效果。

其他助剂在防火涂料中应在增强防火效果的同时，还能改善涂料的柔韧性、弹性、附着力、稳定性等性能。

(2) 非膨胀型防火涂料的应用

非膨胀型防火涂料是依靠本身的难燃性或不燃性来阻止火焰的传播。它的涂层都较厚，一旦着火，在高温下就形成一种釉粒状，在短时间起到一定的隔热作用，由于釉状物的结构致密，能有效地隔绝氧气，使被保护的物体因缺氧而不能着火燃烧，或降低反应速率。但这种釉状物很容易被烧裂，一旦裂缝产生，被保护基材如为木材则干馏出的可燃气体会喷出，引起轰燃。所以，非膨胀型防火涂料对物体的保护效果是有限的，但因有较高的难燃性或不燃性，对阻抗瞬时性高温仍有很好的效果。

(3) 膨胀型防火涂料的应用

膨胀型防火涂料在未受高温、高热和火灾作用时，能保护良好的装饰性，一旦发生火灾时，它能迅速膨胀，形成多孔炭化层，从而阻止热向基材渗透。对于可燃性基材，炭化层亦能阻止氧气渗入和少量挥发物向外渗出，故能很好地抑制火灾的发生和发展。

膨胀型防火涂料的隔热阻火作用是靠它受火形成的泡沫层来实现的，其泡沫层比原涂层厚数十倍，甚至数百倍，所以原涂层都较薄（约为0.2mm），不仅有利于满足装饰要求，而且用量少，虽然比非膨胀型防火涂料造价高，实际上还是经济的。

国内生产的防火涂料有用于木质材料、钢结构、预应力混凝土三类。防火涂料只有在涂刷于建筑物上24h并干燥后，才能起到防火阻燃作用，如在尚未风干之前遇上明火，则仍会发生燃烧。

本章小结

本章学习中应了解绝热材料的主要类型及性能特点；了解吸声材料的主要类型及性能特点；重点学习常用建筑保温隔热材料、吸声材料的使用标准及方法。

复习思考题

一、填空题

1.按照国家标准，建筑材料按燃烧性能可分为__________、__________、__________和__________四级。

2. 木材防火的处理方法有__________法和__________法。

3. 钢材的耐火极限仅为__________ h。

4. STI-A 钢结构防火涂料，用作钢结构防火层，当涂层厚度为__________时，其耐火极限为 3h。

5. 安全玻璃主要有__________和__________等。

二、选择题

建筑材料的防火性能不包括（　　）。

A. 燃烧性能　　B. 耐火性能　　C. 燃烧时的毒性　　D. 发烟性

E. 临界屈服强度

三、简答题

1. 什么是材料的燃烧性能？
2. 什么是建筑材料的耐火极限？
3. 按燃烧性能分，建筑材料应分为哪些级别？
4. 可以采用哪些方法对建筑材料进行阻燃处理？
5. 防火涂料有哪些分类方法？

附录A 设计、施工与验收相关规范目录

一、建筑结构类

1.《住宅设计规范》 GB 50096—2011
2.《建筑设计防火规范》 GB 50016—2014
3.《汽车库、修车库、停车场设计防火规范》 GB 50067—2014
4.《石油化工企业设计防火规范》 GB 50160—2008
5.《火力发电厂与变电所设计防火规范》 GB 50229—2006
6.《建筑结构加固工程施工质量验收规范》 GB 50550—2010
7.《建筑地基基础工程施工质量验收规范》 GB 50202—2002
8.《混凝土结构工程施工质量验收规范》 GB 50204—2015
9.《钢结构工程施工质量验收规范》 GB 50205—2001
10.《钢管混凝土工程施工质量验收规范》 GB 50628—2010
11.《钢筋混凝土筒仓施工与质量验收规范》 GB 50669—2011
12.《砌体结构工程施工质量验收规范》 GB 50203—2011
13.《建筑隔震工程施工及验收规范》 JGJ 360—2015
14.《建筑地面工程质量验收规范》 GB 50209—2010
15.《土方与爆破工程施工及验收规范》 GB 50201—2012
16.《屋面工程质量验收规范》 GB 50207—2012
17.《沥青路面施工及验收规范》 GB 50092—1996
18.《地下防水工程质量验收规范》 GB 50208—2011
19.《建筑防腐蚀工程施工规范》 GB 50212—2014
20.《建筑防腐蚀工程施工质量验收规范》 GB 50224—2010
21.《人民防空地下室设计规范》 GB 50038—2005
22.《人民防空工程施工及验收规范》 GB 50134—2004
23.《园林绿化工程施工及验收规范》 CJJ 82—2012
24.《古建筑修建工程施工与质量验收规范》 JGJ 159—2008
25.《建筑内部装修防火施工及验收规范》 GB 50354—2005

26.《无障碍设施施工验收及维护规范》 GB 50642—2011
27.《传染病医院建筑施工及验收规范》 GB 50686—2011
28.《铝合金结构工程施工质量验收规范》 GB 50576—2010
29.《建材矿山工程施工与验收规范》 GB 50842—2013
30.《盾构法隧道施工及验收规范》 GB 50446—2017
31.《城市桥梁工程施工与质量验收规范》 CJJ 2—2008
32.《地下铁道工程施工及验收规范》 GB 50299—1999
33.《建筑节能工程施工质量验收规范》 GB 50411—2007
34.《土工合成材料应用技术规范》 GB/T 50290—2014

二、电气安装类

1.《民用建筑电气设计规范》 JGJ 16—2008
2.《建筑照明设计标准》 GB 50034—2013
3.《供配电系统设计规范》 GB 50052—2009
4.《城市电力规划规范》 GB 50293—2014
5.《20kV 及以下变电所设计规范》 GB 50053—2013
6.《低压配电设计规范》 GB 50054—2011
7.《电力工程直流电源系统设计技术规程》 DL/T 5044—2014
8.《66kV 及以下架空电力线路设计规范》 GB 50061—2010
9.《电力工程电缆设计规范》 GB 50217—2007
10.《通用用电设备配电设计规范》 GB 50055—2011
11.《爆炸危险环境电力装置设计规范》 GB 50058—2014
12.《35～110kV 变电站设计规范》 GB 50059—2011
13.《3～110kV 高压配电装置设计规范》 GB 50060—2008
14.《电力装置的继电保护和自动装置设计规范》 GB 50062—2008
15.《电力装置电测量仪表装置设计规范》 GB/T 50063—2017
16.《电击防护　装置和设备的通用部分》 GB/T 17045—2008
17.《工业电视系统工程设计规范》 GB 50115—2009
18.《厅堂扩声系统设计规范》 GB 50371—2006
19.《入侵报警系统工程设计规范》 GB 50394—2007
20.《视频安防监控系统工程设计规范》 GB 50395—2007
21.《出入口控制系统工程设计规范》 GB 50396—2007
22.《工业企业电气设备抗震设计规范》 GB 50556—2010
23.《建筑物防雷设计规范》 GB 50057—2010
24.《电力设施抗震设计规范》 GB 50260—2013
25.《安全防范工程技术规范》 GB 50348—2004
26.《火灾自动报警系统设计规范》 GB 50116—2013
27.《电子信息系统机房设计规范》 GB 50174—2008
28.《有线电视系统工程技术规范》 GB 50200—1994
29.《并联电容器装置设计规范》 GB 50227—2008

30.《高压输变电设备的绝缘配合》 GB 311.1—2012

31.《交流电气装置的过电压保护和绝缘配合设计规范》 GB/T 50064—2014

32.《交流电气装置的接地设计规范》 GB/T 50065—2011

33.《电测量及电能计量装置设计技术规程》 DL/T 5137—2001

34.《导体和电器选择设计技术规定》 DL/T 5222—2005

35.《防止静电事故通用导则》 GB 12158—2006

36.《用电安全导则》 GB/T 13869—2008

37.《系统接地的型式及安全技术要求》 GB 14050—2008

38.《户外严酷条件下的电气设施　第1部分：范围和定义》 GB 9089.1—2008

《户外严酷条件下的电气设施　第2部分：一般防护要求》 GB 9089.2—2008

39.《电能质量　供电电压偏差》 GB/T 12325—2008

40.《电能质量　电压波动和闪变》 GB/T 12326—2008

41.《电能质量　公用电网谐波》 GB/T 14549—1993

42.《电能质量　三相电压不平衡》 GB/T 15543—2008

43.《低压电气装置　第4-41部分：安全防护　点击防护》 GB 16895.21—2011

44.《建筑物电气装置　第4-42部分：安全防护　热效应保护》 GB 16895.2—2005

45.《建筑物电气装置　第5-54部分：电气设备的选择和安装　接地配置、保护导体和保护联结导体》 GB 16895.3—2004

46.《建筑物电气装置　第5部分：电气设备的选择和安装　第53章：开关设备和控制设备》 GB 16895.4—1997

47.《低压电气装置　第4-43部分：安全防护　过电流保护》 GB 16895.5—2012

48.《低压电气装置　第5-52部分：电气设备的选择和安装　布线系统》 GB/T 16895.6—2014

49.《低压电气装置　第7-706部分：特殊装置或场所的要求　活动受限制的可导电场所》 GB/T 16895.8—2010

50.《建筑物电气装置　第7部分：特殊装置或场所的要求　第707节：数据处理设备用电气装置的接地要求》 GB/T 16895.9—2000

51.《低压电气装置　第4-44部分：安全防护　电压骚扰和电磁骚扰防护》 GB/T 16895.10—2010

52.《建筑电气工程施工质量验收规范》 GB 50303—2015

53.《电气装置安装工程电缆线路施工及验收规范》 GB 50168—2006

54.《电气装置安装工程　低压电器施工及验收规范》 GB 50254—2014

55.《电气装置安装工程　母线装置施工及验收规范》 GB 50149—2010

56.《电气装置安装工程　高压电器施工及验收规范》 GB 50147—2010

57.《电气装置安装工程　蓄电池施工及验收规范》 GB 50172—2012

58.《电气装置安装工程　电力变压器、油浸电抗器、互感器施工及验收规范》 GB 50148—2010

59.《电气装置安装工程　盘、柜及二次回路接线施工及验收规范》 GB 50171—2012

60.《建筑电气照明装置施工与验收规范》 GB 50617—2010

61.《建筑物防雷工程施工与质量验收规范》 GB 50601—2010

62.《防静电工程施工与质量验收规范》 GB 50944—2013

63.《住宅区和住宅建筑内通信设施工程验收规范》 GB/T 50624—2010
64.《住宅区和住宅建筑内光纤到户通信设施工程施工及验收规范》 GB 50847—2012
65.《通信管道工程施工及验收规范》 GB 50374—2006
66.《用户电话交换系统工程验收规范》 GB/T 50623—2010
67.《数据中心基础设施施工及验收规范》 GB 50462—2015
68.《光伏发电工程验收规范》 GB/T 50796—2012
69.《综合布线系统工程设计规范》 GB 50311—2016
70.《综合布线系统工程验收规范》 GB/T 50312—2016
71.《智能建筑设计标准》 GB 50314—2015
72.《智能建筑工程质量验收规范》 GB 50339—2013
73.《会议电视会场系统工程施工及验收规范》 GB 50793—2012
74.《自动化仪表工程施工及质量验收规范》 GB 50093—2013
75.《自动喷水灭火系统施工及验收规范》 GB 50261—2005
76.《气体灭火系统施工及验收规范》 GB 50263—2007
77.《消防通信指挥系统施工及验收规范》 GB 50401—2007
78.《电梯工程施工质量验收规范》 GB 50310—2002
79.《城市轨道交通综合监控系统工程施工与质量验收规范》 GB/T 50732—2011
80.《城市轨道交通自动售检票系统工程质量验收规范》 GB 50381—2010
81.《城市轨道交通信号工程施工质量验收规范》 GB 50578—2010
82.《铝母线焊接工程施工及验收规范》 GB 50586—2010
83.《1kV及以下配线工程施工与验收规范》 GB 50575—2010
84.《110～750kV架空输电线路施工及验收规范》 GB 50233—2014
85.《±800kV及以下换流站干式平波电抗器施工及验收规范》 GB 50774—2012
86.《1000kV输变电工程竣工验收规范》 GB 50993—2014
87.《1000kV高压电器（GIS、HGIS、隔离开关、避雷器）施工及验收规范》 GB 50836—2013

三、采暖通风类

1.《洁净室施工及验收规范》 GB 50591—2010
2.《风机、压缩机、泵安装工程施工及验收规范》 GB 50275—2010
3.《空分制氧设备安装工程施工与质量验收规范》 GB 50677—2011
4.《双曲线冷却塔施工与质量验收规范》 GB 50573—2010
5.《氨制冷系统安装工程施工及验收规范》 SBJ 12—2011
6.《制冷设备、空气分离设备安装工程施工及验收规范》 GB 50274—2010

四、给排水类

1.《给水排水构筑物工程施工及验收规范》 GB 50141—2008
2.《给水排水管道工程施工及验收规范》 GB 50268—2008
3.《泡沫灭火系统施工及验收规范》 GB 50281—2006
4.《固定消防炮灭火系统施工与验收规范》 GB 50498—2009
5.《建筑灭火器配置验收及检查规范》 GB 50444—2008

6.《节水灌溉工程验收规范》 GB/T 50769—2012

五、燃气燃油类

1.《城镇燃气室内工程施工与质量验收规范》 CJJ 94—2009

2.《城镇燃气输配工程施工及验收规范（附条文说明）》 CJJ 33—2005

3.《油气长输管道工程施工及验收规范》 GB 50369—2014

六、工业管道类

1.《现场设备、工业管道焊接工程施工质量验收规范》 GB 50683—2011

2.《工业金属管道工程施工质量验收规范 》GB 50184—2011

3.《工业设备及管道绝热工程施工质量验收规范》 GB 50185—2010

4.《工业设备及管道防腐蚀工程施工质量验收规范》 GB 50727—2011

5.《工业炉砌筑工程施工与验收规范》 GB 50211—2014

6.《石油化工绝热工程施工质量验收规范》 GB 50645—2011

7.《脱脂工程施工及验收规范》 HG 20202—2014

8.《烟囱工程施工及验收规范》 GB 50078—2008

9.《矿浆管线施工及验收规范》 GB 50840—2012

10.《煤矿设备安装工程质量验收规范》 GB 50946—2013

11.《钢铁厂加热炉工程质量验收规范》 GB 50528—2013

12.《石油化工金属管道工程施工质量验收规范》 GB 50517—2010

14.《建材工业设备安装工程施工及验收规范》 GB/T 50561—2010

15.《输送设备安装工程施工及验收规范》 GB 50270—2010

16.《铀浓缩工厂工艺气体管道工程施工及验收规范》 GB/T 51012—2014

17.《水泥工厂余热发电工程施工与质量验收规范》 GB 51005—2014

附录B　建筑工程材料试验

建筑工程材料试验是建筑材料课程理论教学的重要实践性环节。通过试验应加深对理论知识的理解，熟悉常用建筑材料的主要技术性能，熟悉常用材料试验仪器的原理和操作，掌握基本的试验技能，为今后从事材料试验和科学研究打下良好的基础。

为了取得客观的、正确的测试结果，材料的取样必须具有代表性，试验操作和数据处理必须按照国家现行标准和规范进行。为此，试验时必须具备严肃认真和实事求是的科学态度，正确分析试验过程中出现的各种现象，去伪存真，务求真实。

每个试验完成后，应规范填写试验报告，及时总结试验结果，以指导和巩固本课程的学习和灵活应用。

试验一　材料基本物理性能测定

材料基本性能的试验项目比较多，对于各种不同材料及不同用途，测试项目及测试方法视具体要求而有一定差别。下面以石料为例，介绍土木工程中材料几种常用物理性能试验方法。

试验条件：气温/室温______℃，试验湿度______%，试验日期______年______月______日。

一、密度试验（李氏密度瓶法）

1. 试验目的

掌握石料密度的李氏密度瓶测定方法。

2. 试验依据

石料密度是指石料矿质单位体积（不包括开口与闭口孔隙体积）的质量。

3. 主要仪器设备及规格型号

李氏密度瓶（试图1-1）、筛子（孔径0.25mm）、烘箱、干燥瓶、天平（感量0.001g）、温度计、恒温水槽、粉磨设备等。

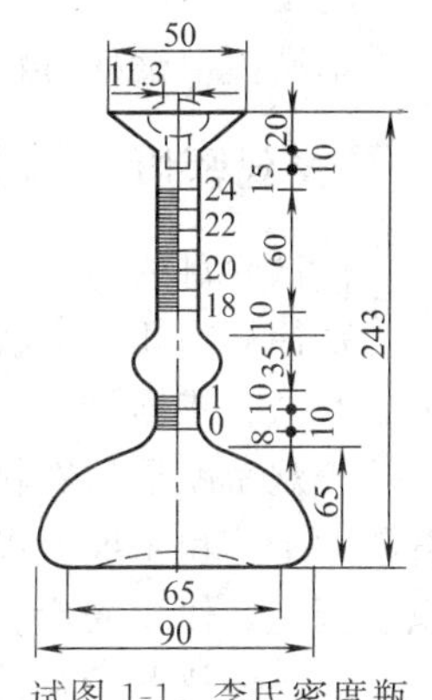

试图1-1　李氏密度瓶
（尺寸单位：mm）

4. 试验步骤

(1) 将石料试验样品粉碎、研磨、过筛后放入烘箱中，以100℃±

5℃的温度烘干至恒重。烘干后的粉料储放在干燥器中冷却至室温，以待取用。

（2）在李氏密度瓶中注入煤油或其他对试样无不良反应的液体至突颈下部的零刻度线以上，将李氏密度瓶放在温度为 T℃±1℃的恒温水槽内（水温必须控制在李氏密度瓶标定刻度时的温度），使刻度部分浸入水中，恒温 0.5h。记下李氏密度瓶第一次读数 V_1（准确至 0.05mL，下同）。

（3）从恒温水槽中取出李氏密度瓶，用滤纸将李氏密度瓶内零点起始读数以上的没有煤油的部分仔细擦净。

（4）取 100g 左右试样，用感量为 0.001g 的天平（下同）准确称取瓷皿和试样总质量 m_1。用牛角匙小心将试样通过漏斗渐渐送入李氏密度瓶内（不能大量倾倒，因为这会妨碍李氏密度瓶中的空气排出，或在咽喉部分形成气泡，妨碍粉末的继续下落），使液面上升至 20mL 刻度处，注意勿使石粉黏附于液面以上的瓶颈内壁上。摇动李氏密度瓶，排出其中空气，至液体不再产生气泡为止。再放入恒温水槽，在相同温度下恒温 0.5h，记下李氏密度瓶第二次读数 V_2。

（5）准确称取瓷皿加剩下的试样总质量 m_2。

5. 试验结果与计算

（1）石料试样密度按下式计算（精确至 0.01g/cm³）：

$$\rho_t=\frac{m_1-m_2}{V_2-V_1}$$

式中　ρ_t——石料密度，g/cm³；

m_1——试验前试样加器皿总质量；

V_1——李氏瓶第一次读数，mL(cm³)；

V_2——李氏瓶第二次读数，mL(cm³)。

（2）以两次试验结果的算术平均值作为测定值，如果两次试验结果相差大于 0.02g/cm³ 时，应重新取样进行试验。

（3）按照试表 1-1 格式，将试验数据填写到试验报告中。

试表 1-1　李氏密度瓶法测量值

项目	第一次读数 V_1/cm³	第二次读数 V_2/cm³	瓷皿和试样总质量 m_1/g	试样总质量 m_2/g	石料密度 ρ_1/(g/cm³)
1					
2					

6. 试验结论

本试验中试样石料的密度平均值为（　　）g/cm³。

二、表观密度（体积密度）试验（量积法）

1. 试验目的

掌握规则几何形状的石料试件表观密度的测量方法。

2. 试验依据

表观密度是指石料在干燥状态下包括空隙在内的单位体积固体材料的质量。形状不规则石料的毛体积密度可以用静水称量法或蜡封法测定；对于规则几何形状的试件，可以采用量积法测定其体积密度。

3. 主要仪器设备及规格型号

天平（称量 500g、感量 0.01g）、游标卡尺（精度 0.1mm）、烘箱、试件加工设备等。

4.试验步骤

(1)将石料加工成规则几何形状的试件(3个)后放入烘箱内，以100℃±5℃的温度烘干至恒重。用游标卡尺量其尺寸(精确至0.1mm)，并计算其体积V_0(cm^3)。然后再用天平称其质量m(精确至0.01g)，按下式计算其表观密度(体积密度)：

$$\rho_t'=\frac{m}{V_0}$$

式中　ρ_t'——石料的表观密度，g/cm^3；

m——试件的质量，g/cm^3；

V_0——试件的体积，cm^3。

(2)求试件体积时，如果试件为立方体或长方体，则每个边应在上、中、下三个位置分别测量，求其平均值，然后再按下式计算体积：

$$V_0=\frac{a_1+a_2+a_3}{3}\times\frac{b_1+b_2+b_3}{3}\times\frac{c_1+c_2+c_3}{3}$$

式中，a、b、c是试件石料的长、宽、高。

(3)求试件体积时，如果试件为圆柱体时，则在圆柱体上、下两个平行切面上及试件腰部，按两个互相垂直的方向量其直径，求6次测量的平均值d，再在互相垂直的两直径与圆周交界的四点上量其高度，求4次测量的平均值，最后按下式求其体积：

$$V_0=\frac{\pi d^3 h}{4}$$

式中　V_0——试件的体积，cm^3；

d——试件的直径，cm；

h——试件的高度，cm。

(4)组织均匀的石料，其体积密度应为3个试件测得结果的平均值；组织不均匀的石料，应记录最大值与最小值。

测量数据填入试表1-2中。

试表1-2　量积法测量值

项目	a_1	a_2	a_3	b_1	b_2	b_3	c_1	c_2	c_3	体积V_0/cm^3	质量m/g	表观密度/(g/cm^3)
1												
2												
3												
4												

5.试验结论

本试验试样表观密度平均值为(　　)。

三、空隙率的计算

1.试验目的

在测定石料密度的和表观密度的基础上，计算石料的孔隙率，为混凝土配合比设计提供数据。

2.试验依据

见以下内容中的孔隙率计算公式。

3. 主要仪器设备及规格型号

天平（称量500g、感量0.01g）、游标卡尺（精度0.1mm）、烘箱、试件加工设备等。

4. 试验步骤

（1）将已经求出的同一石料的密度和表观密度（用同样的单位表示）代入下式计算得出该石料的孔隙率：

$$\rho_0=\frac{\rho_t-\rho_t'}{\rho_t}\times 100\%$$

式中 ρ_0——石料空隙率，%；

ρ_t——石料的密度，g/cm^3；

ρ_t'——石料的体积密度，g/cm^3。

（2）按照试表1-3格式，将试验数据填写到试验报告中。

试表 1-3 石料孔隙率计算

石料密度/(g/cm^3)	石料的体积密度/(g/cm^3)	石料孔隙率/%

5. 试验结论

本试验试样孔隙率为（   ）。

四、吸水率试验

1. 试验目的

测定试样石料的吸水率，为混凝土配合比设计提供依据。

2. 试验依据

见下文石料的吸水率公式。

3. 主要仪器设备及规格型号

天平（感量0.01g）、烘箱、石料加工设备、容器等。

4. 试验步骤

（1）将石料试件加工成直径和高均为50mm的圆柱或边长为50mm的立方体试件；如采用不规则试件，其边长不少于40～60mm，每组试件至少3个，石质组织不均匀者，每组试件不少于5个。用毛刷将试件洗涤干净并编号。

（2）将试件放置在烘箱中，以100℃±5℃的温度烘干至恒重。在干燥器中冷却至室温后用天平称其质量m_1(g)，精确至0.01g（下同）。

（3）将试件放在盛水的容器里，在容器底部可放些垫条如玻璃管或玻璃杆使试件底面与盆底不致紧贴，使水能够自由进入。

（4）加水至试件高度的1/4处；以后每隔2h分别加水至高度的1/2和1/3处；6h后将水加至高出试件顶部20mm以上，并再放置48h让其自由吸水。这样逐次加水能使试件孔隙中的空气逐渐逸出。

（5）取出试件，用湿纱布擦去表面水分，立即称其质量m_2(g)。

（6）试验结果计算及数据处理。

按下列公式计算石料吸水率（精确至0.01%）：

$$W_x=\frac{m_2-m_1}{m_1}\times100\%$$

式中 W_x——石料吸水率，%；

m_1——烘干至恒重时试件的质量，g；

m_2——吸水至恒重时试件的质量，g。

组织均匀的试件，取三个试件试验结果的平均值作为测定值；组织不均匀的试件，则取5个试件试验结果的平均值作为测定值。

测量数据填入试表1-4中。

试表1-4 吸水率测定值

试样编号	烘干至恒重时的质量 m_1/g	吸水至恒重时的质量 m_2/g	吸水的质量 m_2-m_1/g	石料吸水 w_1/%
1				
2				
3				
4				
5				

5.试验结论

本试验试样吸水率测定平均值为（　　）。

试验二　水泥试验

本试验方法适用于硅酸盐水泥、普通硅酸盐水泥、矿渣硅酸盐水泥、火山灰质硅酸盐水泥及粉煤灰硅酸盐水泥。

一般规定：水泥出厂前按同品种、同强度等级编号和取样。袋装水泥和散装水泥应分别进行编号和取样，每一编号为一取样单位。

水泥的出厂编号，按水泥厂年产量规定为：120万吨以上，不超过1200t为一个编号；60万～120万吨，不超过1000t为一个编号；30万～60万吨，不超过600t为一个编号；10万～30万吨，不超过400t为一个编号；4万～10万吨，不超过200t为一个编号；4万吨以下，不超过200t和3d产量为一个编号。

水泥的取样应有代表性，可连续取，亦可从20个以上不同部位取等量样品，总量至少12kg。试样应充分拌匀，通过0.9mm方孔筛，并记录筛余物百分数及其性质。

无特殊说明时，实验室温度应为17～25℃，相对湿度大于50%。试验用水必须是洁净的淡水，如有争议也可使用蒸馏水。水泥试样、标准砂、拌和水、仪器和用具等的温度均应与实验室温度一致。

试验条件：气温/室温______℃，试验湿度______%，试验日期______年______月______日。

一、负压筛法细度试验

1.试验目的

（1）掌握水泥细度的几种测定方法。

（2）掌握负压筛法等试验设备的使用。

2. 试验依据

（1）GB 1345—2005《水泥细度检验方法》。

（2）GB 175—2007/XG1—2009《通用硅酸盐水泥》。

（3）GB 1345—1991《水泥负压筛析法》。

细度检验采用筛孔直径为 80μm 的试验筛，试验筛框的有效尺寸见试表 2-1。试验方法分为负压筛法、水筛法和手工干筛法三种，在检验工作中，如对负压筛法与水筛法或手工干筛法测定的结果发生争执时，以负压筛法为准。

试表 2-1　试验筛框的有效尺寸

项目	负压筛	水筛	手工干筛
筛框有效直径/mm	150±1	125±1	150±1
筛框高度/mm	25±1	80±1	50±1

3. 主要仪器设备及规格型号

（1）负压筛析仪。负压筛析仪由筛座、负压筛、负压源及收尘器组成，其中筛座由转速为 30r/min±2r/min 的喷气嘴、负压表、控制板、微电机及壳体等构成，如试图 2-1 所示。筛析仪负压可调范围为 4000～6000Pa。

（2）天平。最大称量为 100g，分度值不大于 0.05g。

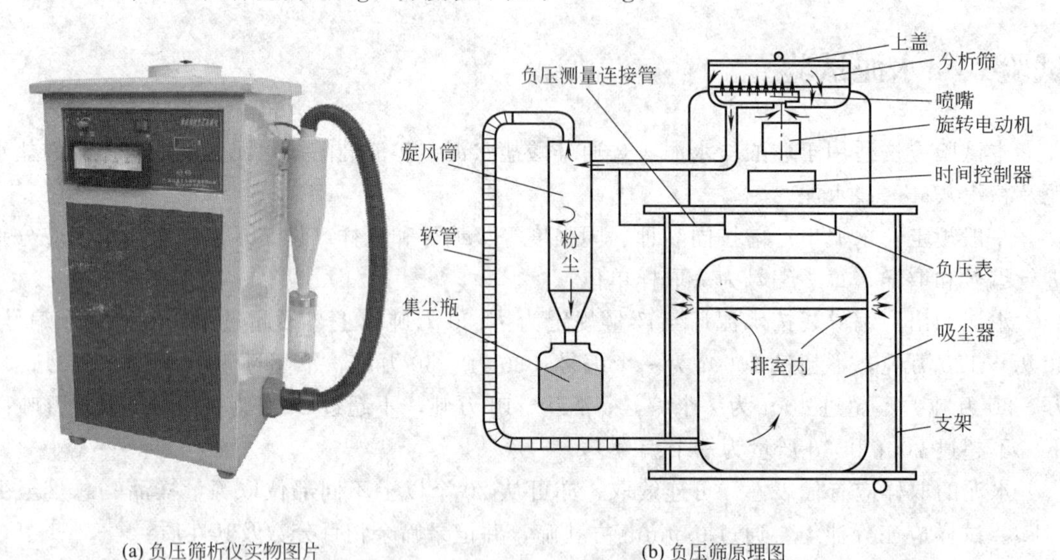

(a) 负压筛析仪实物图片　　(b) 负压筛原理图

试图 2-1　负压筛析仪（尺寸单位：mm）

4. 试验步骤

（1）筛析试验前，应把负压筛放在筛座上，盖上筛盖，接通电源，检查控制系统，调节负压至 4000～6000Pa 范围内。

（2）称取试样 25kg，置于洁净的负压筛中，盖上筛盖，放在筛座上，开动筛析仪连续筛析 2min，在此期间如有试样附着在筛盖上，可轻轻地敲击，使试样落下。筛毕，用天平称量筛余物。

（3）当工作负压小于 4000Pa 时，应清理吸尘器内水泥，使负压恢复正常。

(4) 试验结果计算及数据处理。

水泥试样筛余百分数按下式计算：

$$F=\frac{R_s}{m_c}\times 100\%$$

式中 F——水泥试样的筛余百分数，%；

R_s——水泥筛余的质量，g；

m_c——水泥试样的质量，g。

试验数据填入试表 2-2 中。

试表 2-2 水泥细度筛余百分数计算

试样编号	水泥筛余质量 R_s/g	水泥试样质量 m_c/g	筛余百分数 F/%
1			
2			

5. 试验结论

本试验负压筛中水泥试样筛余百分数平均值是（ ）%。

二、水筛法细度试验

1. 试验目的

同负压筛法细度试验。

2. 试验依据

同负压筛法细度试验。

3. 主要仪器设备

水筛、筛支座、喷头、天平等。

4. 试验步骤

(1) 筛析试验前，应检查水中无泥、砂，调整好水压及水筛架的位置，使其能正常运转。喷头底面和筛网之间距离为 35～75mm。

(2) 称取试样 50g，置于洁净的水筛中，立即用淡水冲洗至大部分细粉通过后，放在水筛架上，用水压为 0.05MPa±0.02MPa 的喷头连续冲洗 3min。筛毕，用少量水把筛余物冲至蒸发皿中，等水泥颗粒全部沉淀后，小心倒出清水，烘干并用天平称量筛余物。

试验数据填入试表 2-3 中。

试表 2-3 水泥细度筛余百分数计算

试样编号	水泥筛余质量 R_s/g	水泥试样质量 m_c/g	筛余百分数 F/%
1			
2			

5. 试验结论

本试验水筛法中水泥试样筛余百分数平均值是（ ）%。

三、水泥标准稠度用水量测试

1. 试验目的

掌握水泥标准稠度用水量的两种测定方法，并能较准确地测定。

2. 试验依据

GB/T 1346—2011《水泥标准稠度用水量、凝结时间、安定性检验方法》。

3. 主要仪器设备及规格型号

(1) 标准法维卡仪。标准稠度试杆由有效长度 50mm±1mm，直径 10mm±0.05mm 的圆柱形耐腐蚀金属制成。滑动部分的总质量应为 300g±1g，与试杆联结的滑动杆表面应光滑，能靠重力自由下落，如试图 2-2 所示。

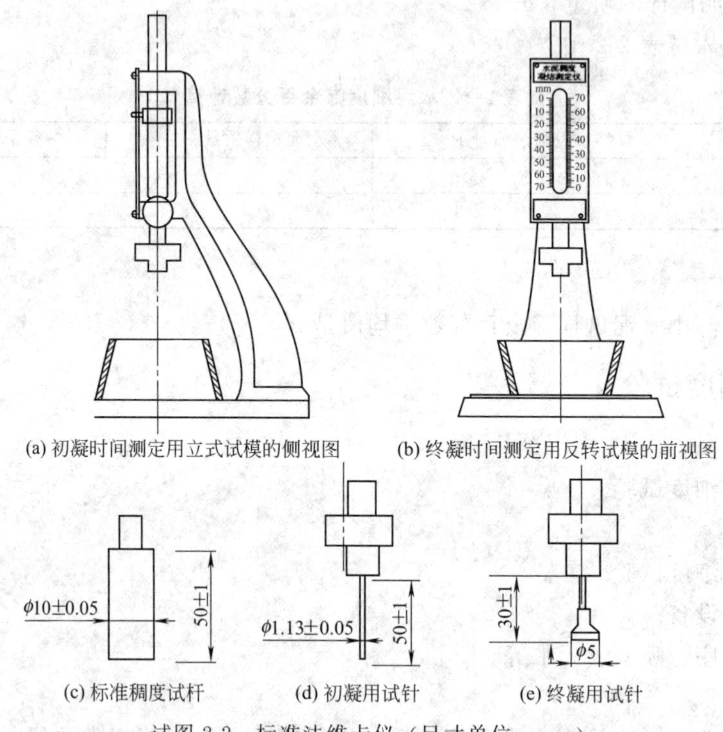

试图 2-2 标准法维卡仪（尺寸单位：mm）

(2) 水泥净浆试模。应由耐腐蚀、有足够硬度的金属制成。试模深 40mm±0.2mm，顶内径 65mm±0.5mm，底内径 75mm±0.5mm。每只试模应配厚度≥2.5 mm 的平板玻璃底板。

(3) 水泥净浆搅拌机。

(4) 量水器、天平。

4. 试验步骤

(1) 试验前必须做到：维卡仪的金属杆能自由滑动；调整试杆接触玻璃板时，指针对准零点；搅拌机运转正常。

(2) 用湿布将搅拌锅内壁、搅拌叶片润湿；将拌和水加入搅拌锅；在 10s 内将 500g 水泥加入水中；启动搅拌机，慢转 120s，中停 15s，快转 120s，搅拌结束将净浆刮入净浆试模。

(3) 净浆经用小刀振捣、插捣、刮齐、抹平后，调整试杆与净浆面接触，突然放松，使试杆自由沉入净浆 30s，记录杆端与底板之间的距离，当杆端与底板之间的距离为 6mm±1mm，此时的净浆为标准稠度。

试验数据填入试表 2-4 中。

试表 2-4 水泥标准稠度用水量测定

试样编号	试样质量/g	固定用水量/cm^3	下沉深度/mm	标准稠度用水量/cm
1				
2				

5. 试验结论

本试验试样的标准稠度用水量平均值为（　　）cm。

四、水泥凝结时间测定

1. 试验目的

了解水泥凝结时间的概念及国家标准对凝结时间的规定，并能较准确地测出水泥的凝结时间。

2. 试验依据

GB 175—2007/XG1—2009《通用硅酸盐水泥》。

3. 主要仪器设备及规格型号

（1）水泥净浆搅拌机；

（2）水泥净浆试模；

（3）标准法维卡仪；

（4）量水器、天平。

4. 试验步骤

（1）测定凝结时间。取下维卡仪试杆端头，换上初凝针；调整初凝针与净浆面接触，指针对准零点。

（2）测定起始时间。以标准稠度用水量制成标准稠度净浆一次装满试模，振动数次刮平，立即放入湿气养护箱中。记录水泥全部加入水中的试件作为凝结试件的起始时间。

（3）初凝时间的测定。试件在湿气养护箱中养护至加水后30min时进行第一次测定。

（4）终凝时间的测定。由水泥全部加入水中至终凝状态的时间为水泥的终凝时间。

（5）测定注意事项。在最初测定的操作时应轻轻扶持金属柱，使其徐徐下降，以防试针撞弯，但结果以自由下落为准；在整个测试过程中试针沉入的位置至少要距离试模内壁10mm。每次测定不能让试针落入原针孔，每次测试完毕需将试针擦净并将试模放回湿气养护箱内，整个测试过程要防止试模受振。

试验数据填入试表 2-5 中。

试表 2-5 水泥凝结时间测定记录

序号	起始时间 t_0	初凝时间 t_1/min	终凝时间 t_2/min
1			
2			

5. 试验结论

本试验中，水泥试样的平均凝结时间是（　　）min。

五、水泥安定性测定

1. 试验目的

（1）了解造成水泥安定性不良的因素有哪些。

（2）掌握用雷氏夹膨胀值测定仪进行检测。

2.试验依据。

（1）GB 175—2007/XG1—2009《通用硅酸盐水泥》。

（2）当用含有 CaO、MgO 或 SO_3 较多的水泥拌制混凝土时，会使混凝土出现龟裂、翘曲甚至崩溃，从而造成建筑物的漏水、加速腐蚀等危害。所以必须检验水泥加水拌和后在硬化过程中体积变化是否均匀，是否会因体积变化引起膨胀、裂缝和翘曲。

水泥安定性测定方法可以用饼法也可以用雷氏法，有争议时以雷氏法为准。饼法是观察水泥净浆试饼沸煮后的外形变化来检验水泥的体积安定性。雷氏法是测定水泥净浆在雷氏夹中沸煮后的膨胀值。

3.主要仪器设备及规格型号

（1）沸煮箱。有效容积约为 410mm×240mm×3100mm，箅板结构应不影响试验结果，箅板与加热器之间的距离大于 50mm。箱的内层由不易锈蚀的金属材料制成，能在 30min±5min 内将箱内的试验用水由室温升温至沸腾并可保持沸腾状态 3h 以上，整个试验过程中不需补充水量。

（2）雷氏夹膨胀值测定仪。由铜质材料制成，标尺最小刻度为 1mm。其结构如试图 2-3 所示。当一根指针的根部先悬挂在一根金属丝或尼龙丝上，另一根指针的根部再挂上 300g 质量的砝码时，两根指针的针尖距离增加应在 17.5mm±2.5mm 范围内，当去掉砝码后针尖的距离能恢复至挂砝码前的状态。

（3）水泥净浆搅拌机、湿气养护箱、量水器、天平等。

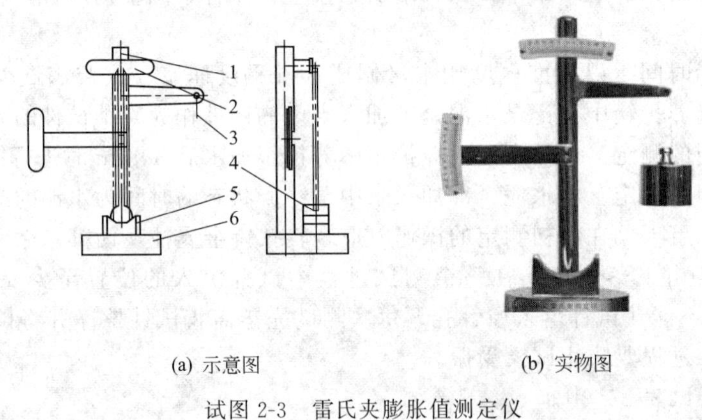

(a) 示意图　　(b) 实物图

试图 2-3　雷氏夹膨胀值测定仪

1—支架；2—标尺；3—弦线；4—雷氏夹；5—垫块；6—底座

4.试验步骤

（1）准备工作。若采用雷氏法时，每个雷氏夹需配备质量 75～80g 的玻璃板两块；若采用饼法时，一个样品需配备两块约 100mm×100mm 的玻璃板。每种方法每个试样需成型两个试件。凡与水泥净浆接触的玻璃板和雷氏夹表面都要稍稍涂上一层油。

（2）以标准稠度用水量制备标准稠度净浆。

（3）试饼的成型方法。将制好的净浆取出一部分分成两等份，使之呈球形，放在预先准备好的玻璃板上，轻轻振动玻璃板并用湿布擦过的小刀由边缘向中央抹动，做成直径 70～80mm、中心厚约 10mm、边缘渐薄、表面光滑的试饼，接着将试饼放入湿气养护箱内养护 24h±2h。

（4）雷氏夹试件的制备。将预先准备好的雷氏夹放在已稍擦油的玻璃板上，并立刻将制好的标准稠度净浆装满试模，装模时一只手轻轻扶持试模，另一只手用宽约10mm的小刀捣15次左右然后抹平，盖上稍涂油的玻璃板，接着立刻将试模移至湿气养护箱内养护24h±2h。

（5）从养护箱内取出试件，脱去玻璃板。当为饼法时，先检查试饼是否完整（如已开裂、翘曲要检查原因，确证无外因时，该试饼已属不合格不必沸煮），在试饼无缺陷的情况下将试饼放在沸煮箱的箅板上。

当用雷氏法时，先测量试件指针尖端间的距离（A），精确至0.5mm，接着将试件放在箅板上，指针朝上，试件之间互不交叉。

（6）沸煮。调整好沸煮箱内水位，保证整个沸煮过程都能没过试件，不需中途加水。然后在30min±5min内加热至沸腾并保持180min±5min。

（7）结果判别。沸煮结束，即放掉箱中的热水，打开箱盖，待箱体冷却至室温，取出试件进行判别。

① 若为试饼，目测未发现裂缝，用直尺检查也没有弯曲的试饼为安定合格，反之为不合格。当两个试饼判别结果有矛盾时，该水泥的安定性为不合格。

② 若为雷氏夹，测量试件指针尖端间的距离（C），记录至小数点后一位，当两个试件煮后增加距离（$C-A$）的平均值不大于5.0mm时，即认为该水泥安定性合格，当两个试件的增加距离（$C-A$）值相差超过4mm时，应用同一样品立即重做一次试验。

试验数据记录在试验报告册中。

5.试验结论

本试验中水泥试样的安定性评价为（　　）。

六、水泥胶砂强度检验

1.试验目的

（1）掌握水泥胶砂强度试样的制作方法。

（2）掌握水泥抗折强度测定仪、压力机等设备的操作和使用方法。

2.试验依据

（1）GB/T 17671—1999《水泥胶砂强度检验方法（ISO法）》。

（2）GB 175—2007/XG1—2009《通用硅酸盐水泥》。

试体成型实验室温度应保持在20℃±2℃，相对湿度应不低于50%。试体带模养护的养护箱或雾室温度保持在20℃±2℃，相对湿度应不低于90%。试体养护池温度应在20℃±1℃范围内。

3.主要仪器设备及规格型号

（1）胶砂搅拌机。行星式搅拌机，应符合JC/T 681要求。

（2）胶砂振实台。应符合JC/T 726的要求，如试图2-4所示。

（3）试模。由三个水平的模槽组成。模槽内腔尺寸为40mm×40mm×160mm，可同时成型三条棱形试件。成型操作时应在试模上面加有一个壁高20mm的金属套模；为控制料层厚度和刮平胶砂表面，应备有两个播料器和一个金属刮平尺。

（4）抗折强度试验机。一般采用杠杆比值1∶50的电动抗折试验机，也可以采用性能符

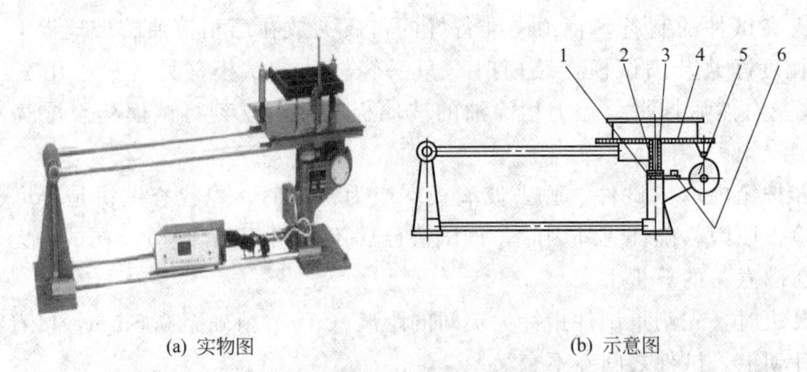

(a) 实物图　　(b) 示意图

试图 2-4　水泥胶砂振实台（尺寸单位：mm）

1—定位套；2—止动器；3—凸面；4—台面；5—凸轮；6—红外线计数装置

合要求的其他试验机。抗折夹具的加荷与支撑圆柱直径应为 10mm±0.1mm（允许磨损后尺寸为 10mm±0.2mm)，两个支撑圆柱中心间距为 100mm±0.2mm。

(5) 抗压试验机。试验机精度要求±1%，并具有按 2400N/s±200N/s 的速度加荷的能力。

(6) 抗压夹具。应符合 JC/T 683 的要求，受压面积为 40mm×40mm。

(7) 天平（精度±1g)、量水器（精度±1mL）等。

4. 试验步骤

(1) 试件成型。

① 将试模擦净，四周模板与底座的接触面上应涂黄油，紧密装配，防止漏浆。内壁均匀刷一薄层机油。

② 试验采用中国 ISO 标准砂，中国 ISO 标准砂可以单级分包装，也可以各级预配合以 1350g±5g 量的塑料袋混合包装。

每锅胶砂可成型三条试体。除火山灰水泥外，每锅胶砂可采用水泥：标准砂：水=1：3：0.5 的质量比，用天平称取水泥 450g±2g、中国 ISO 标准砂 1350g±5g，量水器量取 225mL±1mL 水。

火山灰水泥在进行胶砂强度检验时，其用水量按 0.50 水灰比和胶砂流动度不小于 180mm 来确定。当流动度小于 180mm 时，需以 0.01 的整倍数递增的方法将水灰比调整至胶砂流动度不小于 180mm。

③ 把水加入搅拌锅，再加入水泥，把锅放在固定架上，上升至固定位置。然后立即开动搅拌机，低速搅拌 30s 后，在第二个 30s 开始的同时均匀地将砂加入。把机器转至高速再拌 30s。

停拌 90s，在第一个 15s 内用一胶皮刮具将叶片和锅壁上的胶砂刮入锅中间。在高速下继续搅拌 60s 后，停机取下搅拌锅。

各个搅拌阶段，时间误差应在±1s 内，将黏附在叶片上的胶砂刮下。

④ 胶砂制备后立即进行成型。将空试模和模套固定在振实台上，用一适当勺子直接从搅拌锅中将胶砂分两层装入试模，装第一层时，每个槽里放 300g 胶砂，用大播料器垂直架在模套顶部沿每个模槽来回一次将料层播平，接着振实 60 次。移走模套，从振实台上取下试模，用一金属直尺以近似 90°。的角度架在试模顶的一端，然后沿试模长度方向以横向锯割动作慢慢移向另一端，一次将超过试模部分的胶砂刮去，并用同一直尺以近乎水平的状况

将试体表面抹平。

⑤ 在试模上做好标记后，立即放入湿气养护箱或雾室进行养护。

(2) 脱模与养护。

① 养护到规定脱模时间取出脱模。脱模前，用防水墨或颜料笔对试体进行编号。两个龄期以上的试体，编号时应将同一试模中的三条试件分在两个以上的龄期内。

② 脱模应非常小心。对于24h龄期的，应在破型前20min内脱模。对于24h以上龄期的，应在成型后20～24h之间脱模。硬化较慢的水泥允许延期脱模，但需记录脱模时间。

③ 试件脱模后立即水平或垂直放入水槽中养护，养护水温度为20℃±1℃，试件之间应留有间隙，养护期间试件之间或试体上表面的水深不得小于5mm。每个养护池只养护同类型的水泥试件。

④ 试验条件：试件成型日期______年______月______日，测试日期______年______月______日，龄期______天。

(3) 强度测定。不同龄期的试件，应在下列时间里（从水泥加水搅拌开始算起）进行强度测定：24h±15min测定值：48h±30min测定值：78h±45min测定值：7d±2h测定值：>28d±8h测定值。

① 抗折强度测定。

a. 每龄期取出三条试件先做抗折强度测定。测定前需擦去试件表面的水分和砂粒，清除夹具上圆柱表面黏着的杂物。试件放入抗折夹具内，应使试件侧面与圆柱接触。

b. 采用杠杆式抗折试验机时，试件放入前，应使杠杆呈平衡状态。试件放入后，调整夹具，使杠杆在试件折断时尽可能地接近平衡位置。

c. 抗折强度测定时加荷速度为50N/s±10N/s。

d. 抗折强度按下式计算（计算至0.1MPa）：

$$R_t=\frac{1.5F_tL}{b^3}$$

式中　R_t——单个试件抗折强度，MPa；

F_t——折断时施加于棱柱体中部的荷载，N；

L——支承圆柱之间的距离，mm；

b——棱柱体正方形截面的边长，mm。

e. 以一组三个试件测定值的算术平均值作为抗折强度的试验结果（精确至0.1MPa）。当三个强度值中有超过平均值±10%时，应剔除后再取平均值作为抗折强度试验结果。

② 抗压强度测定。

a. 抗折强度测定后的两个断块应立即进行抗压强度测定。抗压强度测定需用抗压夹具进行，使试件受压面积为40mm×40mm。测定前应清除试件受压面与加压板间的砂粒或杂物。测定时以试件的侧面作为受压面，并使夹具对准压力机压板中心。

b. 整个加荷过程中以2400N/s±200N/s的速度均匀加荷直至破坏。

c. 抗压强度按下式计算（计算至0.1MPa）：

$$R_c=\frac{F_c}{A}$$

式中　R_c——单个试件抗压强度，MPa；

F_c——破坏时的最大荷载，N；

A——受压部分面积，即 40mm×40mm=1600mm²。

d. 以一组三个棱柱体上得到的六个抗压强度测定值的算术平均值作为抗压强度的试验结果（精确至 0.1MPa）。如 6 个测定值中有一个超出 6 个平均值±10%，应剔除这个结果，而以剩下 5 个的平均数为试验结果。如 5 个测定值中再有超过它们平均数±10%的，则此组结果作废。

e. 按照试表 2-6 格式，将试验数据填写到试验报告中。

试表 2-6 水泥砂浆抗压强度试验记录

成型日期			拌和方法				捣实方法		
欲拌砂浆强度等级			水泥强度等级				养护方法		
试验日期	养护龄期/d	试块编号	试块边长/mm		受压面积 A /mm²	破坏荷载 F /N	抗压强度 /MPa	平均抗压强度 /MPa	单块抗压强度最小值 /MPa
			a	b					
		1							
		2							
		3							
		4							
		5							
		6							

5. 试验结论

本试验中，水泥砂浆抗压强度是（　　）。

试验三　普通混凝土集料性能试验

试验条件：气温/室温______℃，试验湿度______%，试验日期______年______月______日。

一、取样方法及数量试验

1. 细集料

细集料定义：砂的取样应按批进行，每批总量不宜超过 400m³ 或 600t。

取样时应先将取样部位表层铲除，然后由料堆或车船上不同部位或深度抽取大致相等的试样共 8 份，组成一组试样。进行各项试验的每组试样应不小于试表 3-1 规定的最少取样质量。

试验时需按照四分法分别获取各项试验所需的数量，试样获取也可用分料器进行。

2. 粗集料

粗集料定义：碎石或卵石的取样也按批进行，每批总量不宜超过 400m³ 或 600t。

取样时先将料堆的顶部、中部和底部均匀分布的各 5 个部分的表层铲除，然后由各部位抽取大致相等的试样共 15 份组成一组试验。

试验时需将每组试样分别获取各项试验所需的数量，试样的获取也可用分料器进行。

二、砂的筛分析试验

1.试验目的

（1）学会骨料的取样技术；能正确作出砂的筛分曲线，计算砂的细度模数，评定砂的颗粒级配和粗细程度。

（2）掌握测定砂子含水率的方法；能作出粗骨料的颗粒级配曲线，判断其级配情况；能较完全地找出骨料中的针、片状颗粒，并判定是否满足混凝土用骨料的质量要求。

2.试验依据

（1）GB/T 14684—2011《建设用砂》。

（2）GB/T 14685—2011《建设用卵石、碎石》。

3.主要仪器设备及规格型号

（1）试验筛。包括孔径为9.5mm、4.5mm、2.36mm、1.18mm、0.60mm、0.30mm、0.15mm的方孔筛，以及筛的底盘和盖各一个。

（2）托盘天平。称量1kg，感量1g。

（3）摇筛机。

（4）烘箱。能控制温度在105℃±5℃。

（5）浅盘、毛刷等。

4.试验步骤

（1）试样制备。用于筛分析的试样应先筛除大于9.5mm的颗粒，并记录其筛余百分率。如试样含泥量超过5%，应先用水洗。然后将试样充分拌匀，用四分法缩分至每份不少于550g的试样两份，在105℃±5℃下烘干至恒重，冷却至室温后备用。

（2）试验步骤。

① 准确称取烘干试样500g，置于按筛孔大小顺序排列的套筛最上一只筛上，将套筛装入摇筛机上摇筛约10min（无摇筛机可采用手摇）。然后取下套筛，按孔径大小顺序逐个在清洁的浅盘上进行手筛，直至每分钟的筛出量不超过试样总量的0.1%时为止。通过的颗粒并入下一号筛中一起过筛。按此顺序进行，至各号筛全部筛完为止。

② 试样在各号筛上的筛余量均不得超过下式的量：

质量仲裁时

$$m_r=\frac{A\sqrt{d}}{300}$$

生产控制检验

$$m_r=\frac{A\sqrt{d}}{200}$$

式中　m_r——筛余量，g；

d——筛孔尺寸，mm；

A——筛的面积，mm^2。

否则应将该筛余试样分成两份，再次进行筛分，并以其筛余量之和作为该号筛的筛余量。

③ 称量各号筛余试样的质量，精确至1g。所有各号筛的筛余试样质量和底盘中剩余试样质量的总和与筛余前的试样总量相比，其差值不得超过1%。

（3）试验结果与计算。

① 分计筛余百分率：各号筛上的筛余量除以试样总质量的百分率（精确至0.1%）。

② 累计筛余百分率：该号筛上的分计筛余百分率与大于该号筛的各号筛上的分计筛余

百分率的总和（精确至1.0%）。

③ 根据各筛的累计筛余百分率，绘制筛分曲线，评定颗粒级配。

④ 计算细度模数 M_x（精确至0.01）。

$$M_x=\frac{(A_2+A_3+A_4+A_5+A_6)-5A_1}{100-A_1}$$

式中 A_1，…，A_6——依次为5.0mm……0.160mm筛上累计筛余百分率。

⑤ 筛分析试验应采用两份试样进行，并以其试验结果的算术平均值作为测定结果。如两次试验所得细度模数之差大于0.20，应重新进行试验。

⑥ 按照试表3-1格式，将试验数据填写到试验报告中。

试表 3-1 砂子细度模数计算

筛孔尺寸/mm	9.50	4.75	2.36	1.18	0.60	0.30	0.15	筛底
筛余质量/g								
分计筛余百分率 a/%								
累计筛余百分率 A/%								
细度模数 $M_x=(A_{2.36}+A_{1.18}+A_{0.60}+A_{0.30}+A_{0.15})-5A_{4.75}/(100-A_{4.75})$							$M_x=$	

根据计算出的细度模数选择相应级配范围图，将累计筛余百分率 A（点）参考试图3-1(a)、(b)，描绘在试验报告的坐标图中，连接各点成线，并据此判断试样的级配好坏。

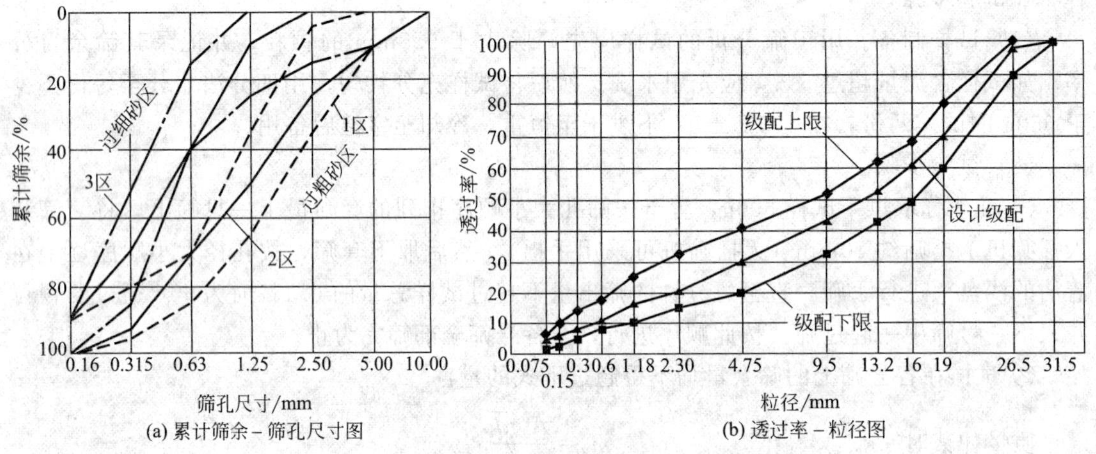

(a) 累计筛余－筛孔尺寸图　　(b) 透过率－粒径图

试图3-1 砂的级配范围

5. 试验结论

砂颗粒级配的标准见试表3-2。根据细度模数，本试验用砂属于（　　）砂。

试表 3-2 砂颗粒级配的标准（JGJ 52—2001）

筛孔尺寸/mm	累计筛余/%		
	Ⅰ区	Ⅱ区	Ⅲ区
4.75	0～10	0～10	0～10
2.36	5～35	0～25	0～15
1.18	35～65	10～50	0～25
0.60	71～85	41～70	16～40
0.30	80～95	70～92	55～85
0.15	90～100	90～100	90～100

三、砂的表观密度试验（标准法）

1.试验目的

掌握砂的表观密度的测定方法。

2.试验依据

参见下文中表观密度计算公式。

3.主要仪器设备及规格型号

（1）托盘天平。称重1kg，感重1.0kg。

（2）容量瓶。500mL。

（3）烘箱、干燥器、温度计、料勺等。

4.试验步骤

（1）试样制备。将获取至约650g的试样在105℃±5℃烘箱中烘至恒重，并在干燥器中冷却至室温后备用。

（2）试验步骤。

① 称取烘干试样300g（m_0），装入盛有半瓶冷开水的容量瓶中，摇动容量瓶，使试样充分搅动以排除气泡。塞紧瓶塞。

② 静置24h后打开瓶塞，角滴管添水使水面与瓶颈刻线平齐。塞紧瓶塞，擦干瓶外水分，称其质量（m_1）。

③ 倒出容量瓶中的水和试样，清洗瓶内外，再注入与上项水温相差不超过2℃的冷开水至瓶颈刻线。塞紧瓶塞，擦干瓶外水分，称其质量（m_2）。

④ 试验过程中应测量并控制水温。各项称量可以在15～25℃的温度相差范围内进行。从试样加水静置的最后2h起直至试验结束，其温差不应超过2℃。

（3）试验结果计算。

① 表观密度ρ_0应按下式计算（精确至10kg/m³）：

$$\rho_0=\left(\frac{G_0}{G_0+G_2-G_1}\right)\rho_{水}$$

式中 G_1——瓶＋试样＋水总质量，g；

G_2——瓶＋水总质量，g；

G_0——烘干试样质量，g。

② 以两次试验结果的算术平均值为测定结果。如两次结果之差大于20kg/m³时，应重新取样进行试验。

试验数据填入试表3-3中。

试表3-3 砂的表观密度试验计算

序号	容积瓶＋水＋试样质量G_1/kg	容积瓶＋水质量G_2/kg	试样砂质量G_0/kg	水的密度$\rho_{水}$/(kg/m³)	表观密度ρ_0/(kg/m³)	表观密度平均值/(kg/m³)
1						
2						

5.试验结论

本试验中，试样砂的表观密度是（　　）kg/m³。

四、砂的堆积密度试验

1. 试验目的

掌握砂的堆积密度测定方法。

2. 试验依据

参见下文堆积密度计算公式。

3. 主要仪器设备及规格型号

（1）台秤。称重5kg，感重5g。

（2）容量筒。金属制圆柱形，内径108mm，净高109mm，筒壁厚2mm，容积1L，筒底厚5mm。

容量筒应先校正容积。以20℃±2℃的饮用水装满容量筒，用玻璃板沿筒口滑移，使其紧贴水面并擦干筒外壁水分，然后称重。用下式计算容积（V）：

$$V=m_2'-m_1'$$

式中 V——容量筒容积，L；

m_1'——筒和玻璃板总质量，kg；

m_2'——筒、玻璃板和水总质量，kg。

（3）烘箱、漏斗或料勺、直尺、浅盘。

4. 试验步骤

（1）试样制备。取所分试样约3L，在105℃±5℃的烘箱中烘干至恒重，取出冷却至室温，分成大致相等的两份备用。烘干试样中如有结块，应先捏碎。

（2）试验步骤。

① 称容量筒质量m_0，将试样用料勺或漏斗徐徐装入容量筒内，出料口距容量筒口不应超过5cm，直到试样装满超出筒口成锥形为止。

② 用直尺将多余的试样沿筒口中心线向两个相反方向刮平。称容量筒与试样总质量m_1。

（3）试验结果与计算。

① 计算砂的堆积密度ρ_Q（精确至$10kg/m^3$）：

$$\rho_Q=\frac{m_2-m_1}{V}\times1000$$

式中 ρ_Q——砂的堆积密度，kg/m^3；

m_1——容量筒质量，kg；

m_2——容量筒与试样总质量，kg；

V——容量筒容积，L。

② 以两次试验结果的算术平均值作为测定结果。

试验数据填入试表3-4中。

试表3-4 砂的堆积密度试验计算

序号	容积桶质量m_1/kg	容积桶+砂质量m_2/kg	砂质量m_2-m_1/kg	容积桶容积V/L	砂的堆积密度ρ_Q/(kg/m^3)	堆积密度平均值/(kg/m^3)
1						
2						

5.试验结论

本试验中，试样砂的堆积密度是（　　）kg/m^3。

五、碎石或卵石的堆积密度测定

1.试验目的

测定碎石或卵石的堆积密度，为计算试样石料的孔隙率和混凝土配合比设计提供数据。

2.试验依据

参见下文石料堆积密度计算公式。

3.主要仪器设备及规格型号

（1）磅秤。称量50kg、感量50g及称量100kg、感量100g各一台。

（2）容量筒。金属制，试验前先校正其容积，方法同砂的表观密度试验。

（3）烘箱、平头铁铲等。

4.试验步骤

（1）试样制备。用四分法所取试样不少于试表3-5规定的数量，在105℃±5℃的烘箱中烘干或在清洁的地面上风干，拌匀后分为大致相等的两份备用。

试表3-5　试验所需试样最小质量

最大粒径/mm	9.5	16.0	19.0	26.5	31.5	37.5	63.0	75.0
最小试样质量/kg	1.9	3.2	3.8	5.0	6.3	7.5	12.6	16.0

（2）试验步骤。

① 称取容量筒质量m_1。

② 将试样置于平整、干净的地板（或铁板）上，用铁铲将试样从距筒口5cm处左右自由落入。装满容量筒后除去凸出筒口表面的颗粒，并以较合适的颗粒填入凹陷空隙，使表面凸起部分和凹陷部分的体积大致相等。称取容量筒与试样总质量m_2。

（3）试验结果与计算。

① 计算碎石或卵石的堆积密度ρ_0'（精确至$10kg/m^3$）：

$$\rho_0' = \frac{m_2 - m_1}{V} \times 1000$$

式中　ρ_0'——碎石或卵石的堆积密度，kg/m^3；

m_1——容量筒质量，kg；

m_2——试样与容量筒质量，kg；

V——容量筒容积，L。

② 以两次试验结果的算术平均值作为测定结果。

试验数据填入试表3-6、试表3-7中。

试表3-6　石子松散堆积密度试验计算

序号	容积桶质量m_1/kg	容积桶加石子质量m_2/kg	石子质量m_2-m_1/kg	容积桶容积/L	堆积密度ρ_0'/(kg/m^3)	堆积密度平均值/(kg/m^3)
1						
2						

试表 3-7 石子紧密堆积密度试验计算

序号	容积桶质量 m_1 /kg	容积桶加石子质量 m_2 /kg	石子质量 m_2-m_1 /kg	容积桶容积 /L	堆积密度 ρ_0' /(kg/m³)	堆积密度平均值 /(kg/m³)
1						
2						

5.试验结论

本试验试样石子的松散堆积密度是（　　）kg/m³，紧密堆积密度是（　　）kg/m³。

六、碎石或卵石的含水率测定

1.试验目的

计算试样石料的含水率，为混凝土配合比设计提供数据。

2.试验依据

参见下文试样石料含水率计算公式。

3.主要仪器设备及规格型号

（1）托盘天平。称量5kg，感量5g。

（2）烘箱、浅盘等。

4.试验步骤

（1）试样制备。取质量约等于前面试验表3-4规定的数量，分为两份备用。

（2）试验步骤。

① 将试样放入已知质量为 m_1 的浅盘中，称取试样和浅盘的总质量 m_2。

② 将试样和浅盘放入105℃±5℃的烘箱中烘至恒重，取出冷却至室温后再称取试样和浅盘的总质量 m_3。

（3）试验结果与计算。

① 计算碎石或卵石的含水率 ω（精确至0.1%）：

$$\omega=\frac{m_2-m_1}{m_3-m_1}\times100\%$$

式中 ω——碎石或卵石的含水率，%；

m_1——浅盘质量，g；

m_2——试样与浅盘共质量，g；

m_3——烘干试样与浅盘共质量，g。

② 以两次试验结果的算术平均值作为测定结果。

③ 按照试表3-8格式，将试验数据填写到试验报告中。

试表 3-8 碎石或卵石含水率计算

试样编号	干燥浅盘的质量 m_1 /g	未烘干的石子与干燥浅盘的总质量 m_2/g	烘干后的石子与干燥浅盘的总质量 m_3/g	石子含水率/%	石子平均含水率/%
1					
2					

5.试验结论

本次试验试样石子的含水率为（　　）。

试验四 普通混凝土拌和物试验

试验条件：气温/室温______℃，试验湿度______%，试验日期______年______月______日。

一、拌和物试验的拌和方法

1. 试验目的

了解影响混凝土工作性的主要因素，并根据给定的配合比进行各组成材料的称量和实拌，测定其流动性，评定黏聚性和保水性。若工作性不能满足给定的要求，则能分析原因，提出改善的具体措施。

2. 试验依据

（1）GB 50164—2011《混凝土质量控制标准》。

（2）GBJ 107—2010《混凝土强度检验评定标准》。

（3）GB/T 50081—2002《普通混凝土力学性能试验方法标准》。

（4）GB 50204—2015《混凝土结构工程施工质量验收规范》。

3. 主要仪器设备及规格型号

（1）混凝土搅拌机。

（2）磅秤。称量 50kg，感量 50kg。

（3）其他用具。天平（称量 5kg，感量 1g），量筒（$200cm^3$，$1000cm^3$），拌铲，拌板（1.5m×2m），盛器等。

4. 试验步骤

（1）一般规定。

① 拌制混凝土的原材料应符合技术要求，并与施工实际用料相同，在拌和前，材料的温度应与室温（应保持在 20℃±5℃）相同。

② 拌制混凝土的材料用量以质量计。称量的精确度为：集料±1%，水、水泥及混合材料、外加剂±0.5%。

（2）拌和方法。

① 人工拌和。每盘混凝土拌和物最小拌量应符合试表 4-1 的规定。

试表 4-1 拌和物最小拌量

集料最大粒径/mm	拌和物数量/L
31.5 及以下	15
40	25

a. 按所定配合比计算每盘混凝土各材料用量后备料。

b. 将拌板和拌铲用湿布润湿后，将砂倒在拌板上，然后加入水泥，用拌铲自拌板一端翻拌至另一端，如此重复，直至充分混合，颜色均匀，再加上粗集料，翻拌至混合均匀为止。

c. 将干混合物堆成堆，在中间做一凹槽，将已称量好的水，倒一半左右在凹槽中（勿使水流出），然后仔细翻拌，并徐徐加入剩余的水，继续翻拌，每翻拌一次，用拌铲在拌和物上铲切一次，直到拌和均匀为止。

d.拌和时力求动作敏捷，拌和时间从加水时算起，应大致符合下列规定：拌和物体积为30L以下时，4～5min；拌和物体积为30～50L以下时，5～9min；拌和物体积为51～75L以下时，9～12min。

e.混凝土拌和好后，应根据试验要求，立即进行测试或成型试件。从开始加水时算起，全部操作需在30min完成。

② 机械搅拌。拌和量不应小于搅拌机额定搅拌量的1/4。

a.按所定配合比计算每盘混凝土各材料用量后备料。

b.预拌一次，即用按配合比的水泥、砂子和水组成的砂浆及少量石子，在搅拌机中进行涮膛，然后倒出并刮去多余的砂浆。其目的是避免正式拌和时影响拌和物的实际配合比。

c.开动搅拌机，向搅拌机内依次加入石子、砂子和水泥，干拌均匀，再将水徐徐加入，全部加料时间不超过2min，水全部加入后，继续拌和2min。

d.将拌和物自搅拌机卸出，倾倒在拌板上，再经人工拌和1～2min，即可进行测试或成型试件。从开始加水时算起，全部操作必须在30min内完成。

5.试验结论

本试验的两种拌和方法中，拌和物最小拌量是否达到拌和要求。（　　）

二、拌和物稠度坍落度法试验

坍落度法适用于集料最大粒径不大于40mm、坍落度值不小于10mm的混凝土拌和物稠度测定。

1.试验目的

测定塑性混凝土拌和物的和易性，用以评定混凝土拌和物的质量，供调整混凝土实验室配合比参数用。

2.试验依据

（1）JGJ 55—2011《普通混凝土配合比设计规程》。

（2）GB/T 50080—2002《普通混凝土拌和物性能试验方法标准》等。

3.主要试验仪器及规格型号

（1）坍落度筒。坍落度筒是由1.5mm厚的钢板或其他金属制成的圆台形筒，如试图4-1、试图4-2所示。底面和顶面应相互平行并与锥体的轴线垂直。在筒外2/3高度处安装有两个手把，下端应焊脚踏板。

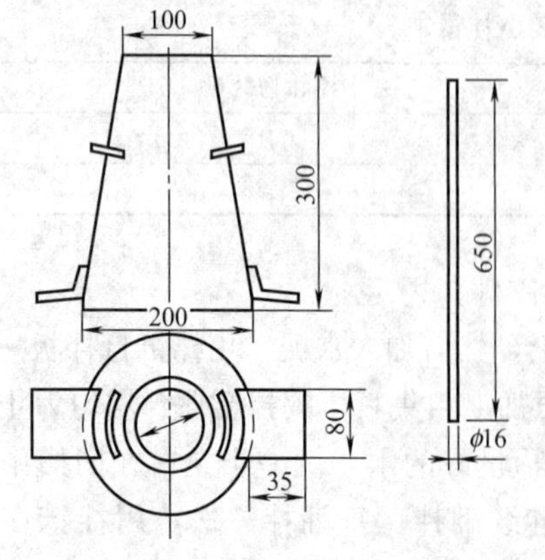

试图4-1　坍落度筒及捣棒（尺寸单位：mm）

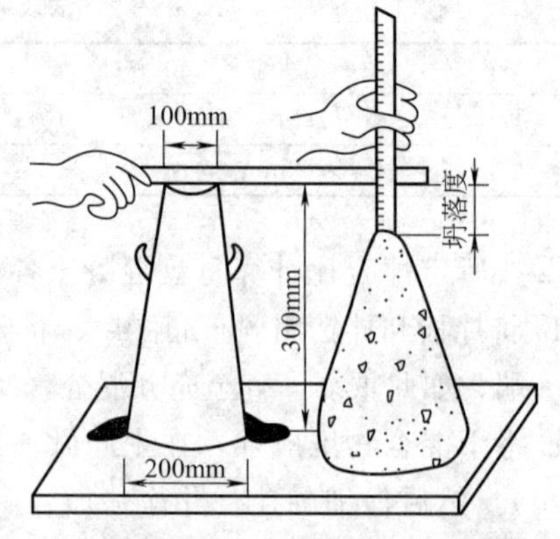

试图4-2　混凝土拌和物坍落度测定

筒的内部尺寸为：底部直径 200mm±2mm；顶部直径 100mm±2mm；高度 300mm±2mm。

（2）捣棒。直径 16mm、长 600mm 的钢棒，端部应磨圆。

（3）小铲、直尺、拌板、镘刀等。

4.试验步骤

（1）润湿坍落度筒及其他用具，并把筒放在不吸水的刚性水平底板上，然后用脚踩住两边的脚踏板，使坍落度筒在装料时保持位置固定。

（2）把按要求取得的混凝土试样用小铲分三层均匀地装入筒内，使捣实后每层高度为筒高的 1/3 左右。每层用捣棒插捣 25 次。插捣应沿螺旋方向由外向中心进行，各次插捣应在截面上均匀分布。插捣筒边混凝土时，捣棒可以稍稍倾斜。插捣底层时，捣棒应贯穿整个深度，插捣第二层和顶层时，捣棒应捣透本层至下一层的表面。

浇灌顶层时，混凝土应灌到高出筒口。插捣过程中，如混凝土沉落到低于筒口，则应随时添加。顶层插捣完后，刮去多余的混凝土并用镘刀抹平。

（3）清除筒边底板上的混凝土后，垂直平稳地提起坍落度筒。坍落度筒的提离过程应在 5～10s 内完成。

从开始装料到提起坍落度筒的整个过程应不间断地进行，并应在 150s 内完成。

（4）提起坍落度筒后，测量筒高与坍落度后混凝土试体最高点之间的高度差，即为该混凝土拌和物的坍落度值（以 mm 为单位，结果表达精确至 5mm）。

（5）坍落度提离后，如发生试体崩坍或一边剪坏现象，应重新取样进行测定。如第二次仍出现这种现象，则表示该拌和物的和易性不好，应予记录备查。

（6）观察坍落度后混凝土拌和物试体的黏聚性和保水性。

① 黏聚性。用捣棒在已坍落的拌和物锥体侧面轻轻敲打，如果锥体逐渐下沉，表示黏聚性良好，如果锥体倒塌，部分崩裂或出现离析现象，即为黏聚性不好。

② 保水性。提起坍落度筒后如果有较多的稀浆从底部析出，锥体部分的拌和物也因失浆而集料外露，则表明此拌和物保水性不好。如无这种现象，则表明保水性良好。

试验数据填入试表 4-2、试表 4-3 中。将上述试验过程及主观评定用书面报告形式记录在试验报告中。

试表 4-2 混凝土试拌材料用量

项目		用量/kg						配合比（水泥：水：砂子：石子）
		水泥	水	砂子	石子	外加剂	总量	
调整前	每立方米混凝土材料用量							
	试拌 15L 混凝土材料量							

试表 4-3 混凝土拌和物和易性试验记录

材料		用量/kg						坍落度值/mm
		水泥	水	砂子	石子	外加剂	总量	
调整后	第一次调整增加量							
	第二次调整增加量							
合计								

5.试验结论

本试验中，拌和物试样粗骨料种类是（ ），砂率是（ ），粗骨料最大粒径是（ ），拟定坍落度是（　　），坍落度平均值是（　　），黏聚性评述是（　　），保水性评述是（　　），和易性评定是（　　）。

三、拌和物稠度维勃稠度法试验

维勃稠度法用于集料最大粒径不大于 40mm，维勃稠度在 5～30s 之间的混凝土拌和物稠度的测定。

1. 试验目的

测定干硬性混凝土拌和物的和易性，用以评定混凝土拌和物的质量。

2. 试验依据

（1）GB 50164—2011《混凝土质量控制标准》。

（2）GBJ 107—2010《混凝土强度检验评定标准》。

（3）GB/T 50081—2002《普通混凝土力学性能试验方法标准》。

3. 主要试验仪器及规格型号

（1）维勃稠度仪。如试图 4-3 所示，由以下部分组成。

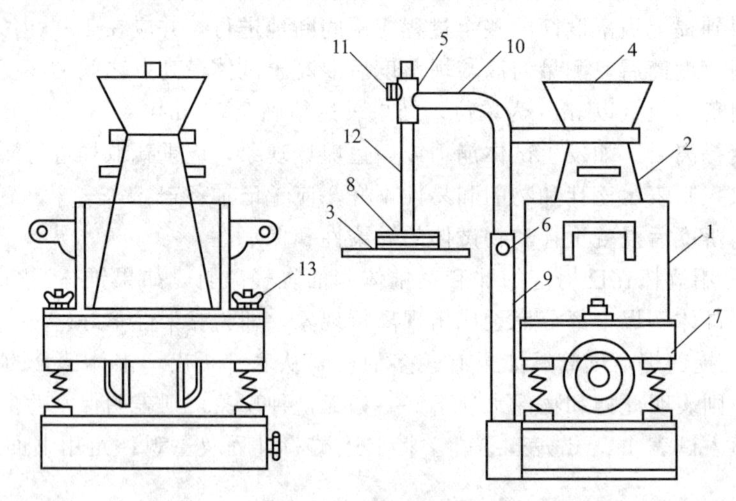

试图 4-3　维勃稠度仪

1—容器；2—坍落度筒；3—透明圆盘；4—喂料斗；5—套筒；6—定位螺钉；7—振动台；8—荷重；9—支柱；10—旋转架；11—测杆螺钉；12—测杆；13—固定螺钉

① 振动台。台面长 3800mm，宽 260mm。振动频率 50Hz±3Hz。装有空容器时，台面的振幅应为 0.5mm±0.1mm。

② 容器台。内径 240mm±5mm，高 200mm±2mm。

③ 旋转架。与测杆及喂料斗相连。测杆下部安装有透明且水平的圆盘。透明圆盘直径 230mm±2mm，厚 10mm±2mm。由测杆、圆盘及荷重组成的滑动部分总质量应为 2750g±50g。

④ 坍落度筒及捣棒。同坍落度试验，但筒没有脚踏板。

（2）秒表、小铲、拌板、镘刀等。

4. 试验步骤

（1）将维勃稠度仪放置在坚实水平的基面上，用湿布将容器、坍落度筒、喂料斗内壁及其他用具擦湿。就位后，测杆、喂料斗的轴线均应和容器的轴线重合。然后拧紧固定螺钉。

（2）将混凝土拌和物经喂料斗分三层装入坍落度筒。装料及插捣的方法同坍落度试验。

（3）将喂料斗转离，小心并垂直提起坍落度筒，此时应注意不使混凝土试体产生横向扭动。

（4）将透明圆盘转到混凝土圆台体上方，放松测杆螺钉，降下圆盘，使它轻轻地接触到混凝土顶面。拧紧定位螺钉，并检查测杆螺钉是否完全松开。

（5）同时开启振动台和秒表，当透明圆盘的底面被水泥浆布满的瞬间，立即停表计时并关闭振动台。

（6）由秒表读得的时间（s）即为该混凝土拌和物的维勃稠度值（读数精确至1s）。

拌和物稠度的调整方法是：在进行混凝土配合比试配时，若试拌得出的混凝土拌和物的坍落度或维勃稠度不能满足要求，或黏聚性和保水性不好时，应在保证水灰比不变的条件下相应调整用水量或砂率，直到符合要求为止。

将上述试验过程及主观评定用书面报告形式记录在试验报告中。

5.试验结论

评定本试验中试样的维勃稠度、黏聚性和保水性。

四、普通混凝土立方体抗压强度测试

1.试验目的

本试验采用立方体试件，以同一龄期者为一组，每组至少为三个同时制作并同样养护的混凝土试件。试件尺寸粗集料的最大粒径确定，见试表4-4。

2.试验依据

（1）GB 50164—2011《混凝土质量控制标准》。

（2）GBJ 107—2010《混凝土强度检验评定标准》。

（3）GB/T 50081—2002《普通混凝土力学性能试验方法标准》。

（4）GB 50204—2010《混凝土结构工程施工质量验收规范》。

试表4-4 试件尺寸、粗集料的最大粒径

试件尺寸/mm	粗集料的最大粒径/mm	每次插捣次数/次	抗压强度换算系数
100×100×100	30	12	0.95
150×150×150	40	25	1
200×200×200	60	50	1.05

3.主要试验仪器及规格型号

（1）压力试验机。试验机的精度（示值的相对误差）应不低于±1%，其量程应能使试件的预期破坏荷载值不小于全量程的20%，也不大于全量程的80%。试验机应按计量仪表使用规定进行定期检查，以确保试验机工作的准确性。

（2）振动台。试验所用振动台的振动频率为50Hz±3Hz，空载振幅应为0.5mm。

（3）试模。试模由铸铁或钢制成，应具有足够的刚度并拆装方便。试模内表面应机械加工，其不平度应为每100mm不超过0.05mm，组装后各相邻面的垂直度应不超过±0.5°。

（4）捣棒、小铁铲、金属直尺、镘刀等。

4.试验步骤

(1) 试件制作。

① 每一组试件所用的拌和物根据不同要求应从同一盘或同一车运送的混凝土中取出，或以试验用机械或人工单独拌制。用以检验现浇混凝土工程或预制构件质量的试件分组或取样原则，应按有关规定执行。

② 试件制作前，应将试模擦拭干净，并将试模的内表面涂以一薄层矿物油脂。

③ 坍落度不大于700mm的混凝土宜用振动台振实。将拌和物一次装入试模，并稍有富余，然后将试模放在振动台上。开动振动台振动至拌和物表面出现水泥浆为止。记录振动时间。振动结束后用镘刀将表面抹平。

坍落度大于700mm的混凝土，宜用人工捣实。混凝土拌和物分两层装入试模，每层厚度大致相等。插捣时按螺旋方向从边缘向中心均匀进行。插捣底层时，捣棒应达到试模底面，插捣上层时，捣棒应穿入下层深度20～30mm。插捣时捣棒保持垂直不得倾斜，并用抹刀沿试模内壁插入数次，以防止试件产生麻面。每层插捣次数见试表4-4，一般每100cm^{2}面积应不少于12次，然后刮除多余的混凝土并用镘刀抹平。

(2) 试件养护。

① 采用标准养护的试件成型后应覆盖表面，以防止水分蒸发，并应在温度为20℃±5℃情况下静置一昼夜至两昼夜，然后编号拆模。

拆模后的试件应立即放在温度为20℃±1℃、湿度为95%以上的标准养护室中养护。在标准养护室内试件应放在架上，彼此间隔为10～20mm，并应避免用水直接冲淋试件。

② 无标准养护室时，混凝土试件可在温度为20℃±3℃的不流动水中养护。水的pH值不应小于7。

③ 与构件同条件养护的试件成型后，应覆盖表面。试件的拆模时间可与实际构件的拆模时间相同。拆模后，试件仍需保持同条件养护。

(3) 抗压强度试验。

① 试件自养护室取出后，应尽快进行试验。将试件表面擦拭干净并量出其尺寸（精确至1mm)，据以计算试件的受压面积A(mm^2)。

② 将试件安放在下承压板上，试件的承压面应与成型时的顶面垂直。试件的中心应与试验机下压板中心对准。开动试验机，当上压板与试件接近时，调整球座，使接触均衡。

③ 加压时，应连续而均匀地加荷，加荷速度应为：当混凝土强度等级低于C30时，取每秒0.3～0.5MPa；当混凝土强度等级不低于C30时，取每秒0.5～0.8MPa。当试件接近破坏而迅速变形时，停止调整试验机油门，直至试件破坏。记录破坏荷载P(N)。

(4) 试验结果与计算。

① 混凝土立方体试件的抗压强度按下式计算（计算至0.1MPa)：

$$f_{cu}=\frac{P}{A}$$

式中 f_{cu}——混凝土立方体试件抗压强度，MPa；

P——破坏荷载，N；

A——试件承压面积，mm^2。

② 以三个试件测值得算数平均值作为该组试件的抗压强度值（精确至0.1MPa)。如果三个测定值中的最小值或最大值中有一个与中间值的差异超过中间值的15%时，则把最大

值及最小值一并舍除，取中间值作为该组试件的抗压强度值。如最大值和最小值与中间值相差均超过 15%，则该组试件试验结果无效。

③ 混凝土的抗压强度以 150mm×150mm×150mm 的立方体试件的抗压强度为标准，其他尺寸试件测定结果，均应换算成边长为 150mm 立方体的标准抗压强度，换算时均应分别乘以试表 4-4 中的尺寸换算系数。

试验数据填写到试表 4-5、试表 4-6 中。

试表 4-5　混凝土抗压强度试件成型与养护记录

欲拌和混凝土强度等级	水灰比	拌和方法	养护方法	捣实方法	养护条件	养护龄期

试表 4-6　混凝土抗压强度试验记录

试块编号	试件截面尺寸		受压面积 A /mm²	破坏荷载 F /N	抗压强度 f /MPa	平均抗压强度 f_{cu} /MPa
	试块长度 a/mm	试块宽度 b/mm				
1						
2						
3						

5. 试验结论

根据国家标准规定，本试验依据试表 4-7，评定卵石和碎石的颗粒级配结果为（　　）。

试表 4-7　卵石和碎石的颗粒级配（GB/T 14685—2011）

级配情况	公称粒级/mm	累计筛余/%											
		2.36mm	4.75mm	9.50mm	16.0mm	19.0mm	26.5mm	31.5mm	37.5mm	53.0mm	63.0mm	75.0mm	90.0mm
连续粒径	5～10	95～100	80～100	0～15	0								
	5～16	95～100	85～100	30～60	0～10	0							
	5～20	95～100	90～100	40～80		0～10	0						
	5～25	95～100	90～100		30～70		0～5	0					
	5～31.5	95～100	90～100	70～90		15～45		0～5	0				
	5～40		95～100	70～90		30～65			0～5	0			
单粒径	10～20		95～100	85～100		0～15	0						
	16～31.5		95～100		85～100			0～10	0				
	20～40			95～100		80～100			0～10	0			
	31.5～63				95～100			75～100	45～75		0～10	0	
	40～80					95～100			70～100		30～60	0～10	0

试验五　建筑砂浆性能测试

试验条件：气温/室温______℃，试验湿度______%，试验日期______年______月______日。

一、砂浆稠度和分层度的测定

1. 试验目的

了解砂浆和易性的概念、影响砂浆和易性的因素和改善和易性的措施，掌握砂浆和易性的测定方法。检验砂浆的流动性，主要用于确定配合比或在施工过程中控制砂浆稠度，从而达到控制用水量的目的。

2.试验依据

(1) JGJ/T 70—2009《建筑砂浆基本性能试验方法》。

(2) GB/T 25181—2010《预拌砂浆》。

标准适用范围：以水泥、砂子、石灰和掺和料等为主要原料，用于一般房屋建筑中的砌筑砂浆、抹面砂浆的基本性能的测定。

3.主要仪器设备及规格型号

(1) 砂浆稠度测定仪。由支架、底座、带滑杆圆锥体、刻度盘及圆锥形金属筒组成，形状和结构如试图 5-1(a) 所示。

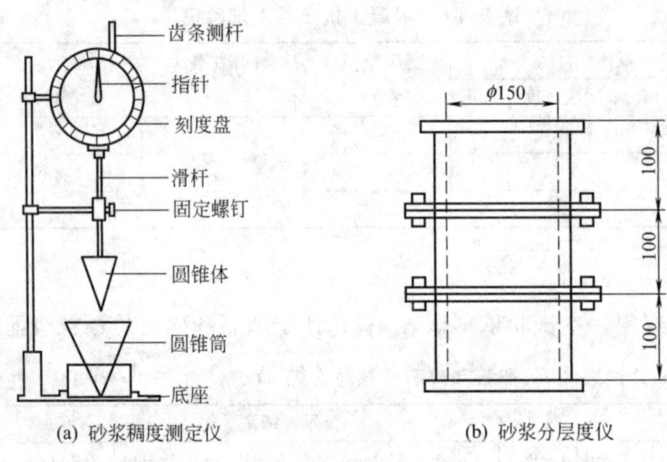

试图 5-1　砂浆稠度测定仪与砂浆分层度仪（尺寸单位：mm）

(2) 砂浆分层度仪。由上、中、下三层金属圆筒及左、右两根连接螺栓组成，形状和尺寸如试图 5-1(b) 所示。

(3) 捣棒、拌铲、抹刀等。

4.试验步骤

(1) 试验步骤。

① 将按配合比称好的水泥、砂子和混合料拌和均匀，然后逐次加水，和易性凭观察符合要求时，停止加水，再拌和均匀。一般共拌和 5min。

② 将拌和好的砂浆依次注入稠度测定仪的金属筒内，砂浆表面低于筒口约 10mm。用捣棒自筒边向中心插捣 25 次，前 12 次插至筒底，再轻轻摇动或敲击金属筒，使砂浆表面平整。

③ 将筒移至测定仪底座上，放下滑杆使圆锥体与砂浆中心表面接触，固定滑杆，调整刻度盘指针指零。

④ 放松滑杆旋钮，使圆锥体自由落入砂浆中，10s 后读取刻度盘所示沉入值。

⑤ 将筒中砂浆倒出与同批砂浆重新拌和均匀，并依次注满分层度筒。

⑥ 静置 30min 后，去掉上中层圆筒砂浆，取出底层砂浆重新拌匀，再次用稠度测定仪测定圆锥体沉入值。

试验数据填入试表 5-1、试表 5-2 中。

试表 5-1 砂浆稠度测试记录

拌制日期				要求的稠度		
试样编组	拌和1L砂浆所用材料/kg				实测沉入度/mm	试验结果/mm
	水泥	石灰膏	砂子	水		
1						
2						

试表 5-2 砂浆分层度测试记录

拌制日期					要求的稠度			
试样编组	拌和1L砂浆所用材料/kg				静置前稠度值/mm	静置30min后稠度值/mm	分层度值/mm	试验结果
	水泥	石灰膏	砂子	水				
1								
2								

(2) 测试结果。

① 圆锥体在砂浆中的沉入值即为稠度(cm),以两次试验的平均值作为稠度测定值。

② 砂浆静置前后的沉入值之差即为分层度(cm)。以两次试验的平均值作为分层度测定值。两次分层度测定值之差如大于2cm,应重做试验。

5.试验结论

根据分层度判别,本试验中砂浆的保水性为(   )。

二、砂浆抗压强度测试

1.试验目的

了解影响砂浆强度的主要因素,掌握砂浆强度试样的制作、养护和测定方法。测试砂浆的抗压强度是否达到设计要求。

2.试验依据

(1) JGJ/T 70—2009《建筑砂浆基本性能试验方法》。

(2) GB/T 25181—2010《预拌砂浆》。

标准适用范围:以水泥、砂子、石灰和掺和料等为主要原料,用于一般房屋建筑中的砌筑砂浆、抹面砂浆的基本性能的测定。

3.主要仪器设备及规格型号

(1) 试模、立方体金属或塑料试模,内壁边长为70.7mm。

(2) 压力机、捣棒、刮刀等。

4.试验步骤

(1) 试件制作。

① 将试模内壁涂一薄层机油,放在铺有吸水性较好的湿纸的普通黏土砖上,砖含水率不应大于2%。

② 将砂浆一次装满试模,用捣棒插捣25次,并用刮刀沿试模内壁插入数次。待砂浆表面出现麻斑后,将高出试模的砂浆刮去并抹平。

③ 试件制作好后,应在20℃±5℃温度条件下停置一昼夜(24h±2h),然后编号和拆模。水泥砂浆和混合砂浆试件应分别于20℃±3℃、相对湿度90%以上和20℃±5℃、相对

湿度60%～80%条件下继续养护至28d。

（2）试验步骤。取出时，将表面刷净擦干。以试件的侧面作为受压面进行加荷，加荷速度每秒钟为预定破坏荷载的10%。加荷至试件破坏，记录极限破坏荷载F。

① 计算试件的抗压强度（精确至0.1MPa）：

$$f_c=\frac{F}{A}$$

式中 F——试件极限破坏荷载，N；

A——试件受压面积，mm^2。

② 以6个试件测定值的算术平均值作为该组试件的抗压强度值。当最大值或最小值与平均值之差超过20%时，以中间4个试件的平均值作为抗压强度值。

③ 按照试表5-3格式，将试验数据填写到试验报告中。

试表5-3 砂浆抗压强度测试记录

<table>
<tr><td colspan="2">成型日期</td><td colspan="2"></td><td>拌和方法</td><td colspan="2"></td><td colspan="2">捣实方法</td><td></td></tr>
<tr><td colspan="2">欲拌和砂浆强度等级</td><td></td><td></td><td>水泥强度等级</td><td colspan="2"></td><td colspan="2">养护方法</td><td></td></tr>
<tr><td rowspan="2">试验日期</td><td rowspan="2">养护龄期/d</td><td rowspan="2">试块编号</td><td colspan="2">试块边长/mm</td><td rowspan="2">受压面积A/mm^2</td><td rowspan="2">破坏荷载F/N</td><td rowspan="2">抗压强度/MPa</td><td rowspan="2">平均抗压强度/MPa</td><td rowspan="2">单块抗压强度最小值/MPa</td></tr>
<tr><td>长度a</td><td>宽度b</td></tr>
<tr><td></td><td></td><td>1</td><td></td><td></td><td></td><td></td><td></td><td></td><td></td></tr>
<tr><td></td><td></td><td>2</td><td></td><td></td><td></td><td></td><td></td><td></td><td></td></tr>
<tr><td></td><td></td><td>3</td><td></td><td></td><td></td><td></td><td></td><td></td><td></td></tr>
<tr><td></td><td></td><td>4</td><td></td><td></td><td></td><td></td><td></td><td></td><td></td></tr>
<tr><td></td><td></td><td>5</td><td></td><td></td><td></td><td></td><td></td><td></td><td></td></tr>
<tr><td></td><td></td><td>6</td><td></td><td></td><td></td><td></td><td></td><td></td><td></td></tr>
</table>

5. 试验结论

根据国家规范规定，本试验砂浆质量配合比为（　　），该批砂浆强度等级为（　　）。

试验六　钢筋性能测试

钢筋应成批验收，每批由同一牌号、同一炉罐号、同一等级、同一品种、同一尺寸、同一交货状态组成。每批质量不得大于60t。

每批钢筋应进行化学成分、拉伸、冷弯、尺寸、表面质量和质量偏差项目的试验拉伸。钢筋拉伸、冷弯试验各需两个，可分别从每批钢筋任选两根截取。检验中，如有某一项试验结果不符合规定的要求，则从同一批钢筋中再任取双倍数量的试样进行该不合格项目的复验，复验结果（包括该项试验所要求的任一指标）即使只有一项指标不合格，则整批不予验收。

试验条件：气温/室温______℃，试验湿度______%，试验日期______年______月______日。

一、拉伸试验

1. 试验目的

钢筋的拉伸试验需完成两个，可分别从每个试样批次中抽取两根进行伸长率测定，以确定该批次钢筋的抗拉强度性能指标。

2. 试验依据

(1)《混凝土结构工程施工质量验收规范》GB 5024—2002。

(2) 钢筋拉伸试验。

3. 主要仪器设备及规格型号

(1) 试验机。为保证机器安全和试验准确，应选择合适量程，保证最大荷载时，指针位于第三象限内（即 180°～270°之间）。试验机的测力示值误差应不大于 1%。

(2) 游标卡尺。精确度为 0.1mm。

4. 试验步骤

(1) 试件制作和准备。抗拉试验用钢筋试件不得进行车削加工，可以用两个或一系列等分小冲点或细化线标出原始标距（标记不影响试件断裂），测量标距长度 k（精确至 0.1mm），如试图 6-1 所示。计算钢筋强度用横截面积采用试表 6-2 所列公称横截面积。

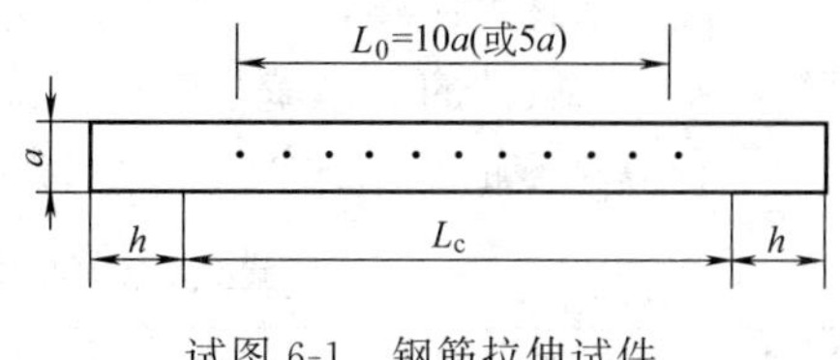

试图 6-1 钢筋拉伸试件

a—试样原始直径；L_0—标距长度；h—夹头长度；L_c—试样平行长度（不小于 L_0+a）

(2) 屈服点 σ_s 和抗拉强度 σ_b 测定。

① 调整试验机测力度盘的指针，使其对准零点，并拨动副指针，使之与主指针重叠。

② 将试件固定在试验机夹头内，开动试验机进行拉伸。测屈服点时，屈服前的应力增加速率按试表 6-1 规定，并保持试验机控制器固定于这一速率位置上，直至该性能测出为止。屈服后或只需测定抗拉强度时，试验机活动夹头在荷载下的移动速度为不大于每分钟 $0.5L_c$。

试表 6-1 屈服前的应力增加速率

金属材料的弹性模量/(N/mm²)	应力速率/[N/(mm²·s)]	
	最小	最大
<150000	1	10
≥150000	3	50

试表 6-2 钢筋公称横截面积

公称直径/mm	公称横截面积/mm²	公称直径/mm	公称横截面积/mm²
8	50.27	22	280.1
10	78.54	25	490.9
12	113.1	28	615.8
14	153.9	32	804.2
16	201.1	36	1018
18	254.5	40	1257
20	314.2	50	1964

③ 拉伸中，测力读盘的指针停止转动时的恒定荷载，或第一次回转时的最小荷载，即为所求的屈服点荷载 F_s（N）。按下式计算试件的屈服点：

$$\sigma_s=\frac{F_s}{A}$$

式中 σ_s——屈服点，MPa；

F_s——屈服点荷载，N；

A——试件的公称横截面积，mm²。

σ_s 应计算至 10MPa。

④ 向试件连续施荷直至拉断，由测力度盘读出最大荷载 F_b（N）。按下式计算试件的抗拉强度：

$$\sigma_b = \frac{F_b}{A}$$

式中 σ_b——抗拉强度，MPa；

F_b——最大荷载，N；

A——试件的公称横截面积，mm²。

σ_b 计算精度的要求同 σ_s。试验数据填入试表 6-3 中。

试表 6-3 钢筋屈服点 σ_s 和抗拉强度 σ_b 测定

试验次数	最大荷载 F_b/N	公称横截面积 A/mm²	抗拉强度 σ_b/N
1			
2			

（3）伸长率测定。

① 将已拉断试件的两段在断裂处对齐，尽量使其轴线位于一条直线上。如拉断处由于各种原因形成缝隙，则缝隙应计入试件拉断后的标距部分长度内。

② 当拉断处到邻近标距端点距离大于 $L_0/3$ 时，可用卡尺直接量出已被拉长的标距长度 L_1（mm）。当拉断处到邻近的标距端点距离小于或等于 $L_0/3$ 时，可按下述移位法确定 L_1。

在长段上，从拉断处 O 选取基本短段格数，得 B 点，接着选取等于长段所余格数［偶数，试图 6-2（a）］之半，得 C 点；或者取所余格数［奇数，试图 6-2（b）］减 1 与加 1 之半，得 C 与 C_1 点。移位后的 L_1 分别为 $AO+OB+2BC$ 或者 $AO+OB+BC+BC_1$。

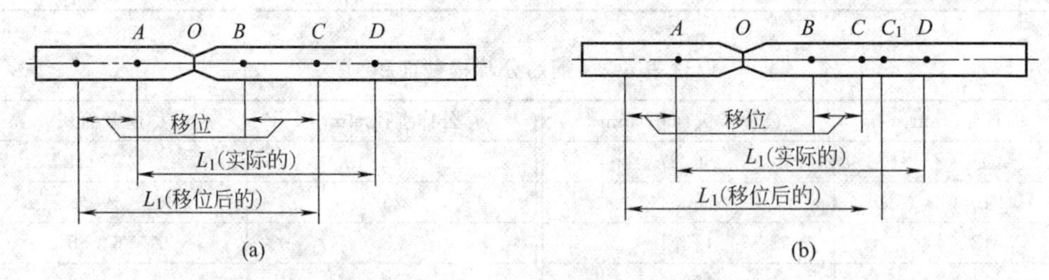

试图 6-2 用移位法测量断后标距 L_1

如用直接测量所求得的伸长率能达到技术条件的规定值，则可不采用移位法。

③ 伸长率按下式计算（精确至 1%）：

$$\delta_{10}(\text{或}\ \delta_5) = \frac{L_1 - L_0}{L_0} \times 100\%$$

式中 δ_{10}，δ_5——$L_0=10a$ 和 $L_0=5a$ 时的伸长率（a 为试件原始直径），%；

L_0——原标距长度 $10a(5a)$，mm；

L_1——试件拉断后直接测量出或按移位法确定的标距部分的长度，mm（测量精确至 0.1mm)。

④ 如果试件在标距端点上或标距外断裂，则试验结果无效，应重做试验。

试验数据填入试表 6-4 中。

试表 6-4 钢筋伸长率测定

试验次数	拉断后标距长度 L_1 /mm	原标距长度 L_0 /mm	L_1-L_0 /mm	伸长率 δ /%
1				
2				

5. 试验结论

根据国家标准，评定本试验所测钢筋的各项性能指标是否合格。(　　)

二、冷弯试验

1. 试验目的

钢筋的冷弯试验需完成两个，可分别从每个试样批次中抽取两根进行，以确定该批次钢筋的冷弯工艺性能指标。

2. 试验依据

(1)《混凝土结构工程施工质量验收规范》GB 5024—2002。

(2) 钢筋的冷弯性能是钢筋塑性变形能力的反映。

3. 主要仪器设备及规格型号

弯曲试验可在压力机或万能试验机上进行，试验机应有足够的硬度的支承（支承辊间的距离可以调节)，同时还应有不同直径的弯心（弯心直径由有关标准规定)。

4. 试验方法与步骤

(1) 钢筋冷弯试件不得进行车削加工，试件长度通常按下式计算：

$$L \approx 5a + 150\text{mm}（a\text{ 为试件原始直径}）$$

(2) 半导向弯曲。试样一端固定，绕弯心直径进行弯曲，如试图 6-3(a) 所示。试样弯曲到规定的弯曲角度或出现裂纹、裂缝或断裂为止。

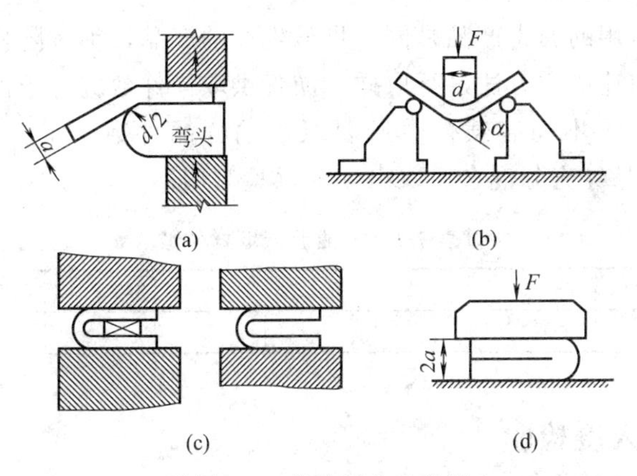

试图 6-3 弯曲试验示意图

(3) 导向弯曲。

① 试样放置于两个支点上，将一定直径的弯心在试样两个支点中间施加压力，使试样

弯曲到规定的角度，如试图 6-3 所示，或出现裂纹、裂缝或断裂为止。

② 试样在两个支点上按一定弯心直径弯曲至两臂平行时，可一次完成试验，亦可先弯曲到试图 6-3(b) 所示的状态，然后放置在试验机平板之间继续施加压力，压至试样两臂平行。此时可以加与弯心直径相同尺寸的衬垫进行试验，如试图 6-3(c) 所示。

当试样需要弯曲至两臂接触时，首先将试样弯曲到试图 6-3(b) 所示的状态，然后放置在两平板间继续施加压力，直至两臂接触，如试图 6-3(d) 所示。

③ 试验应在平稳压力作用下，缓慢施加试验力。两支辊间距离为 $(d+2.5a)\pm0.5a$，并且在过程中不允许有变化。

④ 试验应在 10～35℃或 23℃±5℃控制条件下进行。

(4) 试验记录。试验数据填入试验报告中。

5. 试验结论

本试验钢筋弯曲后，按有关标准规定检查试样弯曲外表面，进行结果评定。若无裂纹、裂缝或断裂，则评定该批次试样是否合格。(　　)

试验七　石油沥青基本性能测试

要求了解沥青三大指标的概念；掌握沥青三大指标的测定方法；并能根据测定结果评定沥青的技术等级。

试验条件：气温/室温______℃，试验湿度______%，试验日期______年______月______日。

一、取样方法及数量

将石油沥青从桶、袋、箱中取样时应在样品表面以下及容器侧面以内至少 5cm 处采集。若沥青是能够打碎的固体块状物态，可以用洁净的适当的工具将其打碎后取样；若沥青呈较软的半固态，则需用洁净的适当的工具将其切割后取样。

当能确认供取样用的沥青产品是同一厂家、同一批号生产的产品时，应随机取出一件按前述取样方法取样约 4kg 供检测用。

当不能确认供取样用的沥青产品是同一批号生产的产品，须按随机取样的原则，选出若干件沥青产品后再按前述取样方法进行取样。沥青供取样件数应等于沥青产品总件数的立方根。按照试表 7-1 给出了不同装载件数所要取出的样品件数。每个样品的质量应不小于 0.1kg。这样取出的样品经充分混合后取出 4kg 供检测用。

试表 7-1　石油沥青取样件数

装载件数	2～8	9～27	28～64	65～126	127～216	217～343	344～512	513～729	730～1000	1001～1331
取样件数	2	3	4	5	6	7	8	9	10	11

二、石油沥青的针入度检验

石油沥青的针入度以标准针在一定的荷重、时间及温度条件下垂直穿入沥青试样的深度来表示，单位为 1/10mm。非经另行规定，标准针、针连杆与附加砝码的总质量为 100g±0.1g，测试时要求温度为 25℃、时间为 5s。

黏滞性是指石油沥青在外力作用下抵抗变形的能力。它是沥青材料最为重要的性质。沥青的黏滞性与其组分及所处的温度有关。当沥青质含量较高并含有适量的树脂且油分含量较少时，沥青的黏滞性较大。在一定的温度范围内，当温度升高，黏滞性随之降低，反之则增大。

工程上，对于半固体或固体的石油沥青用针入度指标表示。针入度是指在温度为 25℃，以负重 100g 的标准针，经 5s 沉入沥青试样中的深度，每 1/10mm 定为 1 度，其测试示意图如试图 7-1 所示。针入度一般在 5～200 度之间，是划分沥青牌号的主要依据。针入度越大，表示沥青越软，黏度越小。针入度值越小，表明黏度越大，塑性越好。

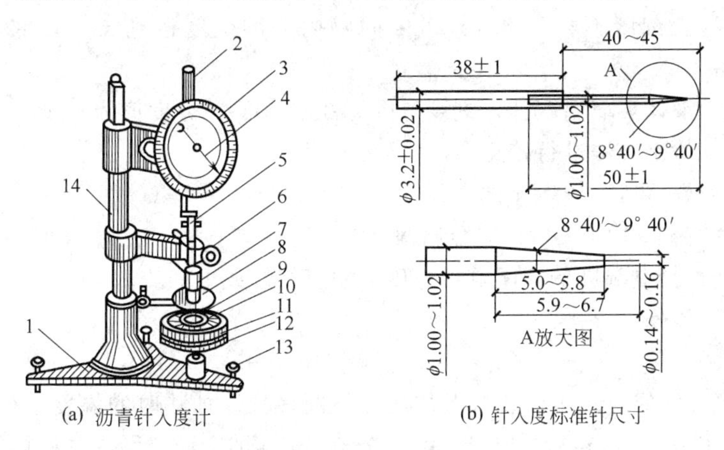

试图 7-1 沥青针入度计及针入度标准针

1—底座；2—活杆；3—刻度盘；4—指标；5—连杆；6—按钮；7—砝码；8—标准针；9—小镜；10—试样；11—保温皿；12—圆形平台；13—调平螺栓；14—立杆

液体石油沥青的黏滞性用黏滞度（也称标准黏度）指标表示，它表征了液体沥青在流动时的内部阻力。黏滞度是在规定温度 T（20℃、25℃、30℃、60℃），由规定直径 d（30mm、50mm 或 10mm）的孔中流出 50mm 沥青所需的时间秒数。

1. 试验目的

测定针入度小于 350 的石油沥青的针入度，以确定沥青的黏稠程度。

2. 试验依据

（1）GB/T 494—2010《建筑石油沥青》。

（2）GB/T 4509—2010 沥青针入度测定法。

3. 主要仪器设备及规格型号

（1）针入度计。凡是允许针连杆在无明显摩擦下垂直运动，并且能穿入深度准确至 0.1mm 的仪器均可应用。针连杆质量应为 47.5g±0.05g，针和针连杆组合件的总质量应为 50g±0.05g。针入度计附带 50g±0.05g 和 100g±0.05g 砝码各一个。仪器设有放置平底玻璃皿的平台，并有可调水平的机构，针连杆应与平台相垂直。仪器设有针连杆制动按钮，按下按钮，针连杆可自由下落。针连杆易于卸下，以便检查其质量，如试图 7-1(a) 所示。

（2）标准针应由硬化回火的不锈钢制成，洛氏硬度为 54～60，其各部分尺寸如试图 7-1(b) 所示。

（3）试样器皿。所检测石油沥青针入度小于40度时，用内径33～55mm、深8～16mm的器皿；针入度小于200时，用内径55mm、深度35mm的器皿，所检测石油沥青针入度大于200度而小于350度时，用内径55～75mm、深45～70mm的器皿；针入度在300～500度时，用内径55mm、内部深度70mm的器皿。

（4）恒温水浴。容量不小于10L，能保持温度在试验温度的±0.1℃范围内。水中应备有一个带孔的支架，位于水面下不少于100mm、距浴底不少于50mm处。

（5）平底玻璃皿。容量不少于0.5L，深度要没过最大的试样皿。内设一个不锈钢三脚支架，能使试样皿稳定。

（6）秒表。秒表刻度不大于0.1s，60s间隔内的准确度达到±0.1s的任何秒表均可使用。

（7）温度计。液体玻璃温度计，刻度范围为0～100℃，分度值为0.1℃，温度计应定期按液体玻璃温度计检定方法进行校正。

（8）金属皿或瓷柄皿。作熔化试样用。

（9）筛。筛孔为0.3～0.5mm的金属网。

（10）砂浴或可控制温度的密闭电炉。砂浴用煤气灯或电加热。

4.试验方法与步骤

（1）试样准备。

① 将预先除去水分的试样在砂浴上加热并不断搅拌。加热时的温度不得超过预计软化点90℃，时间不得超过30min。加热时用0.3～0.5mm的金属滤网滤去试样中的杂质。

② 将试样倒入规定大小的试样皿中，试样的倒入深度应大于预计针入深度10mm以上。在15～30℃的空气中静置，并防止落入灰尘。热沥青静置的时间为：采用大试样皿时1.5～2h；采用小试样皿时1～1.5h。

③ 将静置到规定时间的试样皿浸入保持测试温度的水浴中。浸入时间为：小试样1～1.5h，大试样1.5～2h。恒温的水应控制在试验温度±0.1℃的变化范围内，在某些条件不具备的场合，可以允许将水温的波动范围控制在±0.5℃以内。

（2）试验方法与步骤。

① 调节针入度计的水平，检查针连杆和导轨，以确认无水和其他外来物，无明显摩擦。先用甲苯或其他合适的溶剂清洗针，再用干净布将其擦干，把针插入针连杆中固紧，并放好砝码。

② 到恒温时间后，取出试样皿，放入水温控制在试验温度的平底玻璃皿中的三脚支架上，试样表面以上的水层高度应不小于10mm（平底玻璃皿可用恒温浴的水），将平底玻璃皿放于针入度计的平台上。

③ 慢慢放下针连杆，使针尖刚好与试样表面接触。必要时，用放置在合适位置的光源反射进行观察。拉下活杆，使其与针连杆顶端相接触，调节针入度刻度盘使指针指零。

④ 用手紧压按钮，同时启动秒表，使标准针自由下落穿入沥青试样，到规定时间，停压按钮，使针停止移动。

⑤ 拉下活杆，使其与针连杆顶端接触，此时刻度盘指针的读数即为试样的针入度。

⑥ 同一试样重复测定至少3次，各测定点及测定点与试样皿边缘之间的距离不应小于10mm。每次测定前应将平底玻璃皿放入恒温水浴。每次测定换一根干净的针，或者是先用甲苯或其他溶剂将测定针擦干净，再用干净布将针擦干。

⑦ 测定针入度大于 200 度的沥青试样时，至少用 3 根针，每次测定后将针留在试样中，直至 3 次测定完成后，才能把测定针从试样中取出。

试验方法如试图 7-2 所示。

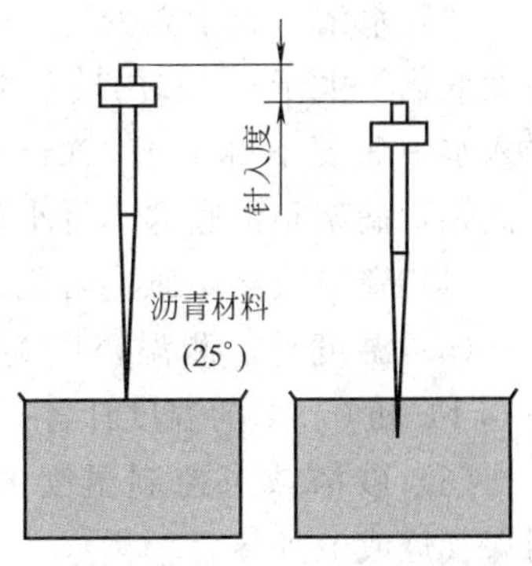

试图 7-2　针入度测定示意图

（3）结果计算与数据处理图。

① 取三次测试所得针入度值的算术平均值，取至整数后作为最终测定结果。三次测定值相差不应大于试表 7-2 所列规定，否则应重做试验。

② 关于测定结果重复性与再现性的要求，详见试表 7-3。

试验数据填入试表 7-4 中。

试表 7-2　针入度测定值的最大差值

针入度/度	0～49	50～149	150～249	250～350
最大差值/度	2	4	6	10

试表 7-3　针入度测定值的要求

试样针入度/25℃	重复性	再现性
<50	不超过 2 单位	不超过 4 单位
≥50	不超过平均值的 4%	不超过平均值的 8%

试表 7-4　沥青针入度测定

项目	测定的针入度/(1/10mm)	平均针入度/(1/10mm)
1		
2		
3		

5. 试验结论

本次试验试样的平均针入度是（　　）1/10mm。

三、石油沥青延度检测

石油沥青的延度是用规定的试样，在一定温度下以一定速度拉伸至断裂时的长度。非经特殊说明，试验温度为 25℃±0.5℃，延伸速度为每分钟 5cm±0.25cm。

1. 试验目的

测定石油沥青的延度，以确定沥青的塑性。

2. 试验依据

（1）GB/T 494—2010《建筑石油沥青》。

（2）GB/T 4508—2010 沥青延度测定法。

3. 主要仪器设备及规格型号

（1）延度仪。能将试样浸没于水中带标尺的长方形容器，内部装有移动速度为 5cm/min±0.5cm/min 的拉伸滑板。仪器在开动时应无明显的振动。

（2）试样模具。由两个端模和两个侧模组成。试样模具由黄铜制造，其形状和尺寸如试图 7-3 所示。

(3) 水浴。容量至少为10L，能够保持试验温度变化不大于0.1℃的玻璃或金属器皿，试样浸入水中深度不得小于100mm，水浴中设置带孔搁架，搁架距浴底部不得小于50mm。

(4) 瓷皿或金属皿。熔化沥青用。

(5) 温度计。测温范围为0～100℃，分度为0.1℃和0.5℃的温度计各一支。

(6) 砂浴或可控制温度的密闭电炉。砂浴用煤气灯或电加热。

(7) 材料。甘油-滑石粉隔离剂（甘油2份，滑石粉1份，以质量计）。

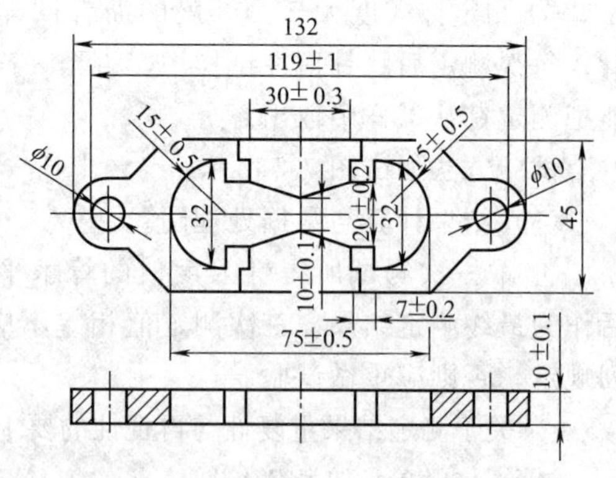

试图 7-3 沥青延度仪试模（单位：mm）

(8) 黄铜板。附有夹紧模具用的沿动螺栓，一面必须磨光至表面粗糙度 Ra 为 0.63μm。

4.试验步骤

(1) 试样准备。

① 将隔离剂拌和均匀，涂于磨光的金属板与侧模的内侧面，将试模在金属垫板上组装并卡紧。

② 将除去水分的沥青试样放在砂浴上加热至熔化，搅拌，加热温度不得高于预计软化点90℃；将熔化的沥青用筛过滤，并充分搅拌，注意搅拌过程中勿使试样中混入气泡。然后将试样自试模的一端至另一端往返多次地将沥青缓缓注入模中，并略高出试模的模具平面。

③ 将浇注好的试样在15～30℃的空气中冷却30min后，放入温度为25℃±0.1℃的水浴中保持30min后取出。用热刀将高出模具部分的多余沥青刮去，使沥青试样表面与模具齐平。沥青刮法应自模具的中间刮至两边，表面应刮得平整光滑。刮毕将试件连同金属板一并浸入25℃±0.1℃的水中并保持1～1.5h。

(2) 试验方法与步骤。

① 检查延度仪滑板的拉伸速度是否符合要求，然后移动滑板使其指针正对着标尺的零点。保持水槽中的水温为25℃±0.1℃。将试样移至延度仪水槽中，将模具两端的孔分别套在滑板及槽端的金属柱上，水面距试样表面应不小于25mm，然后去掉侧模。

② 确认了延度仪水槽中水温为25℃±0.5℃时，开动延度仪，此时仪器不得有振动。观察沥青的拉伸情况。在测定时，如发现沥青细丝浮于水面或沉入槽底时，则应在水中加入乙醇或食盐调整水的密度至与试样的密度相近后，再进行测定。

③ 试样拉断时，指针所指示的标尺上的读数，即为试样的延度，以cm表示。在正常情况下，应将试样拉伸成锥尖状或柱状，在断裂时，实际横断面为零。如不能得到上述结果，则应报告在此条件下无测定结果，如试图7-4所示。

(3) 结果计算与数据处理。

① 取平行测定的三个结果的算术平均值作为沥青试样延度的测定结果。若三次测定值不在其平均值的±5%范围内，但其中两个较高值在±5%以内时，则应弃除最低测定值，取两个较高测定值的平均值作为测定结果。

② 沥青延度测试两次测定结果之差，重复性不应超过平均值的1%，再现性不应超过平均值的20%。

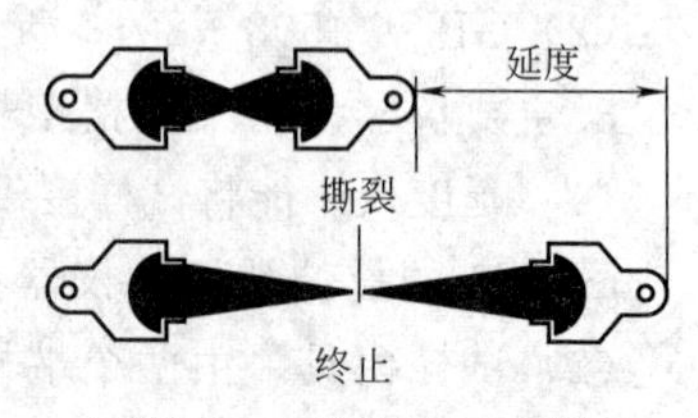

试图 7-4 延度测定示意图

③ 按照试表 7-5 格式，将试验测试结果记录在试验报告中。

试表 7-5　沥青延度测定

项目	测定的延度/cm	平均延度/cm
1		
2		
3		

5. 试验结论

本试验中试样的平均延度为（　　）cm。

四、石油沥青的软化点检验

软化点测定时是将规定质量的钢球，放在装有沥青试样的铜环中心，在规定的加热速度和环境下，试样软化后包裹钢球坠落达一定高度时的温度，即为软化点。

1. 试验目的

测定石油沥青的软化点，以确定沥青的耐热性。

2. 试验依据

GB/T 494—2010《建筑石油沥青》。

3. 主要仪器设备及规格型号

（1）沥青软化点测定仪。沥青软化点测定仪（环球法仪）如试图 7-5 所示。

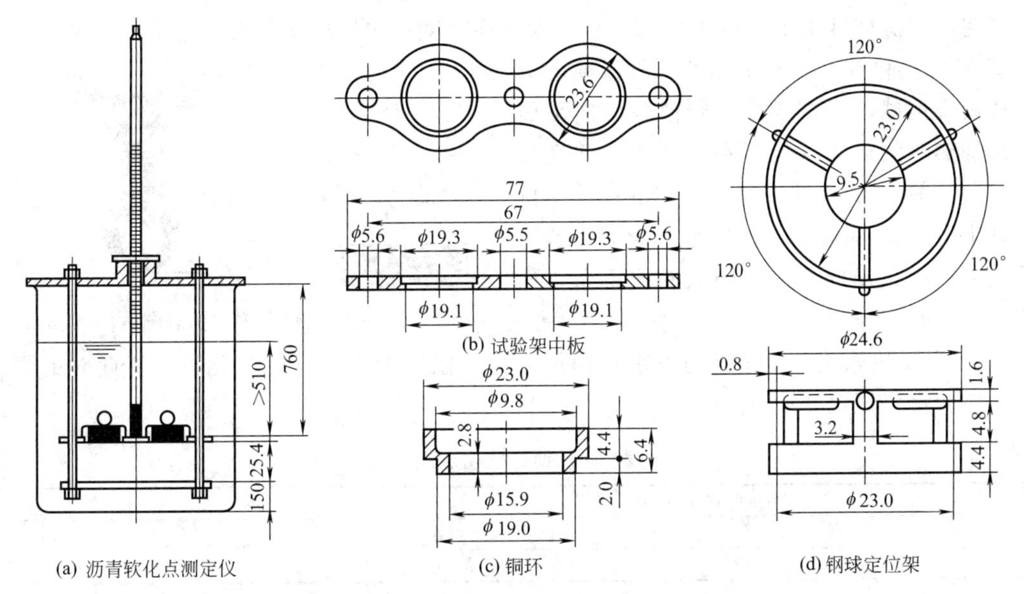

(a) 沥青软化点测定仪　(b) 试验架中板　(c) 铜环　(d) 钢球定位架

试图 7-5　沥青软化点测定仪（环球法仪）

① 钢球。直径为 9.53mm、质量为 3.50g±0.05g 的钢制圆球。

② 试样环。用黄铜制成的锥环或肩环，如试图 7-5(b) 所示。

③ 钢球定位器。用黄铜制成，能使钢球定位于试样中央，如试图 7-5(d) 所示。

④ 支架。由上承板、中承板及下承板和定位套组成。环可以水平地安放于中承板上的圆孔中，环的下边缘距下承板应为 25.4mm，其距离由定位套保证，3 块板用长螺栓固定在一起。

（2）电炉及其他加热器。

(3) 金属板（一面必须磨光）或玻璃板。

(4) 小刀。切沥青用。

(5) 筛。筛孔为 0.3～0.5mm 的金属网。

(6) 材料。甘油-滑石粉隔离剂（甘油 2 份，滑石粉 1 份，以质量计），新煮沸过并冷却的蒸馏水，甘油。

4. 试验方法与步骤

(1) 试样准备。

① 将选好的铜环置于涂有隔离剂的金属板或玻璃板上，将预先脱水的试样加热熔化，加热温度不得高于估计软化点 110℃，加热至倾倒温度的时间不得超过 2h。搅拌过筛后将熔化沥青注入铜环内至沥青略高于环面为止。如估计软化点在 120℃以上，应将铜环与金属板预热至 80～100℃。

② 将盛有试样的铜环与板置于盛满水（适合估计软化点不高于 80℃的试样）或甘油（适合估计软化点高于 80℃的试样）的保温槽内，恒温静置 15mm。水温保持在 5℃±0.5℃，甘油温度保持在 32℃±1℃。同时，钢球也置于恒温的水或甘油中。

③ 在烧杯内注入新煮沸并冷却至 5℃的蒸馏水或注入预先加热至 32℃的甘油，使水面或甘油液面略低于连接杆上的深度标记。

(2) 试验方法与步骤。

① 从水或甘油保温槽中取出盛有试样的黄铜环放置在环架中承板的圆孔中，并套上钢球定位器，把整个环架放入烧杯内，调整水面或甘油液面至深度标记，环架上任何部分均不得有气泡。将温度计由上承板中心孔垂直插入，使温度计水银球底部与铜环下面齐平。

② 将烧杯移放至有石棉网的三脚架或电炉上，然后将钢球放在试样上（须使各环的平面在全部加热时间内完全处于水平状态）并立即加热，使烧杯内水或甘油温度在 3min 后保持每分钟上升 5℃±0.5℃。在整个测定中，若温度的上升速度超出此范围，则试验应重做，如试图 7-6 所示。

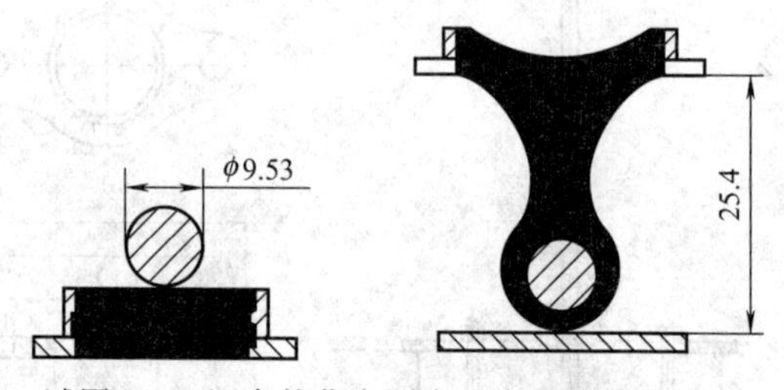

试图 7-6 沥青软化点测定示意图（单位 mm）

③ 试样受热软化，下坠至与下承板面接触时的温度即为试样的软化点。将此时的温度记录在试验报告试表 7-6 中。

试表 7-6 沥青软化点测定

项目	测定的软化点/℃	平均软化点/℃
1		
2		

(3) 结果计算与数据处理。

① 取平行测定的两个结果的算术平均值作为测定结果，精确至 0.1℃。如果两个温度的差值超过 1℃，则应重新进行试验。

② 按照试表 7-6 格式，将评定结果记录在试验报告中。

5. 试验结论

根据国家标准，评定所测沥青的各项性能指标是否合格。(　　)

参 考 文 献

[1] 李国华，李惟，刘强. 建筑材料 [M]. 北京：人民交通出版社，2008.
[2] 高恒聚，温学春. 建筑材料 [M]. 西安：西安电子科技大学出版社，2012.
[3] 杨瑞成，郭铁明，陈奎，等. 工程材料 [M]. 北京：科学出版社，2012.
[4] 李建峰，陈素雅，刘云霄，梁新芳. 建筑工程（上、下册）[M]. 西安：陕西人民出版社，2013.
[5] 朱茵，王军利，周彤梅，等. 智能交通系统导论 [M]. 北京：中国人民公安大学出版社，2007.
[6] 吕永根. 高性能碳纤维 [M]. 北京：化学工业出版社，2016.
[7] 江桂斌，等. 环境纳米科学与技术 [M]. 北京：科学出版社，2016.